ERNÄHRUNGSGEBRÄUCHE

URSPRUNG UND WANDEL

VON

HANS DEUTSCH-RENNER

WIEN
SPRINGER-VERLAG
1947

ISBN-13: 978-3-211-80026-3   e-ISBN-13: 978-3-7091-7700-6
DOI: 10.1007/978-3-7091-7700-6
Übersetzung von
"The Origin of Food Habits"
Faber & Faber Ltd.
London 1943

Inhaltsverzeichnis.

Zweiter Teil.
Landwirtschaft, Klima und Konservierung.

Dritter Teil.
Einführung der technischen Erzeugung.

Inhaltsverzeichnis. VII

Vierter Teil.

Soziologische und historische Faktoren.

Einführung

Von

Professor Dr. Otto Storch

Zu keiner Zeit wohl ist das Thema der menschlichen Ernährung so aktuell gewesen wie in der Gegenwart, in der sie zu einem dringenden und drängenden Weltproblem geworden ist und in den ersten Vordergrund gerückt erscheint. Dies einerseits infolge der furchtbaren, weltweiten Zerstörungen und anderen Folgewirkungen, die die letztvergangenen Kriegsjahre mit sich gebracht haben, andererseits, weil das Weltgewissen erwacht ist und für ein klagloses physisches Gedeihen der gesamten Menschheit eintritt, wofür durch den in der technischen Entwicklung gelegenen erleichterten Weltverkehr und durch die der fortgeschrittenen Wissenschaft und Praxis zu dankende gesteigerte Nahrungsmittelproduktion und verbesserte und ausgeweitete Konservierungsmethodik die Voraussetzungen geschaffen worden sind.

In dieser Situation ist es nur selbstverständlich, daß nicht allein alles, was der praktischen Durchführung eines solchen großzügigen Planes behilflich sein kann, allgemeines Interesse gewinnt, sondern daß dem Gesamtbereich des menschlichen Ernährungswesens, auch soweit es nicht unmittelbar mit dieser aktuellen Aufgabe in engstem Zusammenhange steht, sich erhöhte Beachtung und Anteilnahme zuwendet. Einem solchen weitausholenden Thema, das in anderem Sinne in die Tiefe und Breite des menschlichen Ernährungsproblems schürft, ist das vorliegende Buch gewidmet, das seinen Inhalt mit dem Titel *„Wesen und Ursprung der Nahrungsgebräuche"* umreißt. Es könnte ebensogut als eine „Sittengeschichte" oder als eine „Brauchtumslehre des Ernährungswesens des Menschen" bezeichnet werden, wobei darauf hingewiesen werden muß, daß darin nicht einfach eine beschreibende Darstellung der überaus mannigfaltigen, in dieser Beziehung obwaltenden Verhältnisse geboten wird, sondern daß der interessante und ganz neuartige Versuch unternommen wird, für die in allerverschiedenster Weise bei den verschiedenen Völkern und Volksschichten festgelegten Nahrungsgewohnheiten eine tiefere Begründung herbeizuschaffen. Und diese Begründungen suchen eine ausgedehnte Fundamentierung. Sie stützen sich auf sinnesphysiologische, psychologische, historische, traditionsbeeinflußte Gegebenheiten, abgesehen natürlich davon, daß sie von den durch die Bodenbeschaffenheit, die landwirtschaftliche Entwicklung, die klimatischen Verhältnisse, die Verkehrsbedingungen, die wissenschaftlichen Beeinflussungen und ähnliche Grundvoraussetzungen verursachten allgemeinen Grundlagen ausgehen. Es wird damit ein reiches und reichhaltiges Bild des gegenwärtigen und vergangenen menschlichen Ernährungswesens in seiner vielfältigen Aufspaltung nach Nationen und unterteiligen Volksgruppen, nach Berufsständen und anderen Sondertypen entfaltet, mit dem ständigen Bestreben, die gegebenen, höchst differenzierten Eigenartigkeiten unter den verschiedenartigsten Gesichtspunkten kausal zu erklären. Auf vieles Besondere und Seltsame wird hingewiesen, das trotz der von allen möglichen Seiten herangezogenen Erklärungsversuche einem solchen manchmal widersteht.

Das Buch hat so das Anrecht, mit seinem vielseitig orientierten, breit hingelagerten Inhalt und seinem umfangreichen Bestreben nach kausaler Verankerung der beigebrachten Tatsachen auf das große Interesse eines ausgedehnten, in seinen Voraussetzungen ganz verschiedenartig eingestellten Leserkreises zu stoßen. Nicht nur die wissenschaftliche und praktische Fachwelt, die im weltumspannenden Riesenbau des menschlichen Ernährungswesens tätig eingebaut ist, sondern auch der Koch und die Hausfrau, der Gourmand und der auf Sondergenüsse Eingestellte, aber auch der Sinnesphysiologe, der Psychologe und Psychoanalytiker, der Kulturhistoriker und der Volkskundler wird Nutzen aus der Lektüre dieses Werkes ziehen und Genuß an den geistreichen Darlegungen empfinden. Auf vieles Wissenswerte und dabei oft wenig Bekannte wird man aufmerksam gemacht, und mancherlei Rätselhaftes in unseren Ernährungseigenarten und denen anderer Völker und Volksschichten tritt einem entgegen und läßt große Fragezeichen auftauchen.

Das Spezifische dieses Buches ist jedoch, daß überall der Versuch unternommen wird, unsere Ernährungsgewohnheiten sinnesphysiologisch bis ins Feinste zu unterbauen und zu analysieren, sinnesphysiologisch in dem Sinne, wie die allgemeine menschliche Sinnesphysiologie unsere Sinne, soweit sie bei unserem Ernährungswesen ins Spiel treten, in ihrer Tätigkeit, in ihrem Vermögen, zu erkennen und zu unterscheiden, in ihrer Feinheit und Spezifität der Wahrnehmung von Sinnesreizen bisher zu analysieren in der Lage war. Und da zeigt sich das Überraschende, daß, wenn man es genau nimmt und mit der notwendigen Schärfe zublickt, unsere der Nahrungsprüfung vorstehenden Sinnesorgane vielfach in ihrer, wie man annehmen sollte, eigentlichen Aufgabe versagen, deplaziert und nicht richtig organisiert erscheinen und ihr Aufbau und Einbau nicht in der strengen und straffen Weise, wie sonst die Anpassung und Einpassung der Organismen an und in ihre Lebensnotwendigkeiten überall durchgeführt ist, auch in dieser Beziehung beim Menschen erfolgt ist. Liegt dieser frappierenden Konstatierung Richtiges zugrunde und, wenn ja, was ist die Ursache dieses absolut abwegigen Sonderfalles?

Diese wunderliche Tatsache gibt Anlaß, ihr nachzugehen und, wenn möglich, eine begründende Antwort dafür zu finden. Soweit dies schon jetzt, ohne eingehendere Untersuchung durchführbar ist, soll sie in grobem Umriß und in einem ersten Essay gegeben werden. Sie liegt meines Erachtens auf vergleichend-physiologischem Gebiete und steht in unmittelbarem Zusammenhange mit der besonderen Ausnahmestellung, die der Mensch innerhalb der Organismen innehat. Die Menschwerdung, das Auftreten des gehobenen Bewußtseins, der Herrschaftsantritt von Verstand und Vernunft und die unendlich vielen Konsequenzen, die sich daraus ergeben, haben eine vollständige Umstellung des Ernährungswesens des Menschen dem tierischen gegenüber herbeigeführt und dabei natürlich auch die so fest eingefügte Stellung, die die Sinnesorgane im Nahrungsfunktionskreise der Tiere einnehmen, beim Menschen vielfach gelockert und geändert. Um diese neue Situation, in der sich die in den Ernährungskreis eingebauten Sinnesorgane befinden, klarzulegen, muß etwas weiter ausgeholt werden.

Die Gesamtheit des Ernährungskomplexes, wie er überall in der Tierheit vorliegt, kann in zwei aufeinanderfolgende Etappen geteilt werden. Die erste Stufe dieser lebensnotwendigen Aufgabe mag mit dem Stichworte „*Nahrungserwerb*" bezeichnet werden. Den Pflanzen steht die Nahrung in Form einer Nährlösung (Kohlensäure in der Luft oder im Wasser, die gelösten anorganischen Substanzen in der Feuchtigkeit des Erdbodens oder bei freien Wasserpflanzen im umgebenden Wasser) zur Verfügung und diese Nährstoffe wandern, ohne besondere Einrichtungen von Seite der Pflanzen, nach einfachen physikalischen Gesetzen (Diffusion) ihrer entfalteten Oberfläche zur Verarbeitung zu. Anders bei den Tieren. Deren Nahrungsstoffe sind im allgemeinen geformter und oft recht spezifischer Natur und befinden sich in zerstreutem Zustande mehr oder weniger weit und dicht im Umgebungsbereiche. Ihrer muß das Tier habhaft werden und dessen ganze Organisation ist darauf abgestellt, durch die geschlossene Bauart und die Beweglichkeit, durch Ausbildung besonderer Erwerbseinrichtungen und bei den höheren Formen durch Entwicklung von Fernsinnesorganen (Geruchssinn, Gesichtssinn und Gehör), um diese unerläßliche Aufgabe mit Sicherheit lösen zu können.

Wenn das Tier durch oft recht komplizierte, dem Nahrungserwerb dienende Manipulationen mit seinem Nahrungsobjekt in Kontakt gekommen ist, setzt die zweite Phase ein, die der „*Nahrungsaufnahme*". Ihr obliegt die nähere Prüfung der erlangten Nahrung durch besondere Sinnesorgane, wie Geschmacks-, Geruchs-, Tastorgane u. dgl., das Fassen und die notwendige Zubereitung derselben, um sie für den Schluckakt geeignet zu machen, durch den sie zur weiteren Verarbeitung dem Verdauungstraktus übergeben wird. So sehen wir bei jedem Tier einen „*Funktionskreis der Nahrung*" ausgebildet, der in Form verschiedener Werkzeuge, Apparaturen und Sinnesorgane am Organismus verankert ist und durch seine Reflexe, Gewohnheiten, Instinkte und Triebe in geregelte Tätigkeit zu treten vermag. Es ist überall ein festes Gefüge von Organisationsmerkmalen mit genauester, spezifischer Anpassung an seine üblichen Nahrungsgegenstände vorhanden, der ganze Organismus erhält vielfach durch die Summe der darauf eingestellten Anpassungen sein charakteristisches Gepräge. Die Unterschiede zum Beispiel zwischen einem pflanzenfressenden Weidetier und einem auf lebende Beute ausgehenden Raubtier sind auf den ersten Blick augenfällig. Der Bewegungsapparat, die Sinnesorgane, die Mundwerkzeuge usw. sind überall dem spezifischen Sonderzwecke bis in das kleinste Detail angepaßt. Die ganzen, dem Funktionskreise der Nahrung zugehörigen Einrichtungen bilden ein präzise ineinandergreifendes, strenge zusammengeordnetes Ganzes.

Ein solches starres Gefüge des Funktionskreises der Nahrung müssen wir auch bei den unmittelbaren, noch im Tierischen verhafteten Vorfahren des Menschen voraussetzen. Mit der ersten Morgenröte der Menschwerdung aber tritt hier eine Ruptur ein, die sich im Laufe der Festigung des Menschseins und der rasch und ständig fortschreitenden Entwicklung in dieser Richtung immerwährend verbreitert und vertieft. In kurzen Worten handelt es sich dabei um Folgendes: Der Nahrungserwerb erfährt im Menschlichen eine grundlegende Änderung. Während das Tier durch direkte körperliche, physiologische und sinnesphysiologische Einrichtungen mit seinen Nahrungsobjekten verbunden ist, so daß man von einer engen Verzahnung zwischen dem Nahrungsuchenden und dem Nahrungsobjekt sprechen muß und das Bild des Funktionskreises als eines dichten Gefüges von Verbindungsfäden vom Tier zum Objekt und umgekehrt vollauf zurecht besteht, ist dieser Funktionskreis im Menschlichen gelockert und — wenigstens in gewissem Sinne — unterbrochen. Den Tieren dienen unmittelbare, naturgegebene Objekte in ihrer natürlichen Situation als Nahrung und darauf sind sie eingestellt, daran angepaßt, dazu mit ihren ganzen Nahrungserwerbseinrichtungen organisiert. Von diesem direkten Nahrungserwerb hat sich der Mensch losgerissen. Er hat sich von der

Suche nach „wild" wachsendem und „frei" vorkommendem Nahrungsmaterial weitgehend emanzipiert und ist schon frühzeitig zur Kultur
von Nahrungspflanzen und Züchtung von Nahrungstieren übergegangen.
Die Beschaffung des Rohmateriales seiner Nahrung ist weiterhin fast
vollständig bestimmten Berufsgruppen übertragen worden, insbesondere
die vielfältig differenzierten Zweige des Ackerbaues und der Viehzucht
und andere kleinere Sonderberufe haben die Sorge dafür übernommen
und den einzelnen entlastet, dafür aber auch ihn früheren, natürlichen
Aufgaben entzogen. Und hier existiert eine ungeheure Aufspaltung in
spezielle Betriebe, was durch die verschiedenartigen klimatischen und
geographischen Verhältnisse auf Erden bedingt erscheint. Dazu kommt,
daß sich bei der stets zunehmenden Bevölkerungszahl und der zum
Teil außerordentlich dichten Besiedelung zwischen „Produzenten" und
„Konsumenten" das Wesen der Transport- und Handelsbeziehungen
eingeschaltet hat. Und dies wieder hat zur Folge gehabt, daß sich eine
eigene Konservierungstechnik ausbilden mußte, um das Nahrungsmaterial unverdorben und verwendungsfähig vielfach über große
Distanzen und Zeiten hinweg dem Verbraucher zur Verfügung stellen
zu können. Die direkte, beim Tiere so subtil durchgeführte, physisch
verankerte Verbindung zum und Bindung an das natürlich gegebene
Nahrungsmaterial ist beim Menschen weitgehend unterbrochen. Ihm
wird die Nahrung in Form von Rohmaterial geboten, über dessen
Naturvorkommen, Gewinnung und vorausgegangene Behandlung er in
den meisten Fällen keine Kenntnis besitzt und zu dem er natürlich
auch die organische Beziehung, die jedes Tier zu seinen Nahrungsobjekten besitzt, verloren hat. An Stelle des Nahrungserwerbes ist der
Gelderwerb getreten, auf Grund dessen er in die Lage versetzt wird,
sich das Rohmaterial für seine Ernährung beschaffen zu können. Die
hochentwickelten organischen Fähigkeiten, die dem Menschen zukommen, sind einem bestimmten, eng begrenzten Teile der Beschaffung
von Nahrungsmaterial, in weitaus überwiegendem Ausmaße aber
anderen, für das Menschentum charakteristischen und ihn aus der
Tierheit hoch heraushebenden Betätigungen zugewendet worden.

Der erste persönliche Kontakt im Funktionskreise der Nahrung,
wenn man beim Menschen noch von einem solchen sprechen kann,
erfolgt also mit dem *Rohmaterial* der Nahrung. Dieser Ausdruck deckt
sich jedoch nicht ganz mit demjenigen, der in dieser Beziehung beim
Tiere verwendet werden kann, wo das naturgegebene Objekt direkt zur
Nahrung dient, während das menschliche Nahrungsmaterial, wie schon
erwähnt, einer Betreuung bei der Entstehung und eventuell einer Behandlung unterzogen worden ist. Hier aber setzt nun ein zweiter,
wieder typisch menschlicher Akt ein. Dieses Nahrungsrohmaterial wird
einer oft recht langwierigen und komplizierten Prozedur, der *Zube-*

reitung zur Speise, unterzogen. Die *Kochkunst* tritt auf die Szene. Und hier breitet sich eine Mannigfaltigkeit aus, die unübersehbar ist. Die Küchenzubereitung der Nahrung — ein Vorgehen, das im Tierreiche nicht seinesgleichen besitzt — ist aufgespalten in eine ungeheure Anzahl von Typen, die nach Nationen, Volksschichten, Berufsgruppen und oft bis herunter zu einzelnen Familien und manchmal Individuen in unendlicher Weise differenziert erscheint. Hier liegt ein zweiter Bruch vor, der den direkten, Tier und Nahrungsobjekt verbindenden Funktionskreis der Nahrung beim Menschen betrifft. Die Begrenztheit und oft ausgesprochene Monotonie der Nahrung, die im allgemeinen bei den Tieren herrscht und vielfach bis zur ausschließlichen Verwendung eines einzigen Futterobjektes geht, hat einer in der mannigfaltigsten Weise gedeckten Tafel Platz gemacht, in der fast einzig und allein durch die verschiedensten Küchenmanipulationen denaturierte „Speisen" eine Rolle spielen und von der Natur direkt gelieferte Rohprodukte fast vollständig zurücktreten. Ja, die Differenzierung geht insoferne noch weiter, als auf bestimmte Tagesstunden aufgeteilte „Mahlzeiten" sich eingebürgert haben, bei denen in bezug auf Material und Zubereitung weit verschiedene Speisen „genossen" werden. Dabei ist noch im Auge zu behalten, daß bei den Mahlzeiten zumeist mehrere verschiedene „Gänge" geboten werden und daß auch im Laufe der aufeinanderfolgenden Tage für eine reichliche Abwechslung Sorge getragen wird.

Dies alles sind absolute Neuerwerbungen, die rein auf das Menschentum beschränkt sind. Bloß leichte Analogien sind, nur ganz gelegentlich, bei manchen staatenbildenden Insekten und einigen anderen Tieren anzutreffen, bei denen zum Teile eine Vorratswirtschaft, zum Teile eine gewisse Bearbeitung der Nahrung insbesondere zur Larvenfütterung vorkommt. Nur in einem Falle findet sich etwas dem menschlichen Brauchtum Vergleichbares, u. zw. bei den Haustieren. Aber hier liegen die Verhältnisse so, daß dieser Zustand, Vorsorge für das Nahrungsrohmaterial und eventuell eine mehr oder weniger weitgehende Zubereitung derselben sowie Aufteilung der Fütterung auf bestimmte Tagesstunden, nicht von den Tieren selbst eingeführt worden ist und durchgeführt wird, sondern daß der Mensch ihnen diese Verhältnisse aufgezwungen hat. Und es ist eine bekannte Tatsache, daß dieser durch den Menschen gesetzte einschneidende Eingriff zusammen mit anderen mit der Tierhaltung in Zusammenhang stehenden Veränderungen seine sichtbaren Wirkungen ausgeübt hat. Die bekannten „Domestikationserscheinungen", die jedes durch lange Zeit vom Menschen gezüchtete Tier aufweist, sind auf die dadurch zur Geltung kommenden Einflüsse zurückzuführen.

Alle diese Neuerwerbungen des Menschen in bezug auf seine Ernährung sind nicht Verhältnisse, die sich einmal herausgebildet und sich dann festgelegt und strenge fixiert haben. Sondern die Dinge liegen so, daß hier ein ständiger Wandel und eine immerwährende Weiterentwicklung obwaltet. Und das trifft zu sowohl für das Nahrungsrohmaterial als auch für die Zubereitungsmethoden. So wird zum Beispiel einmal ein neues, mundbares, nährkräftiges Rohmaterial entdeckt, das gut kultivierbar ist und für das auch in anderen Gebieten außerhalb des Ursprungslandes ein gedeihlicher Boden hergerichtet werden kann, das überdies in seinem Ertrage und in seiner Mundbarkeit durch Züchtung entsprechender Rassen sich leicht noch fortentwickeln läßt und das sodann der Küchenzubereitung einen genügend weiten Spielraum offen läßt, um nicht zu Monotonie zu führen. Man denke an die umwälzenden Änderungen, die die Einführung der Kartoffel in bezug auf die Ernährung in Europa und darüber hinaus mit sich gebracht hat. Durch die ständig sich erleichternden Transportbedingungen und die immer fortschreitenden Konservierungsmethoden ist es außerdem möglich geworden, nur in fernen Ländern mit besonderen Kulturbedingungen züchtbare Nahrungsmittel dem Konsum in dicht besiedelten oder nahrungsarmen Gebieten zur Verfügung zu stellen. Dazu kommt, daß auch die Zubereitungstechnik einem fortlaufenden Wandel unterliegt. Man denke nur an die Folgen, welche die Einführung vieler aus dem Osten stammender Gewürze für die Entwicklung der Kochkunst gehabt hat. Es braucht wohl nicht weiter ausgeführt zu werden, daß sich sowohl das verwendete Rohmaterial als auch die Küchenzubereitung im Laufe der Zeit ständig ändert und daß dieser Wandelprozeß heute noch nicht zum Abschluß gekommen ist, sondern vielleicht sogar, infolge der landwirtschaftlichen, technischen, industriellen, verkehrtechnischen und wissenschaftlichen Fortschritte, in gesteigertem Maße sich in Fluß befindet. Übrigens sind im nachfolgenden Werke viele interessante Beispiele dafür aufzufinden.

Dies alles bewirkt, daß der ursprünglich bei der Ausgangsform des Menschen organisch herausentwickelte und festgelegte Funktionskreis der Nahrung zuerst gestört und dann unterbrochen wurde und sich bei den rasch und immer rascher aufeinanderfolgenden Änderungen und dem immer stärkeren Sich-Distanzieren vom anfänglichen Naturzustande nicht hat in neu angepaßter Form wiederherstellen können. Es ist ja auch eine bekannte und diese Feststellungen bestätigende Tatsache, daß die Einstellung auf eine bestimmte Kost keine Angelegenheit der Vererbung, sondern der Erziehung und Gewöhnung ist. Es wiederholt sich bei jedem Menschen jeden Zeitalters, daß, wenn er z. B. durch Auswanderung in den Bereich eines Gebietes geänderter Kost gelangt und dies im erwachsenen Zustande geschieht, er sich schwer von der Kost, auf die er seit seiner Kindheit eingestellt ist, lossagen

kann und unstillbare Sehnsucht nach der ursprünglichen empfindet.
Dagegen ist es einem jeden Kinde frühen Alters ein leichtes, sich in
eine andere Kost einzuleben, wenn diese auch von der elterlichen noch
so grundverschieden ist. Hier gibt es ebensowenig erbliche Übertragungen wie auf dem Gebiete der Sprache, die ebenfalls eine Neu-
erwerbung des Menschen ist und wo wohl im Bereiche der geistigen
Fähigkeiten, die das Erlernen einer Sprache ermöglichen, aber nicht
in bezug auf ein bestimmtes Idiom erbliche Übertragungen gegeben
sind. Auch hier erfolgt Wandel und Entwicklung der Sprachen zu
rasch, als daß, wenn überhaupt ein Einklinken eines bestimmten
Idioms in den Erbmechanismus möglich sein sollte, ein solches stattfinden könnte. Der verhältnismäßig starre Funktionskreis der Nahrung, der bei jedem Tiere in ziemlich bestimmter Form anzutreffen
ist, ist also beim Menschen durch die Zersprengung des ursprünglich
direkten Nahrungserwerbes in die komplizierten und vermannigfal-
tigten Etappen der Beschaffung des Nahrungsrohmaterials und der
Speisenzubereitung nicht einfach unterbrochen oder gedehnter und
lockerer geworden, sondern im wahren Sinne des Wortes verloren gegangen.

Und damit haben — womit wir zum Ausgangspunkt unserer weit-
läufigen Erörterungen zurückkommen — die Sinnesorgane, die in den
Endteil des Funktionskreises der Nahrung eingebaut sind und im
zweiten Abschnitte desselben, bei der Nahrungsaufnahme, die Prüfung
der durch die Nahrungserwerbseinrichtungen erworbenen und dem
Munde zugeführten Nahrungsobjekte beim Tiere durchzuführen haben,
wie die Geschmacksorgane, das Geruchsorgan, soweit es daran beteiligt
ist, die Tastorgane der Mundhöhle usw., beim Menschen ihre organische Verwurzelung verloren. Der Mechanismus, dem sie seit eh und je
zugehört haben und im Rahmen dessen sie ihre stammesgeschichtliche
Entwicklung und Weiterbildung unter dem Walten der für die Evolution der Organismen maßgebenden Gesetzmäßigkeiten erfahren haben,
existiert nicht mehr. Sie sind vorhanden, aber als „Freigelassene“, die
nicht mehr gleichsam in einem Zwangsdienste stehen und denen es
freisteht, eigenwillig zu funktionieren. Sie können von Jugend an in
eine bestimmte Richtung eingewöhnt werden und später, wenn ihr
Träger zu einem Kostwechsel genötigt ist, dagegen ihren Widerwillen
zeigen. Sie haben aber auch die Freiheit, ganz selbständig für sich,
außerhalb eines Funktionskreises der Nahrung, der im eigentlichen
Sinne nicht mehr vorhanden ist, zur Geltung kommen zu wollen. Dies
ist auch tatsächlich der Fall und dies drückt sich in der Weise aus,
daß, während beim Tiere im wesentlichen nur von Nahrungsobjekten
schlechtweg gesprochen werden kann, beim Menschen, gleichsam unbewußt, sich der Terminus „Nahrungs- und Genußmittel“ eingestellt

hat. Die große Rolle, die die Speisenzubereitung beim Menschen spielt, ist ein Fingerzeig dafür, die Verwendung von Gewürzen dabei, die ja keinen besonderen Nährwert besitzen, liefert einen klaren Indizienbeweis, und einen unmißverständlichen, eindeutigen, direkten Beweis für die dargelegte Auffassung ergibt die Tatsache, daß bloß der Mensch, und eigentlich nur er allein, ausgesprochene Genußmittel kennt. Wie überhaupt zu betonen ist, daß, je gesicherter beim Menschen die Lebensumstände sind, umsomehr der Nahrungs*genuß* gegenüber dem lebensnotwendigen Nährwert in den Vordergrund tritt. Man vergegenwärtige sich in dieser Beziehung nur, was für eine bedeutsame Rolle beim Menschen reine Genußmittel wie Tee, Kaffee, aromatisierter Alkohol, Nikotin u. ä. spielen. Der notwendige Nährwert wird ja zu normalen Zeiten in hinreichend entsprechender Weise auf dem Markte in Form des Nahrungsrohmateriales zur Verfügung gehalten, der Hausfrau oder dem Koch obliegt es, aus diesen Nahrungsmitteln den Verdauungsorganen Verwertbares *mit besonderer Akzentuierung des Genusses* zu schaffen. Dies alles ist das sinnfällige Zeichen des Freiseins der hier in Betracht kommenden Sinnesorgane von jedem zwangsmäßigen Einbau in einen Mechanismus, das Freisein zu eigenwilliger, auf sich selbst gestellter Betätigung.

Viele Beispiele zu diesen letzten Feststellungen werden dem aufmerksamen Leser des nachfolgenden Werkes begegnen. Die wissenswerten und vielfach merkwürdigen Daten und die unternommenen Begründungs- und Erklärungsversuche der menschlichen Nahrungsgebräuche haben mich veranlaßt, die oben dargelegten Erwägungen vom Standpunkt des Zoologen aus, soweit sie von hier aus einer kausalen Erläuterung zugeführt werden können, anzustellen, und ich hoffe, daß sie einiges zum tieferen Verständnis des darin gebotenen Tatsachenmateriales beitragen werden.

Erster Teil

Sinnesphysiologie und Psychologie gegen Diätetik

I. Die menschlichen Sinne

1. Die Stellung in der Wissenschaft

Auf der Suche nach dem Ursprung der Nahrungsgebräuche werden wir die Eigenschaften der menschlichen Sinne von weit größerer Bedeutung finden, als im allgemeinen angenommen wird. Auf sie wird in diesem Buch fortwährend Bezug genommen werden und der Leser wird nicht imstande sein, zu folgen, wenn er nicht sein eigenes Wissen von den menschlichen Sinnen einer Revision unterzogen haben wird. Die neuen Einsichten der Wissenschaft in diesen Gegenstand geben ein Bild, das sehr abweicht von der populären Vorstellung. Zunächst sei die Definition des Begriffes „Sinn" gegeben: Wenn eine Wahrnehmung ein bestimmtes Organ als Empfänger voraussetzt, ein eigener Nerv als Leiter vorhanden ist und ein bestimmter Teil des Gehirns dem Nerven zugeteilt ist, dann mögen wir von der Existenz eines Sinnes sprechen.

Die alten Griechen glaubten an die Existenz von fünf Sinnen: Gesicht, Gehör, Geschmack, Geruch und Getast (wie man das letztere jetzt nennt). Viele Leute glauben noch heute, daß diese Einteilung richtig oder erschöpfend ist. Es ist in der Tat noch nicht so lange her, daß sie als irrtümlich erkannt worden ist.

Wissenschaftlich gehören die Sinne zur Physiologie, da ihre Apparate Teile des menschlichen Körpers darstellen. Sie bilden eine eigene Abteilung dieser Wissenschaft als Physiologie der Sinne, getrennt von anderen Abteilungen, wie die Physiologie der Verdauung, des Blutkreislaufes usw. Wenn Chemiker den Effekt der Nahrung auf die Sinne beschreiben, so sprechen sie von den organoleptischen Eigenschaften der Nahrungsmittel. Chemiker, Biochemiker und andere Fachleute der Ernährung sind, kann man vielleicht sagen, nicht ganz einverstanden mit der Existenz der Sinne. Obwohl die Sinne zur Verdauung der Nahrungsmittel beitragen, wenn diese für „gut" befunden werden, so leisten sie außerordentlich hartnäckigen Widerstand gegen alle Einsicht der Gelehrten, wenn die Nahrung als „schlecht" befunden wird, selbst dann, wenn deren Verbrauch dem gesunden oder kranken Menschen nützlich wäre. Nur die klügsten unter diesen Gelehrten und Sachverständigen erkennen die Bedeutung der Sinne voll an. Die große Mehrheit derselben macht den Sinnen nur eine Höflichkeitsverbeugung, wenn das unvermeidlich ist, denn es ist eine allgemeine menschliche Schwäche (oder ist es Stärke?), Dinge, wenn möglich, zu ignorieren, die unseren Plänen oder Wünschen im Wege stehen. Die Entwicklung der Sinneswissenschaft hat daher dem Durchschnitt der Biochemiker und Physiologen wenig zu danken. Eine Zeitlang überließen sie sogar die Erforschung der Sinne einer anderen Wissenschaft, der Psychologie, und die Psychologen waren in der Tat sehr interessiert an dieser Materie. Eine Empfindung ist physisch. Aber alles Physische verwandelt sich schließlich in etwas Psychisches. Eine Sinneswahrnehmung, ein Geruch zum Beispiel, ist nicht das Ende des Erlebnisses; es folgt die psychische Reaktion und die Entscheidung, ob die Wahrnehmung angenehm oder unangenehm ist. Ebenso treten andere psychische Faktoren auf, wie das Ausmaß der Aufmerksamkeit, das einer Empfindung gewidmet wird, und solche Dinge haben bei jeder Untersuchung über die Eigenschaften der Sinne ebenso studiert zu werden. Zu jener Zeit, als Psychologen dieses Studium aufnahmen, gab es nur wenig festgestellte Tatsachen dieser Art, besonders fehlten sie für die niederen Sinne. So hatten denn die Psychologen auch das Sinnesphysiologische herauszufinden, und in einem gewissen Ausmaß ist es noch heute so. Jedoch hie und da in diesem oder jenem Land fand sich ein Physiologe, der sich für das Studium der Sinne interessierte und seine eigenen Forschungsmethoden entwickelte. Unzählige Fakten sind auf diese Weise gesammelt worden und sie repräsentieren einen ungeheuren Reichtum an Wissen, das jedoch noch immer ein verschlossenes Buch ist, selbst für jene, die damit vertraut sein sollten. So ist es wenigstens mit jenen Sinnen, bei welchen es kaum in Frage steht, sie medizinisch zu behandeln, wenn der Sinnesapparat schadhaft wird. Einen defekten Geruchssinn zu heilen, ist klarerweise eine weit weniger anziehende Aufgabe und vielleicht auch eine von geringerer Bedeutung, als ein Auge oder Ohr zu heilen.

2. Die neuentdeckten Sinne

In der vorstehenden kurzen Übersicht über die Stellung der Sinne in der Wissenschaft wurde nichts gesagt darüber, zu welcher Zeit ein Wissen über sie erlangt wurde. Alles fand statt im Laufe der letzten hundert Jahre. Bis dahin war das Wissen über die menschlichen Sinne sehr gering; wie bereits gesagt wurde, hat die medizinische Wissenschaft immer nur geringes Interesse an den Sinnen genommen und bis zum Beginn des letzten Jahrhunderts und selbst lange Zeit nachher ist weder die allgemeine Meinung noch die wissenschaftliche Erkenntnis weit über die Ansicht der alten Griechen hinausgekommen, daß wir fünf Sinne haben — Gesicht, Gehör, Geruch, Geschmack und Getast.

Wir wissen gegenwärtig von vielen anderen Sinnen, aber die Theorie der alten Griechen hängt uns noch immer nach. Ich kann nun gerade im Augenblick nicht angeben, in welcher Reihenfolge die neuen Sinne entdeckt wurden, aber alte Leute mögen sich noch erinnern, welche Sensation es war, als gefunden wurde, daß in der menschlichen Haut Warm- und Kaltpunkte eingebettet sind, die uns den Temperaturwechsel anzeigen.

Diese aufsehenerregende Entdeckung gehört jetzt der Vergangenheit an, aber die Tatsache an sich ist noch nicht in unser Bewußtsein übergegangen. Jene Punkte sind Organe im Sinne der oben gegebenen Definition. Sie sind mit dem Gehirn durch Nerven verbunden und entsprechen daher eben dieser Definition. Der Temperatursinn wurde entdeckt und fand sich getrennt vom Getast. Wir können dies als die erste Änderung oder Abweichung von der griechischen Feststellung ansehen.

Der Temperatursinn ist aber nicht der einzige von der Haut ausgehende Sinn der gefunden wurde. Da ist noch der Schmerzsinn, der ebenfalls alle Charakteristika eines Sinnes besitzt, nämlich Organe oder empfindliche Punkte, die in der Haut eingelagert sind, Nerven, und eine Zentralstation im Gehirn. Neben diesen und ganz unabhängig von ihnen verbleibt der alte Sinn des Tastens. Die Haut ist darnach eine wichtige Übermittlerin von Empfindungen. Nach der alten Theorie war es ganz unwesentlich, ob die Haut leichter oder schwerer berührt wurde. Aber es wurde weiters gefunden, daß die Muskeln unter der Haut ihre eigenen Wahrnehmungsorgane besitzen für den Fall, daß Druck auf sie ausgeübt wird. Auf diese Weise wurde die Existenz eines Drucksinnes festgestellt. Jede muskuläre Aktion wie eine Bewegung unserer Glieder wird uns nicht nur durch den Gesichtssinn oder andere Sinne, sondern auch durch den Sinn der Muskeltätigkeit mitgeteilt, den Kraftsinn, wie er genannt wird.

All dies bringt die Zahl der bestehenden Sinne von fünf auf neun; tatsächlich aber halten wir jedoch bei ungefähr zwölf festgestellten Sinnen, da es noch unbedeutendere Sinne gibt, die anscheinend noch nicht genügend erforscht sind.

Wenn wir Nahrungsmittel verzehren, nachdem die Vorbereitungen dafür gemacht wurden, so bringen wir alle Sinne in Tätigkeit, mit Ausnahme des Gesichtssinnes. Was innerhalb des Mundes vorgeht, ist nicht sichtbar und es mag sein, daß diese „Blindheit" im Essen Ungewißheit und Ängstlichkeit während dieser Handlung hervorruft. Zum Beispiel eine Fischgräte im Munde würde eine weniger kritische Angelegenheit sein, wenn wir sie daselbst sehen könnten. Aber der Gesichtssinn ist ausgeschlossen. Der andere höhere Sinn, das Gehör, spielt seine Rolle, wenn knusperige Nahrungsmittel zwischen den Zähnen zerbrochen werden. Zähe Nahrungsmittel quieken manchmal beim Kauen, und auch Saugen erzeugt Geräusche. Die Oberfläche des menschlichen Körpers ist gründlich abgesucht worden auf empfindliche Punkte für Temperatur, Schmerz und Getast, ebenso auch die Innenfläche der Mundhöhle, die Speiseröhre und der Magen. Die Verteilung der empfindlichen Punkte wurde dabei keineswegs gleichmäßig befunden, zum Beispiel im rückwärtigen Teil des Mundes sind keine Punkte für die Wahrnehmung von Wärme, aber viele, die Kälte anzeigen. Diese Tatsache kann beim Schlucken leicht geprüft werden. Die Haut der Speiseröhre und des Magens ist ohne Nerven für die Übertragung von Schmerz- und Temperaturempfindung, eine Tatsache, deren wir uns nicht bewußt sind.

3. Geschmack und Geruch

Nun ein Wort über die zwei niedrigen Sinne, mit welchen die Griechen bekannt waren: Geschmack und Geruch. Wie man seit langem weiß, wird Geschmack durch bestimmte Organe vermittelt, die in Teilen der Mundhöhle eingebettet sind und Geschmacksknospen genannt werden. Die Wahrnehmung des Geruchs ist beschränkt auf die Schleimhaut der Nase.

Diese beiden Sinne sind täuschend; Geruch wird häufig mit Geschmack verwechselt, weil Gerüche die Schleimhaut in der Nase vom Munde aus erreichen, durch die Verbindung zwischen Mund und Nase. Tatsächlich ist selbst die Sprache konfus und spiegelt die Täuschung wieder, der wir beständig unterliegen. Gewöhnlich wird als Geruch oder Aroma eines Nahrungsmittels oder Getränks die Wahrnehmung bezeichnet, die uns durch die Nasenflügel erreicht, während wir von Geschmack sprechen bei einer Empfindung, die uns nach unserer Meinung der Mund vermittelt, obwohl diese Empfindung zusammengesetzt ist aus wirklichem Geschmack und aus Geruchswahrnehmung. Wir sind selbst gewohnt — oder irregeführt —, als Geschmack reine Hautempfindungen zu bezeichnen, die nichts mit Geschmack oder Geruch zu tun haben, zum Beispiel, wenn wir von einem trockenen Geschmack sprechen.

Der Leser wird verstehen, daß wir hier den allgemeinen konfusen Brauch der Sprache nicht beibehalten und die Ausdrücke Geschmack und Geruch von Nahrungsmitteln nur in deren wahrem Sinne gebrauchen können. Geruch wird für uns alles sein, was von der Nase wahrgenommen wird, sei es durch einen Luftstrom durch die Nasenflügel oder durch die Verbindung zwischen Mund und Nase; Geschmack wird nur das sein, was durch die Geschmacksknospen im Munde vermittelt wird.

Die Verteilung dieser Geschmacksknospen im Munde ist gleichfalls ungleich und täuschend. Ihre Lage wechselt sogar beim Übergang vom Kinde zum Erwachsenen. Die Geschmacksknospen sind auch unterschiedlich in ihrer Empfindlichkeit für verschiedene Geschmacksqualitäten. Die Knospen an der Zungenspitze sind empfindlicher für süß und jene im Hintergrund der Mundhöhle für bitter. Jedermann kann dies durch Selbstversuch feststellen. Das täuschende Element liegt in der Verteilung der Knospen. Weintrinker erproben Wein auf dessen saueren Geschmack in der Weise, daß sie ihn unter die Zunge fließen lassen, aber dort gibt es gar keine Geschmacksknospen, und das einzige, was der Koster dort empfinden könnte, ist ein Schmerz, der durch die Sauerkeit hervorgerufen wird. Viele Leute glauben, daß sie Geschmacksempfindungen haben können, sogar genaue Geschmacksempfindungen, wenn sie einen Bissen mit der Zunge an den harten Gaumen pressen; aber dies ist keine Probe des Geschmackssinns, da am harten Gaumen keine Geschmacksknospen vorhanden sind. Man muß sich dabei klar sein, daß ein solcher Gebrauch der Zunge den seltenen Fall einer doppelseitigen Handlung darstellt: wir erhalten eine Meldung aus zwei Quellen, da die Zunge auf der einen Seite und der Gaumen auf der anderen berichten oder berichten sollen. Dies trifft sogar zu bei falschen Zähnen, da die Gaumenplatten gewisse Empfindungen übertragen.

Die Täuschung, der wir mit Geschmäcken und Gerüchen unterliegen, ist besonders schlagend im Falle von Säuren. Es ist allgemeiner Glaube, daß verschiedene Säuren verschieden schmecken. Da man fähig ist, zwischen Zitronensäure, Essigsäure und Schwefelsäure zu unterscheiden, ist es sehr erstaunlich zu hören, daß alle Säuren in der entsprechenden Konzentration genau den gleichen Geschmack haben; diese Säuren unterscheiden sich nur im Geruch oder in ihrem Effekt auf andere Sinne, die in der Haut ihren Sitz haben; vielleicht unterscheiden sie sich auch in ihrer Fähigkeit, Gewebe zu zerstören. Ebenso wie alle Säuren in bezug auf den Geschmack gleichartig sind, so sind es auch alle Süß-Stoffe, bzw. Bitter-Stoffe. Rohrzucker, Malzzucker usw., haben den gleichen süßen Geschmack; es ist nur der Geruch, der unterschiedlich ist.

Oft irren wir uns auch, indem wir gewisse Empfindungen Geschmack nennen, die nicht Geschmack sind; dies trifft besonders bei metallischem Geschmack zu. Empfindliche Leute bemerken einen metallischen Geschmack bei primitiv hergestellten Konserven. Deshalb empfehlen Gastronomen Holzbehälter für eßfertiges Fleisch und solche aus Glas für gekochte Früchte. Der metallische Geschmack ist einfach ein Geruch, der wahrscheinlich von Oxyden hervorgerufen wird.

4. Qualität und Intensität der Empfindungen

Unter der Qualität einer Empfindung versteht man die Art des Stimulans, das auf ein bestimmtes Organ einwirkt. Manchmal ist dies in der Empfindung nicht sehr klar, wie zum Beispiel der Unterschied zwischen einem dumpfen und einem scharfen Schmerz. Doch besteht ein leidlich klarer Unterschied zwischen Kalt- und Warmempfindungen. Einige Gelehrte sind geneigt, zu glauben, daß diese beiden ganz unabhängige Sinne darstellen.

Der Geschmack hat nur vier Qualitäten: süß, bitter, salzig und sauer. Möglicherweise kann der Laugengeschmack als ein fünfter angenommen werden. Was den Geruch anbelangt, so sind bis vor zehn Jahren 60.000 verschiedene Geruchsqualitäten entdeckt oder isoliert worden. Dies bedeutet, daß von den 300.000 chemischen Verbindungen, die man damals bereits kannte, 60.000 einen Geruch hatten. Jede mit einer eigenen Geruchsqualität. Diese Sachlage wird weiters noch dadurch kompliziert, daß von den 60.000 riechenden Verbindungen nur ungefähr 50 solche sind, die ausschließlich den Geruchssinn reizen. Alle anderen wirken auch auf andere Sinne. Die stechenden Gerüche zum Beispiel wirken auf den Schmerzsinn.

Was unter Intensität zu verstehen ist, braucht nicht viel Erklärung. Sie variiert zwischen einem Minimum der Wahrnehmung und einem Maximum, wofür keine Regel gegeben werden kann. Das Minimum ist von großer Bedeutung in jeder wissenschaftlichen Erforschung von Empfindungen und ebenso im praktischen Leben. Es gibt zwei Arten von Minima, die eine ist die Schwelle der Wahrnehmung, die andere die Schwelle des Erkennens. Ist man gerade imstande, wahrzunehmen, und zwar nur, daß ein Geruch vorhanden ist, ohne fähig zu sein, festzustellen, welcher Art dieser Geruch ist, so ist dies die Schwelle der Wahrnehmung. Eine leichte Steigerung der Intensität führt zum Erkennen der Geruchsqualität. In diesem Augenblick ist die Schwelle des Erkennens überschritten.

Qualität und Intensität entscheiden darüber, was geschieht, wenn die Sinne einen Impuls bekommen haben; es folgt nämlich die innere Entscheidung, ob das Ereignis angenehm oder unangenehm ist. Dies gehört nicht mehr in die Sphäre der Physiologie, sondern in die der Psychologie.

II. Individualität des Geschmacks

Individuelle Bevorzugungen und Abneigungen sind von solcher Bedeutung für Entscheidungen auf dem Gebiet der Nahrungsgebräuche, daß sie sprichwörtlich geworden sind: über den Geschmack kann man nicht streiten. Das ganze Feld der Psychologie und der Physiologie der Sinne würde geprüft werden müssen, um sie zu erklären, abgesehen von anderen Einflüssen aus historischen und klimatischen Quellen. Hier ist beabsichtigt, eine kurze Übersicht über jene Dinge zu geben, die die Sinnesphysiologie gefunden hat im Hinblick auf geschmackliche Abweichungen, wobei die Untersuchung auf den echten Geschmack beschränkt bleibt, das ist die Süßigkeit, Salzigkeit, Sauerkeit und Bitterkeit. Späterhin wird der Leser gelegentliche Bemerkungen finden über individuelle Unterschiede im Hinblick auf alle anderen Empfindungen bei der Nahrungsaufnahme.

Selbst hinsichtlich des Geschmacks wollen wir uns begrenzen auf nur eine Gruppe von Experimenten, jene nämlich, die ausgeführt wurden, um individuelle Unterschiede in der Wahrnehmung gemischter Geschmäcke, Verbindungen jener vier Qualitäten, festzustellen. Die Ergebnisse dieser Versuche sind von hervorragender Bedeutung für die Beurteilung individueller Eigenheiten und ihr Gegenstand deckt eigentlich das ganze Ernährungsgebiet. Sehr selten ist ein Nahrungsmittel einheitlich süß, sauer, salzig oder bitter allein, ohne Mischung der Geschmäcke. Die meisten Nahrungsmittel enthalten von Natur aus Mischungen von wenigstens zwei derselben, wenn nicht von allen vieren. Außerdem wird beim Bereiten von Gerichten Zucker, Salz oder Essig oder selbst etwas Bitteres oder mehrere davon zugemischt, um sicher zu sein, einen gemischten Geschmack hervorzurufen.

Der Leser habe keine Furcht vor der Mathematik, die nun folgt. Sie ist sehr einfach.

1. Geschmacksgleichungen

Wie bereits gesagt, enthalten Nahrungsmittel meistens Verbindungen mehrerer Geschmäcke. Aber um die Individualität des Geschmackes zu messen, und zwar in einer exakten wissenschaftlichen Art und Weise, ist die erste Bedingung, jedes Hereinspielen von Empfindungen anderer Art wie etwa Geruch auszuschließen. Es erwies sich daher als notwendig, diese Versuche mit schmeckenden anorganischen Verbindungen in reinem Zustande auszuführen. Solche Verbindungen rufen gemischte Geschmacksempfindungen hervor. Eine Durchschnittsperson, die zum Beispiel eine Lösung von Ammoniumchlorid kostet, wird die Erfahrung machen, daß ihre Zunge eine Mischung von salzigem, saurem und bitterem Geschmack wahrnimmt, aber nichts Süßes. Ich sagte allgemein: eine Durchschnittsperson; aber wie unterscheiden sich konkret Einzelpersonen, wenn sie den Geschmack von Ammoniumchlorid mit ihrer Zunge und Mundhöhle analysieren sollen? Eine Antwort auf diese Frage würde einen vollkommenen Schlüssel geben zu den unterschiedlichen Reaktionen auf Nahrungsmittel mit ähnlicher Geschmackskomposition, die also aus sauren, salzigen und bitteren Reizen besteht. Wenn eine Lösung von Ammoniumchlorid gemischte Empfindungen von salzig, sauer und bitter hervorruft, ist es nicht möglich, einen wirklich guten „Ersatz" auch für diese Verbindung zu schaffen durch Mischung bestimmter Mengen *reiner* Vertreter der drei Geschmäcke? Dies wurde versucht und führte zu Geschmacksgleichungen. In einer mehr mathematisch gerichteten Welt würde ein vollkommener Ei-Ersatz, wenn es einen gäbe, der alle mit dem Ei-Konsum verbundenen Empfindungen wiedergeben könnte, als echtes Ei empfunden werden und dies könnte mathematisch ausgedrückt werden, statt das Produkt einen Ersatz zu nennen.

Dieser Methode folgend wurde reines Kochsalz genommen, um die Komponente Salzgeschmack im Ammoniumchlorid darzustellen. Weinsteinsäure für das Saure und eine Chininverbindung für das Bittere.

Mit diesen drei Bestandteilen, jeder von ihnen in separater Lösung, errichtete der Forscher seine eigene Cocktailbar und mischte „Drinks" für seine individuellen Kunden, die Probepersonen. Er mischte kunstvoll, bis jeder von ihnen jede Mischung mit dem „echten" Stoff, Ammoniumchlorid, beständig vergleichend, erklärte, daß für ihn der Ersatz genau den gleichen Geschmack besitze, wie Ammoniumchlorid. Jeder war soweit, daß er die gleiche Empfindungsmischung hatte, ob er nun aus dem Glase mit Ammoniumchlorid kostete oder aus dem anderen Glase, in welches für ihn und seine persönliche Geschmackswahrnehmung die drei Elemente zusammengemischt waren. Die sich ergebende Gleichung lautet folgendermaßen:

$$100 \text{ Ammoniumchlorid} = x \text{ Kochsalz} + y \text{ Weinsteinsäure} + {} + z \text{ Chininverbindung.}$$

Nun kam die Probe. Durch Kontrolle der Mengen x, y und z wurde gefunden, daß nicht zwei der Versuchspersonen dieselbe Zusammensetzung benötigten, um das gleiche Resultat zu erreichen. Einige Personen benötigten die Bitterkomponente Chinin gar nicht in ihrer Mischung, Salz und Weinsteinsäure waren für sie ausreichend, aber auch für diese Personen mußten diese beiden Bestandteile in ganz unterschiedlichem Mengenverhältnis gemischt werden. Eine Person benötigte nur ein Drittel der Kochsalzmenge einer anderen, aber zehnmal soviel Weinsteinsäure. Für die Majorität der Versuchspersonen war die Zugabe der bitteren Substanz unentbehrlich, obwohl die eine nur ein Drittel dessen benötigte, was eine andere brauchte. Auch die sauere und salzige Komponente wurde bei diesen Personen in verschiedenem Ausmaß benötigt.

Diese Versuche mit Geschmacksgleichungen (sie wurden von Professor v. Skramlik ausgeführt)[1] werfen viel Licht auf das Problem der Individualität des Geschmacks. Ihre Resultate sind wahrscheinlich auch kennzeichnend für das Funktionieren aller anderen niedrigen Sinne des Menschen. Auch stellen sie ein Eindringen in bisher unerreichbare Sphären dar.[2] Wir alle sind imstande die Tatsache auszudrücken, daß wir eine Speise als salzig oder süß empfinden, aber die Sprache gibt uns keine Möglichkeit zu sagen, wie intensiv unsere Empfindung in jedem Einzelfalle ist. Wir können unsere Lust oder Unlust ausdrücken, aber nicht, was diesen zugrundeliegt. Bis jetzt mußten wir annehmen, daß jemand, der eine Tasse Tee mit drei Würfeln Zucker süßt, eben eine Neigung für süß hat. Aber nach diesen Versuchen (von welchen der vorgenannte nur ein Beispiel von vielen ausgeführten ist) ist es klar, daß nach aller Wahrscheinlichkeit jene drei Würfel Zucker bei der betreffenden Person kein Empfinden größerer Süßigkeit hervorrufen, wie zwei Würfel bei einer anderen. Das Verhältnis zwischen der Menge einer Geschmackssubstanz und dem Effekt hinsichtlich der Intensität der Wirkung ist nicht konstant bei verschiedenen Menschen.

---

[1] v. Skramlik: Handbuch der Physiologie der niederen Sinne. 1926.

[2] Alverdes, (Die Tierpsychologie in ihren Beziehungen zur Psychologie des Menschen. 1932) sagt: Es gibt keine Möglichkeit festzustellen, ob etwa ein anderer Mensch die Farbe rot „genau ebenso" empfindet, wie ich; im Falle, daß bei ihm mangelhafte Farbensichtigkeit oder gar Farbenblindheit besteht, läßt sich nur das Gegenteil erweisen. Daraus geht hervor, daß die Eindeutigkeit von Effekten auch für höhere Sinne, wie den Gesichtssinn, bezweifelt wird und daß bei diesem noch kein Mittel gefunden wurde, die Sachlage zu erforschen.

III. Tastempfindungen

Es ist ziemlich schwierig, reine Tastempfindungen zu erleben. Mit Ausnahme von wissenschaftlichen Versuchen ist es nämlich kaum möglich, Tastempfindungen zu erwecken, ohne andere Sinne gleichzeitig zu reizen, vor allem den Drucksinn und den Sinn der Muskeltätigkeit. So kommt es, daß es noch schwieriger ist, eine Tastempfindung im Munde zu isolieren, als die Geruchs- und Geschmacksempfindungen voneinander abzutrennen. In primitiver Weise kann das letztere einfach durch Zusammenpressen der Nasenflügel geschehen, nichts so Einfaches steht uns bei der Isolierung der Tastempfindungen zur Verfügung.

Wir wollen uns zunächst damit begnügen, eine Skala dieser Empfindungen anzuführen, die von v. S k r a m l i k entworfen worden ist:

Fest	weich
elastisch oder biegsam	spröd
scharf oder spitz	stumpf
dick	dünn
trocken	feucht
rauh	glatt

Es wird im folgenden gezeigt werden, daß die Empfindlichkeit der menschlichen Haut für diese verschiedenen Qualitäten ungeahnt hoch ist. Die Versuche, die auf diesem Gebiet ausgeführt wurden, wurden nur teilweise mit Speise und Trank angestellt, zum Teil auch auf anderer Grundlage, aber sie alle können dazu verwendet werden, die Tastvorgänge bei der Nahrungsaufnahme zu beurteilen.

1. Wahrnehmung der Größe von Körnern in Pulvern

Experimente dieser Art wurden von D i z i u s ausgeführt[1]. Es muß zunächst betont werden, daß es sehr schwierig ist, Pulver von so fein unterschiedlicher Körnung herzustellen, daß die Grenzen menschlichen Unterscheidungsvermögens erreicht werden. Die bestehenden Methoden für das Aussieben von Pulvern sind dafür kaum ausreichend. Dennoch war es möglich, festzustellen, daß Unterschiede in der Korngröße feiner Pulver bemerkt werden konnten, wenn der Durchmesser der Körner nur um Tausendstel Millimeter sich unterschied, dies lediglich durch das Tastempfinden an den Körnern zwischen den Fingerspitzen. Das war das Ergebnis mit feinen Pulvern. Bei gröberen Körnern wurde

---

[1] D i z i u s W.: Über das haptische Unterscheiden von Korngrößen, Inaugural-Dissertation, Jena. 1936.

auf diese Weise ein Unterschied von „nur" ein Hundertstel Millimeter
feststellbar. Auch wurde gefunden, daß bei Rechtshändern die Finger
der linken Hand mehr empfindlich sind, offenbar ist die Empfindlichkeit der weniger benutzten Hand feiner. Wenn dies so ist, so müssen
wir annehmen, daß die Schleimhäute im Munde noch empfindlicher sein
müssen, als die linken Hände von Rechtshändern. Auf diese Weise gelangen wir einigermaßen zur Vorstellung des Grades der Empfindlichkeit der Mundhöhle für Körnchen, die als Nahrung in den Mund
kommen oder sich daselbst auflösen.

Diese, man kann wohl sagen, Entdeckung führt zu einer Änderung
unserer Vorstellungen über den Einfluß der Feinheit der Körnung auf
die Nahrungsgebräuche. Auch bei den Tastempfindungen gilt das, was
oben gesagt wurde, daß nach ihrem Eintreten der psychologische
Effekt folgt, sie entweder angenehm oder unangenehm wirken. Oftmals wird ein Gericht ausschließlich nach seiner Glätte beurteilt, wir
preisen zum Beispiel eine Soße, wenn sie „seimig" ist. In solchen
Fällen treten die Empfindungen anderer Sinne gegenüber dem Tastsinn
in den Hintergrund. Es ist hauptsächlich aus diesem Grunde, daß
wir zahlreiche Luftbläschen enthaltende cremeartige Substanzen besonders hoch schätzen, weil der Luftgehalt zur Empfindung der Glattheit noch beiträgt. Luft hat jedenfalls die feinste Körnung. Da wir
in dieser Beziehung so empfindlich sind, so bemühen sich die Kochkünstler sehr, uns auch bei vielen anderen Gelegenheiten mit Empfindungen von Glattheit aufzuwarten. In der Schokoladeerzeugung zum
Beispiel werden komplizierte und kostspielige Maschinen angewendet,
um die feinste Beschaffenheit der gepulverten Kakaobohnen herzustellen; dasselbe Motiv lag dem vielfachen Gebrauch von Mörser und
Stössel in der antiken und mittelalterlichen Küche zugrunde.

2. Wahrnehmung der Dicke von Häutchen

Für die Empfindlichkeit der Finger hinsichtlich des Tastens wurde
noch eine Reihe von Versuchen angestellt, und zwar in bezug auf die
Wahrnehmung von Unterschieden in der Dicke von Papieren, die
zwischen Daumen und Zeigefinger gehalten werden.[1] So wie bei den
Körnern ist auch bei den Papieren die Empfindlichkeit abhängig vom
Ausgangsmaterial, in diesem Falle von der Dicke der gewählten Papiersorte. Bei den dünnsten der verwendeten Papiere konnten
nahezu alle Versuchspersonen Unterschiede in der Dicke erkennen, die
nur 0,02 mm betrugen. Manchmal wurden sogar Unterschiede von
0,01 mm erkannt. Die Empfindlichkeit nahm ab, wenn dickere Papier

---

[1] K a t z D.: Der Aufbau der Tastwelt. 1925.

sorten verwendet wurden und dies mag die Ursache sein, weshalb diese
Art von erstaunlicher Empfindlichkeit der Finger nicht schon früher
bemerkt worden ist. Bei Pappendeckel, 1 mm stark, wurde ein Unterschied nur wahrgenommen, wenn ein anderer mit einer Dicke von
1,3 mm folgte.

Wenden wir nun diese Ziffern auf das Wahrnehmungsvermögen im
Munde an, so läßt sich folgern, daß wir imstande sind, die feinsten
Häutchen oder häutchenartigen Substanzen in der Nahrung zu entdecken. Sonderbarerweise sind manche Leute psychologisch sehr empfindlich, wenn sie solche Dinge im Munde bemerken; es kann selbst
zum Erbrechen führen. Die Ursache dieser Aversion ist nicht klar.
Eines der häufigsten Beispiele ist gekochte Milch und die Abneigung
gegen die nach dem Kochen auftretenden Häutchen mag in der Geschichte der Ernährungsgebräuche dazu beigetragen haben, Milch als
Nahrungsmittel zu diskreditieren. Für „Haut"-empfindliche Menschen
ist der Konsum gekochter Milch jedesmal ein Experiment, das gelingen
kann oder auch nicht. (Wie oft, wenn jemals, denkt ein Diätetiker
daran?) Anderseits erheben die meisten Leute keine Einwendung, wenn
sie die Häute von Früchten in ihrem Munde merken. Vielleicht deshalb nicht, weil sie sich dessen bewußt sind, daß sie imstande sind,
diese Häute im normalen Verlauf des Essens zu kauen. Auch können
die meisten Leute zwischen dicken und dünnen Fruchthäuten im Munde
unterscheiden und sie schätzen die dünnhäutigen Früchte höher als
die anderen. Hier kommt jedenfalls die von K a t z gemessene Fähigkeit
der Unterscheidung in Betracht. Daß wir aber Gewebehäute von Fleisch
in unseren Gerichten nicht mögen, geht jedenfalls darauf zurück, daß
sie so schwer kaubar sind.

Es seien hier noch Versuche angeführt von B a s l e r und S c h u s t e r[1]
über die Wahrnehmbarkeit von rauh und glatt. Diese Autoren setzten
sich die Aufgabe, herauszufinden, wieweit etwas aus einer glatten
Fläche herausstehen müsse, damit diese Fläche als rauh empfunden
werde. Dies ist mehr eine Frage nach dem ersten Erkennen von Rauhheit, als eine der menschlichen Empfindlichkeit, Unterschiede zwischen
rauh und glatt zu bemerken. Für diesen Versuch wurden Pakete von
Rasierklingen in solcher Weise hergestellt, daß Papier zwischen je
zwei Klingen eingelegt wurde. Der Gedanke war zu prüfen, bei welcher
Dicke des eingelegten Papieres die Oberfläche der Packung die Empfindung „glatt" bewirkt und bei welcher Dicke die Empfindung „rauh".
Es wurde festgestellt, daß Rauhheit eintrat, wenn die Entfernung
zwischen zwei benachbarten Schneiden auf 0,12 mm (bis zu 0,18 mm)
stieg. Obwohl kein praktisches Beispiel ähnlicher Art vorliegt, das

------

[1] B a s l e r A. und S c h u s t e r H.: Über das Erkennen von rauh und
glatt. Zeitschrift der Sinnesphysiologie LXVI, **33** (1935).

sich auf die Empfindlichkeit der Mundhöhle bezieht, kann doch auch aus diesen Versuchen auf Vorgänge daselbst geschlossen werden.

3. Der Körper der Flüssigkeiten

Der Ausdruck Körper wird angewandt nicht bloß auf feste Gegenstände, sondern auch auf flüssige Nahrungsmittel. Zu sagen, daß eine Flüssigkeit Körper hat, ist bei den meisten derselben ein Ausdruck hohen Lobes. Für den Gegensatz scheint keine entsprechende Bezeichnung zu bestehen; wenn man davon spricht, so bezeichnet man ein Getränk als „dünn" oder „leer".

Körper ist an sich eine sonderbare Bezeichnung für eine Flüssigkeit; ist es doch im Wesen von Flüssigkeiten gelegen, keinen Körper zu haben. Was gemeint ist, ist nichts anderes, als daß ein gewisser Widerstand von der Zunge gefühlt wird, wenn die Flüssigkeit sich durch den Mund bewegt. In vielen Fällen ist diese Empfindung psychologisch angenehm und daher gesucht. Es mag hinzugefügt werden, daß Flüssigkeiten dieser Art ihr Aroma durch einen längeren Zeitraum im Munde aufrechterhalten als andere Flüssigkeiten, so daß diese Eigenschaft die Wahrnehmbarkeit des Aromas erhöht. Abgesehen davon ist der Widerstand, den die Zunge findet, eine Begleiterscheinung jener Eigenschaft, die Viskosität genannt wird. Das Messen der Viskosität hat verschiedene Zwecke und es existieren Apparate für solche Messungen. Um den Zusammenhang zwischen Viskosität und dem, was Körper einer Flüssigkeit genannt wird, festzustellen, haben Versuche stattgefunden, diesmal nicht mit Daumen und Zeigefinger, sondern tatsächlich im Munde. Der Laie wird sich vorstellen, daß bei Flüssigkeiten ein körperähnlicher Zustand erreicht werden könnte durch hochkonzentrierte Lösungen. Jene Versuche aber zeigen, daß dies nicht so ist. Keine Versuchsperson konnte durch Bewegung von Lösungen im Munde herausfinden, daß eine Abhängigkeit dieser Art besteht. Ganz verschiedene Konzentrationen wirkten gleichartig, wenn die Lösungen eine gleich große Viskosität aufwiesen. Die Konzentrationen waren in einigen Fällen außerordentlich schwach; 0,93 molare Lösung von Kochsalz, 0,42 molare Lösung von Mangansulfat, 0,65 molare Lösung von Glyzerin und 0,18 molare Lösung von Rohrzucker riefen die gleichen Empfindungen hervor; nicht im Geschmack natürlich, aber im „Körper".[1] Durch diese Versuche ist die Empfindlichkeit des Tastsinnes noch einmal bewiesen und wieder sehen wir menschliche Eigenschaften, die niemals vorher erkannt worden sind und Nahrung

---

[1] K l u m p G.: Über das haptische Erkennen der Zähigkeit von Flüssigkeiten, Inaugural-Dissertation, Jena. 1936.

und Getränke angenehm oder unangenehm machen. Hinzuzufügen ist,
daß bei diesen Vorgängen zwei Sinne in Tätigkeit geraten, physiologisch gesprochen der Tastsinn und auch der Kraftsinn. Der letztere
deshalb, weil die Zunge im Munde sich durch Muskeltätigkeit bewegt.

Nennen wir den Körper oder die Viskosität einer Flüssigkeit einfach Dicke. Dann ist aus diesen Versuchen ersichtlich, daß Kochsalz
die fünffache Menge erfordert wie Zucker, um die gleiche Dicke herbeizuführen; ein Umstand, der Beachtung verdient.

4. „Eine angenehme Feuchtigkeit auf dem Gaumen"

Im gegenwärtigen Stadium der Ernährungswissenschaft spielt die
Bedeutung des Brotes als Nahrung eine besondere Rolle, auf die in
späteren Kapiteln oft zurückgekommen werden wird. An dieser Stelle
ist nur beabsichtigt, den engen Zusammenhang zwischen den Eigenschaften von Brot und dem Tastsinn aufzuzeigen. Vor 60 Jahren gab
es in England eine Auseinandersetzung über die Einführung von rein
weißem Mehl, gerade wie sie jetzt über dessen Abschaffung im Gange
ist. Eine Autorität, die noch immer anerkannt wird, *Jago*[1], hatte den
Wunsch, beide Seiten der Frage aufzuzeigen, und zitierte in einem
Buch einen Fachmann, der die Beibehaltung des Keimes im Mehl ver-
focht. Dieser Fachmann nahm für seine Ansicht keinen anderen Vorteil in Anspruch, als diesen, daß Brot, aus keimhaltigem Mehl bereitet, eine angenehme Feuchtigkeit auf dem Gaumen hervorrufe. Dies
ist ja nun eine Eigenschaft, die durch den Tastsinn wahrgenommen
wird, ebenso wie ihr gefürchtetes Gegenteil, die Trockenheit des Brotes.
Da der Standard, nach welchem Brot gemeinhin beurteilt wird, sich
seit damals sehr wenig geändert hat, so ist dieses Argument erwähnens-
wert — sei es richtig oder nicht. Denn jedenfalls zeigt es, daß die
Wirkung des Tastsinnes ein entscheidender Faktor der Broterzeugung
sein kann, abgesehen von der Berücksichtigung der vielen anderen
Eigenschaften, welche gutes Brot haben soll.

Ebenso treffend ist Goldthwaites Definition eines idealen
Gelées[2]: „Ein ideales Fruchtgelée ist ein wunderschön gefärbtes, durchscheinendes, schmackhaftes Produkt, das durch Behandlung von Frucht-
saft in solcher Weise erhalten wird, daß das Ergebnis eine zitternde
und nicht fließende Masse ist, wenn sie aus der Form gehoben wird;
ein Produkt, das weder sirupartig noch gummiartig noch klebrig ist,
noch zäh; ebenso darf es nicht brüchig sein und doch wird der Bruch

---

[1] Jago W.: Chemistry of Wheat, Flour and Bread, 1884.
[2] cit. in Lowe B.: Experimental Cookery.

unter dem Messer charakteristische glänzende Schnittflächen ergeben.
Dies ist jene deliziöse, appetitliche Substanz, ein gutes Fruchtgelée."

Auch hier wieder bezeichnet „weder sirupartig noch gummiartig
noch klebrig noch zäh" Eigenschaften, die vom Tastsinn wahrgenommen
werden sollen. Die Wirkung auf den Gesichtssinn wird gleichfalls
ausdrücklich betont, und auch auf einige mechanische Eigenschaften,
wie schneiden, zittern usw., ist Bezug genommen. Ich hebe dieses
Beispiel hervor, weil die Tatsache, daß dieses Gelée aus süßen
(Geschmackssinn) und aromatischen (Geruchssinn) Fruchtsäften bereitet ist und daß diese die Grundlage des Erzeugnisses bilden, in
dieser Bschreibung keine Rolle spielt.

5. Galens System

Die Empfindungen des Getastes und der Temperatur wurden für
diagnostische Zwecke nach der berühmten Theorie von Krankheit und
deren Heilung benützt, die der römische Arzt G a l e n im 2. Jahrhundert n. Chr. entwickelt hat. Die modernen Autoren D r u m m o n d und
W i l b r a h a m sagen von dieser Theorie: „Ihr wesentlicher Aufbau war
so einfach und logisch, daß sie die medizinische Lehre beinahe durch
2000 Jahre beherrschte. Die grundlegenden Prinzipien der Natur oder
die Elemente, wie sie oft genannt wurden, waren Luft, Feuer, Wasser
und Erde — jedes Element hatte seine charakteristische Qualität; die
Erde war trocken, das Wasser feucht, das Feuer war heiß und die Luft
kalt. Eine Kombination von zwei Elementen erzeugte durch die Mischung
der Qualitäten eine Komplexion, von welcher vier erkannt wurden, und
zu jeder Komplexion gab es einen passenden Humor." Die Mischung
der Elemente ergab warm und feucht, kalt und feucht, warm und
trocken und kalt und trocken. Auf den ersten Blick ist es klar, von
dem hier vertretenen Gesichtspunkt aus gesehen, daß der erste Teil
jedes solchen Paares als im Bereiche des Temperatursinnes gelegen
erkennbar ist, während der zweite Teil ausschließlich in den Bereich
des Getasts gehört.

H a g g a r d[1] sagt, daß nach dem System von G a l e n „Gesundheit
bestand in der Aufrechterhaltung dieser Qualitäten im menschlichen
Körper, und zwar in den richtigen Proportionen. Im gesunden Menschen
waren Wärme und Kälte im Gleichgewicht und ebenso Trockenheit
und Feuchtigkeit. Krankheit stellt sich ein, wenn das Gleichgewicht
zwischen den vier Qualitäten gestört wird, und Krankheit kann ge-
heilt werden durch Arzneimittel zur Wiederherstellung des richtigen
Gleichgewichts." Von den Arzneimitteln wurde angenommen, daß sie

---

[1] H a g g a r d H. W.: Devils, Drugs and Doctors. 1929.

dieselben vier grundlegenden Qualitäten besitzen, und daher wurde ein kühlendes Mittel angewendet, wenn ein Patient zu viel Hitze hatte usw. Der Leser wird finden, daß diese Theorie noch immer, wenn auch außerhalb der medizinischen Wissenschaft, lebendig ist. Das ganze war nicht nur eine Frage der Arzneimittel, sondern auch der Nahrung. Haggard zitiert die Beispiele, daß bittere Mandeln als warm ersten Grades und trocknend zweiten Grades betrachtet wurden, während Pfeffer im vierten Grade erhitzte und Gurkensamen im selben Grade kühlten. Nach Haggard geht der Ausdruck „kühl wie eine Gurke" auf die therapeutische Theorie Galens zurück. Drummond und Wilbraham weisen auf den schlechten Einfluß hin, den diese Theorie auf die Würdigung der Früchte als Nahrungsmittel hatte. Denn nach ihr wurden Früchte als „kalt und feucht" klassifiziert. Früchte wurden daher als wirksam zur Beseitigung von Fieber betrachtet, da dieses aus einem Überschuß von Wärme und Trockenheit bestand. Für jeden anderen Körperzustand, gesund oder krank, aber waren Früchte gefürchtet. Drummond und Wilbraham glauben, daß es nicht schwer zu verstehen ist, wie diese Haltung den Früchten gegenüber entstanden ist. „Der Sommer war die Zeit einer großen Häufigkeit von Infektionskrankheiten und es ist nicht überraschend, daß die Volksphantasie eine Beziehung sah zwischen den Diarrhöen und Dysenterien der heißen Monate und dem laxativen Effekt einer reichlichen Fruchtdiät."

Dies ist ja sicherlich richtig. Diarrhöe und Frucht erscheinen noch immer in vielen Teilen der Welt als miteinander in Beziehung stehend. Anderseits muß man sagen, die Geschichte der Medizin scheint noch nicht herausgefunden zu haben, was früher mehr gefürchtet war, Diarrhöe oder Verstopfung. Die Symptome von Diarrhöe sind früher oft absichtlich herbeigeführt worden durch den Gebrauch von starken Drogen, aber nicht durch Früchte; dies war einfach ein Brauch, wie der Aderlaß, sagt Haggard. Verstopfung wurde jedoch niemals absichtlich herbeigeführt.

Es ist daher wahrscheinlich, daß diese Stellungnahme zu Früchten als Nahrung nichts anderes als ein Ergebnis der Spekulation war wie die ganze galenische Theorie; der Geist setzt sich Regeln unabhängig von den Erfahrungen des Körpers, bis dies zu einem Tabu führte.

Sei dem wie immer, das galenische System betrifft nicht nur den Gebrauch von Arzneimitteln, sondern auch von Nahrungsmitteln, besonders in den Extremen, zu welchen dieses System die Jahrhunderte hindurch von Galens Schülern geführt wurde. Wahrscheinlich hat keine andere Persönlichkeit einen derart starken Einfluß auf Nahrungsgebräuche ausgeübt als er. Ohne Galen würde vielleicht die Landwirtschaft einen anderen Charakter erhalten haben! Besonders merkwürdig ist es, daß in der galenischen Theorie Wahrnehmungen der „niederen Sinne", Getast und Temperatur, grundlegend sind für ein diätetisches und nicht für ein psychologisches System. Dieser Irrtum mag die Ursache seines Erfolges gewesen sein; da der Mensch seine Haltung nach seinen sinnlichen Wahrnehmungen richtet, mußte den Leuten das galenische System, so wie Drummond und Wilbraham sagen, „einfach und logisch" erscheinen.

IV. Die Abhängigkeit des Geschmackes von der Temperatur

Es mag das Verständnis für den Brauch, gewisse Gerichte warm und andere kalt zu essen, fördern, wenn wir prüfen, was die Sinnesphysiologie über den Einfluß der Temperatur auf den Geschmack gefunden hat. Unter dem letzteren ist hier natürlich nur die süße, bittere, saure und salzige Empfindung gemeint. Ebenso mag es für das Verständnis des eintretenden Gefühlswechsels von angenehm zu unangenehm nützlich sein, wenn ein warmes Gericht kalt gegessen wird oder umgekehrt. Einige der sich dabei ergebenden Tatsachen sind so klar, daß sie selbst bei Durchschnittspersonen den Nebel durchdringen, der die komplexen Empfindungen beim Essen und Trinken umgibt.

Bei niedrigen und bei hohen Temperaturen (eine hohe Temperatur beim Essen und Trinken ist ungefähr 60° C) kann keine Empfindung der Süßigkeit oder Bitterkeit wahrgenommen werden. Diese sonderbare Tatsache ist festgestellt worden bei Temperaturen unter dem Gefrierpunkt und über 50° C. Zwischen diesen beiden Grenzwerten der Wahrnehmbarkeit gibt es eine Kurve der Empfindlichkeit für die beiden Geschmäcke, die charakteristisch ist für jeden einzelnen Süßstoff oder Bitterstoff (Hahn). Solche Feststellungen stehen jenseits der Erfahrung im täglichen Leben, sie können nur gemacht werden, wenn eine einzelne Geschmacksknospe auf der ausgestreckten Zunge mit der Probeflüssigkeit bespült wird. Will man auf diese Weise die Geschmacksempfindlichkeit feststellen, so muß man außerdem noch die Vorsicht gebrauchen, nicht unter 17° C und nicht über 42° C zu gehen, da unter 17° und über 42° der Schmerzsinn gereizt wird, was die Beobachtungen unklar machen kann.

Die Wirkung des süßen Geschmacks bei verschiedenen Temperaturen wurde mittels eines künstlichen Süßstoffes, Dulcin, eruiert. Es wurde gefunden, daß bei steigender Temperatur (zwischen den angegebenen Grenzen) ein rasches Ansteigen der Wahrnehmbarkeit erfolgt. Wenn die Temperatur von 17° auf 35° C erhöht wurde, so erschien die Süßigkeit der gleichen Dulcin-Lösung 5½ mal höher. Wenn die Temperatur dann noch weiter erhöht wurde, nahm die Empfindlichkeit der Geschmacksknospe auf der Zunge rapid ab und verschwand bei ungefähr 50° C, wie schon vorhin erwähnt.

Dies ist einer der Fälle, in welchen die Küchenerfahrung parallel geht mit den Ergebnissen des wissenschaftlichen Experiments. Die Küchenerfahrung zeigt, daß heißes Kompott oft als zu süß empfunden wird, aber gerade richtig nach der Abkühlung. Ebenso ist es allgemein anerkannt, daß Puddings in warmem Zustande süßer sind als kalt.

Daß hohe Temperaturen die Wahrnehmung des Geschmackes unmöglich machen, stimmt anderseits mit der praktischen Erfahrung nicht überein. Jedermann glaubt, die Süßigkeit im heißen Tee zu erkennen. Wahrscheinlich liegt die Sache so, daß die Temperatur des Tees im Munde rapid sinkt.

Es muß nicht als allgemeine Regel für Tastempfindungen betrachtet werden, daß die Empfindlichkeit für Süßstoffe bei einem Wechsel der Temperatur dermaßen schwankt, wie soeben für Dulcin angegeben. Die Unterschiede zwischen verschiedenen Süßstoffen sind in dieser Beziehung beträchtlich und sicherlich ist ein mit Zucker gesüßtes heißes Kompott nicht 5½ mal so süß wie ein kaltes.

Bei dem Bittergeschmack ist die Abhängigkeit von der Temperatur ganz andersartig. Es tritt keine Erhöhung der Empfindlichkeit durch ein Steigen der Temperatur ein. Es wurde im Gegenteil gefunden, daß zwischen den Temperaturgrenzen 17° und 42° C die Empfindlichkeit um ein Drittel verringert wird, hingegen ist die Abnahme auch nicht gleichmäßig, sie ist langsam am kühlen und schnell am warmen Ende dieser Skala. Während bei Süßstoffen die Alltagserfahrung mit den Versuchsergebnissen übereinstimmt, wurde die Abnahme der Empfindlichkeit für bitter bei höheren Temperaturen im Alltagsleben kaum erkannt. Nach diesen Messungen sollte warmes Bier weniger bitter sein als kaltes; wahrscheinlich verkleidet der Wechsel anderer Sinnesempfindungen, verursacht durch Temperatur, das Erkennen dieser Tatsache. Ebenso wurde es nicht erkannt, daß das Einnehmen bitterer Arzneimittel erleichtert sein müßte durch deren Erwärmung.

Aus dieser kurzen Übersicht geht zumindest hervor, weshalb Feinschmecker so empfindlich sind gegen unrichtige Temperaturen von Gerichten und Getränken und weshalb selbst der gemeine Mann so aufmerksam in dieser Beziehung ist. Der Psychologe Titchener[1] wunderte sich einst, wieso der Geschmack, der nur vier Qualitäten besitze, so einen reichen Wechsel von Empfindungen hervorrufen könne; zu seiner Zeit war der Einfluß der Temperatur, wie vorbeschrieben, noch nicht bekannt.

---

[1] Titchener E. B., A Textbook of Psychology. 1910.

Eine Bemerkung allgemeiner Natur mag hier am Platze sein. Was die Physiologie der menschlichen Sinne gefunden hat und was im Vorstehenden berichtet ist, wurde bisher niemals auf die menschliche Ernährung angewandt, es ist bei der rein wissenschaftlichen Feststellung geblieben. Auch sei hier nachdrücklich betont, daß wenn auch die Wissenschaft, die in der Nahrungsmittelforschung noch anzuwenden ist, bereits entdeckt worden ist, dies nicht bedeutet, daß ihre Ergebnisse ohne weiteres von jedermann gefunden werden können. Harte Forschungsarbeit ist erforderlich. Dies gilt auch für die Widersprüche, die vorhin aufgezeigt wurden.

V. Kontraste

Es ist zweifelhaft, ob Kontraste im Gebiet des Geruchs bestehen, aber sicher, daß sie auf dem Geschmacksgebiet vorhanden sind. Eine Kontrastwirkung im Geschmack kann, nach der wissenschaftlichen Definition, erzeugt werden, wenn ein Geschmack, der auf einem Teil der Zunge erregt wird, sich zu ändern scheint, weil auf einem anderen Teil der Zunge ein anderer Geschmack hervorgerufen wird. In Analogie zur Optik wird der Kontrast simultan genannt, wenn beide Empfindungen gleichzeitig stattfinden und sukzessiv, wenn die beiden Empfindungen einander rasch folgen. Die Kontraste gehören zu jener Gruppe von Erfahrungen, die beim Verzehren von Nahrungsmitteln gemacht werden, dabei aber nicht einer Täuschung unterliegen; vorausgesetzt, daß man eine Kontrastwirkung nicht an und für sich als Täuschung bezeichnet. Daher spielen die Kontraste eine große Rolle in der Gastronomie, jener Kunst, die auf besonderer Sinnesempfindlichkeit beruht. Es ist wohl allgemein bekannt, daß eine Regel im System der französischen Gastronomie es für ein Verbrechen hält, den gleichen Wein durch eine reichhaltige Mahlzeit von vielen Gängen zu trinken. Auch ist es tatsächlich so, daß sehr süße Weine zu den ersten Gängen einer solchen Mahlzeit schlecht passen, die mehr pikante als süße Geschmäcke enthalten; ein süßer Wein zu diesen getrunken, würde als zu süß erscheinen. Andererseits ist ein wenig gesüßter Wein sauer, wenn er zu einem süßen Gericht am Ende der Mahlzeit getrunken wird. Nach der oben gegebenen Definition handelt es sich in beiden Fällen um den Sukzessiv-Kontrast, da doch immer nach einem Bissen, sei derselbe sauer oder süß, das Getränk kommt. Aber wenn gemischte Pralinés gegessen werden mit unterschiedlichen gemischten Füllungen, mögen Simultan-Kontraste zustande kommen. Das Essen dieser Pralinés ist ungefähr dasselbe, wie das Betasten der Zunge mit unterschiedlichen Geschmackslösungen zur gleichen Zeit. Ißt man aber

Pralinés mit verschiedenen Füllungen, eines nach dem anderen, dann kann wieder ein Sukzessiv-Kontrast eintreten.

Wissenschaftliche Prüfungen haben gezeigt, daß der Kontrast tatsächlich so starke Abweichungen im Geschmack hervorrufen kann, wie sie der Gastronom wahrzunehmen glaubt. Wenn man denselben Wein zu mehreren Gängen trinkt, die unter sich geschmacksverschieden sind, so erfordert es eine starke psychologische Anpassungskraft, einen solchen Wein bei allen Gängen wohlschmeckend zu finden. Dasselbe gilt für Bier; seine Bitterkeit tritt viel mehr in Erscheinung nach einem Bissen eines süßen Gerichtes. Derjenige, der nicht imstande ist, sich dieser gesteigerten Bitterkeit anzupassen, kann Bier zu einem süßen Gericht einfach nicht ertragen.

Die wissenschaftlichen Feststellungen über die verstärkende Wirkung der Kontraste beruhen auf Prüfungen an den schwächsten Lösungen von Geschmackstoffen. Wenn ein Geschmacksstimulus so schwach ist, daß er für sich allein durch den Geschmackssin nicht wahrgenommen werden kann, so wird er dennoch sofort als Geschmack erkannt, fand K i e s o w,[1] wenn im Kontrast erprobt. Wir können zum Beispiel einen Salzgeschmack nicht wahrnehmen, wenn die Lösung schwächer ist als 0,04 molar; aber wenn daneben ein süßer Geschmack gekostet wird, dann ist eine zehnmal dünnere Salzlösung als solche kenntlich. Bei einigen Säuren wurde gefunden, daß das wahrnehmbare Minimum in Kontrastwirkung auf die Hälfte sinkt. In derslben Weise wird das wahrnehmbare Minimum des Süßgeschmacks von Zucker, eine 0,01 molare Lösung, auf den 15ten Teil verringert. Es ist möglich, die Süßigkeitsempfindung zu erhöhen — durch Ausnützung der Kontrastwirkung —, indem man kleine Mengen Salz zu Puddings oder Kuchen hinzufügt. Bäckereisachverständige wissen das und machen Gebrauch davon. Wahrscheinlich ist ihre Erfahrung ebenso richtig, wie die Ansichten der Gastronomen über die Beziehungen zwischen Speise und Trank.

VI. Physiologische Ermüdung

Dies ist ein Punkt, über welchen der Laie nichts weiß und dem der Diätetiker keine Aufmerksamkeit schenkt. Physiologische Ermüdung spielt eine große Rolle in der Ernährung und dementsprechend wird sie in diesem Buch immer wieder herangezogen. Es handelt sich um die Erfahrung, daß Nerven, welche eine Empfindung zum Gehirn zu leiten haben, auf einen Reiz (des Sinnesorgans) nicht immer in solcher Weise reagieren, wie sie es gewöhnlich tun; sie können in einem

---

[1] K i e s o w W., Beiträge zur physiologischen Psychologie des Geschmacks, Wundts philosophische Studien X. 1899.

schwächeren Ausmaß oder überhaupt nicht reagieren. Diese Erscheinung ist wohl zu unterscheiden von der psychologischen Ermüdung, die späterhin behandelt werden wird und die beiläufig die Unlust an einer sonst angenehmen Empfindung bedeutet; einfach, weil sie zu oft wiederholt wird; während physiologische Ermüdung eine Sache der Verringerung der Empfindungsfähigkeit oder gar deren zeitweiliges Ende ist. Die Ursache dieser Ermüdung liegt in der Dauer der Empfindung; sie hat, diesmal, zu lange gedauert. Eine andere Ursache ist die Gegenwart von anderen und verwandten Empfindungen zur selben Zeit. Die Linie ist besetzt und kann andere Anrufe nicht übernehmen.

Es scheint, daß physiologische Ermüdung bei allen Arten von Empfindungen in der Haut oder im Körper eintreten kann. Wir werden uns hier auf nur einen Sinn beschränken, einen von hervorragender Bedeutung bei der Ernährung (soweit ein Sinn dabei überhaupt größere Bedeutung hat als ein anderer), den Geruchssinn. In einigen Fällen ist das Auftreten der physiologischen Ermüdung so deutlich, daß wir ihrer bewußt werden, selbst durch den bereits erwähnten Nebel hindurch, der den Komplex von Empfindungen verschleiert, die unser Alltagsleben begleiten. Zum Beispiel wissen wir, daß im Käseladen nach einer Weile die Fähigkeit verloren geht, den Geruch wahrzunehmen, der unsere Nasen attackierte, als wir den Laden betraten. Es ist auch bekannt, daß in einem von Tabakrauch erfüllten Zimmer andere Gerüche geschwächt erscheinen, in welchem Falle eben der Tabakrauch die erwähnte Rolle des verwandten Stimulus spielt. Aber die volle Bedeutung physiologischer Ermüdung konnte nicht entdeckt werden vor der wissenschaftlichen Erforschung dieser Eigenschaft. Es würde zu viel Raum in Anspruch nehmen, alle Experimente zu beschreiben, die von einer Reihe von Forschern auf diesem Gebiet durch eine lange Zeit ausgeführt wurden. Die beiden Hauptpunkte der Untersuchung waren: erstens, um wie viel die Wahrnehmbarkeit eines Geruches unter gewissen Umständen verringert werden kann und zweitens, wie lange es dauert, bis die Verringerungen erreicht werden. Diese Versuche wurden meist mit reinen chemischen Verbindungen und nicht mit Nahrungsmitteln durchgeführt, aber es ist möglich, hier auch einige Tatsachen zu bringen, die mit gewöhnlichen Nahrungsmitteln festgestellt wurden.

1. Der Sättigungspunkt bei Geruch

Um die Herabsetzung der Wahrnehmbarkeit des Geruchs aus einer Flasche festzustellen bei Gegenwart desselben Geruchs im Versuchsraum, wurde die einfache Methode des Riechens an der Flaschenöffnung angewandt. Die Flaschen waren nacheinander mit immer schwächeren Konzentrationen des geprüften Geruchsstoffes gefüllt. Es wurde gefunden, daß die Wirkung verschiedener chemischer Verbindungen unter den gleichen Versuchsbedingungen nicht dieselbe ist. Der Geruchseffekt der chemischen Verbindung Guaiacol z. B. zeigte sich an der Flaschenmündung besonders beeinflußbar, wenn derselbe Geruch auch im Raume herrschte. Hier mußte der Geruch aus der Flasche 36mal stärker sein als im Falle eines solchen Versuches in einem gut gelüfteten Raum mit reiner Luft. Wenn dieser Versuch mit Capronsäure durchgeführt wurde, so mußte die Riechstärke an der Flasche nur 15mal so groß sein, während bei Nitrobenzol die notwendige Verstärkung unter den geschilderten Versuchsbedingungen nicht mehr als 2½mal betrug.

Daß diverse chemische Verbindungen, die aber an sich alle stark riechend sind, so verschieden sind in der Fähigkeit, ihre Wahrnehmbarkeit ganz oder teilweise zu verlieren, ist von einiger Bedeutsamkeit für das vorliegende Thema. Der Geruch eines Gerichtes stammt von vielen, vielleicht hunderten von chemischen Verbindungen her, die darin enthalten sind, und jede einzelne von ihnen riecht anders. Wenn einige von diesen vielen die Eigenschaft haben, während der Mahlzeit „zu verschwinden" oder sich auch nur zu verringern, dann hat das Gericht noch immer ein Aroma, aber nicht das erwartete oder gewöhnte. Der Geruch erscheint dann ordinär oder auch schal, ihm fehlt der Charakter, der ihn vordem auszeichnete. Wenn dies eine Folge der Ermüdung ist, so strömt der volle Geruch noch immer aus dem Gericht, obwohl wir unsere Fähigkeit verloren haben, alle Komponenten in ihrer komplexen Wirkung wahrzunehmen; und da wir in einem solchen Falle noch immer einen Geruchseindruck haben, so kommt es uns nicht zum Bewußtsein, was sich ereignet hat; wir sind geneigt, dem Gericht die Schuld an dem Wechsel unserer Empfindung zu geben und nicht uns selbst, das heißt, der menschlichen Natur. Die Lehre hiervon ist, daß das Aroma von Gerichten, wie die Engländer sagen, narrensicher sein müßte im Hinblick auf die Unzuverlässigkeit des menschlichen Geruchssinns.

Die Frage, wie lange es dauert, bis die Fähigkeit unserer Geruchswahrnehmung während des Essens geschwächt oder zum Verschwinden gebracht wird, wird später erörtert werden.

2. Reaktion auf verschiedene Gerüche

Wir haben bisher nur von der Schwächung unserer Wahrnehmungskraft gesprochen, die uns überfällt, wenn derselbe Geruch bereits im Zimmer ist, den wir genießen wollen. Dies ist ein mehr oder weniger unvermeidliches Ereignis im Alltagsleben; nur wenn unsere Mahlzeit

aus gewissen trockenen Nahrungsmitteln besteht, die lediglich einen
sehr schwachen Geruch aussenden, kann es vermieden werden, daß der
Geruch der Nahrung den Raum erfüllt. Säuglinge haben es besser: das
kleine Loch der Saugflasche verhindert die allgemeine Verbreitung des
Geruchs ihrer Nahrung. Es wird nun auch begreiflich, daß das Aroma
eines Gerichtes in der Küche und im Speisezimmer verschieden ist,
denn naturgemäß sind die Nebengerüche in der Luft am stärksten in
jenem Raume, in dem die Mahlzeit gekocht wurde. Der Brauch, das
Speisezimmer von der Küche getrennt zu haben, erweist sich daher,
wenn man will, gastronomisch gesehen, als durchaus begründet. Es
ist aber klar, daß es sich hiebei nicht nur um Gastronomie, sondern
auch um Probleme der Volksernährung handelt.

Auch müssen wir nochmals auf den Fall zurückkommen, der sich
so häufig ereignet, daß andere als Nahrungsmittelgerüche im Raum
vorhanden sind, in dem eine Mahlzeit verzehrt wird; besonders der
Geruch von Tabakrauch. Es wurde gefunden, daß die Anwesenheit
solch anderer Gerüche jene der Nahrung nicht in gleichem Maße beeinflußt, wie vorhin beschrieben; das heißt, Tabakrauch beeinflußt
den Genuß eines Bratens weniger als der Bratengeruch im Zimmer.
Dennoch aber hat der Verfasser durch eigene Versuche gefunden, daß
unmittelbar nach dem Rauchen das Aroma von Schokolade, was die
Intensität anbelangt, auf die Hälfte dessen, was es vorher war, verringert wird.

3. Die Zeit, die für den Wahrnehmungsverlust erforderlich ist

Auch in diesem Falle wurde im wissenschaftlichen Versuch die
Methode des Riechens an Flaschenöffnungen angewandt, diesmal natürlich des andauernden Riechens an derselben Substanz. Dabei war es
notwendig, die Aufmerksamkeit auf diese Tätigkeit zu konzentrieren,
denn jede Ablenkung der Aufmerksamkeit bedeutet soviel wie ein
Unterbrechen des Versuchs und gibt ein unrichtiges Ergebnis.

Es wurde gefunden, daß die individuellen Unterschiede für die Ermüdungszeit beträchtlich sind. Während eine Person einen Geruch
schon nach sieben Minuten nicht mehr wahrnahm, brauchte eine andere
stundenlang. Wie zu erwarten war, hängt die Ermüdungszeit auch von
den Eigenschaften des Riechstoffs ab, das heißt, sie ist verschieden
je nach dem verwendeten Riechstoff. Unter den erprobten chemischen
Verbindungen waren auch einige, wie Zitronenöl und Nelkenöl, die in
Nahrungsmitteln oder Gerichten vorkommen. Es ist sehr kennzeichnend, daß mit Öl, das aus einem Gewürz extrahiert wird, mit
Nelkenöl, der Psychologe H e n n i n g absolut nicht imstande war, jenes

Stadium zu erreichen, in welchem der Geruch für ihn verschwindet, obwohl er Stunden und Stunden hindurch experimentierte.

Darin scheint ein Schlüssel zu liegen für die Rolle, welche die Gewürze in unserer Nahrung spielen. Allerdings, Gewürze wirken nicht auf den Geruchssinn allein, ihre Eigenschaft zu brennen ist geradeso hervorstechend, eine Sache, über die wissenschaftlich noch nicht viel festzustellen ist. Es muß in Erinnerung gebracht werden, daß es nicht nur der Geruchssinn ist, der durch die physiologische Ermüdung angegriffen wird, sondern daß alle Sinne, einschließlich des Temperatursinnes (in dessen Bereich vermutlich das Brennen der Gewürze gehört), ihre Wahrnehmungskraft verlieren, wenn der Stimulus zulange dauert. Zur Frage des Geruchs zurückkehrend, muß gesagt werden, daß es sehr wahrscheinlich ist, daß Gewürze in diesem Sinn länger wirksam sind als das Aroma anderer Stoffe. Wir gebrauchen Gewürze, um so, uns unbewußt, unsere Wahrnehmungskraft nicht durch physiologische Ermüdung zu verlieren.

4. Mahlzeiten und Sinnesermüdung

Nun wollen wir erwägen, was sich während einer Mahlzeit der üblichen Art ereignet, an die die Menschheit nun durch einige Jahrhunderte gewöhnt ist.

Wir sitzen an einem Tisch; auf dem Tisch unmittelbar vor uns steht ein Gericht, dem Düfte entströmen. Wir bemerken diese, bevor wir zu essen beginnen, u. zw. stärker, wenn das Gericht warm, als wenn es kalt ist (es gibt Leute, die behaupten, daß sie in diesem Stadium bereits wissen, ob ihnen das Gericht schmecken wird oder nicht). Nun nehmen wir einen Löffel oder eine Gabel und heben etwas von der Speise zum Munde, wobei wir sie, weil wir nicht anders können, knapp unter die Nase bringen. Dadurch wird die Wirkung auf unseren Geruchssinn noch erhöht. Wenn der Bissen nun tatsächlich in den Mund geführt wird, ist die Nase nahezu mit allem vertraut, was im Wege des Geruchssinnes an diesem Gericht bemerkt werden kann.

Es gibt da einige Ausnahmen, zum Beispiel verzuckerte Orangenschalen. Da wirken die Mahlzähne wie eine Presse, die das ätherische Öl aus seiner faserigen Umklammerung befreit und seine Wirkung auf diese Weise intensiver macht, als es vorher war. Aber in der Regel wird die Nase von einem andauernden Strom einer Geruchsmischung erreicht, bevor die Mundhöhle in Aktion tritt, so daß zur Zeit der Aufnahme des Bissens die Geruchswirkung schon lange besteht. Wir sehen, daß wir im Alltagsleben geradezu in extremer Form die Bedingungen herstellen, von welchen in den vorbeschriebenen Versuchen die Rede war. Statt von einer Atmosphäre von Guaiacol, Capronsäure oder Nitrobenzol umgeben zu sein, befinden wir uns bei unseren Mahlzeiten inmitten jener Gerüche, die wir im Begriff sind zu genießen.

5. Weshalb Lieblingsgerichte schnell gegessen werden

Um die Jahrhundertwende praktizierte Dr. Sternberg als Magenspezialist. Er war besonders interessiert an gastronomischen Fragen, was Ärzte selten sind, und schrieb eine ganze Anzahl von Büchern über dieses Thema. In einem von ihnen[1] erörtert er die Frage, weshalb Lieblingsgerichte schneller gegessen werden als andere. Es schiene selbstverständlich, so dachte er, sie langsam zu essen und dadurch das Vergnügen zu verlängern. Er konnte das Problem nicht lösen. Sternbergs Beobachtung und Erwägung führten mich zur Frage, wie denn Gerichte, die wir nicht mögen, gegessen werden. Im Sternbergschen Sinne müßte man denken, daß es logisch wäre, sie so rasch als möglich zu verzehren, sowohl um den Hunger zu befriedigen, als auch, um den unangenehmen Prozeß so rasch als möglich erledigt zu haben. Aber das gerade Gegenteil ist der Fall, wir essen Gerichte, die uns nicht schmecken, zögernd und sehr langsam.

Ich glaube, daß beide Fragen durch Anwendung der Theorie der physiologischen Ermüdung beantwortet werden können. Schmackhafte Gerichte werden schnell gegessen, weil die Schnelligkeit, uns unbewußt, Ermüdnug des Geruchssinnes verhindert. Wir wollen den vollen Genuß der uns erwünschten Empfindung während der ganzen Zeit haben, die das Gericht zum Verzehren erfordert. Anderseits, wenn uns der Geruch eines Gerichtes unerwünscht ist, wollen wir, wieder ganz unbewußt, unseren Geruchssinn schwächen oder zum Verschwinden bringen, und dem dient die Ausdehnung der Eßdauer.

Die Gültigkeit dieser Ansicht kann am besten bei einem Fischgericht geprüft werden, das zur Zeit seiner Zubereitung nicht mehr ganz frisch war. Am Beginn einer solchen Mahlzeit ist der Fischgeruch sehr intensiv, so sehr, daß wir ihn beinahe ablehnen möchten. Wird aber der Fisch langsam gegessen, so erscheint er allmählich als „ganz gut"; offenbar unterliegt Fischgeruch in besonderem Maße baldiger Ermüdung. Man könnte als zweite Ursache unseres Verhaltens in solchen Fällen das Ausbleiben des Speichels betrachten — eine psychologische Reaktion —, das längeres Kauen erforderlicht macht. Dem widerspricht jedoch die Tatsache, daß auch Getränke, die uns nicht schmecken, langsam getrunken werden, obwohl da Speichel gar nicht erforderlich ist.

---

[1] Sternberg W., Physiologie des Geschmacks. 1914.

6. Scharfe und stumpfe Sinne

Wir sprachen von einem deutschen Arzt, der ein Feinschmecker war. Seine Beobachtungen benötigen etwas Verallgemeinerung. Es gibt Personen, deren Sinne scharf, und andere, deren Sinne stumpf sind. In der Regel ist die Mehrzahl, wenn man so sagen soll, stumpfsinnig in Angelegenheiten der Ernährung, aber die wenigen Scharfsinnigen üben eine Art Führerschaft aus und beeinflussen so die anderen. Wahrscheinlich gibt es auch derartige Unterschiede zwischen Nationen und es scheint, daß die schärfsten Sinne in Frankreich sich finden und dort auch die am wenigsten stumpfen. Auch ist es interessant, daß Feinschmecker, die Leute mit den schärfsten Sinnen, die schnellsten Esser sind.

7. Andere Wege zur Vermeidung der Ermüdung

Schnelles Essen ist nicht die einzige Methode, zu der im Laufe eines Mahles gegriffen wird, um die Ermüdung des Geruchssinnes zu vermeiden. Das Essen von Brotbissen zwischendurch ist Brauch in vielen Ländern. Einige Nationen, wie die britische, beschränken diesen Brauch auf die Suppe. Er ist wieder ein unbewußter Versuch, die Ermüdung des Geruchssinnes zu vermeiden. Es sei daran erinnert, daß die vorbeschriebenen Experimente gezeigt haben, daß ein jeder Geruch von Ermüdung weniger beeinflußt wird, wenn eine andere Art von Geruch in der Luft vorhanden ist. Wenn wir von einer „Suppenatmosphäre" umgeben sind, die von einem Teller unter unserer Nase aufsteigt, und wir nehmen dann einen Bissen Brot, so schaffen wir dieselben Verhältnisse, die in den genannten Experimenten vorhanden waren. Wir vermeiden Ermüdung, indem wir dem Aroma der Suppe den Geruch des Brotes beständig dazwischenschalten.

Der Brauch, Fleisch mit anderen Gerichten zusammen vom selben Teller zu essen, den Fleisch- und Gemüsegang, stammt zum großen Teil aus derselben Quelle. Hier sind wir, beim Verzehren, in einer Atmosphäre aller drei Aromen, die vom Teller irgendwie in Mischung zu unseren Nasenflügeln aufsteigen, aber jedes einzelne von ihnen oder meist nur eine Mischung von zweien, wird von der Gabel zum Munde gehoben und schafft so den Gegensatz, welcher der Ermüdung entgegenwirkt.

Wir haben hier zur Vereinfachung nur von der Ermüdung des Geruchssinnes gesprochen; aber es darf nicht vergessen werden, daß auch die anderen Sinne, das Getast, der Geschmack, der Schmerz- und der Kraftsinn, beim Kauen ebenfalls der physiologischen Ermüdung unterworfen sind; der Gebrauch von Saucen, Senf, Mixed Pickles und dergleichen ist ein Mittel, um die Ermüdung auch dieser anderen Sinne abzuschwächen oder zu vermeiden.

8. Einige Versuche mit Suppe und Brot

Der Verfasser hatte einst Gelegenheit, Versuche zur Feststellung der Ermüdung an Suppen zu machen. Es existiert ein Apparat, um die kleinste wahrnehmbare Intensität eines Geruches zu messen. Der Verfasser hat diesen Apparat den Bedingungen der Geruchsmessung an Nahrungsmitteln angepaßt und eine Methode entwickelt, bei welcher Papierstreifen in eine Suppe getaucht und die Streifen dann einem Luftstrom ausgesetzt wurden, der direkt in die Nasenflügel führt. Es ist dabei möglich, die Länge des jeweils dem Luftstrom ausgesetzten Papierstreifens zu variieren. Die Größe der exponierten Fläche, die einen ersten Eindruck der Anwesenheit eines Geruchs hervorruft, bildete die Grundlage der vergleichsweisen Messung. Es wurde dabei gefunden, daß nach nur einigen Versuchen mit derselben Suppe die Länge des exponierten Papierstreifens verdoppelt werden mußte, um einen Minimaleindruck bei ein und derselben Versuchsperson hervorzurufen. So groß ist der hier ziffernmäßig gemessene Einfluß der Ermüdung.

In einer anderen Reihe von Versuchen, die ausgeführt wurden, um die Zeit zu bestimmen, während der an Brotschnitten gerochen werden muß, um die Wahrnehmung des Brotgeruchs auf Null zu reduzieren, wurde gefunden, daß im allgemeinen ein bis vier Minuten zu diesem Zwecke ausreichend sind, wenn die Brotschnitten direkt unter die Nase gehalten wurden.

Beide Versuchsreihen zeigen, daß die Sinnesphysiologie mit Erfolg dazu benützt werden kann, Nahrungsmittel zu prüfen und Nahrungsgebräuche ziffernmäßig bis zu ihren Wurzeln zu verfolgen.

9. Wein und Ermüdung

Es ist sozusagen eine technische Notwendigkeit, die Gerichte bei Mahlzeiten direkt unter der Nase auf dem Tische zu haben. Die vorerwähnten Versuche zeigen jedoch, daß es besser wäre, die Teller in größerer Entfernung zu placieren, auf Armlänge, so daß jeder Bissen mehr oder weniger als Überraschung käme; doch dies wäre sehr unbequem. Allerdings bei Wein ist die Sachlage anders. Niemand stellt sein Weinglas direkt unter die Nase.

Brillat-Savarin sagte, daß Wein in kleinen Schlucken getrunken werden soll. Der englische Ausdruck „to sip" erschien ihm als der passendste. Ich kann nicht verschweigen, daß Brillat-Savarin, so berühmt er ist, keineswegs ein Fachmann auf dem Gebiete der Sinnesphysiologie der Ernährung gewesen ist. Obwohl er sein Buch „Physiologie des Geschmackes" nannte, enthält es hauptsächlich psychologische Beobachtungen. Tatsächlich wurde die Sinnesphysiologie erst vor hundert Jahren geboren, gerade zu derselben Zeit, in der Brillat-Savarin sein Buch schrieb. Diese Wissenschaft wurde entdeckt durch seinen Landsmann Chevreuil, einem berühmten Chemiker, der die Grundlage der Sinnesphysiologie schuf, indem er seine Nasenflügel beim Kosten zusammendrückte und so, wenn auch ein bißchen primitiv, den Geschmackssinn vom Geruchssinn abtrennte. Zu dem Rat Brillat-Savarins zurückkehrend, muß gesagt werden, daß das langsame Weintrinken in Schlucken nichts anderes bedeutet als ein Unterbrechen in solcher Weise, daß Ermüdung des Geruchssinnes vermieden wird. Das Bouquet des Weines hat dem Geruchssinn nur für Sekunden ausgesetzt zu sein und dann, muß eine Unterbrechung durch Minuten eintreten. Selbst dieser Vorgang, sagte Brillat-Savarin weiter, kann nicht zu oft wiederholt werden, denn niemand sei imstande, einen bestimmten Wein voll zu würdigen, wenn er bereits drei Gläser davon getrunken habe. (Man muß eben nach einiger Zeit zu einem anderen Weine übergehen.)

Verbleiben wir weiter dabei, Brillat-Savarins Beobachtungen in die wissenschaftliche Sprache zu übersetzen, so müssen wir sagen, daß physiologische Ermüdung nur verlangsamt und nicht unbeschränkt vermieden werden kann durch jene kleinen Schlucke; denn tatsächlich bedeuten diese kleinen Schlucke keine vollständige Unterbrechung der Wahrnehmung. Reste des Aromas und Bouquets verbleiben im Munde. Wenn Wein durch einen längeren Zeitraum getrunken wird, so kommt noch ein anderer und erst vor gar nicht langer Zeit entdeckter Faktor zur Mitwirkung, nämlich das, was jetzt als Lungengeruch bezeichnet wird. Es war schließlich nicht so schwer festzustellen, daß die Absorbierung beträchtlicher Mengen von Alkohol in das Blut ein Aufsteigen des Alkoholgeruchs aus den Lungen hervorruft, was bei jeder Ausatmung bemerkbar wird. Das geschieht ungefähr 16mal in der Minute. Diese Entdeckung, wenn sie eine ist, wurde gemacht im Zusammenhang mit den Methoden zur Feststellung von Trunkenheit bei Chauffeuren und in diesem Zusammenhang war es begreiflicherweise ohne Bedeutung, den spezifischen Charakter des Alkoholgeruches zu bestimmen; es ist schließlich bei einem betrunkenen Chauffeur gleichgültig, ob sein Zustand von Bier, Wein oder stärkeren Getränken herstammt. Für die hier vorliegende Untersuchung jedoch ist die Sache anders. Es ist von Bedeutung, daß ein Biertrinker aus seiner Lunge nach Bier riecht und ein Weintrinker nach Wein, denn dadurch wird

ja doch die Wahrnehmung des Trinkers selbst in dem hier studierten
Sinne ermüdet. Es liegt noch keine Untersuchung vor, ob der Lungengeruch eines Weintrinkers imstande ist, anzuzeigen, welche Sorte Wein
(und vielleicht auch den Jahrgang) der Mann getrunken hatte. Dies
käme für unsere Zwecke wohl in Betracht.

Weiters muß gesagt werden, daß Brillat-Savarins Beobachtung bloß für die Scharfsinnigen, wie sie Sternberg beschreibt,
voll gilt oder für solche, die an alkoholische Getränke gewöhnt sind,
das heißt, ihre Sinne für sie geschärft haben. Die anderen, die Stumpfsinnigen und die Unerfahrenen, können nach drei Gläsern fortfahren
Wein zu trinken, ohne Abnahme ihres Vergnügens; denn ihr Vergnügen
ist ein anderes als das der Scharfsinnigen; die Wirkung des Trinkens
von Alkohol hat sehr viele Seiten, von welchen das Vergnügen am Geruch
nur eine ist. Alle Fachleute einschließlich des französisch-englischen
Sachverständigen André Simon sind der Meinung, daß Weintrinker,
wenn sie es richtig anlegen, große Mengen zu sich nehmen können, nur
müssen sie das Vergnügen auf viele Stunden ausdehnen. Dies wird wohl
wahr sein für alle Wirkungen des Weines, einschließlich der physiologischen Ermüdung.

VII. Die Zähne

Es ist wohl klar, daß nur solche Nahrungsgebräuche der Menschen
sich entwickeln konnten, die nicht im Widerspruch standen zur Kau-
kraft menschlicher Gebisse. Der Mensch konnte sich keine Kauaufgabe
stellen, die nur dem Eichhörnchen oder dem Löwen angepaßt ist.
Wahrscheinlich ist nur ein einziger Fall beobachtet worden, die natürliche Leistungsfähigkeit des menschlichen Kauapparats zu steigern, es
ist dies das Zufeilen der Schneidezähne, wie es von Menschenfressern
praktiziert wird.

Wir werden uns später mit dieser Leistungsfähigkeit und ihrer
Bedeutung für Nahrungsgebräuche beschäftigen. Zuerst sei gesagt,
daß zwei Tendenzen vorhanden sind, von welchen jeweils die eine oder
die andere herrschend ist. Es wird entweder Vergnügen gefunden am
Kauwiderstand, das ist am vollen Gebrauch der Muskelkraft während
des Kauens; oder es wird im Gegenteil das Kauen und die Ausübung
der Muskelkraft soweit als möglich vermieden durch Vorbereitungen,
die vor dem Essen stattfinden, so daß die Arbeit der Hände und des
Messers oder die Vorbereitung durch Mörser und Stössel, oder durch
Kochen, die Kauleistung teilweise ersetzt. In diesem Sinne gibt es
Leute, die dicke Brotschnitten vorziehen und andere, die ihre Schnitten
so dünn haben wollen, daß sie auf der Zunge zerschmelzen. Und so

kam es wohl auch, daß in einigen Perioden der menschlichen Geschichte Köche zum Tode verurteilt wurden, die ihren Herren zähen Braten servierten.

Der Brauch schwankt selbst in unserer modernen Zivilisation von Mahl zu Mahl und manchmal auch während ein und derselben Mahlzeit. Nicht nur durch Schneiden und Brechen im Voraus wird die Arbeit der Zähne verringert, sondern auch durch Trinken während des Kauens und dies ist besonders der Fall bei den Schnellessern. Immer hat es unterschiedliche Neigungen gegeben im Hinblick auf schnell und langsam Essen und nicht nur in dem im vorigen Kapitel beschriebenen Sinne. Schnelles Essen wurde vor der gemeinsamen Schüssel der Bauernfamilie nicht bloß wegen des Hungers praktiziert, sondern auch in der Hoffnung, auf diese Weise einen größeren Anteil des Gerichtes zu ergattern. Anderseits kann man die Gesetztheit beobachten, mit welcher ein landwirtschaftlicher Arbeiter auf dem Felde sein Mahl im Schatten eines Baumes verzehrt. Das moderne Leben mit Schnellabspeisung in Kantinen, Restaurants und Milkbars neigt sehr zur Beschleunigung der Mahlzeiten — vorausgesetzt, daß die Bedienung nicht zu langsam ist.

1. Die Arbeit der Zähne

Das Kauen spielt eine so bedeutende Rolle in den Nahrungsgebräuchen, daß es notwendig ist, diese Handlung mit größerer Ausführlichkeit zu beschreiben.

Abbeißen. Die Kanten der Schneidezähne werden durch Muskelaktion in Gegenstellung gebracht und der Bissen zwischen den beiden Zahnreihen gehalten; sodann wird der Unterkiefer nach oben bewegt und nimmt natürlich die untere Reihe der Zahnschneiden mit sich, so daß ein Schneiden des Bissens erfolgt wie mit einer Schere. Der Druck, der während dieses Vorgangs ausgeübt wird, erreicht seinen Höhepunkt in dem Augenblick, in dem der Bissen in zwei Teile zerfällt, wobei selbst die Eckzähne in Tätigkeit gebracht werden, was an die Nahrungsgewohnheiten der Raubtiere erinnert. Dies rechtfertigt die bestehende Abneigung gegen Zähigkeit. Klarerweise kann durch Vorschneiden der Nahrung das Unangenehme des Vorganges verringert oder ausgeschaltet werden, soweit es Zustand und Charakter des betreffenden Nahrungsmittels erlauben; nicht bei jeder Fleischart und nicht bei jedem Brot ist das wirksam. Das erstaunlichste Beispiel des Vorschneidens einer Nahrung bietet der englische Speck, bei dem die moderne Technik es ermöglicht, ein halbes Tier ohne Anstrengung in Spalten zu zerlegen, die so dünn sind wie Papier.

Kauen. Bei diesem Vorgang bewegt sich der Unterkiefer automatisch in drei Richtungen: auf und nieder, nach links und rechts und nach vorne und rückwärts. Das Mahlkauen wird als das Wichtigste für die Zerkleinerung fasriger Nahrungsmittel betrachtet, wie bei Brotkrusten oder Fleisch. Was das Verzehren von Stoffen mit Eigenschaften, wie sie die Brotkrume besitzt, anbelangt, möge die folgende Beobachtung von Wert sein: Das Mahlkauen findet bei geschlossenen Lippen statt. Werden dabei die Kinnbacken geöffnet, so erzeugt dies ein leichtes Saugen und Unterdruck an Lippen und Wangen. Dieses Saugen bewirkt, daß jene Teile des Bissens, die, abgetrennt, außerhalb der Zähne liegen, ihren Weg zurück in die Mundhöhle finden. Jene anderen Teile des Bissens, die durch die Mahlzähne nach innen getrieben werden, werden durch die Zunge wieder zwischen die Zähne gebracht und dem Mahlen neuerlich unterworfen.

Ganz klar ist es noch immer nicht, wie dieser Vorgang im einzelnen vor sich geht; aber es kann angenommen werden, daß bei weichen Materialien eine Unterteilung bei jeder Bewegung der Kinnbacken stattfindet und daß das Zentrum des Bissens wie durch einen Stempel herausgedrückt wird. Zähe Nahrungsmittel mögen erfolgreich den ersten Versuchen zu ihrer Zerlegung widerstehen, aber sie wird später doch erreicht, mehr durch Reibung als durch Beißen. Auch muß hinzugefügt werden, daß die Gegenwart von Flüssigkeiten die Zahl der notwendigen Kaubewegungen verringert. Die große Beliebtheit knuspriger Nahrungsmittel, wie Keks, ist leicht erklärlich durch die Tatsache, daß nur ein Pulverisieren durch Druck erfordert wird und nicht ein mühsames Mahlen. Und hier muß auf die Bedeutung verwiesen werden, die im letzten Kapitel der Schnelligkeit des Konsumierens beigemessen wurde.

2. Statistik der Kaubewegungen

Der amerikanische Gelehrte *Black* hat in die Wissenschaft eine neue Methode des Studiums der Kauarbeit eingeführt, indem er diese mit Hilfe eines mechanischen Apparates, den er Masticator nannte, reproduzierte.[1] Dieser Apparat verwendet zwei Kinnbacken, die mit einem Dynamometer verbunden sind, das den Druck mißt, der zum Aufbrechen verschiedener Nahrungsmittel erforderlich ist. Der Druck schwankt bei verschiedenen Arten von Fleisch zwischen 10 und 40 kg und steigt bei harten Kanditen auf 60 kg, bei Brotkrusten jedoch auf 120 kg. Diese Versuche blieben bisher beschränkt auf einen Vergleich des Kauwiderstandes verschiedener Arten von Nahrungsmitteln und wurden noch nicht ausgedehnt auf unterschiedliche Qualitäten eines und desselben Nahrungsmittels.

---

[1] B l u n t s c h l i H. und W i n k l e r R., Kaubewegungen und Bissenbildung; B e t h e s, Handbuch der Physiologie. 1927.

Solch ein Vergleich würde von großem Wert sein für die Beurteilung der Entwicklung von Nahrungsgebräuchen. Er würde auch nützlich sein zum Beispiel für die Feststellung, ob es wohl möglich wäre, die für Gefrierfleisch erforderliche Kauarbeit auf die für frisches Fleisch notwendige zu verringern. Ebenso würde unser Wissen über die Eigenschaften von Broten beträchtlich erweitert werden können, wenn diese Meßmethode auf verschiedene Arten von Brot angewandt würde, wobei Krusten und Krume dabei unabhängig zu untersuchen wären; verschiedene Dicke der Schnitten, Grade der Frischheit oder des Altbackenseins müßten dabei in Rechnung gezogen werden. Für diese Zwecke wäre jedoch ein Paar von trockenen Kaubacken, wie in Blacks Apparat, nicht ausreichend, es müßte überdies ein Ersatz gefunden werden für die Feuchtigkeit und den Speichelzulauf im Munde.

Es wurde schon darauf hingewiesen, daß das Pressen nur ein Teil des Mahlprozesses ist, der im Kauvorgang vor sich geht. Die Zahnheilkunde spricht auch von einem Rundbiß. Ein anderer Apparat, der von Tholuck erfunden wurde, kann den Mahldruck im Ganzen messen und die Kaubewegungen, die bei verschiedenen Bissen stattfinden, können dabei gezählt werden. Die Anzahl der notwendigen Rundbisse, um ein bestimmtes Nahrungsmittel schluckbar zu machen, hängt natürlich von dem ausgeübten Druck ab. Während des Essens wird dieser Druck unbewußt geregelt und verschiedene psychologische Faktoren spielen dabei eine Rolle.

Die Ziffern, die mit dem Tholuck-Apparat gewonnen wurden, sind die folgenden:

Zahl der Rundbisse, die notwendig sind, um Nahrungsmittel bei verschiedenem Druck zu zerkleinern

Druck in Kilogramm	1	2	3	6	10
Weiches Brot	30	9	4	1	1
Kruste weichen Brotes	—	180	80	32	19
Keks	—	60	35	18	6
Apfel	100	16	5	1	1
Gekochtes Rindfleisch	200	120	56	—	38
Schinkenwurst	—	180	100	100	60

Wieder muß betont werden, daß die Qualität eines Nahrungsmittels nicht immer gleich ist und daß Unterschiede teils auf die Beschaffenheit und die Zubereitung, teils auf die Lagerung zurückzuführen sind, so daß es viele Arten von Keks, Äpfeln oder gekochtem Rindfleisch gibt. Diese Unterschiede mögen großen Einfluß auf das Entstehen der Nahrungsgebräuche gehabt haben, dennoch sind die eben gebrachten Grundziffern recht instruktiv.

3. Verfall der Zähne

Es wird behauptet, daß der Wechsel in der Ernährungsweise in unserer Zeit eine ungeheure Zunahme der Häufigkeit von Zahnkrankheiten hervorgebracht hat. Die Gründe hiefür liegen außerhalb der hier studierten Fragen. Was uns hier angeht, ist die Häufigkeit ungenügender Kaufähigkeit, die, allgemein gesprochen, zwei Ursachen hat: 1. schadhafte Zähne, die benützt werden müssen, als ob sie gesund wären, und 2. künstliche Zähne.

Schadhafte Zähne hat es immer gegeben, mögen sie auch nicht so häufig gewesen sein, als dies jetzt der Fall ist. Die künstlichen Gebisse wurden durch die Entwicklung der modernen Technik verbessert. Dessenungeachtet wurde gefunden, daß der Kaudruck, der für künstliche Gebisse zulässig ist, wesentlich geringer ist als bei gesunden, angewachsenen Zähnen, besonders dann, wenn die künstlichen Gebisse nicht ganz korrekt hergestellt sind. Für diese Fälle wird ihre Druckfähigkeit nur mit $^1/_3$ oder $^1/_4$ des Normalen angegeben. Die künstlichen Gebisse haben auch den Nachteil, daß sie bei harten Bissen eine Neigung zum Kippen besitzen, was die Träger dieser Gebisse veranlaßt, solche Bissen zu vermeiden. Wenn Zähne schadhaft sind, so ist es klar, daß die Lücken die Kaufähigkeit verringern. Und man darf nicht vergessen, daß schadhafte Zähne auch Schmerzen während des Kauens bereiten können.

Die Bedeutung dieser Umstände als Ursache für den Wechsel von Nahrungsgebräuchen in jüngerer Zeit kann kaum überschätzt werden. In der Diätetik sind diese Einflüsse wahrscheinlich niemals voll in Rechnung gesetzt worden, vielleicht deshalb nicht, weil die Menschen die Tendenz haben, über die Mängel ihrer Zähne nicht zu viel zu sprechen. Wie wir bereits gesehen haben, nehmen Brotkrusten eine hohe Position ein in der Tabelle des Kauwiderstandes; an Kanditen kann man saugen, aber nur ein Säugling saugt an einer Brotkruste. In vielen Teilen der Welt hat der Charakter des Brotes gewechselt, weil weichere Brotkrusten verlangt werden. Das Bauernbrot wird langsam gebacken, bekommt dadurch eine dicke Kruste und wird infolgedessen nicht so schnell altbacken; es ist aber nicht die richtige Nahrung für die falschen oder schadhaften Zähne des städtischen Arbeiters. In einigen Großstädten kann selbst eine unterschiedliche Bevorzugung von Brotsorten in gutsituierten und Arbeiterbezirken beobachtet werden. Gutsituierte Leute haben natürlich besser erhaltene Zähne oder auch bessere künstliche Gebisse.

Die Vergeudung von Nahrungsmitteln ist in großem Maßstab mit diesen Problemen der Zähne verbunden. Wo es Brauch ist, Brotschnitten vor dem Essen zu rösten, wird die Kruste vorher abgeschnitten, weil das Rösten die Härte der Kruste noch weiter erhöht. In England ist selbst das Entfernen der Kruste bei Sandwiches ein feststehender Gebrauch.

4. Speisereste in den Zähnen

Einige Nahrungsmittel haben eine besondere Neigung, Reste zwischen den Zähnen zurückzulassen, statt sich zu verhalten, wie es dem normalen, vorhin beschriebenen Kauvorgang entsprechen würde. Zahnärzte und Diätetiker sprechen von dem schädlichen Einfluß dieser Reste im Falle ihrer Zersetzung. Aber sie haben noch eine andere schädliche physiologische und psychologische Wirkung, die nicht erwähnt wird. Diese Teilchen üben, wenn sie zwischen den Zähnen verbleiben, einen Druck auf das Zahnfleisch aus, der manchmal nur unangenehm ist, einfach als Druck, manchmal aber auch den Schmerzsinn erregt. Es ist bemerkenswert, welchen Einfluß diese geringen Reste in der Geschichte der Ernährung hatten; nicht nur haben sie den Brauch geschaffen, Zahnstocher zu verwenden, sie haben auch unser Urteil über die Qualität eines Gerichts und dessen Bestandteile beträchtlich beeinflußt. Fleisch zum Beispiel, mag es das wunderbarste Aroma und alle Arten schätzenswerter Eigenschaften besitzen, wenn es aber irritierende Teilchen zwischen den Zähnen zurückläßt, so verliert es sogleich seinen Hochwert. Hier folgt die Praxis der psychologischen Regel, daß oft ein Komplex angenehmer Gefühle nicht zur Geltung kommen kann, ja ins Gegenteil verkehrt wird, wenn ein einziges unangenehmes Gefühl sich gleichzeitig bemerkbar macht. So mag es sein, daß ein Todesurteil für Köche, die zähes Fleisch servierten, schließlich und endlich nicht ganz ohne Berechtigung war.

5. Schlucken

Die Vorbehandlung in der Mundhöhle wird von den Diätetikern hauptsächlich als ein mechanischer Vorgang betrachtet. Dies stimmt mit der eben gegebenen Beschreibung des Kauens überein. So sagt *Hutchison:* „Die Nahrung wird durch die Zähne in kleine Teile zermahlen und zur selben Zeit gründlich mit Speichel vermischt, so daß harte Teile aufgebrochen, aufgeweicht, neutralisiert, verdünnt und in Schleim eingewickelt werden zu dem Ende, daß sie auf ihrem Weg durch den Verdauungskanal leicht verdaut werden können, ohne größere Schwierigkeiten und ohne durch Reibung oder auf andere Art die weichen Wände des Verdauungskanals zu beschädigen."

Hier müßte nach meiner Meinung betont werden, daß am Beginn

des Verdauungsapparates die Speiseröhre liegt; ihre Eigenschaften beeinflußen weitgehend die Behandlung der Nahrung in der Mundhöhle. Die Speiseröhre hat nicht nur verletzbare Wände, sondern sie ist ein Engpaß, durch welchen die Nahrung hindurch muß, bevor sie in den geräumigen Magen gelangt.

Dies wird vollkommen berücksichtigt in der Zahnheilkunde, die überhaupt die Vorgänge im Munde ganz anders betrachtet als die Dietätik. Nach der Auffassung der Zahnärzte besteht die Tätigkeit der Zähne und der Zunge in der Verwandlung der Nahrungsmittel in eine schluckbare Masse. In der Tat, es ist die erste Aufgabe, die Bissen in eine solche Form zu bringen, daß sie leicht geschluckt werden können, ohne die Atemführung zu gefährden, ohne die Schleimhäute im rückwärtigen Teil der Mundhöhle und die Speiseröhre zu verletzen oder auch nur Schmerz daselbst herbeizuführen. Beim Kauen und Schlucken ist die Gefahr, die Wände des Magens oder der Eingeweide zu beschädigen, nur eine solche zweiten Ranges, vielmehr steht an erster Stelle die Aufgabe, die Nahrung durch den Engpaß ohne Schaden hindurchzubringen.

Damit haben wir einen Punkt erreicht, der von beträchtlicher Bedeutung ist für das Erkennen der Wurzeln der Nahrungsgebräuche. Nehmen wir nur die einfache Frage, warum wird Butter auf Brot gestrichen und weshalb essen wir nicht je einen Bissen davon nacheinander? Es ist anzunehmen, daß der Brauch, sich die Mühe zu nehmen, die Butter auf das Brot aufzustreichen, sich entwickelt hat, weil Butter als ein Schmiermittel wirkt, das hilft, den Brotbissen von seinem gewöhnlichen Zustande schnell in einen besser schluckbaren zu verwandeln.

Die Frage der Unbeliebtheit altbackenen Brotes hat auch mit dem Prozeß des Schluckens zu tun. Nicht nur, daß altbackenes Brot mehr Kauen erfordert und daß das Aroma durch Altbackenheit vermindert und verändert ist; wenn es von einem Hungrigen gegessen wird, so wird es nicht so weit gekaut, als es notwendig wäre, um das Schlucken schmerzlos zu machen. Ich glaube auch, daß die Anwesenheit von Kleie im Brot dessen Rauheit erhöht, wenn es altbacken wird, und daß hierin eine der Ursachen für die Bevorzugung weißen Brotes liegt, und zwar eine Ursache, die bisher nicht erkannt oder nicht eingestanden worden ist.[1] D r u m m o n d und W i l b r a h a m[2] sagen, wenn sie von

---

[1] Diese Bemerkung wird Lesern in Roggenbrotländern nicht ohne weiteres verständlich sein. Deshalb sei hinzugefügt, daß das normale Roggenbrot nicht durch Kleiegehalt, sondern durch chemische Vorgänge dunkel wird. Das normale Roggenbrot enthält nicht mehr Kleie als das weiße Weizenbrot.

[2] D r u m m o n d J. C. und W i l b r a h a m A., The Englishman's Food; A History of Five Centuries of English Diet. 1939.

dem Vollkornbrot der Vergangenheit sprechen, es sei ein rauhes, aber nahrhaftes Essen gewesen. Was verstehen diese Autoren unter Rauheit in diesem Falle? Wohl nur das, was man vom gemeinen Mann hören kann, wenn er klagt, er sei nicht imstande, dunkles Brot zu essen, besonders wenn dasselbe altbacken sei: „Ich kann es einfach nicht schlucken"; was in Wirklichkeit bedeutet, daß er zu hungrig ist, das Brot solange zu kauen, bis es sich in einen schmerzlos schluckbaren Bissen verwandelt.

6. Fletcherismus

Einige Nahrungsgebräuche werden Steckenpferde und ähnlich genannt, gewöhnlich dann, wenn sie sich in einer Gesellschaft nicht auf eine sozusagen natürliche Art und Weise entwickelt haben, sondern als ein neues Ernährungssystem erfunden und eingeführt worden sind. Solche Dinge üben eine merkwürdig starke Anziehung aus oder lenken doch viel mehr Aufmerksamkeit auf sich so wie Ideen auf anderen Gebieten. Ein in dieser Weise geschaffenes System ist Fletcherismus genannt worden, weil es, vor 40 Jahren, von dem Amerikaner H o r a c e F l e t c h e r erfunden worden ist. Nach diesem System soll jeder Mund voll immer und immer wieder gekaut werden, viel öfter, als es notwendig wäre, um den Bissen schluckbar zu machen. Dieser intensiven Vermahlung jedes Bissens glaubte F l e t c h e r beträchtliche Vorteile zuschreiben zu müssen, besonders hinsichtlich der gesundheitlichen Wirkung der Handlung. M o t t r a m nennt *Fletchern* eines der weniger verrückten Steckenpferde, aber sagt auch, daß Bissen, die in dieser Weise gekaut werden, alles Aroma verlieren.

Selbstverständlich kann Kauen die Nahrung nicht des Aromas berauben; wie oft immer wir ein Stück Kuchen kauen mögen, es wird dennoch nach, sagen wir, Vanille riechen. Was die Süßigkeit anbelangt, so kann dieser Geschmack durch andauerndes Kauen nur eher erhöht werden, da der Speichel Stärke in Zucker verwandelt. Was tatsächlich stattfindet, ist nichts anderes, als daß der Geruch anscheinend verschwindet, infolge der vorhin schon ausreichend geschilderten Eigenschaften des Geruchssinnes, durch andauernden Gebrauch zu ermüden.

Was an dieser Sache vielleicht das einzig Interessante ist, ist die Frage, wie ein solches System sich entwickelt haben mag. Für Menschen mit normalen Sinneswahrnehmungen ist es einfach abstoßend, einen schmackhaften Bissen in solcher Weise zu behandeln, daß er, wenn es zum Schlucken kommt, Eigenschaften erlangt hat oder so wirkt, wie wir sie bei Holzmehl voraussetzen. Aber es gibt viele Leute, die durch ihre Natur so unempfindlich sind, daß es für sie fast ohne Bedeutung ist, welcher Art ihre Nahrung ist. Solche Leute sind diejenigen, die vorbestimmt sind, ein Opfer eines Systems wie jenes F l e t c h e r s zu werden. Und außerdem kommt auch die menschliche Willenskraft in Betracht, die imstande ist, so Vieles zu überwinden, was ihr im Wege steht, und auch diese Kraft mag es F l e t c h e r und seinen Anhängern ermöglicht haben, diese Idee in die Praxis umzusetzen.

Fletcher ist hier jedoch nur als ein außerordentliches Beispiel dafür angeführt, daß es möglich ist, physiologische Ermüdung durch extreme Handlungen herbeizuführen, in vollständigem Widerspruch zur menschlichen Vernunft.

VIII. Die Gefühlspsychologie

Wir haben versucht, die Empfindungen zu analysieren, die durch die verschiedenen Eigenschaften der Nahrungsmittel beim Genuß hervorgerufen werden, und haben gewisse Folgerungen gezogen. In allen diesen Fällen, wie gelegentlich schon angedeutet wurde, bedeuten die sinnlichen Empfindungen nicht den Abschluß des Erlebnisses. Die physische Wirkung ist nicht so kennzeichnend oder entscheidend wie die Wirkung auf das Psychische, die Gefühle, und die Wissenschaft, die diese Abteilung der Psychologie studiert, wird Gefühlspsychologie genannt. Ob ein Gericht warm oder kalt, süß oder sauer ist, bestimmt letzten Endes nicht unsere Haltung, sondern ob die ausgelösten Gefühle angenehm oder unangenehm, lustbetont oder das Gegenteil davon, mit anderen Worten, ob wir das Gericht mögen oder nicht.

1. Unsere Haltung zur Qualität

Es kann kaum gesagt werden, daß irgendeine Empfindung, die mit Essen und Trinken verbunden ist, absolut unangenehm ist. Zunächst scheint es, daß die bloße Tatsache, von den Sinnen Gebrauch zu machen, an sich eine Art Vergnügen ist. Werden wir mit flüssiger Nahrung genährt, so vermissen wir das Vergnügen, welches uns das Kauen bereitet, oder wir werden dieses Vergnügens in einem solchen Falle erst richtig bewußt. Europäer sehnen sich in den Tropen nach einer Gelegenheit, vor Kälte zu zittern. In gleicher Art wird der bittere Geschmack, obwohl im allgemeinen gemieden, unter gewissen Umständen gesucht. Selbst der Schmerzsinn ist nicht unter allen Umständen unangenehm. Warm und kalt verursachen Schmerz, mit Ausnahme in den Temperaturgrenzen zwischen 17 und 42° C, aber manche Nahrung und manches Getränk werden mit Genuß bei niedrigeren oder höheren Temperaturen eingenommen trotz des verursachten Schmerzes.

Hennings Behauptung, daß es nichts auf dieser Erde gibt, was nicht von einer Nation so sehr geliebt, als es von einer anderen gehaßt wird, gilt auch für die hier untersuchten Empfindungen. Ein einfaches Beispiel dieser Art ist in den unterschiedlichen Weisen gegeben, in denen Melonen gegessen werden. Die eine Nation liebt sie gezuckert, die andere zieht Salz vor. Jede dieser Zubereitungsmethoden wirkt abschreckend für den Anhänger der anderen.

Es wurde hier auch schon gezeigt, daß es nahezu unmöglich ist, nur eine einzelne Empfindung beim Essen und Trinken hervorzurufen. Selbst wenn wir Zucker in Wasser auflösen — was ein recht allgemeiner Brauch vor 100 Jahren war — so gibt es beim Trinken nicht nur die Süßempfindung, sondern noch viele andere, wie die der Temperatur, des Getasts, die Wirkung des „Körpers" und so weiter. Selbstverständlich rufen kompliziertere natürliche oder zubereitete Nahrungsmittel und Getränke noch komplexere Empfindungen hervor.

2. Unsere Haltung zur Intensität

Wenn wir die ganze Skala der Intensität einer Empfindung vom Minimum zum Maximum verfolgen, so mag auf den untersten Stufen ein Zustand des Mißvergnügens zu beobachten sein. Gehen wir auf der Leiter höher hinauf, so kommt ein Zustand, in dem uns die Empfindung angenehm wird, und dann ein Punkt, den wir als das Optimum des Vergnügens wahrnehmen. Steigen wir noch höher, d. h. vermehren wir die Intensität noch weiter, so wird ein neues Stadium des Mißvergnügens erreicht.

Das einfachste Beispiel dieser Art ist der Gebrauch von Salz in einer Suppe. Ungesalzene Suppe ist einfach unangenehm; gerade ein bißchen Salz macht kaum einen Unterschied; kommt jedoch mehr dazu, so wird eine Stufe erreicht, wo wir zwar noch kein Vergnügen an der Suppe haben, sie aber erträglich finden. Schließlich nach sorgfältiger Vermehrung der Dosis sind wir befriedigt, denn vorausgesetzt, daß wir diese Suppe im allgemeinen mögen, ist jetzt ein Grad von Salzigkeit erreicht, der das Optimum darstellt. Wenn wir nun nach und nach mehr Salz hinzufügen, so ist zunächst die Suppe noch immer gut, dann kommt ein Punkt, an welchem wir unseres Gefühles nicht sicher sind, und schließlich ist die Suppe versalzen, ungenießbar. Würde uns eine so versalzene Suppe serviert worden sein und hätte uns der erste Löffel überrascht, so wäre der Erfolg vielleicht eine Affekthandlung gewesen.

Aus dieser Beschreibung kann entnommen werden, daß es zwei Bereiche gibt, in welchen unser Gefühl die Salzigkeit ablehnt, einen auf dem unteren und einen auf dem oberen Ende der aufsteigenden Skala der Intensität. Die Zone des Vergnügens liegt irgendwo in der Mitte. Was ereignet sich nun an dem Punkt, an welchem Mißvergnügen sich in Vergnügen wandelt, und an dem anderen, an welchem Vergnügen sich wieder in Mißvergnügen wandelt? W u n d t , der Begründer der Sinnespsychologie, beantwortete diese Frage in der Weise, daß er sagte, es existiere an jedem Wendepunkt der Gefühle eine neutrale Zone, in der überhaupt kein Gefühl aufkomme. Spätere Psychologen bezweifelten die Existenz solcher neutraler Zonen und glaubten, Vergnügen und Mißvergnügen wären an diesen Punkten sozusagen gemischt, das heißt, sie glaubten wahrzunehmen, daß in rascher Folge einmal das eine, das andere Mal das andere Gefühl dominiere. Vom praktischen Gesichtspunkt aus gesehen mag zwischen diesen beiden Meinungen wenig Unterschied sein.

Diese neutralen Zonen bestehen nicht nur, wo unterschiedliche Intensität einer Empfindung in Betracht kommt. Sie können auch bei Qualitätsfragen bemerkt werden. Nehmen wir Schokolade als Beispiel. Wenn Schokolade nicht genügend gesüßt ist, so wiegt die Bitterempfindung stark vor und verursacht Mißvergnügen. Wenn jedoch der Fabrikant den Zuckerzusatz erhöht, so wird eine Stufe erreicht werden, an der das Mißvergnügen sich in Vergnügen verwandelt. Bei weiterer Vermehrung der Süßigkeit der Schokolade wird diese zu süß, ein Zeichen, daß die Gesamtempfindung nun wieder unangenehm geworden ist. Es möge bemerkt werden, daß an jedem dieser Wendepunkte eine neutrale Zone der Empfindungen bestehen muß.

3. Neutrale Zonen

Bei der Untersuchung der Faktoren, welche den Wechsel der Ernährungsgebräuche beeinflußen, ist die Existenz von neutralen Zonen der Gefühle von beträchtlicher Bedeutung. Wohl ist es außer Zweifel, daß, solange ein bestimmtes Nahrungsmittel oder Getränk Vergnügen bereitet, kein Wechsel der Gebräuche stattfinden wird. Aber wenn die Gefühle neutralen Charakter annehmen, aus welchen Ursachen immer, so ist die Sache anders, selbst wenn wir uns dieses Wechsels nicht bewußt sind. Denn ganz unbewußt gehen wir dann auf die Suche nach Vergnügen, das heißt nach anderen Arten von Speisen und Getränken. Als M o t t r a m den ersten Versuch machte, den Begriff Nahrung zu definieren, sagte er: „Ein Gegenstand von angenehmem oder einwandfreiem Aroma, der fähig ist, Körpergewebe aufzubauen oder wiederherzustellen oder dazu gebraucht wird, den Bedarf an körperlicher Energie beizustellen oder zu regeln." Es scheint nun, daß das, was in dieser Definition ein „einwandfreies" Aroma genannt wird, sich auf nichts anderes bezieht als auf die neutrale Zone der Gefühle. Dies auf Aroma zu beschränken, wie M o t t r a m tat, ist natürlich eine Vereinfachung; es gibt neutrale Zonen bei allen Arten von Empfindungen, die beim Essen und Trinken eine Rolle spielen, und es ist möglich, ihre Lage in der aufsteigenden Skala der Empfindungen festzustellen, und zwar durch Messung.

Es gibt zwei Arten dieser Messungen; die eine ist physisch und physiologisch, die andere psychologisch. Wenn wir beim versuchsmäßigen Kosten finden, daß ein Gericht in der neutralen Zone der Süßigkeit liegt, so können wir durch Wiegen feststellen, welche Menge Zucker dies herbeigeführt hat. Auch der Geruch kann in der Regel gemessen und gleichfalls in Gewichtsmaßen der riechenden Substanzen ausgedrückt werden. Dagegen kann die psychologische Messung uns nur zeigen, daß eine Empfindung gleich, größer oder kleiner ist als eine andere. Wenn man von einem Stück Schokolade mit den Schneidezähnen abbeißt oder es zwischen den Mahlzähnen zerdrückt, so kann man finden, daß diese Schokolade entweder zu weich oder gerade richtig hart oder zu hart ist. Zwischen zu weich und gerade recht und zwischen gerade recht und zu hart muß je eine neutrale Zone der „Härte" liegen. Die psychologische Messung ist demnach eine solche, die für praktische Zwecke meistens ausreicht, obwohl sie nicht auf Ziffern basiert.

Ein Punkt, den wir bereits erwähnten, muß hier nochmals betont werden. Unter normalen Verhältnissen können wir statt einer Nahrung, die in der neutralen Zone der Gefühle liegt, eine andere wählen, die wir ausgesprochen gerne haben, denn es hat wenig Sinn, etwas zu essen, das zwar kein Mißvergnügen bereitet, aber auch kein Vergnügen. Solche Entscheidungen werden meist unbewußt getroffen. Wenn man von einem neutralen Gericht ißt und Brot dazu, so ist man geneigt, mehr Brot zu essen und weniger von dem Gericht, als man tun würde, wenn das Gericht gut wäre. Zweifellos kann diese Neutralität dazu führen, solche neutrale Gerichte aus unserem Menu auszuschalten, ohne daß wir uns der wahren Ursache bewußt würden. Das Dasein einer neutralen Zone mag daher eine große Rolle gespielt haben bei solchem Wechsel der Nahrungsgebräuche, für den wir keine andere Erklärung finden können. Es sei noch hinzugefügt, daß wir natürlich auch weniger Brot essen und mehr von den anderen Gerichten, wenn es sich ereignet, daß die Qualität des Brotes in die Sphäre der Neutralität fällt. Sowohl Bäcker als Mütter sollten diese Erkenntnis berücksichtigen, da in solchen Fällen weder der Kunde des Bäckers, noch die Kinder bestimmte Beschwerden über das Brot vorbringen werden.

In den letzten Jahrzehnten hat eine Abnahme des Brotkonsums stattgefunden, die häufig der erhöhten Auswahl von Nahrungsmitteln zugeschrieben wird. Es ist zweifelhaft, ob dies die richtige Erklärung ist. Brot kann, wenn richtig zubereitet, größere Anziehungskraft haben als Kuchen. Es ist aber wahrscheinlich, daß Brot im Alltag oft keine andere als eine neutrale Wirkung hat. Das ist nicht unbedingt die Schuld des Bäckers; die Art und Weise, in welcher Hausfrauen Brot für Tage aufbewahren, mag dazu beitragen, das Aroma zu verderben.

Es ist nicht schwer, andere Beispiele zu bringen. So war in England Buchweizengrütze das übliche Frühstück, bevor Tee auf den Markt kam. Heute wirkt das Aroma des Buchweizens unangenehm. Wie kam es dazu? Es ist offenbar, daß Tee stimulierende Eigenschaften hat, die am Morgen so notwendig sind, und deshalb ist Tee dem Buchweizen als Frühstück überlegen. Aber dies erklärt nicht, warum das Aroma des letzteren jetzt unbeliebt geworden ist. Es mag folgendes sich ereignet haben: Tee und Buchweizengrütze blieben für einige Zeit im Wettbewerb. In dem Maße, als Buchweizen unterlag und weniger verbraucht wurde, geriet sein Aroma in die neutrale Zone, in der er nun schon gar nicht mit Tee konkurrieren konnte, und war so bald vergessen; wenn Buchweizen dann gelegentlich wieder auftauchte, so erschien sein Aroma nun als unangenehm. Möglicherweise war die Sache auch so, daß die stimulierende Eigenschaft des Tees dem ganzen Satz von Empfindungen, die dieses Getränk hervorruft, einen solchen Vorzug gab, daß der Satz der Buchweizenempfindungen außer Gunst fiel, eine der Empfindungen, das Aroma, wurde zum Sündenbock gemacht. Wie immer der Vorgang sich abgespielt haben mag, so zeigt dieses Beispiel wohl wieder die Bedeutung auf, welche der neutralen Zone der Gefühle in der Entwicklung von Ernährungsgebräuchen zufällt.

IX. Andere psychologische Methoden der Beurteilung von Nahrungsmitteln

In der Psychologie wurde eine ganze Anzahl von Methoden zur Analyse des menschlichen Geistes und seiner Kennzeichen entwickelt. Die Gefühlspsychologie, die wir eben in Betracht gezogen haben, ist nur eine dieser Methoden. Es ist hier nicht die Absicht, auf alle bestehenden Methoden einzugehen und auf das vorliegende Problem anzuwenden; aber einige von ihnen sind, man möchte sagen, auffallend in ihren Resultaten. Der Leser wird in seiner Alltagserfahrung mit Ernährungsgebräuchen manchmal auf Erscheinungen stoßen, die durch die Sinnespsychologie erklärt werden können; aber es gibt auch andere Beobachtungen, für welche die neueren Methoden der Psychologie sich als nützlich erweisen.

Zunächst sei eine Methode der psychologischen Annäherung genannt, die sich auf einen Vorgang gründet, der innerer Zwang genannt werden kann. Hiebei kommen nicht Empfindungen in Betracht, die durch Organe vermittelt werden und sich dann in Gefühle verwandeln, sondern etwas ganz anderes.

1. Fixation des Bedürfnisses

Nach der Ansicht von K u r t L e w i n[1] hat der Mensch eine große Auswahl für seine Handlungen offen und er ist im Leben von einer großen Menge von Gegenständen umgeben, in Bezug auf welche er genötigt ist, sich zu entscheiden, sowohl für den Augenblick als im Hinblick auf die Zukunft. Diese Wahl ist jedoch nicht immer eine freie. Das psychische Leben, das niemals stockt, entwickelt das Verlangen, nicht nur schlechtweg zu handeln, sondern in einer bestimmten Art und Weise, nicht nur Dinge im allgemeinen zu wünschen oder zu verlangen, sondern bestimmte Dinge. Dies nennt K u r t L e w i n die Fixation der Bedürfnisse. Nehmen wir als Beispiel die Aufteilung des wöchentlichen Einkommens einer Durchschnittsperson. Es mag ein Budget im voraus aufgestellt sein, das bestimmten Zwecken einen Teil des Einkommens zuweist — für Miete, Licht und Heizung und andere wesentliche Dinge, wie die Nahrung — es verbleibt aber oder sollte verbleiben ein Betrag, über dessen Verausgabung eine Entscheidung jede Woche zu treffen ist, selbst wenn es sich darum handelt, den Betrag in die Sparkasse zu legen oder nicht.

Angenommen eine Frau entscheidet sich, ein Paar Schuhe zu kaufen. Sie ist sich der Tatsache bewußt, daß ihre Wahl unter normalen Umständen getroffen werden muß zwischen einer reichen Auswahl von Schuhen und innerhalb der Preisgrenze, die sie einzuhalten gezwungen ist. Sie kennt den Markt und sie entscheidet sich im voraus über Farbe, Schnitt und Qualität. Dieser Auswahlprozeß, der in ihrem Geiste stattfindet, engt die Möglichkeiten des Kaufes beträchtlich ein. Von den vielen Dingen, die sie kaufen könnte, hat unsere Frau ihr Bedürfnis also erstmalig auf ein Paar Schuhe fixiert. Sie hat es weiter mehr im einzelnen fixiert auf, sagen wir, ein Paar blaue Schuhe mit hohen Absätzen. Sie ist daher nun zum Einkauf bereit, nicht als ein freier Käufer mit Zutritt zu allen Dingen, die im Rahmen seiner Börse liegen, sondern als eine Person, die sich entschlossen hat, das vorerwähnte Paar blauer Schuhe zu kaufen.

Diese Methode der Planung und Handlung hat L e w i n in ein psychologisches System gebracht, das auch eine beträchtliche Rolle bei der Nahrung und den Nahrungsgebräuchen spielt. So verläßt eine französische Hausfrau ihr Haus mit der Absicht, Lebensmittel einzukaufen,

---

[1] L e w i n K., Vorsatz, Wille und Bedürfnis. 1926.

ohne einen anderen Plan als den, eine gute Mahlzeit innerhalb einer bestimmten Zeit zu bereiten. Sie kauft dann das, was an dem betreffenden Tage gerade am Markte und geeignet ist, ihr das Kochen in der gegebenen Zeit zu ermöglichen. Von der britischen Hausfrau sagt man, sie gehe einkaufen mit der bestimmten Absicht, gerade das zu kaufen, was erforderlich ist, um ein in jeder Einzelheit vorgeplantes Mahl zu bereiten. Sicherlich bestehen nationale Unterschiede dieser Art, und daher gehört die Fixation der Bedürfnisse ins Gebiet der Sozialpsychologie.

Diese Theorie kann aber auch angewendet werden auf die Individualpsychologie. So wie unsere Schuheinkäuferin ihren Bedarf sehr sorgfältig „fixiert" hat, so ist es bei allen, die starkes Interesse haben an dem, was sie essen oder trinken, das ist bei den geborenen Feinschmeckern. Bei solchen Leuten bedeutet die Fixation des Bedürfnisses etwas Großes. Auch sie überlegen sehr sorgfältig im voraus, welche Art von Gefühlen ein bestimmtes Gericht in ihnen erwecken würde. Hier und vielleicht in allen Fällen sind Gefühle grundlegend. Wenn der Auswahlprozeß — bei Lebensmitteln oder Gerichten — im voraus durchgeführt wird, so ist dies sehr ähnlich den Zeitungsanzeigen oder Plakaten, die dahin zielen, den Bedürfnissen eine bestimmte Richtung zu geben, also Markenwaren oder andere Artikel zum Verkauf zu bringen, die der Anzeiger eben verkaufen will. So erklärt die Psychologie die allgemeinen Tendenzen des Anzeigewesens. Zur selben Gruppe der Erscheinungen gehört die Frage, ob ein Gegenstand mehr verlangt wird, wenn er am Markte selten oder reichlich vorhanden ist; die Amerikaner setzen großen Stolz darein, den gleichen Gegenstand gleicher Qualität überall auf ihrem ganzen Kontinent kaufen zu können; sie lieben das reichliche Angebot. Andererseits behauptete der Hygieniker und Diätetiker R u b n e r, daß auf Grund seiner Erfahrungen im ersten Weltkriege kein Gegenstand so viel verlangt wird wie einer, der knapp geworden ist: es mag wohl so sein, daß Knappheit eines Lebensmittels die Konsumenten dazu bringt, ihr Bedürfnis gerade auf dieses zu fixieren.

2. Psychologische Sättigung

Das Phänomen der Sättigung wird später in diesem Buch behandelt werden, wenn die verschiedenartigen Gesichtspunkte des Hungers in Frage stehen. Es ist eine erstaunliche Tatsache, daß physische Sättigung durch den Ernährungsprozeß an einem Punkte erreicht wird, an dem erst sozusagen ein Versprechen an das Blut und die Gewebe des Körpers gegeben ist und so gut wie keine Verdauung der Nahrung stattgefunden hat, mit anderen Worten, es ist überraschend, daß die

Füllung des Magens genügt, um physische Sättigungen herbeizuführen. Ebenso ist es im Grunde erstaunlich, daß diese Sättigung in Stufen stattfindet; wenn man nicht mehr imstande ist, von dem einen Gange zu essen, so kann man dennoch den nächsten mit Gusto verzehren. In Kapitel VI wurde gezeigt, daß neben anderen möglichen Ursachen die Ermüdung der Sinne dabei eine entscheidende Rolle spielt. Es mag die Ermüdung jener Empfindungen, die bei der Nahrungsaufnahme mitwirken, an sich als eine Art von Sättigung wirken.

Diese Methoden, Sättigung herbeizuführen, sind physischen Ursprungs, obwohl nach dem ganzen hier bisher verfolgten Gedankengange psychologische Faktoren dabei die entscheidende Rolle spielen. Die psychologische Schule aber, die den Begriff Bedürfnis als eine neue Methode der Behandlung solcher Probleme entwickelte, glaubt bemerkt zu haben, daß noch eine andere rein psychologische Sättigung im menschlichen Leben existiert. Das Bedürfnis nach etwas — in dem im letzten Abschnitt gebrauchten Sinne — erzeugt nach K u r t   L e w i n nicht nur ein Verlangen, sondern eine psychologische Spannung und die Lösung dieser Spannung wird psychologische Sättigung genannt.

Nicht alles, was wir haben wollen, ist für uns unerreichbar. Manchmal könnten wir kriegen, was wir brauchen, aber es ist uns nicht erlaubt, die zugehörige Handlung auszuführen. Manchmal sehen wir einen solchen Gegenstand, aber es ist ein Fensterglas zwischen uns und dem Ziel unserer Wünsche. Von allen diesen Dingen wird gesagt — von L e w i n —, sie hätten einen herausfordernden Charakter. Wenn wir sie aber in unserem Besitz haben, so verlieren sie diesen Charakter und werden neutral. In diesem Stadium ruft ein Mehr von solchen Dingen eine Art von Übersättigung hervor.

K a r s t e n, eine Schülerin L e w i n s, prüfte die Richtigkeit dieser Gedanken durch Versuche. Was sie gefunden hat, kann von unserem Gesichtspunkte aus in zwei Punkten zusammengefaßt werden:

1. Die reine Wiederholung einer Handlung oder Empfindung ist keine ausreichende Ursache für psychologische Sättigung.

2. Es sind nicht die angenehmsten Tätigkeiten, sondern die mehr gleichgültigen, die am längsten brauchen, diese Sättigung herbeizuführen. Die ausgesprochen vergnüglichen Handlungen und ebenso die unangenehmen führen viel schneller Sättigung herbei.

Die Versuche K a r s t e n s wurden nicht an Lebensmitteln ausgeführt, sondern bei Handlungen, wie dem Ziehen von Linien auf Papier oder dem Lesen von verschiedenen Arten von Gedichten. Diese Schule der Psychologie proklamiert ja den Sättigungsprozeß als ein allgemeines Gesetz menschlicher Handlung. Obwohl sie den Ausdruck Sättigung dabei bildlich gebraucht, ist es sicherlich zulässig zu behaupten, daß psychologische Sättigung und Übersättigung auch in jener Sphäre zuhause sein müssen, aus welcher die Ausdrücke genommen sind, in der der Ernährung. Damit ist ein neuer Gesichtspunkt bereitgestellt, von welchem aus dem Ursprung der Nahrungsgebräuche nachgeforscht werden kann. So beleuchtet die Theorie des herausfordernden Charakters gewisser Gegenstände oder Tätigkeiten unsere Frage mit einem neuen Licht, obwohl es sich um eine ohnehin mehr oder weniger populäre Beobachtung handelt — was das Essen anbelangt —, die in eine wissenschaftliche Form gebracht wird. Daß ein Gericht einen herausfordernden Charakter hat, wenn es auf dem Tische erscheint, ist klar, was dabei unklar ist, ist die Frage, wann und wie diese Herausforderung aufhört. Ein Beispiel soll zeigen, wo das Problem liegt. Es besteht ein Brauch im Essen, der für die meisten Leute wenig bedeutet, wenn sie ihn überhaupt wahrnehmen: ich meine den Brauch, den Teller nach seiner Leerung ein bißchen zur Seite zu schieben. So zu tun ist sicherlich nicht gute Tafelmanier, aber doch ist dieser Brauch sehr häufig und überraschenderweise bei allen Völkern und bei Leuten jedes Alters zu finden. Ich habe ihn kürzlich bei einem lebhaften kleinen Mädchen von drei Jahren beobachtet. Nachdem sie den Inhalt ihrer Eßschüssel energisch geleert hatte, gab sie ihr jenen kleinen Stoß, den ich in der ganzen Welt schon gesehen und über den ich mich oft gewundert hatte. Die Ursache dieser Behandlung von Schüssel oder Teller kann kaum in der Ermüdung des Geruchssinnes gelegen sein, obwohl sicherlich am Ende des Mahles der Geruch anders wahrgenommen wird wie am Beginn. Auch kann es nicht sein, wenigstens in den meisten Fällen, daß der Handlung ein Racheakt gegen den Behälter der Nahrung zugrundeliegt, weil er nicht mehr enthält; ebensowenig kann es sich um eine symbolische Geste handeln, das Ding aus dem Gesichtskreis zu bringen oder Raum für die Ellbogen auf dem Tisch zu schaffen. Es scheint mir vielmehr, daß L e w i n s Theorie hier angewandt werden kann: die Eßschüssel hat den herausfordernden Charakter verloren, den sie am Beginn des Mahles hatte, und erhält deshalb einen verachtungsvollen Stoß. Gerade dieses Bestimmte in der Geste der Zurückweisung läßt mir diese Handlung so kennzeichnend erscheinen. Wir können nun, wieder in L e w i n schem Sinne, sagen, daß die Spannung gelöst ist und die Reaktion eingesetzt hat.

Kommen wir nun zu K a r s t e n s Beobachtungen, so müssen wir fragen: was in ihnen entspricht der Ernährungserfahrung und -gewohnheit? Daß reine Wiederholung nicht ausreichend ist, psychologische Sättigung herbeizuführen, erfahren wir bei der Nahrung täglich. Wir wissen, daß in unserem Lande und auch in anderen Nahrungsmittel verzehrt werden, oder Gerichte, die niemals ganz ihren herausfordernden Charakter verlieren. In vielen Ländern sind es Brot und

Kartoffel, in Italien Makkaroni, im Fernen Osten Reis. Wenn nun die bloße Wiederholung nicht die Ursache dieser Art Sättigung ist, worin liegt diese dann? Die Antwort auf diese Frage ist in Karstens zweiter Feststellung teilweise zu finden. Jedermann ist sich dessen bewußt, daß es unterschiedliche Grade des Vergnügens bei verschiedenen Nahrungsmitteln gibt. Brot und Kartoffel sind nicht die ausgewähltesten Delikatessen, die wir kennen; sie halten den Vergleich nach dieser Richtung nicht aus mit Hühnern oder Rebhühnern. Nach Karsten werden wir der angenehmsten Dinge am schnellsten psychologisch müde, also sagen wir der Hühner, obwohl Karstens Versuche an anderen Handlungen als Essen ausgeführt wurden. Hierin liegt die Erklärung für die Klage „Tousjours perdrix"! Rebhühner, ständig gegessen, wären unerträglich. Ihr Anblick und ihr Geruch würde bald den herausfordernden Charakter verlieren. Für die meisten Leute verlieren auch Hühner ihre appetitanreizende Wirkung bald, wenn sie genötigt sind, sie täglich zu essen. Deshalb erscheinen die Alltagserfahrungen mit Brot und Kartoffeln, Hühnern und Rebhühnern, in einem ganz neuen Licht, wenn wir Lewins allgemeines Gesetz psychologischer Ermüdung auf sie anwenden.

X. Das Gedächtnis

Jeder menschliche Brauch ist an Gedächtnis gebunden, daher auch der Nahrungsgebrauch. Gedächtnis ist unentbehrlich für die Wahrnehmungen vom Wechsel in den Eigenschaften der Nahrung. Kein Fall von Gedächtnisverlust scheint auf diesem Gebiete jemals beobachtet worden zu sein. Die Funktion des Gedächtnisses wurde für einige der Sinne, die für die Ernährung in Betracht kommen, wissenschaftlich geprüft, besonders für den Geruchssinn, aber analoge Untersuchungen fehlen noch für alle anderen Sinne. Wir werden uns im folgenden hauptsächlich mit dem Gedächtnis für Geruch beschäftigen und daneben nur noch das Temperaturgedächtnis behandeln.

1. Geruchsgedächtnis

Was darunter zu verstehen ist, kann am besten erklärt werden durch die Analogie mit dem Farbengedächtnis. Es gibt Umstände, unter welchen wir eine Farbe anders empfinden, als sie uns sonst erscheint, und dies unabhängig von der Außenwelt. In diesen Fällen ist es nicht das Auge, welches den Gesichtseindruck bestimmt, sondern das Gehirn. Dieses handelt in solchen Augenblicken unter dem Einfluß oder selbst unter dem Zwang des Gedächtnisses, das dabei das tatsächliche optische Ereignis ersetzt. So ist es sehr selten, daß ein schneebedecktes Feld wirklich weiß ist; bei schwindendem Lichte oder, wenn der Wind eine Lage Staub oder Ruß darüber gestreut hat, ist das Feld so grau wie jede andere weiße Fläche unter solchen Umständen. Unter bestimmten atmosphärischen Bedingungen ist das schneebedeckte Feld gelb oder violett. Dennoch wird ein graues, gelbes oder violettes Feld gewöhnlich als weiß „gesehen" und für manche Leute ist es sogar ein Schock, wenn sie auf einem Gemälde schneebedeckte Berge violett sehen. Für sie ist Schnee weiß und muß weiß gemalt werden und die violette Farbe ist nichts anderes als des Künstlers Einbildung. H e r i n g sagt, daß die Farbe, in welcher wir einen Gegenstand oft gesehen haben, sich unserem Gedächtnis einverleibt und ein Teil des Gedächtnisses für diesen Gegenstand wird.

Nun hoffe ich, daß der psychologisch geschulte Leser verstehen wird, was unter dem Ausdruck Geruchsgedächtnis zu verstehen ist. Es ist der Geruch, den wir nicht tatsächlich erleben, sondern den wir in unserem Geiste schaffen und an die Stelle dessen setzen, was wir nach den physiologischen Regeln wahrnehmen sollten.

Wir haben das Phänomen erklärt in Analogie zu den Verhältnissen auf dem Gebiet des Gesichtssinnes. Nun, die Ernährung selbst und alles, was zu ihr führt, findet unter Mitwirkung des Gesichtssinnes statt. Daß Kaffee schwarz ist und Tomatensuppe rot, sind Tatsachen, die von unserem Gedächtnis festgehalten werden, und es kann sich ereignen, daß eine nicht ganz entsprechende Farbe doch als die richtige bezeichnet wird, wenn wir nur wissen, daß Kaffee oder Tomatensuppe serviert worden ist. Diese Eigenschaft ist reichlich ausgenützt worden in der Färbung von Lebensmittelpackungen. Wenn wir an der Farbe einer Packung erkennen, daß sie einen bestimmten Artikel enthalten soll, so nehmen wir für sicher an, daß sie ihn auch enthält. So ruft der Anblick der Packung eine bestimmte Assoziation in unserem Gedächtnis hervor.

Nun ein Wort über den Blumengeruch; aber da muß zuerst auf eine andere von H e r i n g s Feststellungen Bezug genommen werden. Er behauptet, daß alle Dinge, die uns durch Erfahrung bekannt sind, oder die wir als bekannt annehmen, mit durch das Gedächtnis gefärbten Brillen gesehen werden und daher manchmal anders erscheinen, als sie es tun würden, hätten wir nicht jene Brillen auf der Nase. Nach H e n n i n g besteht eine vollständige Analogie hiezu im Bereich der Gerüche und Aromen. Viele Leute glauben in welken Blumensträußen den ursprünglichen Duft frischer Blumen wahrzunehmen. Manche Männer vermeinen das ursprüngliche Aroma ihrer Zigarre noch am stinkenden Stummel zu genießen. Daß ein Gericht ange-

brannt oder zu stark gewürzt oder auf andere Weise von der Norm
abweichend ist, wird von manchen Leuten nicht bemerkt, wenn nicht
ein anderer ihre Aufmerksamkeit darauf lenkt. Ihnen erscheint es zunächst ganz normal, vielleicht, weil der Farbeindruck ein solcher ist.
Anderen Leuten muß es erst gesagt werden, daß die Cremefüllung
ihres Kuchens aus schlechtem Fett bereitet ist oder daß ihr Kaffee
niemals etwas mit einer Kaffeebohne zu tun hatte. Nach Henning
ist dergestalt ein Satz von Normal- oder Idealgerüchen in unserem
Geist vorhanden, der aus vergangener Erfahrung stammt und den wir
auf jeden neuen Fall anwenden, in welchem wir den alten vertrauten
Geruch erwarten; ohne dieses Gedächtnis wäre unser Eindruck in
jedem Falle ein anderer.

Diese Beispiele können ergänzt werden durch andere schlagendere
Fälle, die von größerer Bedeutung für die Nahrungsgebräuche sind.
Daß so viel schales, abgestandenes oder altbackenes Essen verzehrt
wird, ist durch die vorgenannte menschliche Eigenschaft zu erklären.

Die Abgeneigtheit gegen Abgestandensein (um einen allgemeinen
Ausdruck für eine Reihe von Eigenschaften zu gebrauchen) führt vielfach zur Verschwendung von Lebensmitteln. Wer nicht Übriggeblie-
benes essen will, muß es wegwerfen; das ist Verschwendung und die
große Masse der Verbraucher war niemals imstande, sich das zu
leisten, außer in Ländern, in welchen Nahrungsmittel sehr billig sind
im Verhältnis zum Einkommen. Speisereste sind im Haushalt sehr
häufig, da die Versuchung, mehr von einem Gericht zu bereiten, als
bei der bevorstehenden Mahlzeit gebraucht wird, sehr groß ist. Deshalb ist Abgestandenheit eine allgemeine Haushaltserscheinung, be-
ginnend beim Brot und endigend beim Sonntagsbraten. Wirklich
frische Gerichte werden daher meistens dort erwartet, wo die Speisen-
bereitung in ganz anderer Weise und in einem ganz anderen Maßstab
als im Haushalt stattfindet, in den Restaurants nämlich. Man würde
oft ein Gericht in einem Restaurant zurückweisen, wäre es so abge-
standen wie jenes, welches man häufig zuhause bekommt, denn zuhause
bilden wir uns durch eine geistige tour de force Frische ein, auch
wenn sie nicht mehr besteht. Im Restaurant aber versagt dieser
Prozeß, weil wir gewohnt sind, dort anderes vorgesetzt zu bekommen.

Es kann aber vorkommen, daß wir an das Abgestandensein der
Gerichte uns so gewöhnen, daß wir diesen Zustand nicht nur erwarten, sondern ihn sogar lieben. In solchen Fällen benötigen wir die
geistige Akrobatik nicht mehr. Schalheit des Essens ist nun das geworden, was Hering beschrieb als „was wir gewohnt sind". Viele
Leute haben frisches Brot nicht gern, weil sie von Jugend auf an
altbackenes Brot gewöhnt waren. Leute, die regelmäßig zur Mahlzeit
zu spät kommen, erwerben eine Vorliebe für aufgewärmte Gerichte.

In den meisten der gewöhnlichen Gaststätten und in Krankenhäusern
sind die Mahlzeiten in der Regel lange Zeit vorher gekocht und haben
daher den Charakter des Abgestandenseins, und doch werden sie mit
Vergnügen von jenen gegessen, die daran gewöhnt sind. Auch sollte
man nicht vergessen, daß im Bereich der Küche wenig Leute scharf-
sinnig sind.

2. Gedächtnisvergleiche

Dies ist ein faszinierender Gegenstand. Viele Leute sind sehr bestimmt in ihrem Urteil über ein ihnen serviertes Gericht. Sie glauben
genau zu wissen, ob es von der Art ist, wie sie es gewohnt sind, oder
nicht. Viele Leute sind auch stolz auf ihre Fähigkeit, Gerichte und
Getränke kritisch zu beurteilen. Sie denken nicht daran und haben
niemals daran gedacht, daß dies alles rein auf Gedächtnis beruht.
Dabei steht die Sache so, daß wir außer durch das Gedächtnis keinen
Weg haben, selbst den nächsten Bissen nach dem eben verzehrten zu
beurteilen. Schon gar nichts wissen wir von der Suppe, die wir in der
letzten Woche hatten, um jene dieser Woche zu beurteilen, außer auf
dem Wege über das Gedächtnis und nur aus diesem zieht der Mann
von 60 Jahren sein Urteil, wenn er von den Gerichten spricht, die seine
Mutter zu kochen pflegte.

Für das Studium der Nahrungsgebräuche erwachsen hier zwei
Fragen von großer Bedeutung. Wie weit ist das Gedächtnis genau?
Mit anderen Worten, gibt es Grenzen, innerhalb welcher die jeweils
gegenwärtigen Wahrnehmungen sich von unseren Erinnerungen unterscheiden, ohne daß wir uns dessen bewußt werden? Die zweite Frage
lautet: Wenn unser Gedächtnis in dieser Weise unzuverlässig sein
sollte, wie sehr ist diese Unzuverlässigkeit durch den Zeitablauf beeinflußt? Es ist nicht möglich, diese Fragen vollständig zu beantworten, aber die Richtung, in der die Antwort gesucht werden kann,
soll hier angegeben werden.

Auf dem Gebiet des Temperatursinnes wurden einige Entdeckungen
gemacht, die hierher passen. Es wurde gefunden, daß die menschliche
Haut oder die Organe, die in sie eingebettet sind, sehr empfindlich
sind für Temperaturdifferenzen, viel mehr als im allgemeinen geglaubt
wird. Wenn ein Finger nacheinander in zwei Becken getaucht wird,
die Wasser von unterschiedlicher Temperatur enthalten, so kann der
Unterschied bemerkt werden, wenn er nur ein Fünftel Grad Celsius
beträgt, dies jedoch nur, wenn der Finger unmittelbar von dem einen
in das andere Becken übergeführt wird; aber wenn der Finger inzwischen mit einem Handtuch abgetrocknet wird, so daß einige Zeit
zwischen den beiden Wahrnehmungen liegt, dann ist eine so kleine

Temperaturdifferenz nicht mehr wahrnehmbar, dann muß der Temperaturunterschied einen halben bis einen Grad betragen.

Dieser Versuch gibt einen klaren Hinweis des Einflusses der Zeit auf die Exaktheit des menschlichen Gedächtnisses für Sinneswahrnehmungen der uns interessierenden Art; kein anderer Faktor als das Gedächtnis kommt für das Ergebnis des beschriebenen Versuchs in Betracht. Die ganze Frage wurde niemals im Zusammenhang mit den komplexen Empfindungen des *Essens* untersucht. Es wäre amüsant, einer Person, die auf ihr genaues Urteil stolz ist, nachzuweisen, daß man den Salzgeschmack ihrer Suppe von einem Löffel zum nächsten verändern könnte, ohne Veränderung ihrer Wahrnehmung.

Es ist hier am Platze, eine andere Quelle der Ungenauigkeit sinnlicher Wahrnehmungen zu erwähnen, diesmal nicht eine psychologische, sondern eine physiologische. Wir können Empfindungen nicht nur nacheinander haben, wobei das Gedächtnis wirkt, sondern auch gleichzeitig. Wir können zwei Geschmacksqualitäten auf unserer Zunge zur gleichen Zeit feststellen, hervorgerufen durch zwei unterschiedliche Stoffe. Darüber haben wir schon gesprochen. Ein ähnlicher Gebrauch kann von der einfachen Tatsache gemacht werden, daß wir durch die Nasenflügel zwei Zugänge zur Geruchsschleimhaut besitzen; wir können unterschiedliche Intensitäten ein und desselben Geruches im Experiment durch die beiden Nasenflügel gleichzeitig wirken lassen. Auf diese Weise wurde gefunden, daß die Genauigkeit der Geruchsanzeige Unterschiede nur dann erkennen läßt, wenn der in die Nase eintretende Luftstrom auf der einen Seite um wengistens ein Drittel stärker riechend ist als auf der anderen. Ein geringerer Unterschied kann auf diese Weise nicht wahrgenommen werden. Auf den ersten Blick erscheint dies als ein Mangel an Empfindlichkeit des Sinnesorgans; aber die im Alltagsleben vorkommenden Intensitätsunterschiede gleicher Gerüche sind weit größer als man gemeinhin glaubt. Zum Beispiel ist die Geruchsintensität frischgebackenen Brotes viele Male größer als die desselben Brotes nach einigen Stunden.

Wenn nun bei gleichzeitigem Riechen zweier unterschiedlicher Intensitäten desselben Riechstoffs keine kleinere Differenz wahrgenommen werden kann als ein Drittel, dann muß, so sollte man meinen, der Unterschied bei der Erinnerung an einen Geruch noch größer sein; allerdings wissen wir noch nicht um wieviel.

Mit dem kleinen aber schlagenden Beispiel hinsichtlich der Temperaturerinnerung haben wir die enge Abhängigkeit des Gedächtnisses vom Zeitablaufe aufgezeigt. Individuelle Unterschiede mögen auf diesem Gebiete ziemlich beträchtlich sein, besonders, worauf schon oft hingewiesen wurde, zwischen scharf- und stumpfsinnigen Individuen. Bei Nahrungsmitteln tritt nicht ein einzelner Empfindungsbereich ins Spiel, sondern ein Komplex von vielen. Manchmal wird die Ungenauigkeit des Gedächtnisses geradezu ausgenützt, um den Charakter eines Gerichtes allmählich zu wechseln. Wenn ein Gericht, das wöchentlich auf dem Menü erscheint, von Woche zu Woche in Bezug auf einen Bestandteil, sagen wir Salz oder Zucker, allmählich geändert wird, so wird der Unterschied wahrscheinlich nicht bemerkt werden. Die Ungenauigkeit des Gedächtnisses wird in ähnlicher Weise von Erzeugern von Markenartikeln ausgenützt, wenn sie Änderungen vornehmen, die ihnen aus irgendwelchen Gründen als notwendig erscheinen. Jedoch haben solche Dinge ihre Grenzen. Selbst wenn die allmähliche Verringerung oder Steigerung in bezug auf eine Empfindung, die ein Gericht oder Getränk hervorruft, an einem bestimmten Punkte halt macht, so mag es sich wohl ereignen, daß eines Tages die Erinnerung der ursprünglichen Eigenschaften plötzlich mit großer Kraft zurückkehrt; nicht die Rechnungsarten der Addition und Subtraktion sind hier entscheidend, sondern andere noch verborgene psychologische Einflüsse. Wie allmählich auch die Änderung durchgeführt sein mag, sie erweist sich dann letzten Endes doch als ein Fehlschlag, selbst wenn die Autorität einer Regierung hinter ihr steht.

3. Warum kein Thermometer?

In dem vorstehenden Abschnitt wurde gezeigt, daß die menschliche Hand für Temperaturdifferenzen außerordentlich empfindlich ist, obwohl diese Empfindlichkeit auf dem Gedächtnis beruht. Unterschiede von nur einem halben Grad Celsius sind leicht erkennbar. Hierin liegt der Grund, warum die moderne Technik sich nicht beeilt hat, ein Thermometer in die Küchenausrüstung aufzunehmen und warum selbst Bäcker imstande sind, ohne ein solches auszukommen — obwohl manchmal gesagt wird, daß die Kunst des Bäckers darin besteht, die Fehler beseitigen zu können, die er selbst in früheren Stadien seiner Arbeit begangen hat. Jedenfalls ist es eine Tatsache, daß der Temperatursinn so ausreichend genau ist, daß selbst für das feinste Kochen Thermometer nicht gebraucht werden. Wo der Temperatursinn doch nicht genügend genau ist, helfen Gesichtseindrücke, wie die der Blasen des kochenden Wassers. Nicht nur in jenen Fällen, in welchen die Temperatur niedrig genug ist, um nicht die Haut zu verbrennen, kann der Temperatursinn an die Stelle eines Thermometers treten; wir sind auch imstande, Temperaturen auf andere Weise als durch Berührung richtig zu schätzen, nämlich durch Abschätzung der Ausstrahlung von heißen Oberflächen. Wäre es anders, so würde das Backen im geschlossenen Ofen sich kaum als eine Methode der Speisenzubereitung bewährt

haben. Wenn die Innentemperatur eines Backofens selbst viele hundert
Grade beträgt, so kann der erfahrene Bäcker sie in ganz engen Grenzen richtig schätzen, indem er mit der Hand die Innenstrahlung prüft.
Dasselbe gilt natürlich auch für erfahrene Köche. Nur für die unerfahrenen wurden die modernen Gasherde mit Hitzeanzeigern ausgestattet.

Dies scheint für mich die einfache Erklärung dafür zu sein, daß
unter den vielen Ratschlägen, die für das Bereiten von Gerichten
gegeben werden, niemals der zum Gebrauch eines Thermometers
figuriert.

4. Das Schicksal der Auswanderer

Betrachten wir den Einfluß einer Massenauswanderung auf die
Nahrungsgebräuche, dann ist der in Frage kommende Zeitablauf sehr
verschieden von jenem, welchen wir in früheren Abschnitten für die
Wirkung des Gedächtnisses in Betracht gezogen haben. Es war ein
Physiologe, R u b n e r, und nicht ein Psychologe, der den Satz prägte,
ein Auswanderer vergesse eher die Sprache seines Vaterlandes, bevor
er seine heimatlichen Nahrungsgebräuche aufgebe.

Der einzelne Einwanderer, wenn er sich nicht mit seiner Familie
niederläßt, kann den Nahrungsgebräuchen des neuen Landes nicht
entkommen. Er leidet unter ihnen, bis er Mittel und Wege findet,
seine heimische Nahrung auch im neuen Lande zu erlangen. Wann ihm
dies gelingt, hängt großenteils davon ab, ob er auf eine Gemeinschaft
seiner Landsleute stößt, die sich aus Auswanderern dortselbst allmählich aufgebaut hat. Die Neigung von Einwanderern, solche Ge-
meinschaften zu bilden und in eigenen Distrikten miteinander zu
leben, beruht zum großen Teil auf dem Trieb, die alten Nahrungsgebräuche aufrechtzuerhalten; denn bei einer gemeinsamen Siedlung
können sie ihre eigenen Händler, Bäcker und Fleischer erhalten, die
sie mit den spezifischen Typen von Nahrungsmitteln so gut als möglich versorgen, entweder mit dem fertigen Produkt oder den Rohstoffen
für dieses. Die Chinesen in Amerika gingen selbst so weit, ihre heimischen Gemüse zu bauen.

In Amerika gab es Händler, die von Europa Süßigkeiten, Schokolade und Waffeln nur für den Gebrauch der Einwanderer importierten: jede Nationalität hatte ihre eigenen Spezialitäten. Die Mengen,
die auf diese Weise ins Land eingeführt wurden, waren sehr klein im
Vergleiche mit den Massen ähnlicher, aber nicht identischer Güter,
die in den Vereinigten Staaten erzeugt wurden. Aber dieser Einfuhr-
handel blieb dennoch bestehen und brachte viel Vergnügen in die
Heime der Einwanderer. Wenn Versuche gemacht wurden, im neuen

Lande wirklich die gleichen Erzeugnisse herzustellen, wie im alten, so ergaben sich dabei beträchtliche Schwierigkeiten. Ich bin nicht einmal sicher, ob selbst die in Amerika gezogenen chinesischen Gemüse wirklich dem chinesischen Produkt gleich sind, da doch Boden und Klima anders sind. Auch die allgemeinen Rohmaterialien besitzen in der oder jener Beziehung in einem anderen Lande einen unterschiedlichen Charakter. Daher kommt es, daß meist nur ein „Ersatz" für die Gerichte des alten Landes im neuen hergestellt werden kann.

Hier setzt die Gedächtnistäuschung ein. Der Einwanderer, an seiner alten Kochweise hängend, glaubt die Speisen des alten Landes zu genießen, bis eines Tages eine „echte" Rückerinnerung auftaucht und die Illusion zerstört. Es mag dann sein, daß die neuen, mitgebrachten Gerichte in geänderter Form in die nationale Küche des neuen Landes eingehen. So war es in Amerika und auch in Europa während der zahllosen Emigrationen von einem Land ins andere. Die in ihrer Art berühmte Wiener Küche ist dadurch entstanden, daß Wien durch Jahrhunderte der Schmelztiegel für Einwanderer aus Böhmen, Mähren, Polen, Ungarn, Italien, den Ländern, die jetzt in Jugoslavien vereint sind, und viele andere gewesen ist. Alle diese Einwanderer versuchten ihre nationale Küche aufrecht zu erhalten, bis sie oder ihre Nachkommen in dem gemeinsamen Schmelztiegel verschwanden, enttäuscht vielleicht, aber nicht ohne der Wiener Küche Andenken zu hinterlassen, wie Gulyas, Makkaroni, serbisches Reisfleisch.

XI. Freud und die Ernährung

Wenn die Psychoanalyse vor allem als eine Methode zur Behandlung von Nervenkrankheiten berühmt ist, so ist sie doch auch bekannt als eine Wissenschaft, die auch in anderer Weise angewandt werden kann. Nach ihrem Gründer ist es nicht der behandelte Gegenstand, der den wissenschaftlichen Charakter der Psychoanalyse bestimmt, sondern das Verfahren, und dieses ändert seinen Charakter nicht, ob es auf Kulturgeschichte, Religion oder Mythologie angewandt wird. Das Ziel dieser Wissenschaft ist es, das Unbewußte und seinen Einfluß auf den Geist aufzudecken. Wenn man Psychologie als die Wissenschaft vom Inhalt des bewußten Lebens betrachtet, so hält die Psychoanalyse dieser Aussage entgegen, daß die Handlungen des Geistes größtenteils unbewußt sind; daher sind nur jene Teile unserer Handlungen, deren wir uns bewußt werden, zum Gegenstand der psychologischen Forschung geeignet.

Der hier nun folgende Versuch, in die Geheimnisse menschlicher Ernährung durch die Anwendung der Methoden und Entdeckungen der Psychoanalyse einzudringen, ist daher durch die Grundsätze dieser Wissenschaft gerechtfertigt. Ich werde dazu ermutigt durch einen Satz F r e u d s, der sich auf die Arbeit J. B r e u e r s aus den 80er Jahren des vorigen Jahrhunderts bezieht: „Eines Tages", sagt er, „wurde die Entdeckung gemacht, daß die Symptome gewisser Nervenkrankheiten einen Sinn haben"; dies bedeutete, daß Nervenkrankheiten nach anderen Methoden behandelt werden könnten als, sagen wir, mit Hilfe einer Kaltwasserkur. Auf diese Weise scheint es mir möglich, den Sinn gewisser Ernährungsgebräuche, allgemeiner und individueller, d. h. ihren Ursprung aufzufinden, der nicht nach den übrigen in diesem Buch angewandten Methoden entdeckt werden kann.

1. Der traumatische Ursprung von Nahrungsbräuchen

Als das schlagendste Beispiel einer traumatischen Neurose wird gewöhnlich der Fall des Mannes zitiert, der das Opfer eines Eisenbahnunfalles geworden ist, von welchem sein Nervensystem sich nicht erholen kann. F r e u d gibt solchen Phänomenen eine viel breitere Basis. Er nimmt an, daß das innere Leben normalerweise von Ereignissen beeinflußt wird, die, bildlich gesprochen, nicht ohne Schwierigkeiten verdaut werden können. F r e u d zitiert Geschehnisse, die eine so intensive Reaktion hervorrufen und diese so plötzlich, daß eine dauernde psychische Störung verbleibt. Er erwähnt in seinen Vorlesungen nur ein einziges Phänomen, das im Bereich der Ernährung liegt, aber ein wohl sehr wichtiges, das Entwöhnen des Säuglings von der Mutterbrust. Damit wollen wir uns später in anderem Zusammenhang beschäftigen; aber wenn selbst dieses Ereignis in seinen psychischen Konsequenzen als traumatisch betrachtet wird, dann ist das menschliche Leben von der Kindheit bis zum Grabe voll von Erscheinungen dieser Art. Ich bin überzeugt (und die praktischen Folgerungen daraus werden hier aufgezeigt werden), daß solche traumatischen Ereignisse einen beträchtlichen Teil der individuellen Ablehnung gewisser Nahrungsmittel bestimmenn.

Wir können bei derartigen Erscheinungen zwei Gruppen unterscheiden, solche, deren wir uns bewußt sind, und solche, deren Ursache wir vergessen, die aber dennoch ihre Kraft nicht verloren haben. Ein Ereignis, das zur ersten Gruppe gehört, wo wir den Ursprung des Mißvergnügens oder der Ablehnung kennen, ist nicht Gegenstand der Psychoanalyse. Für sie ist typisch die nachfolgende Erzählung B o o t h T a r k i n g t o n's:

„Im Alter von zehn Jahren kam ich einst vom Schlittschuhlaufen ausgehungert heim. Ich fand vier große Kürbispasteten in der unbewachten Speisekammer. Meine Moral war untergraben und ich aß zuerst einmal eine solche Pastete ganz auf. Angenehm angeregt, aß ich die zweite. Nun fühlte ich mich glücklich und wollte diesen Zustand aufrechterhalten. Deshalb machte ich mich an die dritte. Mein Enthusiasmus schwand; aber aus Pflichtgefühl zu mir selbst aß ich sie doch ganz auf und noch eine Schnitte der vierten, bevor mich schleichende Übelkeit befiel.

Mit 35 Jahren versuchte ich wieder Kürbispastete zu essen. Es war mir ganz unmöglich."

Es gibt viele Leute, die sich ähnlicher Erfahrungen bewußt sind. Sie glauben, daß ihnen auf diesem Gebiet nichts untergekommen sei, was sie nicht wüßten, und daß bei ihnen kein traumatisches Ereignis vorliege. Selbstverständlich erinnern sie sich nicht, daß sie einstmals ihre kleinen Köpfe abwandten und zu schreien begannen, als ihnen zum ersten Male etwas anderes als Muttermilch dargeboten wurde. Die Etappen unserer gastronomischen Erziehung sind bald vergessen und das gilt auch für die meisten Etappen unserer allgemeinen Erziehung. Als wir zum ersten Male eine scharfe, brennende, saure oder juckende Empfindung durch die Mund- oder Nasenschleimhäute empfangen haben oder als zum ersten Male ein starker Geruch die empfindliche Nasenschleimhaut erreicht hat, da fühlten wir im F r e u d schen Sinne einen Schock. An welch' lange Liste unterschiedlicher Empfindungen mußten wir uns gewöhnen, bevor unsere Erziehung zum Essen und Trinken vollständig war!

Erziehung zum Essen und Trinken ist im allgemeinen gerade so erfolgreich wie jede andere Form der Erziehung. Aber es ist zweifelhaft, ob ein Druck auf Kinder ratsam ist, bestimmte Nahrungsmittel zu essen, die sie hassen oder doch einfach nicht mögen. Es ist ein altes Familienproblem, das Eltern und Lehrern in gleicher Weise Kopfschmerzen bereitet. Eine Unmenge von Nahrungsmitteln wird auf diese Weise verschwendet, sowohl zu Hause als auch in der Schule, und Psychologen haben es nicht verschmäht, das Problem anzugehen. Es sei an K a t z erinnert, der seine 5 und 6 Jahre alten Jungen zu einer Mahlzeit von Schokolade, Wurst und Gemüse setzte und ihnen erlaubte, sie zu mischen und zu essen, wie es ihnen beliebte.

2. Ursprung der Beliebtheit

Von einem praktischen Gesichtspunkt aus gesehen ist das Entstehen der Bevorzugung eines Gerichts von noch größerer Bedeutung als jenes der Ablehnung. Freilich besteht zwischen der Beliebtheit eines Gerichts und traumatischen Ereignissen kein Zusammenhang; der Beliebtheit kann nicht durch psychoanalytische Methoden entgegengewirkt werden und mit Ausnahme der Fälle von Rauschgiftsucht besteht selten begründete Veranlassung, eine Vorliebe zu zerstören. Ihr Ursprung stammt aus den Weiten der Geschichte der Menschheit, wie der Geruchspsychologe Henning gezeigt hat. Der Geruch hat die besondere Fähigkeit, Erinnerungen im Menschen wachzurufen, Erinnerungen, die sogar angenehmer sein können als das Erlebnis selbst. Ein Geruch kann uns im Augenblick eine längst vergessene Situation wieder ins Leben rufen, die einstmals ein angenehmes Geruchserlebnis schuf. Marcel Proust beschreibt in „A la recherche du temps perdu“, wie er auf sich selbst eine Art psychoanalytischer Untersuchung anwandte, um den Ursprung der Gefühle zu entdecken, die in ihm bei einer Tasse Tee entstanden. Dem Dichter war die Erinnerung an seine frühe Jugend, die er in der kleinen Stadt Combray verbracht hatte, ganz aus dem Gedächtnis entschwunden. Aber an einem kalten, unfreundlichen Tag nötigte ihn seine Mutter zu einer Tasse Tee mit ein wenig Biskuit. „Ich hob den Löffel zum Munde, nachdem ich vorher ein Stückchen des Kuchens hineingetan hatte. Im Augenblick, in dem die Flüssigkeit mit dem Kuchen meinen Gaumen berührte, erzitterte ich bei dem außerordentlichen Erlebnis, das in mir auftauchte. Wie aus blauem Himmel hatte mich eine entzückende Glückseligkeit ergriffen, von deren Ursprung ich keine Ahnung hatte.“ Sein Gefühl des Elends war verschwunden, wie wenn Liebe über ihn gekommen wäre. Er versuchte einen zweiten Schluck, die neue Stimmung blieb unverändert; erst beim dritten schwächte sie sich ein wenig ab. Woher kam dies Glück? fragte er sich. Er versuchte seine Umgebung auszuschalten und sich ganz auf die Suche nach deren Ursache zu konzentrieren. Viele Male mußte er dies wiederholen und dann tauchte es in ihm auf, daß ihm in Combray an einem Sonntagmorgen dieselbe Mischung von Biskuit und Tee von seiner Tante gegeben wurde, bevor er zur Messe ging. Das graue Gebäude, das Sommerhaus, die Stadt, der Hauptplatz, des Nachbars Garten, das ganze Bild von Combray lebte durch diese Tasse Tee auf, wie japanische Papierblumen in einem Glas Wasser.

Diese Geschichte ist in zweifacher Beziehung bemerkenswert. Erstens wegen der Intensität der Gefühle, die durch eine so gewöhnliche Begebenheit im Essen und Trinken hervorgerufen werden können. Zweitens wegen der immensen Anstrengung, die ein zweifellos psychologisch Trainierter anzuwenden hatte, um den Ursprung seiner Gefühle aufzudecken. Man muß nicht ein hochintellektueller und empfindsamer Dichter sein, um derartiges zu erleben; die Bedeutung solcher Vorkommnisse im Alltagsleben und im Verhältnis zu bestimmten Gerichten wird für gewöhnlich von jenen unterschätzt, die daran interessiert sein sollten.

3. Behandlung von Mißvergnügen

Wann immer wir einen Unterschied finden zwischen den Nahrungsgebräuchen eines Individuums und jenen seiner Umgebung, können wir, wenn es sich um Ablehnung handelt, dies als symptomatisch im Freud schen Sinne betrachten. Gewöhnlich wird die betreffende Person außerstande sein, die Ursache ihres Mißvergnügens zu erklären, und wir können dann annehmen, daß sie von ihr unbewußten Ereignissen der Vergangenheit beeinflußt ist. Die Erfahrung hat die Behauptung bestätigt, daß solche Auswirkungen früherer Erlebnisse verschwinden können, wenn die unbewußten Zusammenhänge aufgedeckt werden. Dies ist die Grundlage der psychoanalytischen Behandlung.

Diese Behandlung ist mühevoll und schwierig, und man würde jedenfalls zu weit gehen, wollte man die Ablehnung irgendwelcher Gerichte als eine Krankheit neurotischer Natur ärztlich behandeln. Die Person, die solche Symptome zeigt, leidet darunter in ihrem Alltagsleben nicht so sehr wie jemand, den Platzfurcht hindert, eine Straße zu überqueren. In normalen Zeiten kann ein unerwünschtes Gericht oder ein widerstehender Rohstoff der Nahrung durch etwas anderes ersetzt werden, ohne des Betreffenden Diät zu verschlechtern; solche Abneigungen mögen Ungelegenheiten im Haushalt bereiten, aber nicht mehr. Es gibt Personen, die überraschend viele solcher Abneigungen besitzen und die dennoch gut ernährt sind und keine Störung in ihrem Familienleben verursachen. Daher erscheint es von diesem Gesichtspunkt aus gesehen überflüssig, auf solche Personen eine kostspielige Behandlung zu verwenden. Anders mag es sich vom Standpunkt der Erzeuger gewisser Nahrungsmittel aus verhalten, denen bekannt ist, daß eine große Zahl von Personen ihre Erzeugnisse ablehnen, obwohl keine anzuerkennende Ursache dieser Ablehnung vorhanden ist. Dies ist zum Beispiel der Fall in bezug auf Schokolade bei Männern oder in bezug auf Bier bei Frauen. Individuelle Behandlung durch eine Litanei von Schlagworten zu ersetzen, wie dies versucht worden ist, ist nutzlos in solchen Fällen. Allerdings würde die individuelle Behandlung, wenn sie versucht wird, eine Stufe weiterzugehen haben, als nur die Rundfrage anzustellen, die der Psychologe Katz machte, der eine große Zahl von Schulkindern ausfragte, wie ihnen das Fleisch von Adlern, Bären und, wenn ich mich recht erinnere, auch von Hunden und Ratten schmecken würde; die Antworten dieser Kinder waren unzureichend, ihre unbewußten Motive aufzudecken.

Eine solche individuelle psychoanalytische Behandlung der Abneigung gegen gewisse Nahrungsmittel würde mit allen jenen Schwierigkeiten zu rechnen haben, denen derartige menschliche Probleme unterliegen. Wir sprachen von den Unterschieden zwischen den Nahrungsgebräuchen einer Person und denen der Gesellschaft, in der diese lebt. Dabei wurde angenommen, daß die Person in dieser Gesellschaft aufgewachsen ist; ist die Kindheit anderswo verbracht worden, dann können andere als traumatische Vorkommnisse den Unterschied im Nahrungsbrauch hervorgerufen haben. Ein altes Sprichwort sagt: „Was der Bauer nicht kennt, frißt er nicht". Hier steht Kennen für erworbenen Brauch. Die Ablehnung unbekannter Nahrung mag daher Ursachen verschiedenen Ursprungs haben. M a u r i z i o sagt, daß der Mensch schon in vorgeschichtlichen Zeiten die ganze Natur auf für ihn Eßbares durchsucht habe, und so mag auch eine phylogenetische Ursache des Mißtrauens und der Ablehnung gegenüber bisher unbekannten Nahrungsmitteln vorhanden sein; sie mögen in uns aus prähistorischen Zeiten oder auch nur aus Erfahrungen weniger uns vorangegangener Generationen her verankert sein. Ein französischer Psychologe war imstande, eine spezielle Abneigung in einer Familie durch drei oder vier Generationen nachzuweisen. Die Chinesen in Amerika ziehen, wie bereits erwähnt, ihr eigenes heimisches Gemüse. Dennoch bin ich zu glauben geneigt, daß die Art der Zubereitung der Rohstoffe und die dadurch geschaffenen Sinneseigentümlichkeiten wesentlich mehr Ausschlag geben. Nach der Gefühlspsychologie hat doch jede Empfindung Intensitätsstufen, wo die Empfindung angenehm, und andere, wo sie unangenehm ist. Ungewohnte Empfindungen jedoch können auf allen Intensitätsstufen unangenehm sein und beim Verzehren der Nahrung sind viele Sinne in Tätigkeit und jeder davon reagiert nicht nur auf unterschiedliche Intensitäten, sondern auch auf viele Qualitäten. Wenn ein amerikanisches Maisgericht einem rumänischen Bauern nicht zusagt, obwohl er hauptsächlich von Mais lebt, oder wenn die Speisen in New York einem Mann aus den Südstaaten nicht zusagen, so wäre es ergebnislos, die Psychoanalyse zu Hilfe zu rufen, um die Ursache dieser individuellen Differenzen aufzudecken.

4. Sind Säuglinge auf ihre Nahrung vorbereitet?

Wenn Säuglinge die ihnen gereichte Nahrung nicht mögen, so kann dies in anderem als in traumatischen Ereignissen seinen Ursprung haben; aber damit ist nicht gesagt, daß solche Einflüsse ganz und gar ausgeschlossen sind. Säuglinge gehören noch nicht der jeweils herrschenden Zivilisation an; Zivilisierte unterliegen Schocks, die dauernde Folgen haben können, manchmal durch Unterschiede in den Nahrungsgewohnheiten, die sie nach ein paar Stunden Reise erleben. Eigentlich sollte dafür vorgesorgt werden, daß solche Schocks Einwanderern in ein neues Land erspart bleiben. Dabei soll gar nicht an die Wirkung östlicher Ernährungsgebräuche gedacht werden, wie zum Beispiel an den Effekt, den es auf einen Angehörigen westlicher Zivilisation ausübt, wenn er ein Schafsauge als Delikatesse angeboten erhält.

In der Säuglingspflege jedoch hat wohl immer Verständnis bestanden für die Notwendigkeit, solche Schocks zu vermeiden. Dies zeigt sich in der Art und Weise, in welcher Mütter und Pflegerinnen Säuglinge an ihre ersten Gerichte gewöhnen. Bei der Zubereitung salzen sie sie weniger, als sie es für Erwachsene tun würden, und ganz im allgemeinen vermehren sie die Stärke einer Nahrung oder eines Getränkes allmählich, alles um den Schock eines zu starken Geschmackes dem Säugling zu ersparen. Die Verhältnisse liegen anders im Geruchsbereich. Es wurde wohl noch nie bedacht, daß Kinder in der Regel in einem Haushalt aufgezogen werden, in dem sie alle die unterschiedlichen Nahrungsgerüche Monate und Jahre früher auskosten, bevor es ihnen erlaubt wird, diese Gerichte selbst zu essen. Wenn dem so ist, so werden Schocks auf diesem Gebiete wohl unbewußt vermieden. Es gibt sicherlich in einem Haushalt, in dem Kaffee das übliche Getränk ist, kein Kind, das nicht mit dem Kaffeegeruch bereits vertraut ist, lange bevor der erste Tropfen auf seine Lippen kommt. Vielleicht wäre es möglich, Vergleiche anzustellen über das Verhalten von Kindern beim Kosten von Wein oder Bier, von welchen die einen den Geruch dieser Getränke vorher schon kennengelernt haben und die anderen nicht.

5. Nahrung und Geschlechtstrieb

Der Leser mag erwarten, daß nun Bemerkungen über Aphrodisiaca folgen werden, dies ist jedoch nicht der Fall. Es bestehen andere Zusammenhänge zwischen diesen zwei großen Trieben des Menschen und hier können wir den Linien der Gedanken F r e u d s folgen. Der Mund, durch welchen die Nahrung in den Körper eintritt und durch den nahezu alle Empfindungen und Gefühle der Ernährung hervorgerufen werden — mit Ausnahme der Befriedigung des Hungers —, hat beim Menschen auch Sexualfunktionen, zumindest die Lippen haben sie.

Diese einfache Tatsache macht den Mund „verdächtig". Der Forschende wird durch sie dahin geführt, zu vermuten, daß die beiden Gruppen von Empfindungen und Gefühlen, die im Munde entspringen, nicht immer unterscheidbar sein müssen. Diese Anschauung wird durch die weitere Tatsache bestärkt, die wir hier schon besprochen haben, daß es im Alltag keineswegs möglich ist, so unterschiedliche Empfindungen wie Getast und Geruch auseinanderzuhalten. Dasselbe mag wohl auch für die beiden großen Impulse gelten, die durch Nahrung und Geschlecht hervorgerufen werden.

Von diesem Gesichtspunkt aus hat F r e u d das Betragen des neugeborenen Kindes betrachtet und so kam die Behauptung zustande, daß das Saugen des Säuglings der erste Sexualakt eines menschlichen Wesens sei. Es wird gesagt, daß dieses Sexualvergnügen anfangs mit der Nahrungsaufnahme durch die Mutterbrust verbunden sei, daß aber das Kind bald lerne, dieses Vergnügen abzutrennen, so daß später, wenn das Kind von der Mutterbrust abgesetzt wird, das Vergnügen übertragen werde auf Teile seines eigenen Körpers, wie den Daumen und die Zunge oder auf den jetzt verurteilten Gummisauger. Der Vorgang wird autoerotisch genannt und die Lippen erogene Zonen.

Gegner von F r e u d, welchen der Gedanke, daß Säuglinge ein Sexualleben haben sollen, schrecklich war, fragten, weshalb das Vergnügen am Saugen mit dem Geschlechtstriebe verbunden werden müsse; es würde genügen, so meinten sie, es einfach als ein Organvergnügen zu betrachten, in welchem Falle die Lippen das Organ darstellen. Vom Gesichtspunkt der diesem Buch gestellten Aufgaben ist es wohl gleichgültig, ob das Vergnügen am Saugen sexuell genannt wird oder nicht, aber es scheint dies dem Autor eine Erklärung zu bieten für den bisher noch unentdeckten Ursprung dieser Handlung. Da dieses Buch dem Studium der Ursachen der Nahrungsgebräuche und der damit verbundenen Handlungen gewidmet ist, kann hier an der F r e u d schen Theorie nicht vorbeigegangen werden.

6. Analyse der Saugempfindungen

Was hat die Sinnesphysiologie über diese Empfindungen zu sagen? Es sind komplexe Empfindungen, eine Mischung von Getast und Temperatur. Das Getast ist hier selbst komplexer Natur und besteht unter anderem aus Wahrnehmungen der Glätte einer Oberfläche und der Elastizität einer Masse. Ein dynamischer Faktor ist in dem Komplex gleichfalls eingeschlossen. Nach K a t z ist Bewegung eine Vorbedingung für alle Tastempfindungen. In der Tat sind die Bewegungen beim Saugen dafür verantwortlich, daß die Empfindungen nicht auf das Getast beschränkt bleiben; der Drucksinn spielt auch hinein und ebenso der Kraftsinn, der auf Muskeltätigkeit beruht. Den eigenen Daumen saugen ist eine zweipolige Tätigkeit; so ist es auch mit dem Kontakt zwischen Zunge und Lippen und zwischen Zunge und Gaumen. Es ist ein einzigartiger Fall der Sinneseigenschaften des menschlichen Körpers, daß hier durch die Organe in der Haut oder Schleimhaut zwei Teile des Körpers, die mit denselben Organen und Nerven ausgerüstet sind, einander ihre Existenz anzeigen. Sie sind dabei nicht gleichwertig; die Empfindungen des einen Teiles sind die dominierenden. Ich erwähnte, daß die Temperaturempfindung einen Teil der komplexen Totalempfindung beim Saugen darstellt; denn selbstverständlich, was immer der gesaugte Gegenstand sein mag, Teil des eigenen Körpers oder etwas anderes, dieser Gegenstand muß seine Eigentemperatur besitzen und der Temperatursinn wird registrieren, ob diese Temperatur höher oder niedriger ist als jene des Saugapparates.

Bei diesen komplizierten Empfindungen ist nach meiner Meinung Glätte ein beherrschender Faktor. Dies hat mich dahin geführt, die nachfolgenden Beobachtungen auszuarbeiten, die eine Brücke zwischen der F r e u d schen Saugtheorie und der ganzen Frage von Nahrung und Nahrungsaufnahme bilden.

7. Glätte und Rauheit von Nahrungsmitteln

Ich habe immer die Empfindung gehabt, daß Glätte und Rauheit von Oberflächen der Nahrungsmittel in ihrer Bedeutung vergleichbar sind mit warm und kalt, mit Salzigkeit oder Mangel an Salz oder anderen Paaren von Nahrungsmitteleigenschaften, dadurch, daß Glätte und Rauheit in ähnlicher Weise Vergnügen und Mißvergnügen hervorrufen können, ganz unabhängig von den Problemen der Psychoanalyse. Nach dieser meiner Meinung hängt die Wirkung von rauh und glatt, ob angenehm oder unangenehm, vom Brauche ab in Verbindung entweder mit anderen Sinneswahrnehmungen, der menschlichen Konstitution oder den Lebensumständen.

Es ist bemerkenswert, daß die Herstellung glatter Oberflächen für den Menschen eine schwierige Aufgabe war, im Gegensatz zur Natur, und es hat lange Zeiträume der Geschichte erfordert, technische Mittel zur Erzeugung glatter Oberflächen zu entwickeln; dies nicht nur bei Nahrungsmitteln, wie Backwaren, sondern auch bei Gegenständen des täglichen Gebrauchs. Darin finde ich eine einigermaßen historische Begründung für die Bevorzugung von Glätte, abgesehen davon, daß sie modernen Vorstellungen über Hygiene besser entspricht. Rauheit fördert bei allen Gegenständen, ob Lebensmittel oder nicht, die Anlagerung von Staub und Schmutz. In jenen Fällen, in welchen Rauheit dennoch vorgezogen wird, kann meistens gefunden werden, daß angenehme Eigenschaften anderer Art damit verbunden sind. Zum Beispiel, wenn Brot an seiner Oberfläche vor dem Backen mit Mehl bestaubt wird, erhält es eine rauhe Oberfläche, aber auch ein spezifisches Aroma, das für die Rauheit entschädigen mag. Glätte ist häufig mit Glanz vereint, wobei der letztere die optische Anzeige der ersteren ist. Glanz hat aber wenig zu tun mit dem hier behandelten Gegenstand, da er nur solange von Wichtigkeit ist, als die Nahrung noch nicht zum Munde geführt wurde, denn alles was nachher geschieht, erfolgt ohne Beistand des Gesichtssinnes.

Es wurde bisher noch kein Versuch unternommen, Glätte und Rauheit richtig zu definieren. Sicherlich besteht auch auf diesem Gebiete eine ansteigende Skala von Empfindungen, die sich von äußerster Glätte zu äußerster Rauheit erstreckt. Durch Versuche, die hier schon beschrieben wurden, ist festgestellt worden, wie fein der menschliche Tastsinn ist, zum Beispiel in der Unterscheidung der Korngrößen gemahlener Substanzen. Vielleicht besteht keine besondere Notwendigkeit, sich mit Definitionen abzuplagen, wenn die Haut und die Schleimhäute so gute Ergebnisse durch ihre Empfindlichkeit hervorbringen, welche die psychologische Messung erwiesen hat. Von unserem Gesichtspunkt aus ist es wohl wichtiger, klar zu sehen, wie es dazu kommt, daß die Oberfläche eines Nahrungsmittels rauh oder glatt ist. Wenn ein Nahrungsmittel hergestellt wird durch einen Prozeß der Extraktion, das heißt, wenn es aus einem faserigen Naturzustand ausgezogen wird, wie es bei Pflanzenfett oder Zucker der Fall ist, dann können wir daran eine natürliche Neigung zur Glattheit beobachten. Dies ist nicht der Fall, wenn Pflanzensamen, die faserige Hülle miteingeschlossen, vermahlen werden, wie bei Weizen oder Kakaobohnen. Dann ist eine lange technische Behandlung notwendig, um jene feine Konsistenz der Teile herbeizuführen, die Voraussetzung der Glätte ist. Bei Getreidepulvern zum Beispiel ist Teigkneten und Backen notwendig. Wenn eine Substanz Glätte erreicht hat, so mögen andere technische Mittel notwendig sein, sie sichtbar zu machen, wie die Formen, die in der Schokoladen- und Zuckerwarenerzeugung gebraucht werden. Neben den Materialien, deren glatte Oberfläche auf menschlicher Geschicklichkeit beruht, stehen jene, die von Natur aus glatt sind und in diesem Zustande auch konsumiert werden, wie Früchte oder Austern. Anderseits existieren aber auch Nahrungsmittel, die von Natur aus mehr oder weniger rauh sind und glatt gemacht werden durch das Hinzufügen von flüssigen oder festen Fetten, wie dies bei Salaten oder gebuttertem Röstbrot der Fall ist.

Nicht nur bei der Oberfläche von Nahrungsmitteln und Gerichten spielt Glattheit eine Rolle. Wir schätzen es hoch zum Beispiel, wenn wir Glattheit in der Krume des Brotes finden, und preisen es als seidenartig; dies bezieht sich natürlich wieder auf eine Oberfläche, nämlich jene, die durch Schneiden des Brotes herbeigeführt wird. Was wir Schmelzen im Munde nennen, ist auch mit Glätte verbunden. Es gibt Arten von Süßigkeiten, die wir durch Saugen verzehren, so die harten Kanditen. Vom Gesichtspunkt der Glätte gesehen, sind diese

Zuckererzeugnisse einzigartig, denn sie behalten ihre Glätte solange, als sie nicht im Speichel vollständig gelöst werden, während die Empfindung der Glattheit anderer Dinge nur einen Augenblick andauert und verschwindet, sobald durch Zähne und Zunge der Bissen zerkleinert wird.

8. Das saugende Kind

Nach diesen Bemerkungen über den physischen, physiologischen und psychologischen Charakter der Glattheit kehren wir zu F r e u d zurück und nehmen die Betrachtung an dem Punkte auf, an dem er sie abbrach, bei des Säuglings erstem Kontakt mit fester Nahrung.

Das Kind hat an der Mutterbrust gelernt, Vergnügen an Glätte zu empfinden; es hat dieses Vergnügen vom Akt der Ernährung isoliert und es auf unbelebte Objekte mit glatter Oberfläche übertragen. Das erste, was Säuglingen gegeben wird, sind Keks, auch Biskotten genannt, die aus weißem Mehl, Zucker und Ei in einer Form gebacken werden und weich sind, oder harte Keks, die hauptsächlich aus weißem Mehl und Zucker bestehen, oder schließlich einfach Brotkrusten. Wenn wir das Vergnügen, das das Kind an diesen oder anderen glatten Gegenständen fühlt, mit F r e u d sexual nennen, so nehmen wir eine mögliche Ursache für die Bevorzugung von glatten Oberflächen an. Der praktische Wert einer solchen Theorie scheint zunächst sehr begrenzt zu sein. Er nimmt aber zu, wenn er im Zusammenhang mit anderen Beobachtungen aus verschiedenen Lebensaltern beurteilt wird. Dazu kommen wir in den nächsten Abschnitten.

Um das Bild von des Säuglings erstem Bekanntwerden mit fester Nahrung zu vervollständigen, müssen wir beschreiben, was weiterhin mit dem Keks oder der Brotrinde geschieht. Da im Munde des Säuglings diese Nahrung nicht mit Zähnen bearbeitet wird, verbleibt die glatte Oberfläche einige Zeit unversehrt. In dem Maße, als die Lippen den Keks oder die Kruste erwärmen, der Speichel sie gleichfalls erwärmt und dazu befeuchtet, wird das erst schwache Aroma verstärkt, bis die Tätigkeit des zahnlosen Kiefers und des Speichels die Struktur allmählich zerstört und auf diese Weise eine neue Erfahrung des Säuglings herbeiführt, nämlich die, daß feste Gegenstände eßbar sind und neue Empfindungen durch andere Sinne hervorrufen können, wenn auch die dabei auftretenden Reize mild sind. Da dem Säugling Keks und dergleichen nur in kleinen Mengen gegeben werden kann, verbleibt das Saugen das Hauptvergnügen und wird in die Länge gezogen wie das Saugen von Kanditen durch ein älteres Kind; dies bringt uns zur nächsten Stufe der Kindheit.

9. Das heranwachsende Kind

Kinder, die über das Säuglingsalter hinaus sind, sind zu Opfern bereit, um Kanditen zu erlangen, so groß ist für sie diese Quelle des Vergnügens. Im folgenden sei versucht, eine kurze physiologische und psychologische Analyse dieses Brauchs zu geben. Was die Ernährung anbelangt, so tun Hartkanditen denselben Dienst wie Zuckerwürfel. Warum, so müßte man fragen, ziehen Kinder die Hartkanditen vor und verlängern das Vergnügen durch langsames Saugen, wenn bei allen anderen Gelegenheiten der schnellste Weg für das Verzehren von Nahrungsmitteln ihnen als der beste erscheint? Im Hinblick auf Geschmack und Aroma muß die langsame Lösung der Hartkanditen als ein Mittel betrachtet werden, das Vergnügen länger hinauszuziehen, als dies mit den meisten anderen Nahrungsmitteln möglich ist, da die in der Regel gleich geschluckt werden. Dieses Hinausziehen des Vergnügens hat aber seine Grenzen. Unsere Sinne sind unfähig, angenehme Empfindungen durch längere Perioden festzuhalten. Erstens wird die physiologische Ermüdung wirksam, durch welche die Sinne ihre Kraft teilweise oder ganz verlieren. Wenn man einige Zeit in einem Laden verbracht hat, dessen Luft mit einem starken Käsegeruch beladen ist, so verliert man die Fähigkeit, diesen wahrzunehmen. Zweitens ist es unmöglich, und ganz gewiß für Kinder, die Aufmerksamkeit durch längere Zeit auf ein und denselben einfachen Sinneseindruck zu fixieren. Wenn Kinder Kanditen angenehm finden und ein anderes Stück in den Mund stecken, wenn das erste gelöst ist, so muß angenommen werden, daß das Vergnügen an Geschmack und Aroma in Intervallen wiederbelebt wird, sobald die Aufmerksamkeit zu diesen Empfindungen nach mancherlei Abschweifung wieder zurückkehrt. Außerdem ist das Verzehren von Hartkanditen eine ausgezeichnete Methode, den Speichelfluß zu erhöhen, es hält die Schleimhäute feucht und verursacht fortwährendes Schlucken.

Es verbleibt noch die Saughandlung, mit der wir uns zu beschäftigen haben. Vorher aber muß gefragt werden: Sind die bereits beschriebenen Eigenschaften eine ausreichende Erklärung für die Beliebtheit von Hartkanditen, besonders bei Kindern eines gewissen Alters? Weshalb endet diese Beliebtheit bei Knaben früher als bei Mädchen (oder wird geringer), was doch allgemein bekannt ist und sozusagen statistisch vom Psychologen K a t z nachgewiesen wurde? Bis jetzt ist dieser Unterschied zwischen den beiden Gechlechtern als gegeben angenommen worden, ohne den Versuch zu machen, eine Erklärung dafür zu suchen. Man könnte vielleicht daran denken, daß heranwachsende Knaben die Bräuche der Männer nachzuahmen beginnen, aber wir wissen auch nicht, wie die Geschmacksunterschiede

zwischen Männern und Frauen entstehen. Es ist nicht leicht zu erklären, warum Frauen Hartkanditen wählen, um ihren Bedarf an
Kohlehydraten zu befriedigen, und Männer nicht, wenn wir die Untersuchung auf die uns bewußten Triebkräfte unserer Handlungen beschränken. Wie wirken die Geschlechtsunterschiede im Unbewußten?
Auch Tiere werden vom Geschmack beeinflußt. Aber wurde es jemals
beobachtet, daß bei Tieren, bei welchen die Lippen doch nicht die
gleiche Beziehung zum Sexualleben aufweisen, wie es beim Menschen
der Fall ist, das weibliche Tier andere Ernährungsneigungen zeigt als
das männliche, außer jene, die mit dem Nährwert oder der Qualität
und Quantität der Nahrungsmittel zusammenhängen?

Es ist möglich, daß das Saugen an sich, das weiter oben als eine
Mischung von Getast und Temperaturempfindungen beschrieben wurde,
in welcher die Empfindung der Glätte dominieren mag, eine bisher
ungeahnte Verwurzelung im Unbewußten besitzt. K a t z hat darauf
hingewiesen, daß bei einem Kontakt zwischen einem Organ und einem
Gegenstand die Tastempfindung auf das unbelebte Objekt projiziert
wird. In unserem Falle findet das Saugen in Intervallen statt, obwohl
die Kandite in ständiger Berührung mit der Schleimhaut bleibt,
welcher Vorgang dem Ermüdungsgesetz im weitesten Sinne unterliegt. Wir können wohl das Saugen an der glatten Oberfläche einer
Kandite als ein bloßes Organvergnügen betrachten, das durch die
Organe des Tastsinns in der Schleimhaut hervorgerufen wird; aber
wenn wir die F r e u d sche Doktrin über das Saugen als Sexualvergnügen des neugeborenen Kindes akzeptieren, so sind wir sicherlich auch berechtigt, diese Doktrin auf vierzigjährige anzuwenden, die
vom Säuglingsstadium weit entfernt sind. Man kann die Analogie auch
nach anderer Richtung weiterführen. F r e u d beschreibt eingehend,
wie Mütter und Pflegerinnen versuchen, die Sexualimpulse des Kleinkindes zu zerstören, wobei sie diese entweder in gewissem Sinne als
das behandeln, was sie sind, oder schlechtweg als Unart. Ein ähnlicher
erzieherischer Einfluß wird auf heranwachsende Kinder ausgeübt, wenn
Einspruch erhoben wird gegen den Genuß zu vieler Süßigkeiten unter
dem Titel, daß dies den Appetit oder die Zähne verderbe. Hier ist
das vom Saugen hergeleitete Vergnügen zu stark verkleidet, um in
diesem Konflikt zwischen Mutter und Kind aufzuscheinen.

10. Erwachsene

Das Saugen vermittels der Lippen ist physikalisch mit der Erzeugung von Geräuschen verbunden. Diese mögen uns entzücken, wenn
sie eines Säuglings Befriedigung an seiner Nahrung anzeigen, aber

beim Erwachsenen wurde ein solches Geräusch in unserer Zivilisation
als schlechte Tischmanier aufgegeben und ist verpönt. Wir haben
darauf verzichtet, das Mark aus den Knochen auszusaugen und mit
den Lippen zu schnalzen. Sucht man nach der Ursache des Brauch-
wechsels, so fällt einem der Versuch von Müttern und Pflegerinnen ein,
die Sexualitätssymptome der Kleinkinder zu unterdrücken, wovon wir
vorhin gesprochen haben.

Das Schlürfen von Flüssigkeiten hat immer einen gewissen Zusammenhang mit dem Vergnügen des Saugens an sich. Der Kenner
schlürft Wein, um dessen Aroma zwischen Mund und Nase deutlicher
zu machen. Brillat-Savarin betrachtete als Franzose den englischen Ausdruck to sip als einzigartig geeignet, den vollen Genuß des
Weintrinkens zu beschreiben. Das Schlürfen von heißem Tee oder
Suppe wird hauptsächlich geübt, um ein Verbrennen der Zunge zu
vermeiden, und das analoge Gehaben bei kalten Getränken — durch
einen Strohhalm — dient der Vermeidung der entgegengesetzten Wirkungen durch Kälte. Jedenfalls läßt das Schlürfen von Flüssigkeiten
durch Erwachsene eine sehr enge Beziehung zum Saugen erkennen
und so ist es auch mit den vielen bestehenden Arten des Rauchens;
ihr Effekt ist wesentlich beeinflußt durch die Eigenschaften jener
Substanz, welche dabei mit den Lippen oder auch den Zähnen in
Kontakt kommt.

Die Erwähnung Brillat-Savarins führt uns dazu, das Gehaben der Feinschmecker zu betrachten. Auf den ersten Blick fällt es
auf, daß Feinschmecker ihren Impulsen in gleichem Maße nachgeben,
wie Kinder, wenn sie an Kanditen saugen. Leser, die wenig Erfahrung
in dieser Richtung haben, ist zu empfehlen, Le Martyre de l'obèse von
Béraud zu lesen. Gastronomen sind bereit, die Tabus zu durchbrechen, die unsere Zivilisation im Hinblick auf geräuschvolles Essen
und Trinken bisher aufgerichtet hat. Ihnen sind solche Bräuche an
sich vergnüglich, diese vertreten bei ihnen, psychologisch, andere Ver-
gnügungen, nach welchen sie begierig sind. Kehren wir zur Psychoanalyse zurück und erinnern wir uns an Freuds Beschreibung des
Sexualcharakters des Saugvergnügens beim Säugling, an das selige
Lächeln, mit welchem er in Schlaf fällt, nachdem er sein Nahrungsbedürfnis durch den Saugakt befriedigt hat, an sein Verlangen nach
einer Wiederholung dieses Aktes ohne physisches Nahrungsbedürfnis.
Man vergleiche dies Betragen mit dem des feinschmeckerischen Fach-
mannes, der das fünfundzwanzigfache Gewicht des Säuglings erlangt
haben mag — und man wird gewisse Ähnlichkeit erkennen. Solche
Menschen scheinen dieselbe Freude an der Bewegung ihrer Lippen, an
den Kontakten zwischen dem Eßbaren und den Schleimhäuten des
Mundes zu empfinden. Ist das Gaumenvergnügen ausreichend erklärt

durch die Existenz von Geschmacksknospen und von Organen für Getast, Temperatur und Schmerz, den physiologischen Gegebenheiten, oder durch die Übermittlung von Gerüchen an die Schleimhäute der Nase? Dies scheint zweifelhaft. Führen wir den Vergleich zwischen dem Betragen des Säuglings und des Gastronomen weiter, so haben wir nochmals das Verhalten der Lippen zu betrachten: Wie die Lippen des Säuglings von Milch oder Speichel angefeuchtet sind, so sind jene des Epikurs, der seinen Impulsen folgt, feucht von Speichel oder selbst Fett; die meisten Feinschmecker behandeln sogar ihre Servietten anders wie gewöhnliche Leute. Was sind nun das Anfeuchten und Ölen und die Bewegung der Lippen anderes als Methoden, die Empfindung der Glattheit, des hervorragendsten Elements des Saugens, zu steigern? Um die Sache ins volle Licht zu rücken, muß auch darauf hingewiesen werden, daß das Saugen des Kleinkindes die einzige und dabei ganz deutliche Handlung in dessen Ernährungsprozeß ist. Bei Erwachsenen hingegen bemerken wir neben dem richtigen Saugen noch komplizierte Lippenbewegungen, bei welchen das Saugen nur eine undeutliche, wenn auch physisch und psychologisch kennzeichnende Komponente darstellt.

Gastronomen mögen als Extreme in bezug auf die Empfindlichkeit im Essen betrachtet werden, gewöhnlich auch als Extreme in bezug auf den Appetit; beim Essen und Trinken werden sie von den stärksten Impulsen geleitet. Aus ihrem Betragen kann, im Verkleinerungsverfahren, auf das Betragen der Durchschnittsmenschen geschlossen werden. Die Glätte von Bissen und die Viskosität von Getränken scheinen neue Faktoren in den Tafelvergnügungen darzustellen, die bisher noch nicht ausreichend erkannt wurden. F r e u d behauptet, daß die psychologische Forschung menschlichem Hochmut den schwersten Schlag versetzt hat, als sie nachwies, daß das Ich nicht Herr im eigenen Hause, sondern auf spärliche Nachrichten aus den unbewußten Vorgängen des inneren Lebens angewiesen ist. In diesem Sinne sollen die vorangegangenen Darlegungen vom Leser betrachtet werden, nämlich als Hinweis, daß gewisse Symptome in den Nahrungsgebräuchen von Menschen jedes Alters nachweisbar sind, die das Vorhandensein unbewußter und bisher unvermuteter Phänomene anzeigen.

XII. Nahrungsvorurteile: Eßbares und nicht Eßbares

1. Die Schwierigkeit, objektiv zu sein

Wer Nahrungsgebräuche studieren will, muß sich von der Vorstellung befreien, daß Nahrungsmittel in schmackhafte und nichtschmackhafte, gute und schlechte eingeteilt werden können. Man muß des Wortes Hennings bewußt sein, daß es nichts auf dieser Erde gibt, das nicht von einer Nation ebenso geliebt wird als von einer anderen gehaßt; und daß dies nicht nur für Nationen gilt, sondern auch für Teile derselben und für einzelne Individuen.

Die meisten Leute glauben, daß man sich dessen leicht bewußt bleiben kann, aber in Wahrheit ist das außerordentlich schwer. Man ist ständig in Gefahr, seinen eigenen Vorurteilen in bezug auf Speisen zum Opfer zu fallen. Auch der Autor selbst ist seiner nicht sicher und der von ihm in diesem Buch gemachten Feststellungen. Ökonomen und Diätetiker mögen zu der Erkenntnis kommen, daß Änderungen in der Volksernährung notwendig wären, und versuchen Andere oder selbst das ganze Volk von der Unsinnigkeit zu überzeugen. Sie mögen dafür die stärksten und überzeugendsten Argumente anführen. Aber während sie so ihre Ansicht mit aller Energie vertreten, kann es geschehen, daß sie selbst, wie von einem Zauber gezwungen, wie der Zwerg in der Nibelungensage, ihre eigenen Gefühle enthüllen müssen, denn wenn der Zwerg auch sein Bestes tat, seine Gedanken zu verbergen, so platzte er doch mit der Wahrheit heraus. Die Analogie ist selbstverständlich keine vollständige, da die in Frage stehenden Gelehrten an die Wahrheit ihrer Sache glauben und in Wirklichkeit nur selbst Opfer des gleichen Zaubers sind, unter dem nach ihrer Meinung die Nation leidet. Sieht man alte und neue Ernährungsliteratur durch, so findet man Dutzende solcher Fälle. Vor 150 Jahren zum Beispiel versuchte Sir Frederick Eden das gemeine Volk im Süden von England davon zu überzeugen, daß dessen Vorliebe für weißes Weizenbrot außerordentlich unsinnig sei in Zeiten der Knappheit und überhaupt zu allen Zeiten. Er zeigte dem Volk von Südengland, daß die Leute im Norden ein sehr gesundes Leben führten bei Brot aus anderen Zerealien. Gleichzeitig aber mußte Eden zugeben, daß Roggenbrot wirklich schlecht schmeckt. Er wußte natürlich, daß es große Nationen gibt, die sich mit Roggenbrot ernähren und Vergnügen daran finden, und er wußte auch, daß Roggen zu jener Zeit im Süden von England vorhanden war. Aber wie unter einem Zauber war er gezwungen, seine eigenen Vorurteile zu enthüllen, die zufälligerweise nicht zugunsten von Roggen, sondern von Hafer und Gerste lauteten!

Aber selbst wenn wir uns in diesen Dingen unserer psychologischen Unzureichendheiten bewußt sind, so können wir leicht vergessen, wie groß eigentlich die Kluft ist, die sich zwischen den Bräuchen der Nationen spannt. Wir wissen, daß es Völker gibt, die Sauerkraut und schwarzes Brot essen [1], Borscht und Polenta. Was wir am leichtesten vergessen, ist aber, daß Nahrungsmittel, die bei uns volkstümlich sind, ja sogar Delikatessen, anderwärts Übelkeit hervorrufen können, wie dies bei Butter und Geflügel der Fall ist.

Deshalb folgt hier Hennings bezeichnende Aufstellung der einander so sehr widersprechenden Nahrungsgebräuche verschiedener Nationen.

Nahrungsmittel

Fisch: unangenehm den süd- und ostafrikanischen Negern, vielen Mongolenstämmen, Navahos in Neu-Mexiko.

Geflügel: unangenehm nahezu allen Mongolen, Indianern von Guyana.

Schweinefleisch: unangenehm den Juden (Abscheu), in Madagaskar, vielen südafrikanischen Stämmen, den Jakuten, Lappen, vielen Indianern.

Rindfleisch: unangenehm den Hindus (Übelkeit), Chinesen, Parsen.

Hase: (frisch) unangenehm den Chinesen, Juden, Kaffern, alten Bretonen.

Frische Eier: unangenehm den Waganda, Bahunen, alten Kariben, Kaffern (früher).

Schlangen: Delikatessen für einige australische Stämme.

Würmer: Delikatessen für andere australische Stämme.

Faule Eier: Delikatessen für die Eingeborenen von Bruni.

Faules Fleisch: sehr geschätzt von einigen australischen Stämmen.

Wild und Käse (hoch im Geruch): werden von Europäern bevorzugt.

Erdwürmer, Schnecken, Insekten und ungereinigte Eingeweide finden auch ihre Schätzer.

Getränke

Milch (und Butter): gehaßt von Chinesen, Dajaken und Malayen.

Milch: betrachtet als erbrechenerregendes Exkrement von den Dravidern.

Milch: erbrechenerregend für Aschanti und alte Kariben.

Stutenmilch: verursacht den Europäern Erbrechen.

Ziegenmilch: erregt Übelkeit bei manchen Europäern.

Kuhmilch: erweckt Übelkeit bei manchen erwachsenen Europäern.

Henning [2], ein hervorragender Psychologe, war sich dessen be-

---

[1] Der Leser sei daran erinnert, daß dieses Buch für das englische Publikum geschrieben worden ist.

[2] Henning, Der Geruch. 1924.

wußt, daß beide Seiten des Gemäldes gezeigt werden müßten; nicht
nur jene Dinge, die unangenehm oder abstoßend für die Angehörigen
unserer Zivilsation, sondern auch jene unserer Gebräuche, die für
andere oder primitivere Zivilisationen ekelerregend sind. Wolberg[1]
anderseits begnügt sich mit der folgenden einseitigen Beschreibung:

Es gibt noch heute Stämme, deren Methoden der Nahrungserlan-
gung und des Kochens an die Steinzeit oder selbst an frühere Perioden
erinnern.

Am unteren Ende der Ernährungsskala stehen die Pygmäen Afrikas
und die brasilianischen Buschmänner. Die Pygmäen leben von einer
unbehandelten Kost von Früchten, Nüssen, Insekten, Raupen, Honig
und Muscheln. Sie essen ihre Nahrung roh und müssen oft hungern.
Wie ihre Vorfahren, die eozänen Lemurenmenschen, begnügen sie sich
damit, in Zeiten des Überflusses Nahrung nur für den Tagesgebrauch
zu sammeln, ohne für die Zeiten der Knappheit vorzusorgen. Der bra-
silianische Buschmann ist ein barbarisches Geschöpf mit schauder-
haften Eßgewohnheiten; wenn ihn Hunger ergreift, so wird er einen
Stock in einen Ameisenhügel stecken, um die Ameisen in seinen Mund
laufen zu lassen.

Verwandt mit den Pygmäen sind die Andamanesen, die niemals
über das frühe Steinzeitalter hinausgekommen sind.

Andere primitive Völker sind die Veddas von Ceylon und die
australische Urbevölkerung. Jene lieben angefaultes Fleisch mit Honig,
diese haben eine Leidenschaft für Hundefleisch und für faules, fettes
Fleisch. Wenn ein Walfisch in ihren Gegenden angeschwemmt wird,
so kommt es zu einer lärmenden Gelageorgie. Dieses beschreibt
Kapitän Grey wie folgt:

„Sie essen sich buchstäblich einen Weg in den Walfisch hinein
und man kann sie hinein- und heraussteigen sehen aus dem stinkenden
Körper, wo sie sich delikate Bissen aussuchen ... Es gibt keinen auf-
reizenderen Anblick in der Welt als ein junges, schön geformtes Mädchen, das aus dem Leib eines verwesenden Walfisches herauskriecht.“

Von den Einwohnern des Feuerlandes wird erzählt, daß sie alles,
aber auch alles essen, was nur irgendwie eßbar scheint, ohne Rücksicht auf die Art oder den Grad der Verwesung. „Sie sind“, sagt Adolph
Decker, „mehr Bestien als Menschen, denn sie reißen menschliche
Körper in Stücke und verzehren das Fleisch roh und blutig, wie es ist.“

Hier muß hinzugefügt werden, daß der moderne Schriftsteller
A. F. Tschiffely (This Way Southward, 1940) glaubt, die nun
nahezu ausgestorbenen feuerländischen Indianer seien niemals Kan-
nibalen gewesen. Aber wenn diese Indianer nun schon einmal hier

---

[1] Wolberg L. R., Psychology of Eating. 1931.

erwähnt werden, so ist es am Platze, auf D a r w i n s Beobachtung hinzuweisen, daß diese ebensoviel Ekel vor den Fleischkonserven zeigten, die D a r w i n s Schiff mitbrachte (als dieser auf Feuerland landete), als die Weißen dem verwesenden Walfischfett dieser Indianer gegenüber.

2. Methoden der Reinigung von Lebensmitteln

So viel über die Verschiedenheit der Nahrung. Aber in engem Zusammenhang mit dem Wesen und der Zubereitung derselben stehen die Fragen der Reinigung und der Reinlichkeit. So wie der leichteste Faulgeruch das beste Fleisch verderben kann, so kann seine Behandlung in einer von uns als unsauber empfundenen Art dieselbe Wirkung ausüben. Für uns ist Wasser die Grundlage der Reinigung, wenigstens unter normalen Verhältnissen. Aber die Enkole-Bahimas in Uganda reiben den Körper mit Butter und Lehm, da sie Wasser verabscheuen; so ist es auch — oder war es — bei vielen Stämmen der Kalmücken. Die Obbs in Zentralafrika waschen sich mit Urin wie die Eskimos. Die Obbs reinigen selbst ihre Milchgefäße mit Urin und mischen ihn mit der Milch. Es wird gesagt, daß es im siebzehnten und achtzehnten Jahrhundert in England, Deutschland und Ungarn Brauch gewesen ist, Urin zum Reinigen des Mundes zu verwenden, wie es auch im alten Rom der Fall war und bei den Iberern und Kelten. Dieser Brauch scheint selbst bis zum heutigen Tage irgendwie fortzubestehen, denn eine Hebamme in einem Arbeiterbezirk in Ulster berichtet über Fälle, in welchen eine Mutter die nasse Windel vom Körper ihres Säuglings abnimmt und sie dazu verwendet, des Säuglings Zunge zu reinigen. Einige Mongolenstämme und Neger lassen ihre Hunde die Kochtöpfe auslecken, um diese zu reinigen. Für die Somali-Neger bedeutet der Speichel einer anderen Person Glück. Nebenbei bemerkt ist die Einstellung zum Speichel auch in unserer Zivilisation keineswegs einheitlich. Der Junge, der nichts daran findet, in denselben Apfel zu beißen wie sein Freund, wird rot vor Zorn, wenn ihm der gleiche Freund ins Gesicht spuckt, und alle die Bauern, die an ein Familienessen aus demselben Topf gewöhnt sind, würden in der gleichen Weise auf Anspucken reagieren. Um diese angenehme Aufstellung abzuschließen, sei erwähnt, daß es sogar Stämme gibt, die Kameldünger als Hand- und Küchentücher benützen.

Diese uneinheitliche Einstellung zum Speichel, wie sie eben für Knaben und Bauern erwähnt wurde, mag zu einer Beobachtung mehr allgemeiner Natur überleiten. Nicht nur, daß Engländer und Mongolen sich sehr unterscheiden durch das, was sie lieben, nicht mögen oder verabscheuen; es bestehen auch große Gegensätze innerhalb einer

Nation zwischen den verschiedenen Altersgruppen, den Geschlechtern
und Leuten von unterschiedlichem Lebensstandard. Es braucht nicht
betont zu werden, daß nur Kinder oder Liebende bereit sind, in Gemeinschaft von einem Apfel zu essen; und daß in Ländern, in welchen
der Bauernhaushalt aus ein und derselben Schüssel ißt, die Ober-
klassen sehr gegen ein derartiges Betragen protestieren würden, außer
unter außergewöhnlichen Umständen. Die Nettigkeit des modernen
Picknick-Korbes hat diese Gelegenheiten jedoch beträchtlich verringert. Diese verschiedene Haltung der Klassen, Geschlechter und
Altersstufen ist selbstverständlich nicht nur auf den Speichel beschränkt. Sie wird auch bei vielen Nahrungsmitteln angetroffen.
„Weißes Fleisch" wurden Milch und Käse in England genannt und
damit waren sie für Jahrhunderte als des armen Mannes Nahrung
stigmatisiert.

3. Zu welcher Wissenschaft gehört die Nahrung?

Wenn wir nun die Frage stellen, zu welcher Wissenschaft alle diese
Beobachtungen gehören und welche von den bestehenden Wissen-
schaften nach diesen Dingen in Zukunft zu sehen haben wird, so wird
es klar, daß Ernährung und die Gewohnheiten, die mit ihr in Zu-
sammenhang stehen, nicht in erster Linie zur Diätetik gehören. Die
Nahrung tritt in das Reich der Diätetik erst ein, nachdem vorher
durch andere Faktoren bestimmt worden ist, ob Weizenbrot oder
Roggenbrot, Beefsteaks oder Erdwürmer die übliche Nahrung sind.
Wir wollen nun sehen, was die Meinung der Diätetiker in diesem
Punkte ist. M o t t r a m[1] gab im Jahre 1925 eine Definition des
Wesens der Nahrung, wobei er nach dem Beispiele V o i t s diese ge-
wissermaßen mit einem Vergnügen oder mit (was hier, in diesem Buche,
so genannt wird) einer Neutralität der Gefühle in Beziehung brachte.
Am Ende des nächsten Jahrzehnts jedoch verlangten M o t t r a m und
G r a h a m[2] den Ausschluß der Psychologie aus der Diätetik:

„Wenn Diätetik eine exakte Wissenschaft sein soll, so muß sie
sich von psychologischen Erwägungen freimachen, oder zum mindesten
ihre Beziehungen zu deren Eindringen in die Diätetik begrenzen. Wir
bieten die folgende Definition von Nahrung: Alles, was fähig ist,
eines oder mehrere von drei Dingen zu vollbringen, wenn es in den
Körper durch den Verdauungskanal aufgenommen wird: 1. den Körper
mit Stoffen zu versehen, aus welchen Wärme, Arbeit oder andere

---

[1] M o t t r a m V. H., Food and the Family. 1925.
[2] H u t c h i n s o n s Food and the Principles of Dietetics, revised by
M o t t r a m V. H. and G r a h a m G.

Formen der Energie produziert werden können, 2. das Wachstum zu
ermöglichen oder die Abnützung wieder gutzumachen, 3. jene Regu-
latoren zu liefern, die notwendig sind für das Funktionieren von
Wachstum, Wiederherstellung und Energieerzeugung.“

Wenn wir die Ernährungswissenschaft auf die Erforschung der
Nähreigenschaften beschränken, wie M o t t r a m und G r a h a m es
tun, so finden wir, daß Diätetik oder die Ernährungsphysiologie aus
wenigstens zwei Teilen besteht: der eine ist das Studium der Eigenschaften der Lebensmittel in bezug auf den menschlichen Körper (die
auf diese Weise festgestellten Tatsachen gelten vielleicht für die ganze
Menschheit); der zweite Teil behandelt den Wert der einzelnen Nahrungsmittel an sich in bezug auf das Ernährungsganze gesehen und
dieser Wert ist unterschiedlich von Land zu Land. So würde es keinen
Sinn haben, den Hunderten von Millionen im Fernen Osten oder selbst
nur ihren Ärzten den Unterschied im Nährwert von weißem und
dunklem Brot zu erklären, wenn diese Millionen und ihre Ärzte Brot
niemals gesehen haben und es vielleicht niemals in ihrem Leben sehen
werden. Daher wird dieser Teil der Diätetik auf einer nationalen Basis
zu studieren sein, was für eine exakte Wissenschaft etwas Ungewöhn-
liches ist.

Wieder muß hier hervorgehoben werden, daß die Ernährungsphysiologie oder Diätetik nicht das Um und Auf der Ernährungsforschung bedeutet. Es ist ein allgemeines Gesetz, daß alles, was mit
dem Leben verbunden ist, seine psychologische Seite hat und aus den
physischen Grundlagen nicht völlig erklärt werden kann. Es ist zum
Beispiel keine physische Ursache ersichtlich, weshalb ein Volk Milch
hassen sollte, und dennoch gibt es solche Völker. Die Ursache muß
daher psychischer Natur sein und ihre Erforschung gehört zu jener
Abteilung der Psychologie, die als Sozialpsychologie bekannt ist.
Dies will nicht besagen, daß andere Erscheinungen des Nahrungsver-
brauchs nicht dem Physischen entspringen. Der größte Teil dieses
Buches handelt von der physischen Basis der Nahrungsgebräuche.
Wenn eben auf die Sozialpsychologie hingewiesen wurde, so muß
betont werden, daß auch eine anders gerichtete Psychologie und die
unterschiedlichen Schulen der Psychologie in Betracht kommen. Wir
wollen zuerst prüfen, was die Sozialpsychologie auf unserem Gebiete
lehrt.

4. Beliebtheit und Ablehnung von Nahrungsmitteln und deren Ursprung aus Verbotenem

Erwägt man die Wichtigkeit der Nahrung für das menschliche
Leben, so wird man es nicht überraschend finden, daß in der Literatur
die Einflüsse magischen Kults auf die Nahrungsgebräuche des Vorzeit-

menschen so sehr betont werden und ebenso der Einfluß solchen Kults auf den Menschen späterer Zeiträume. Es wird behauptet, daß ein Komplex von Emotionen, der einem magischen Befehl entsprungen ist, noch immer Brauch und Sitte bestimmt, obwohl dieser Befehl zwar abgeschwächt sein mag oder überhaupt nur mehr durch Tradition wirksam ist. Ist ein Brauch einmal eingebürgert, so kann er verändert oder verstärkt werden, aber sein bloßer Bestand kann nie die ganze Ursache der Einstellung eines Volkes sein. In vielen Fällen entscheidet ein Tabu, ob eine bestimmte Nahrung ekelerregend wirkt oder beliebt ist. Nichts verbleibt in Brauch, sobald es unter ein Tabu fällt, und dies gilt nicht nur von Nahrung, sondern auch von Parfums, Weihrauch und selbst Blumen. Selbst deren Verwendung unterscheidet sich von Land zu Land.

Wenn magischer Kult den Geist beherrseht, so wird nicht zwischen Subjekt und Objekt, zwischen Seele und Körper unterschieden und der emotionelle Einfluß allein ist von überragender Bedeutung. In dieser Beziehung wissen wir manches über Geruch und Geschmack.

Dann gibt es weiters das Ich, das Gefühl der Individualität. Im magischen Kult gehört alles, was mit dem Ich verbunden ist, zu diesem und wird Teil des Individuums; zum Beispiel Exkremente, Haare, Schweiß, Urin und selbst Waffen.

In der Natur gibt es Kräfte, die eine Art von magischer Wirkung nicht nur auf den primitiven Mann ausüben, sondern auch bei dessen Erben nicht versagen. Dies kann zum Beispiel aufgezeigt werden an der Wirkung eines angenehmen Geruchs, der erhebend wirkt und daher die Stimmung, das Gefühl verändert, welches das Individuum von sich selbst hat; lieblicher und süßer Duft kann sanfte Gefühle, Erstaunen, Verliebtheit hervorrufen. (Wie steht es da mit dem neuamerikanischen Vers: „Candy ist dandy, liquor is quicker"?) Gerüche und bittere Geschmäcke verursachen Mißstimmung und Furcht, scharfe Gerüche erwecken Menschen aus Ohnmachten, andere betäuben; einige von ihnen heilen, andere vergiften. Gerüche sind selbst imstande, religiöse Stimmungen hervorzurufen oder widerlichem Gestank entgegenzuwirken.

Der Wind enthält magische Elemente. Da die Gerüche, angenehme und abscheuliche, durch die Luft und mit der Luft befördert werden, so kann der bloße Geruch einer Sache, wie faulen Fleisches, als giftig betrachtet werden. Dieser Geruch läßt uns reagieren, wie wenn die Magik Wirklichkeit wäre. Daß gewisse Gerüche dem Rauschgift des Weines entgegenarbeiten und den Verstand klarhalten, war ein Glaube in der antiken Welt; deshalb wurden besondere Gerüche bei Trinkgelagen in Anwendung gebracht. Ohne diese historische Tatsache, die nun aus unserem Bewußtsein geschwunden ist, würde uns der Geruch von Blumen bei unseren Mahlzeiten zum Geruch der Gerichte nicht passen, behauptet H e n n i n g (dem der Autor hier im ganzen gefolgt ist).

5. Traditioneller Abscheu vor gewissen Gerichten

Für unser Thema ist der traditionelle Abscheu vor gewissen Gerichten das interessanteste Ergebnis des Tabu. Dies hat nichts zu tun mit beispielsweise dem Abscheu vor Erdwürmern als einem Gericht, da doch Erdwürmer als Nahrungsmittel dem normalen Menschen unserer Zivilisation gar nicht als möglich erscheinen. Gemeint ist hier der traditionelle Abscheu vor Nahrungsmitteln, die ganz ähnlich anderen, beliebten, sind. Manchmal sind wir uns der Ursache der Abneigung bewußt, manchmal nicht. Es ist uns nicht gegenwärtig, daß unsere Ablehnung des Pferdefleisches von einem Einspruch der Kirche stammt, der erfolgte, weil Pferdefleisch eine wichtige Rolle in heidnischen Riten spielte. Hingegen sind wir uns der Ursache des Abscheus der Juden vor Schweinefleisch bewußt und der Ursache der Haltung der Mohammedaner zu Schweinefleisch und Wein. Ist der Abscheu erst einmal etabliert, so wird er nachher rationalisiert, und es erscheinen Begründungen: das gelbe Fett, die Farbe, das Aroma. Schritt für Schritt geht die Entwicklung folgendermaßen vor sich: Erst das Tabu, dann die Vermeidung und schließlich der Abscheu.

6. Tabu, Vermeidung, Abscheu

Wie kommt es, daß Vermeidung zu Abscheu führt? Eben dadurch, daß Vermeidung den Geruch oder eine andere Eigenschaft eines Gerichtes zunächst ungewohnt macht. Wie dies vor sich geht, kann vermutet werden nach den Erfahrungen, die sich aus unserer Haltung zu jenen Nahrungsmitteln ergeben, die sich nur einen sehr bescheidenen Platz an unserer Tafel erobert haben (und dies nicht durch ein Tabu), wie beispielsweise Mispeln, Quitten oder Topinambur. In den meisten Ländern trifft diese Dinge ein mehr als zweifelhafter Blick der Konsumenten und wenn sie ganz und gar unbekannt sind, so werden sie glatt und einfach abgelehnt. Im Laufe der Geschichte haben die Ursachen des Abscheues auch gewechselt. Pferdefleisch wurde degradiert infolge eines Tabu; da Pferde noch immer gezogen werden, wenn auch für andere als Nahrungszwecke, so muß ihr Fleisch billig sein, um überhaupt Kunden anzuziehen. Ist es einmal billig, so wird der Genuß von Pferdeflleisch ein Zeichen extremer Armut; wer es ißt, proklamiert damit der Welt seine Zugehörigkeit zur untersten Stufe der sozialen Leiter, ein Zugeständnis, das von Vielen als entehrend

betrachtet wird. So kann ein Abscheu, der einem Tabu entstammt,
sich in die Furcht umwandeln, arm zu werden oder diese Armut ein-
gestehen zu müssen.

XIII. Ausgeglichene Nahrung

Der Ausdruck ausgeglichen oder auch ausbalanziert wird in verschiedenem Sinne im Zusammenhang mit Ernährung gebraucht.

In der Diätetik spricht man von einer ausgeglichenen Nahrung
und meint damit eine von solcher Beschaffenheit, die richtige Ernährung hervorbringt. Was richtige Ernährung jedoch ist, hängt von
der Meinung der Fachleute des gegebenen Zeitraumes ab. Vor der
Entdeckung der Vitamine war es die Frage nach dem Verhältnis zwischen Eiweiß, Kohlehydraten, Fett und dem Mineralgehalt. Am wichtigsten erschien damals, daß der Körper ausreichend mit Protein
versorgt werden müsse. Heute ist dies etwas anders.

Was der gewöhnliche Bürger unter einer ausgeglichenen Kost versteht, war und ist noch immer eine solche, die ihn in einer ganz
spezifischen, aber nicht leicht zu definierenden Art und Weise befriedigt. Jemand, der an eine dreigängige Hauptmahlzeit gewöhnt ist,
wird eine zweigängige unbefriedigend, unausgeglichen finden. Er ver-
mißt die Süß-Speise; selbst wenn die ersten zwei Gänge reichlich und
kunstvoll ausgestattet waren, so können sie ihm den dritten Gang
nicht ersetzen. Ebenso fühlt derjenige, der an schwarzen Kaffee nach
seiner Hauptmahlzeit gewöhnt ist, diese ohne den Kaffee nicht richtig
abgerundet und unausgeglichen. Er wird darunter geradezu leiden, bis
er sich daran gewöhnt hat. In diesem Sinne spricht die Ausgeglichen-
heit eine bedeutende Rolle in der Gastronomie. Wenn die Angehörigen
des westlichen Zivilisationskreises auf östliche Völker herabsehen,
weil diese von einer Schüssel Reis oder von Hirsebrei leben, so deshalb,
weil sie fühlen, wie unbefriedigend eine solche Nahrung für sie selbst
wäre. Mehr Beispiele dieser Art könnten leicht beigebracht werden,
um den allgemeinen Begriff einer balanzierten Nahrung von allen
Seiten zu beleuchten, aber dadurch würde nur noch klarer werden,
was ohnehin schon klar ist, daß dieses Gleichgewicht großenteils
konventionell, durch bestehende Ernährungsgebräuche bestimmt ist
und daß die letzteren nicht entstehen infolge von Versuchen, solches
Gleichgewicht herzustellen. Dies ist für die vorliegende Untersuchung
wohl der entscheidende Punkt.

Wieder anders erscheint der Sinn des Ausdruckes „ausgeglichen",
wie er von den Küchenchefs gebraucht wird. Für sie ist es eine wichtige Frage, das Aroma der Getränke, und auch den Geschmack, jenem

der jeweiligen Speisen anzugleichen. Doch auch die einzelne Speise muß für den Küchenchef balanziert sein. Sprechen wir für einen Augenblick nach Küchenbrauch von Aroma, wobei alle Empfindungen verstanden werden, die durch den Kontakt der Nahrung mit der Mundhöhle entstehen, dann ist das Aroma eines Gerichtes unausgeglichen, wenn auch nur eine einzige der vielen Empfindungen hervorstechend oder beherrschend wird, entweder durch ihre Anwesenheit oder durch ihr Fehlen. Ein verbrannter Geschmack, zu wenig Salz, zu viel Zucker, zu wenig Körper — all dies kann das Aroma unausgeglichen machen. In der Gastronomie werden solche Diskriminationen in weitem Maße benützt.

Auch dieser Fall zeigt wieder, daß Konvention und eingeführter Brauch die Vorstellung von einer ausgeglichenen Nahrung bestimmen und nicht umgekehrt; denn was von den Küchenkünstlern als hervorstechend oder beherrschend in einem Gericht betrachtet wird, schwankt von Nation zu Nation: ein starker Knoblauchgeruch mag in dem einen Lande als etwas Ausgleichendes erscheinen, während er dem Volk eines anderen Landes jedes andere Aroma zu ersticken scheint. Für den Connoisseur ist diese Gleichgewichtsfrage von größter Bedeutung, aber wie gesagt, jede besondere Definition davon gilt nur für einen bestimmten Kreis oder eine bestimmte Zeit. Für die Suche nach dem Ursprung der Nahrungssitten und -Gebräuche ist dieser Gesichtspunkt ohne Wert.

XIV. Die Gültigkeit einiger diätetischer Erklärungen von Nahrungsgebräuchen

Offensichtlich stehen Hunger und Appetit einerseits und die Mahlzeitenfolge anderseits in engem Zusammenhang; deshalb wird in dem nun folgenden Kapitel versucht, das bestehende Wissen darüber kritisch zu prüfen. Dabei werden wir immer wieder finden, daß die Diätetiker eine Neigung haben, die Sache zu einem Problem biochemischer Natur zu machen.

1. Hunger und Appetit

Es gibt so viele Definitionen von Hunger und Appetit, als es Gelehrte gibt, die versucht haben, solche Definitionen aufzustellen. Für M o t t r a m[1] sind Appetit und Hunger unterschiedliche Aspekte des

---

[1] M o t t r a m, Food and the Family. 1925.

Nahrungsbedürfnisses, „sie sind keinesfalls dasselbe, obwohl sie oft verwechselt werden. Hunger ist durch den Zustand des Körpers bestimmt — durch seinen Bedarf an Kalorien und Baumaterial. Der Appetit ist etwas Psychologisches, er gehört in das Gebiet unserer Wünsche. Indem wir Hunger und Appetit trennen, soll nicht behauptet werden, daß sie nicht doch auch verwoben sein können. Sicherlich schärft der Hunger den Appetit. Aber daß die beiden etwas Verschiedenes darstellen, bedarf keines Nachdenkens. Hunger kann eine Person zum Essen von Dingen treiben, auf die sie unmöglich Appetit haben kann, wie von Holzmehl, Ratten und Schlechteres. Der Appetit hingegen treibt eine gesättigte Person zum Weiteressen lange, nachdem der Hunger befriedigt worden ist. Ein Stadtrat hat nach einem Stadtbankett immer noch Platz für Dessert. Niemand wird glauben, daß er noch hungrig sei, aber er hat Appetit nach einer reifsüßen Ananasschnitte“.

K a t z,[1] ein Psychologe, der Neigungen zur Diätetik hat, sagt: „Hunger und Appetit — es existiert kein grundlegender Unterschied zwischen den beiden, aber es gibt Formen des Appetits, in welchen die treibende Kraft geradeso stark ist wie bei heftigem Hunger. Wir können Appetit haben auf Fleisch im allgemeinen oder auf eine bestimmte Art davon. Er kann auf eine Süßspeise gerichtet sein oder auf eine bestimmte Art von Süßspeise; wir mögen Verlangen haben nach etwas Saurem oder nach Mixed pickles.“ Der Physiologe D u r i g[2] erhebt die Frage, ob Hunger und Appetit vielleicht demselben Gefühl entspringen, aber mit unterschiedlichen Intensitäten. Er fragt: „Ist Hunger ein Appetit, der unangenehm geworden ist, wobei Appetit selbst als angenehm betrachtet wird, oder sind Hunger und Appetit zwei grundlegend verschiedene Empfindungen? Es wird oft gesagt, daß Hunger aus dem Bedürfnis nach Nahrung schlechtweg besteht, Appetit jedoch aus dem Verlangen nach bestimmten Nahrungsmitteln. Die Physiologie“, schließt D u r i g ab, „hat keine Antwort auf diese Fragen.“

Derselbe Gelehrte, dem wir zu Dank verpflichtet sind für die äußerste Klarheit, mit welcher er den problematischen Charakter des Hungers aufgezeigt hat, bringt uns die Tatsache zum Bewußtsein, daß ein ernsthaftes Verlangen in uns wach sein kann, das wir Hunger nennen, obwohl es auf spezielle Nahrungsmittel gerichtet ist. Es gab einen Fetthunger in Deutschland während des vorigen Krieges. Dann gibt es den Hunger nach Kohlehydraten, den die Diabetiker fühlen, und den Hunger nach Eiweiß bei geistigen Arbeitern; und gewissermaßen gehört auch das Verlangen nach Alkohol in dieselbe Kategorie.

-----

[1] K a t z D., Hunger und Appetit. 1925.
[2] D u r i g A., Appetit. 1923.

Durig erwähnt Rubners Füllungstheorie, nach der einfach das Magenfüllen den Hunger befriedigen soll. Er findet diese Theorie unbefriedigend, weil nach einem solchen Vorgang Hunger wieder lebendig wird, während der Magen noch voll ist. Anderseits, nachdem eine gewisse Menge nahrhaften und verdaulichen Stoffes verzehrt worden ist, fühlen wir uns gesättigt, obwohl tatsächlich so gut wie nichts von der Nahrung verdaut worden ist. Der Körper ist dann der Nahrung noch immer so entblößt wie vor dem Essen — eine sehr bemerkenswerte Feststellung. Katz machte daraus eine besondere Theorie, indem er sagte, daß ein bisher unbekannter Chemismus in unserem Körper uns gesättigt machen muß, nachdem wir eine bestimmte Menge von Fisch gegessen haben, und dann wieder nach einer bestimmten Menge von Fleisch und Gemüsen, und schließlich wieder nach Pudding, und so weiter. Durig stellte ferner fest, daß nicht nur der Hunger befriedigt ist, bevor der Körper etwas resorbiert hat, sondern daß jener auch wiederkehrt, bevor der Magen die letzte Mahlzeit verdaut hat. Die meisten Leute haben ein leidenschaftliches Verlangen nach dem Nachmittagskaffee oder dem Tee mit ihren Zutaten, obwohl sie vom Mittagessen her noch immer Fleisch in ihrem Magen haben.

Um den problematischen Charakter des Hungers noch mehr aufzuzeigen, deutet Durig auf noch andere Tatsachen, die offenkundig beweisen, daß Hunger nicht abhängt von der Verausgabung von Energie durch Leben und Arbeit und daß er auch nicht abhängt von der Leere des Magens, wie allgemein geglaubt wird, selbst von Physiologen. Wir sind imstande, hungrig zu werden, wenn der Magen noch nicht entleert ist, aber ebenso sind wir imstande, am Morgen mit einem vollständig leeren Magen zu erwachen und dabei keineswegs hungrig zu sein. Viele Leute verrichten eine ganze Menge von Hausarbeit oder machen einen kräftigen Spaziergang vor dem Frühstück und andere beginnen ihre Arbeit nach einem sehr leichten Frühstück und sind es zufrieden, ein mehr substantielles Mahl während der Vormittagsunterbrechung oder gar erst zu Mittag einzunehmen.

2. Die festgesetzte Speisenfolge

a) Frühstück. Alle diese Feststellungen stehen in krassem Gegensatz zu einer Theorie Mottrams, der an physiologische Motive für die Anordnung der Gänge beim Frühstück glaubt. „Der Körper hat zwölf Stunden gefastet und hat seine Vorräte an Kohlehydraten und anderen Nährstoffen verbraucht. Da alle Muskelarbeit schließlich von Kohlehydraten abhängt, ist es klug, ein leicht verdauliches Kohlehydrat an den Beginn der Mahlzeit zu setzen, auf daß es schnell durch den Pförtner wandere, im Dünndarm verdaut und in die Blutzirkulation aufgenommen werde. Gekochter Brei (als erster Frühstücksgang in England üblich) wird vom Pförtner schnell aus dem Magen entlassen. Er enthält keine größeren Teilchen. Er ist gut gekocht und vielleicht teilverdaut, bevor er den Magen verläßt. Er kann am Pförtnerende des Magens sehr schnell angesäuert werden, und da keine Klumpen in ihm vorhanden sind, die den Pförtner veranlassen würden, sich zu schließen, kann er durch dieses Tor leicht in den Dünndarm eintreten. Der Rest des Mahles bleibt zurück im Magen, um entsprechend verdaut zu werden, und durch all dies entsteht jener Zustand der Befriedigung, den kein anderes Frühstück als das britische oder amerikanische geben kann."

Die ganze Problematik der Speisenfolge erscheint in diesem Erklärungsversuch. Mit einigen Punkten desselben werden wir uns später zu beschäftigen haben; zunächst sei gesagt, daß die Befriedigung aus einem herzhaften Frühstück auf jene Nationen beschränkt ist, die einen Brauch daraus gemacht haben. Seitdem M o t t r a m das Obzitierte geschrieben hat, seit 1925, ist ein Wechsel in diesen Bräuchen eingetreten, der übrigens sich schon früher anbahnte und seither immer deutlicher geworden ist, nämlich ein Übergang zu leichterem Frühstück. Was M o t t r a m damals am kontinentalen Früstück kritisierte, daß es nicht durch den ganzen Vormittag anhalte, sondern eine Unterbrechung der Arbeit nach ein paar Stunden erfordere zum Zwecke einer neuerlichen Erfrischung, ist inzwischen auch in angelsächsischen Ländern ein keineswegs seltener Brauch geworden.

Der Wechsel der Nahrungsgebräuche in diesem und jenem Land zeigt den unverläßlichen Charakter jeder Erklärung der Hungerbefriedigung auf, und zwar gerade im gleichbleibendsten Punkt des Tagesablaufes. Jene zwölf Stunden Rast, welche der Magen am Morgen hinter sich hat, wie M o t t r a m sagt, genießen auch die Mägen in anderen Ländern, und wenn es einen menschlichen Brauch gibt, der ganz allgemein für die ganze Welt gilt, so ist es die Nachtruhe.

M o t t r a m setzt auseinander, daß der Grund, weshalb Bratspeck oder Fisch dem erwähnten Frühstücksbrei folgt und nicht vorangeht, in der Notwendigkeit liegt, aus einem Zerealprodukt den unmittelbar für die Arbeit erforderlichen Energiebedarf zu decken. Ich für meinen Teil ziehe eine andere Begründung vor, die mit unseren Sinnen im Zusammenhang steht. Diese sind am Morgen sehr empfindlich. Berufsmäßige Weinkoster verrichten ihre Arbeit immer um diese Tageszeit, niemals am Nachmittag. Empfindlichsein bedeutet in dem hier besprochenen Falle, beim Frühstück, daß wir Empfindungen, die durch Salz oder Gewürz hervorgerufen werden, um diese Tageszeit stärker wahrnehmen als später am Tage. Die Durchschnittsperson liebt es nicht, starke Reize dieser Art als erste am Morgen zu erleben. In vielen Ländern ist das Frühstück überhaupt nur aus sanften Reizen zusammengesetzt, aber wenn schon starke Reize, wie die Salzigkeit von Speck oder das Aromā von Räucherfischen, in einem Frühstückmenü angewandt werden, ist es ganz angepaßt, sie erst dann zu servieren, wenn die Sinne schon milde Reize, wie jene durch Brei, vorbereitend erhalten haben. Aber in allen diesen Dingen und für alles Lebendige gibt es keine allgemeine Regel. Geradeso wie der Eine ein kaltes Schauerbad am Morgen liebt, während für den Anderen ein solches ein Schrecken ist, so gibt es auch Leute, die es lieben, wenn ihre Sinne eine Art Peitschenhieb durch die erste Nahrung erhalten und sie so zu vollem Leben erwecken. Es gibt Leute genug, die keinen Brei zum Frühstück essen und ihren Tag mit jenem scharfen Peitschenhieb beginnen, den Bratspeck oder Räucherhering ausüben. Es gibt in diesen Dingen keine Rückführung auf eine Wurzel, keine Rationalisierung. Deshalb müssen alle Erklärungsversuche der Diätetiker unzureichend sein und bleiben.

b) Fleisch vor der Süßspeise. Welche Erklärung können Diätetiker dafür geben, daß der Fleischgang vor der Süßspeise gegessen wird? Mit dieser Frage kommen wir zu einem sehr wichtigen Punkt in der Ordnung der Speisenfolge. Es wird gesagt, es entspräche der Zweckmäßigkeit, Speichel solange als möglich auf Stärke wirken zu lassen, deshalb müsse der stärkehältige Gang, die Süßspeise, im Magen oben liegen. Würde stärkehältige Nahrung zuerst gegessen werden, dann würde die Wirkung des Speichels bald unterbrochen sein durch die Säure der Verdauungssäfte des Magens. Wenn die Stärke nach dem Fleisch gegessen wird, bleibt der geschluckte Speichel durch längere Zeit ungestört in seiner Wirkung. Die ganze derartige Verdauungsanordnung, so wird gesagt, sei auch deshalb zweckmäßig, weil das Fleisch und jedes Eiweiß ein saures Medium bei der Verdauung verlange, besonders deshalb, damit es nicht eine Brutstätte für Mikroben werde.

So wäre nun alles, so schiene es, zum Besten geordnet, aber weshalb ist diese Speisenfolge beim Frühstück gerade umgekehrt? Wir haben die Erklärung kennen gelernt, die M o t t r a m versuchte und in der er auf die Notwendigkeit schneller Energiebereitstellung am Morgen hingewiesen hat. Wir haben auch von den Unzureichendheiten dieser Erklärung Notiz genommen. Nun stehen wir bei der Hauptmahlzeit. Denken wir daran, daß die stärkehältigen Kartoffeln gleichzeitig mit dem Fleisch bei der Mahlzeit verzehrt werden, wo bleibt da die Theorie der Speichelwirkung? Und wie steht es, wenn zur Hauptmahlzeit überhaupt keine Süßspeise gegessen wird? Und können wir außeracht lassen, daß in einem Lande wie Frankreich große Mengen von Brot, doch auch einem Stärketräger, zusammen mit dem Fleisch gegessen werden, während in Großbritannien und Preußen dies kaum der Fall ist?

Daher muß es scheinen, daß die diätetische Erklärung der Speisenfolge hier nicht besser befriedigt als früher, obwohl die Feststellungen der Bedürfnisse, die bei den unterschiedlichen Verdauungsprozessen auftreten, richtig sein mögen. Wieder bin ich eher geneigt zu glauben, daß Sinneseindrücke die Ordnung auch der Hauptmahlzeit bestimmen. Es scheint mir, daß das hauptsächliche Kennzeichen der Süßspeise nicht ihr Stärkegehalt, sondern der süße Geschmack ist.

Viele Nationen beenden die Hauptmahlzeit überhaupt kaum mit Stärke, zum Beispiel die Franzosen, sondern mit Mischungen von Stoffen fetter und eiweißreicher Natur, die wohl auch gesüßt sind, wie Creme. In diesen Mischungen ist die Süßigkeit vorherrschend. Die Küchenkunst produziert hier ein Etwas, das der Vereinigung von Süßigkeit und Fruchtaroma nahekommt, welche in anderer Form in Naturerzeugnissen vorhanden ist. Nicht nur Süßigkeit, sondern auch diese Fruchtaromen sind nach dem Fleischgang in den Menüs der meisten Nationen gebräuchlich. Wenn es eine Regel gibt — und wieder müssen wir auf die Irrationalität aller dieser Dinge hinweisen —, so läßt sich eher Süßigkeit und Fruchtaroma denn Stärke als die Ursache dieser Ordnung im Menü angeben. Es möge noch der Wirkung des Speichels auf die Stärke gedacht werden, wie Mottram es beschrieben hat, der auf die Verwandlung von Stärke in Zucker Gewicht legt. Diese starke chemische Reaktion ist nicht nötig, wenn Zucker statt Stärke am Ende der Mahlzeit serviert wird. Speichel auf einen Gegenstand einwirken zu lassen, der schon im Voraus in Zucker verwandelt wurde, ist auch biochemisch sinnlos. Und noch mehr. Es scheint mir, daß beim Verzehr von stärkehältigen Puddings und dergleichen die Stärke nur als Grundlage benutzt wird für Zucker, Fett und Aroma. Um nur Stärke zu konsumieren, würde man nicht soviel Mühe aufzuwenden brauchen, wie sie notwendig ist, um Süßspeisen zuzubereiten. Brot und Kartoffeln würden die gleiche Wirkung leichter und billiger hervorrufen.

c) Der Fruchtgang zuerst. Wie riskiert es ist, irgendeine wissenschaftliche Erklärung für die jeweils gebräuchlichen Speisenfolgen aufzustellen, wird sehr drastisch durch einen anderen Wechsel im Frühstücksgebrauch gekennzeichnet, der während der letzten Jahrzehnte Platz gegriffen hat. Daß es möglich war, Obst an den Beginn des Mahles zu setzen, vor Kaffee und Tee oder vor dem Genuß eines mehr konzentrierten Nahrungsmittels, ist ein Beispiel davon.

Die Erwähnung von Kaffee und Tee bringt an sich zutage, wie sehr die Ernährungsfachleute geneigt sind, nicht nur die Frage der

Sinnesempfindungen zu übersehen, sondern auch die spezifischen Wirkungen jener Getränke. Es wird einem da erst voll bewußt, daß ein Versuch, die Reihenfolge der Gänge beim Frühstück zu erklären, eigentlich mit den Wirkungen von Theobromin oder Coffein beginnen müßte, Dinge, die doch wirklich außer allem Zweifel sind. Wenn es einen Zweifel gibt, so ist es die Frage, ob beim Frühstück der erweckenden und stärkenden Wirkung von Tee oder Kaffee größere oder kleinere Bedeutung als der Nahrung zuerkannt werden soll. Bibra glaubte im Jahre 1860, daß die Erzeugnisse aus gerösteten Zerealien (Gersten- oder Malzkaffee) ähnliche Wirkungen hervorzubringen imstande seien wie Tee und Kaffee. Diese Beobachtung wäre einer weiteren Prüfung wert; ist sie richtig, so würde sie uns andere Frühstücksbräuche besser verständlich machen, nicht nur das Essen gerösteter Zerealien, sondern auch den Gebrauch solcher Dinge wie Kaffeersatz. Aber Bibras Beobachtung ist bisher unbeachtet geblieben.

Kehren wir zu Obst am Beginn der Mahlzeit zurück, so fragt man sich, ob diese Einführung wirklich eine Folge auftretenden Vitaminbewußtseins ist, wie gemeinhin geglaubt wird, oder nicht einfach ein Kampf gegen Verstopfung. Es ist schließlich und endlich nicht notwendig, Vitamine zu sich zu nehmen, gerade wenn der Magen leer ist. Der Brauch, Obst als ersten Gang zu essen, begann in Amerika und es kommt mir in Erinnerung, daß der Jahresaufwand für Abführmittel in den Vereinigten Staaten mit zwanzig Millionen Dollars angegeben wird.

d) Alkohol vor Mahlzeiten. Zweifellos gibt es Feststellungen der Diätetik, die für die Erklärung des Ursprungs von Nahrungsgebräuchen nützlich sind. Da ist einmal die äußerst wichtige psychologische Feststellung, daß gewisse Nahrungsmittel schon im ersten Stück des langen Verdauungsweges in den Körper eindringen können, in jenem Stück, das mit dem Mund beginnt und mit dem Magen endet.

Es ist festgestellt, daß Alkohol imstande ist, die Wandungen dieser Teile zu durchdringen. Alkoholdämpfe, wie sie in einem Schankraum vorhanden sein können, dringen selbst in die Haut ein. Es scheint, daß kein anderes Nahrungsmittel imstande ist, dies zu tun; Zucker wird in ziemlichem Ausmaße von den Magengeweben durchgelassen, aber nicht von solchen des Mundes. Eine hierher gehörige Tatsache ist es, daß diese Gewebe Alkohol nicht durchlassen, wenn sie von einer Schutzhülle von Fett bedeckt sind.

Wenn bei der Planung einer Mahlzeit die Absicht besteht, von den psychologischen Wirkungen des Alkohols Gebrauch zu machen, so gibt die physiologische Wissenschaft die Sicherheit, daß der Genuß von Alkohol auf leeren Magen diesem Zwecke dient. In gleicher Weise kann die Alkoholwirkung durch gewisse Hors-d'oeuvres verändert werden; haben diese einen hohen Fettgehalt, so kann dadurch das Eindringen des Alkohols durch die Gewebe gewissermaßen reguliert, das heißt verlangsamt werden; daher wird ein Mehr von Alkohol in solchen Fällen nicht die volle Wirkung haben. Auch muß daran erinnert werden, daß der Alkohol die psycho-physiologische Eigenschaft besitzt, die Venen der Haut durch Reflextätigkeit zu erweitern und daß dies eine unmittelbare Wärmewirkung zur Folge hat — und dies ist ein anderer biologischer Gund für den Gebrauch von Alkohol vor einer Mahlzeit. Immerhin, obwohl wir hier einer diätetischen Erklärung einer Nahrungssitte gegenüberstehen, darf nicht übersehen werden, daß der in Rede stehende Brauch kein Massenbrauch ist, wenn er auch nur durch die Kostspieligkeit der mehr konzentrierten alkoholischen Getränke beschränkt ist. Allerdings gehört auch das Glas Bier auf dem Nachhausewege von der Arbeit in dieselbe Kategorie und dies ist ein weitverbreiteter Brauch.

e) Schritt für Schritt Sättigung. Auf die Frage des Verlaufs der Magenverdauung im weitesten Sinne wird einiges Licht geworfen durch K a t z' Annahme, daß ein bis jetzt unentdeckter Chemismus unsere Teilsättigung nach Verzehren eines Gerichtes zur Anzeige bringt. „Es ist erstaunlich, wie schnell unter Umständen bei der Nahrungsaufnahme ein Stimmungsumschwung eintritt, indem Speisen, die eben noch leidenschaftlich erstrebt wurden, uns bei Sättigung gleichgültig werden oder sich sogar in das Gegenteil verwandeln, wenn wir zum Weiteressen gezwungen werden sollten. Es muß sich hier im Chemismus unseres Leibes oder wenigstens in einem seiner Teilsysteme ein völliger Wandel vollzogen haben." Und dann: „Wahrscheinlich verursachen schnell beginnende chemische Prozesse im Magen die Absättigung des Spezialhungers" (Fetthunger, Eiweißhunger). Wie bereits wiederholt bemerkt, glaube ich nicht so sehr daran, daß diätetische Einflüsse auf die Nahrungsgebräuche nachweisbar sind, als vielmehr Sinneseinflüsse und andere Ursachen psychischer Natur. Dennoch gibt es einiges Tatsachenmaterial, das auf das Vorkommen von chemischen Reaktionen im Magen hinweist, ähnlich jenen, deren Existenz K a t z vermutet. Sollte eines Tages K a t z' Behauptung bestätigt werden, so wäre dies eine bedeutsame Leistung der Ernährungsbiologie für die Erklärung von Ernährungsbräuchen.

Dem Leser mag es zu riskiert erscheinen und zu sehr an Magie erinnern, wenn das Vorhandensein unbekannter chemischer Reaktionen angenommen wird, die ein so wichtiges Ernährungsphänomen, wie es die Schritt für Schritt-Sättigung ist, hervorrufen sollen; dies besonders, wenn bedacht wird, daß Gericht für Gericht seine eigene Sättigung bewirkt, ohne noch den Magen verlassen zu haben.

Es muß aber in der Tat zugegeben werden, daß einige Forschungsergebnisse vorhanden sind, die solche Annahmen rechtfertigen können, wenn auch nicht 'müssen.

Ich denke da an die Wirkung der Hormone, der Sendboten, die von Organen mit unterschiedlichen Aufgaben ausgesandt werden. Hormone sind eine neu entdeckte Gruppe von Substanzen, die den menschlichen Körper beeinflussen ähnlich wie Vitamine. Es wurde gefunden, daß chemische Verbindungen, die in der Nahrung enthalten sind, die Abgabe eines Hormons in den Blutstrom veranlassen, das im Blutkreislauf seinen Weg macht und dann dahin zurückkehrt, von wo es ausgesandt wurde. Auf seinem Wege zeigt es die Fähigkeit, jene Drüsen zu stimulieren, welche die Verdauungssäfte erzeugen. Wenn nun Derartiges im Verdauungssystem möglich ist, so scheint es nicht unmöglich, daß ähnliche Aktionen für andere Zwecke die gleiche Rolle spielen könnten, wie zum Beispiel die Herbeiführung des Sättigungsgefühles; würde dies eines Tages nachgewiesen werden, so stünden wir einer Erfüllung von K a t z' Vorhersage oder Annahme gegenüber.

Sei dem wie immer, es liegt nichts vor, das dagegen spricht, daß Ermüdung der Sinne nicht die Ursache der Sättigung an einem bestimmten Gerichte ist. Diese Ermüdung kann an der Abnahme der Sinneswahrnehmung gemessen werden. Selbst wenn wir annehmen, daß eines Tages die Existenz einer anderen Ursache der Sättigung entdeckt werden sollte, dann wird wahrscheinlich gefunden werden, daß beide Ursachen gemeinsam wirken; das menschliche Leben überhaupt und auch jener Teil, der die Ernährung repräsentiert, sind doch sehr häufig vielen Einflüssen zu gleicher Zeit unterworfen.

f) Die Position der Suppen. Alkohol vor Mahlzeiten dient hauptsächlich psychologischen Zwecken. Nun kommt ein anderes rein diätetisches Beispiel: die Tatsache, daß Suppen imstande sind, reichlichen Erguß von Verdauungssäften in den Magen durch Stunden herbeizuführen. Diese Eigenschaft der Suppen tritt hauptsächlich bei solchen auf, die technisch nichts anderes als Fleischextrakte sind, wenn wir sie auch beim Kochen im Haushalt nicht so nennen. Auch die kommerziellen Fleischextrakte und ihr Ersatz, der ganz ähnlich riecht, gehören in die Gruppe der Anreger für Verdauungssäfte. Eben wegen dieser Wirkung ist das Placieren der Suppe an den Beginn der Mahlzeit als diätetisch ausgezeichnet für eine gute und schnelle Verdauung anderer Gerichte befunden worden.

Dies ist nun eine Angelegenheit, die in Hinblick auf die bestehenden Nahrungsgebräuche von weit größerer Bedeutung ist als Alkohol. Das Verzehren einer Suppe am Beginn einer Mahlzeit ist ein weit verbreiteter Brauch, wenn auch nicht in Großbritannien, wie M o t t r a m sagt; allerdings, wie viele Arten von Suppen erfüllen die wichtige Bedingung, aus Fleischextrakten oder deren Ersatz zu bestehen? Das Kochen von Fleisch im Haushalt, um jene Extrakte zu erhalten, ist ein Küchenprozeß, der nur einige hundert Jahre alt ist. Es wird seitdem von der Gastronomie sehr hoch geschätzt, aber deswegen hat er sich doch nicht besonders schnell über die ganze Welt ausgebreitet, nachdem er einmal erfunden war. Zum Beispiel war es am Ende des 18. Jahrhunderts im Süden von England unbekannt, daß man das Wasser, in welchem Fleisch gekocht worden war, als ein Hilfsmittel für die Verdauung oder zum Genießen von Fleischaroma verwenden könne. So war es wenigstens bei dem größten Teil der Bevölkerung. E d e n beklagte den Mangel an Geschick und Sorgfalt, den zu seiner Zeit Taglöhner bei der Verwertung ihres Einkommens zeigten und schrieb: „Wenn so ein Arbeiter sich Fleisch einmal in der Woche leisten kann, so macht er meistens vom einfachsten Verfahren der Zubereitung Gebrauch, indem er es röstet (in das offene Feuer hängt, Anmerkung des Autors) oder, wenn er nahe bei einem Bäcker wohnt, es backen läßt; wenn er sein Fleisch kocht, so denkt er niemals daran, eine Suppe zu machen, was doch nicht nur gesund und nahrhaft wäre, sondern auch schmackhafter als einfach gekochtes Fleisch zu essen.“ Geradeso wie die Arbeiter im Süden von England während des 18. Jahrhunderts von keinem Gebrauch des Wassers wußten, in welchem Fleisch gekocht worden war, so haben andere Leute zur selben Zeit und selbst ein Jahrhundert später keine Verwendung für das Fleisch gehabt, das in dieser Weise behandelt worden war; sie pflegten es wegzuwerfen und verwendeten nur die Suppe. Solcherart sind die Unberechenbarkeiten der Nahrungsgebräuche. Der Mensch ist imstande, das feinste Olivenöl zur Glättung seines Kopfhaares zu verwenden und fürs Kochen irgend ein Fett, das alle möglichen übelriechenden Bestandteile enthält. Wenigstens lebt er dann, so kann man resigniert sagen, in einer Atmosphäre von Olivenölgeruch. Auch ist es interessant, daß die Schriftsteller der Gastronomie der Fleischsuppe größte gastronomische Bedeutung zuschreiben, besonders im Hinblick auf den Brauch, diese Extrakte zu anderen Gerichten und nicht als Suppe zu verwenden. Dies mag nicht nur wegen des Aromas anzuraten sein, sondern vielleicht auch weil die Extrakte auch anderen Gerichten die Eigenschaft verleihen mögen, die Verdauungssäfte reichlich zum Fließen zu bringen. Daß in den letzten Jahrzehnten der Gebrauch von Ersatzextrakten sich so weit ausgebreitet hat, mag dieselben diätetischen Ursachen haben.

g) Brot und Butter. M o t t r a m sagt, daß die Vereinigung von Fett und Kohlehydraten in einer Mahlzeit einem physiologischen Zwecke dient, der mit der Verdauung zusammenhängt, denn Fett verlangsame den Verdauungsvorgang der Kohlehydrate im Magen, indem

es das Fließen von Verdauungssäften verringere. Eine Mahlzeit, die
nur aus stärkehältigen Substanzen besteht, würde den Magen zu
schnell verlassen und uns früher als vorgesehen wieder hungrig machen.

Es ist wohl kein Zweifel, daß Fett die Verdauung verzögert; aber
Diätetiker begünstigen in der Regel eine leichte, das ist schnelle Verdauung; weshalb sollte diese ihre Neigung nicht auch in der Planung
von Mahlzeiten sich ausdrücken? Ohne Fett hat man einfach mehr
Nahrungsmittel, wie Brot oder Reis zu essen und dort, wo zwei Pfund
Brot bei einer Mahlzeit gegessen werden, was bei manchen Volksschichten einiger Länder Brauch ist, wird dies praktisch durchgeführt.
D u r i g s Forschung nach dem Ursprung des Hungers hat außerdem, wie bereits zitiert, enthüllt, daß Leere des Magens und Auftreten von Hunger keineswegs zeitlich zusammenfallen müssen.

Es kommt bei Diätetikern vor, daß sie die Täuschung nicht erkennen, welche durch das verschiedene Volumen der Nahrungsmittel
hervorgerufen wird. Natürlich sind sie sich dessen immer bewußt, daß
Butter mindestens den dreifachen Nährwert von Brot hat, in Kalorien
gemessen. Ist dies doch eine Feststellung ihrer eigenen Wissenschaft.
Es wird aber auf der Suche nach der diätetischen Erklärung für den
Brauch, Butterbrot zu essen, leicht übersehen, daß Brot sehr viel Luft
enthält, so daß sein Volumen das Dreifache des gleichen Gewichts von
Butter beträgt. Vom Gesichtspunkt des Volumens gesehen ist Butter
daher ungefähr zehnmal so nahrhaft als Brot. In der Praxis heißt dies,
daß eine einen halben Zoll dicke und mit $^1/_{20}$ Zoll Butter bestrichene
Brotschnitte den doppelten Nährwert der unbestrichenen Schnitte besitzt! Dies mag als eine bedeutsame Feststellung erscheinen, ist aber
dennoch nur von sekundärer Bedeutung im Zuge der hier verfolgten
Gedankenreihe. Der Haupteinwand gegen die Annahme der Verdauungsverzögerung als eine Erklärung für den Butterbrot-Brauch liegt anderwärts, im Kauvorgang. Wie früher bereits dargelegt, wird der Kauvorgang in der Diätetik nur gelegentlich in Betracht gezogen und
nicht so betont, wie dies nach seiner Bedeutung notwendig wäre. Daß
die Nahrung im Munde für den Schluckakt vorbereitet wird, ist bisher
außerhalb der Erwägungen der Diätetik geblieben. Im Falle von Brot
und Butter wirkt die Butter als ein Schmiermittel, das ein schnelles
Schlucken erleichtert. Dies ist so offensichtlich, daß es oft auch dem
Laien bewußt wird. Gezwungen zu sein, trockenes Brot zu essen oder
von Brot und Wasser zu leben, ist in vielen Perioden der menschlichen
Geschichte als ein Zeichen des äußersten Elends betrachtet worden
und erweckt die Vorstellung von Gefängnis und Notstand. Sozial-
psychologisch trägt trockenes Brot noch immer dieses Stigma. Was
dem jedoch zugrunde liegt, ist nicht die Frage falscher oder Unterernährung durch gleichmäßige Kost. Sehen wir von der Frage schneller

Verdauung ab, so ist die Ermüdung des Geruchsinnes, verursacht durch die Eintönigkeit der Nahrung und verstärkt durch die psychische Wirkung langsamen Schluckens, der entscheidende Faktor. Wenn die psychologische Einstellung der gegebenen Situation entspricht, wie bei Gefangenen und Paupers, wird Brot, diese gute Nahrung, im Munde zu Sägespänen — um so mehr, als dann auch die Speicheldrüsen versagen.

Weder für die Vergangenheit noch für die Gegenwart ist es möglich, den Brauch, Brot gebuttert zu essen, durch Verdauungsverzögerung zu erklären.

h) Verdaulichkeit als täuschende Eigenschaft der Nahrung. Die Diätetiker betonen den Wert guter Verdaulichkeit, die gewöhnlich an der Schnelligkeit gemessen wird, mit welcher eine Nahrung den Magen verläßt. Wie bereits erwähnt, sind Diätetiker auch manchmal bereit, ihre Grundsätze zu opfern; dies geschieht zum Beispiel dann, wenn ein langsam verdauliches Nahrungsmittel, wie Kleie, ein Vitamin enthält. Danach scheint es, daß schließlich und endlich schnelle Verdauung doch nicht so wichtig ist, wenigstens für den Gesunden.

Davon abgesehen verbleibt die Frage, ob schnelle Verdauung immer wünschenswert ist, zum Beispiel in Fällen, wo Hunger durch eine nicht genügende Menge von Nahrung befriedigt werden soll. Allen Arten von Hungersnot-Broten liegt das Streben nach Magenfüllung zugrunde, ein Streben, das zunächst nur durch die Schluckbarkeit der Bissen begrenzt wird. Aber der allgemeine Glaube, daß die Füllung des Magens den Hunger für längere Zeit stillen kann, ist täuschend. Solche Füllung gibt eine kurzfristige Erleichterung vom Hungerschmerz, aber dies ist auch alles.

Eine Mahlzeit ist immer ein biochemisches Experiment, selbst wenn alle psychologischen Vorbedingungen erfüllt sind. Der Versuch, im voraus zu beurteilen, was einem gut tun wird, ist stets eine zweifelhafte Aufgabe, auch dann, wenn das Risiko, vergiftet zu werden — die Furcht der Großen im Mittelalter und auch später —, ausgeschlossen ist. Die Quantität kann ebenfalls falsch beurteilt werden, S i r   W i l l i a m   A s h l e y zum Beispiel, ein Anhänger von Roggenbrot, berichtet über einen Fall, daß Arbeiter, die an Roggenbrot gewöhnt waren, klagten, nicht imstande zu sein, ihren Hunger mit Weizenbrot zu befriedigen. Dieselbe Beschwerde ist ganz üblich in allen Ländern, deren Bevölkerung hauptsächlich von Roggenbrot lebt. Hier ist es nicht eine Frage der Verdaulichkeit oder wie lange eine Nahrung im Magen verbleibt, wie gemeinhin geglaubt wird, sondern einfach eine Fehlbeurteilung von Gewicht und Volumen. Ißt jemand, der an Roggenbrot gewohnt ist, ein Stück Weizenbrot derselben Größe, so ißt er in Wahrheit weniger, da das Weizenbrot leichter ist. Wir schätzen unsere

Nahrung meistens optisch, nach dem Gesichtseindruck des Volumens ein, und dies führt oft zu Fehlurteilen, worauf in dem vorliegenden Buche verschiedentlich hingewiesen wird. Ist doch auch die Theorie des Magenfüllens eine solche, die auf ein falsches Beurteilen der Quantität hinweist. Was vorhin gesagt wurde über die fehlerhafte Beurteilung von Weizen- und Roggenbrot ist auch die Ursache, weshalb der Weizenkonsum in Europa so langsam von Westen nach Osten fortschreitet. Es wäre schwer, einen Bauer oder Handwerker in Deutschland, Polen oder Rußland zu überzeugen, daß er sich an Weizenbrot ebenso sattessen könne, wie arbeitende Menschen in England, Frankreich und Amerika.

XV. Sind die Sinne Wächter der Gesundheit?

Wir wollen nun alle die Sinne, die an jener Schwelle stehen, über welche die Nahrung in den Körper eintritt, Revue passieren lassen, um zu sehen, ob das alte Wort, daß die Sinne Wächter der Gesundheit sind, wahr ist oder nicht.

1. Nicht der Geruchssinn

Wir wollen mit dem Geruchssinn beginnen. Dieser Sinn befähigt uns, beginnende Fäulnis zu erkennen, aber selbst die Angehörigen unserer Zivilisation sind nur gewissen Arten der Fäulnis abgeneigt. Diese auffallende Tatsache bei Nahrungsgebräuchen ist im vorliegenden Buch schon von den verschiedensten Gesichtspunkten aus erörtert worden. Da Wild in frischem Zustande zu zäh ist, um es so zu mögen, ziehen wir es ein bißchen angefault vor und mißachten die Warnung, die uns der Geruchssinn gibt. Dasselbe gilt für Käse, wo Fäulnisprozesse eine noch wichtigere Rolle spielen als beim Wild. Drummond und Wilbraham sind der Ansicht, daß bis zum 19. Jahrhundert die auf dem Markte erhältliche Butter meistens ranzig war. Daher gab es damals keinen psychischen Widerstand gegen den ranzigen Geruch der Butter und sie wurde infolgedessen auch ohne Schaden für die Gesundheit genossen, obwohl der Defekt von der Nase ebenso wahrgenommen werden mußte, wie es heute der Fall ist. Wir müssen den genannten Gelehrten dankbar dafür sein, daß sie Realismus in eine rückschauende Beurteilung von Nahrungsgewohnheiten gebracht haben.

In anderen Zivilisationen, außer den westlichen, finden wir andere Nahrungsmittel, die selbst im Zustand vorgeschrittener Fäulnis verzehrt werden, ungeachtet des Geruchs.

Daraus ist leicht zu schließen, daß die Vorstellung, der Geruchssinn diene dem Schutz, nichts als ein Mythos ist. Mit dieser Überzeugung ist jedoch nicht so schnell fertig zu werden. Beobachter lieben es darauf hinzuweisen, wie vorsichtig ein Hund sich über sein Futter macht, wie er an jedem Stück in seiner Schüssel riecht, bevor er zu fressen beginnt. Sicherlich ist es unrichtig, aus diesem Gehaben zu schließen, daß es sich dabei um eine Untersuchung handle, ob das Futter bekömmlich sei — obwohl, was wir lieben, meist auch bekömmlich ist, und was wir verabscheuen, unbekömmlich —, bei Hund und Mensch. Der Hund nähert sich allen Geruchsquellen mit dem gleichen Interesse und erwägt sie mit derselben Nachdenklichkeit, mit der er sein Futter betrachtet. S t e f f á n s o n berichtet, daß Hunde, die mit Fischen als Futter erzogen wurden, durch Hunger dazu gezwungen werden müssen, das Fleisch vom Caribou zu essen, und andere, die an Caribou gewohnt sind, wieder durch Hunger zum Verzehren anderen Wildes gebracht werden mußten usw. War das Futter jedoch in Fäulnis geraten, dann fraßen es die Hunde, was immer es ursprünglich gewesen ist. Dies sind gute Argumente gegen die oberflächlichen Beobachtungen, die in bezug auf das Gehaben der Hunde gemacht worden sind, und sie erlauben Rückschlüsse auf den Brauch der Menschen.

2. Nicht der Geschmacksinn

Wir wollen nun untersuchen, ob unsere Fähigkeit, süße, saure, salzige und bittere Geschmäcke wahrzunehmen, unsere Gesundheit schützt, wobei wir freilich nicht so sehr an Schutz vor tatsächlicher Gefahr denken, sondern an die Anzeige, daß es sich um eine gesunde Nahrung handelt.

D e r s ü ß e G e s c h m a c k. Wir stehen in einem eigentümlichen Verhältnis zu süßen Geschmäcken. Mit Ausnahme von tropischen Klimaten oder solchen wie des Mittelmeers spielte Zucker eine sehr geringe Rolle in der Ernährung, bis der Mensch lernte, ihn zu kultivieren, späterhin geradezu im Überfluß. Wenn es in der Natur so wenig Zucker gab, daß er nur den kleinsten Teil des Verbrauches an Kohlehydraten bedeutete, weshalb sind wir eigentlich mit einem besonderen Organ ausgestattet, Süßigkeit wahrzunehmen? Der Mensch hatte usprünglich wohl weit größeren Bedarf nach einem Organ, das Stärke anzeigt, die den Hauptteil des Verbrauches an Kohlehydraten darstellt. Aber wir haben kein Organ für die Feststellung von Stärke, sie ist ja geschmacklos; und unsere Phantasie ist zu arm, als daß wir uns vorzustellen vermöchten, wie irgend etwas schmecken könnte, das weder süß, sauer, bitter noch salzig ist. Zeigt diese Argumentation die Zwecklosigkeit der Süßigkeitswahrnehmung von einem rationellen

Gesichtspunkt aus, so ist sie doch nicht leichter „verdaubar" als das ähnliche Argument in bezug auf den Geruch. Es mag gesagt werden, daß wir durch die Süßigkeit den Reifezustand von Obst beurteilen können. Aber es gibt noch andere Kennzeichen für diesen Reifezustand: Farbe, Struktur usw.

Die Frage nach der Nützlichkeit des süßen Geschmacks eröffnet auch einen anderen, noch bedeutsameren Ausblick. Es ist ja allgemein bekannt, daß keine Art von Stärke in anderer Weise verdaut werden kann als durch ihre Umwandlung in Zucker durch die Verdauungssäfte. Wenn wir uns richtig ernähren wollen, so wäre es sehr nützlich, mit Sicherheit zu wissen, ob diese Stärke-Zuckerverwandlung bei jeder stärkehältigen Nahrung, die wir verzehren, auch wirklich erfolgt. Es ist zum Beispiel möglich, daß Stärke in solchem Maße von Zellulose eingeschlossen ist, daß die Verdauungssäfte sie nicht erreichen können; auch ist es bekannt, daß die Verwandlung in Zucker viel leichter vor sich geht, wenn die Stärke vorher gekocht wurde. Weiters, Zucker ist süß, sei er nun aus dem Zuckerrohr hergestellt oder aus Stärke mittels der Verdauungssäfte. Der Zuckergehalt des Blutes ist eine Angelegenheit, die feiner Regulierung unterworfen ist, und dies steht der Tatsache entgegen, daß wir in Intervallen große Stärkemengen aufnehmen, die sich in Zucker verwandeln. Für unseren Lebensprozeß ist der Ausgleich zwischen dem Zuckergehalt im Verdauungstrakt und im Blut von großer Bedeutung. Daher, wenn unsere Fähigkeit, Süßgeschmack wahrzunehmen, einem praktischen Zwecke dienen soll, dann ist das Organ für seine Wahrnehmung ganz unrichtig plaziert: es sollte nicht im Munde, der Eintrittsstelle der Nahrung liegen, wo das Organ vom diätetischen Standpunkt geringe Bedeutung hat. Soll das Organ ein Wächter der Gesundheit sein und uns richtige und zeitgemäße Verdauung von Stärke anzeigen, so müßte es ganz anderswo im Verdauungstrakt gelegen, vielleicht sogar auf mehrere Stellen verteilt sein.

D e r s a u r e G e s c h m a c k. Und was haben wir über den sauren Geschmack zu sagen? Gefährlich starke Säuren sind künstliche Erzeugnisse des Menschen; die Natur selbst enthält nicht einmal geeignete Gefäße für solche Säuren. Dies schließt jede Erwägung aus, den Ursprung unserer Fähigkeit, Säure wahrzunehmen, im Schutz gegen die Wirkung starker Säuren zu suchen. Die Säuren, die Naturprodukt sind, sind wahrscheinlich alle harmlos für den menschlichen Körper, zumindestens was die Konzentration anbelangt; außerdem hat Säure auch die merkwürdige Eigenschaft, nicht bloß durch die Geschmacksknospen im Munde erkannt zu werden; wirkt sie doch auch auf andere Organe der Mundschleimhaut, hauptsächlich übt sie einen zusammenziehenden Effekt aus. Weinkoster haben den Brauch, den Wein unter die Zunge fließen zu lassen, wo gar keine Geschmacks-

knospen vorhanden sind. Die Wahrnehmung ist daher dort nur auf
Hauteffekte und nicht auf Geschmack zurückzuführen. Warum besteht,
so muß man fragen, diese doppelte Wahrnehmbarkeit der Sauerkeit,
durch das Geschmacksorgan und durch die Schleimhaut, wenn in der
Natur die Eigenschaft an sich so harmlos ist? Es gibt keine ver-
nünftige Antwort auf diese Frage im Bereich der Ernährung. Doppel-
wahrnehmung! Der Mensch ist nicht überreichlich mit Sinnen ausgestattet. Wichtige Vorkommnisse in der Natur nimmt er nicht wahr.
Wir haben keinen eigenen „Sinn“ zum Beispiel, die Luftfeuchtigkeit
oder den Luftdruck in der Atmosphäre zu erkennen und zu beurteilen.
Es wäre doch hübsch und nützlich, wenn wir sagen könnten „Jedermann sein eigenes Barometer“! Daß wir etwas von Luftfeuchtigkeit
oder Luftdruck durch andere Organe bemerken können, bedeutet nicht,
daß wir einen eigenen Sinn dafür haben in der wissenschaftlichen Bedeutung dieses Ausdrucks, nämlich ein eigenes Organ mit eigenen
Nerven, die es mit einem bestimmten Teil des Gehirns verbinden.
Ebenso wenig nehmen wir jene Wellen wahr, auf welchen die drahtlose
Übertragung beruht, obwohl andere elektrische Wellen fähig sind, die
Organe anderer Sinne zu reizen, selbst das Organ des Geschmacks.
Wir nennen das einen inadäquaten Reiz. Für alle die erwähnten natürlichen Phänomene fehlt uns die Fähigkeit zur Aufnahme, obwohl wir
guten Gebrauch davon machen könnten. Außerdem, es mögen Erscheinungen in der Natur bestehen, die wir bisher überhaupt noch
nicht entdeckt haben. Es ist nicht unmöglich, daß manche Tiere Sinne
besitzen, die uns selbst fehlen, und daß die Organe dieser Sinne an
und in den Tieren noch nicht gefunden worden sind. Der Ortssinn zum
Beispiel könnte ein solcher sein.

Der bittere Geschmack. Diese Überlegungen haben uns
etwas abseits geführt von unserem Gegenstand, der Nützlichkeit der
menschlichen Sinne als Schützer gegen schädliche Nahrung. Gehen
wir nun zur dritten wahrnehmbaren Qualität des Geschmackes, der
Bitterkeit über. Was diesbezüglich gesagt werden kann, ist nicht mehr,
als daß viele Gifte, die in der Natur vorkommen, bitter sind, obwohl
es auch hier mehr als zweifelhaft ist, ob die damit verbundenen Gefahren es rechtfertigen, uns mit einem eigenen Sinn zur Wahrnehmung
von bitteren Geschmäcken auszustatten. Doch muß betont werden, daß
bitterer Geschmack in der Natur so weit verbreitet ist, nicht nur bei
Giften und besonders in Verbindung mit anderen Geschmäcken, daß
ein Handeln auf Grund einer „Bitterkeitsanzeige“, ein Ausschließen
aller bitteren Substanzen aus unserer Kost katastrophal wäre. Selbst
Mehl wird manchmal bitter und damit das Brot, das daraus gebacken wird. Solches Brot mag uns widerlich sein, aber wir werden
nicht einen Augenblick daran denken, daß es giftig ist. Wir mögen

es ablehnen, aus dem einen oder anderen Grund, und doch lieben wir bitteres Bier. Ebenso tut es gut, sich zu erinnern, daß unser Wissen von der Giftigkeit einiger Bitterstoffe in der Natur wahrscheinlich nicht älter ist als unser Wissen, daß andere Bitterstoffe bekömmlich sind und den Fluß der Verdauungssäfte fördern. Nehmen wir all dies zusammen, so können wir wohl kaum sagen, daß die Wahrnehmbarkeit bitteren Geschmackes eine Notwendigkeit zum Schutze unserer Gesundheit darstellt.

D e r   S a l z g e s c h m a c k. Die Geschmacksqualität, die Salzigkeit genannt wird, hat ihre Besonderheiten. Wir beobachten Salzgeschmack in Verbindung mit den anderen Geschmäcken sauer, süß oder bitter, wie die Natur oder der Mensch sie in chemischen Verbindungen hervorbringt. Aber einzig und allein das gewöhnliche Salz, Natriumchlorid, ist imstande, den Salzgeschmack ohne gleichzeitige Erweckung anderer Geschmäcke hervorzurufen. Mit anderen Worten, die Existenz der Wahrnehmbarkeit des Salzgeschmacks deutet direkt auf das reine Kochsalz. Man ist versucht, dem eine besondere „Absicht" zu unterlegen. Sieht es doch so aus, als hätte uns die Natur mit einem besonderen Organ für die Wahrnehmung von Natriumchlorid ausgestattet, so daß wir den Konsum dieses Stoffes kontrollieren und dessen sicher sein können, daß sich etwas von dieser unentbehrlichen Substanz in unseren Speisen befindet. So könnte man sagen, hier sei einer der Fälle, in welchem der Wächter vorhanden ist und an der richtigen Stelle sitzt.

Dem steht nun aber die Tatsache gegenüber, daß Volksstämme, die ausschließlich von Fleisch leben, kein Salz konsumieren. Doch ist dies kein Argument, wenn wir annehmen, daß der Mensch sich als Vegetarier entwickelt hat. Aber, so muß man weiter fragen, weshalb besitzen wir ein Organ für Kochsalz — und keine Organe für die Verzeichnung der Aufnahme anderer Mineralstoffe, die unser Körper erfordert? Warum ist gerade dieses eine Mineral durch die Existenz eines besonderen Organs bevorzugt und nicht die anderen? Bezüglich dieser hat uns die Natur keine Richtschnur gegeben, welche von ihnen wir benötigen und in welcher Menge. Wir haben keine Sinne, die uns dies anzeigen könnten. Wir können nicht einmal die Methode von Versuch und Irrtum anwenden, weil wir nicht wissen, was wir benötigen. Ist dem so, so ist es schwer, einen Zweck in der Wahrnehmung von Kochsalz zu erblicken. Es mag darauf hingewiesen werden, daß diese chemische Verbindung die Eigenschaft hat, Durst hervorzurufen. Diese Abart des Hungers ist die bis jetzt am wenigsten erforschte, abgesehen davon, daß wir wissen, Durst werde auch durch einen Mangel von Wasser im Körper verursacht, was selbstverständlich ist. Was immer es sein mag, das dem Kochsalz die gleiche Eigenschaft gibt, so ist es doch zweifelhaft, ob sie auf Kochsalz allein beschränkt ist oder ob nicht auch andere Verbindungen mit anderen Geschmäcken Durst erwecken. Schließlich sei, um das Bild abzurunden, darauf hingewiesen, daß der Salzgeschmack in gewissem Sinne Ähnlichkeit mit der Säurewirkung besitzt; bei höheren Konzentrationen nehmen wir den Salzgeschmack nicht nur durch die Geschmacksknospen, sondern auch durch die Schleimhäute des Mundes wahr. So wie bei den Säuren erhalten wir daher eine doppelte Wahrnehmung von Kochsalz. Weshalb die Zweigeleisigkeit?

3. Nicht der Tastsinn

Am Beginn dieses Buches wurde erwähnt, daß beim Essen und Trinken der Tastsinn durch viele für ihn empfindliche Punkte wirkt, die in den Schleimhäuten des Mundes eingebettet sind. Man könnte danach annehmen, daß der Tastsinn auch geeignet sei, unsere Gesundheit während des Eßvorganges zu behüten.

Es sei darauf hingewiesen, daß an so vielen Nahrungsmitteln im Naturzustand Erde oder Sandkörner haften, die unsere Gesundheit schädigen könnten, wenn sie in den Verdauungskanal gelangen. Der Tastsinn kann diese Stoffe entdecken und den Warnruf geben: „Sand“. Aber auch dieses Argument verliert seine Gültigkeit nach Prüfung der Zähne mancher menschlicher Skelette, die gefunden worden sind. Diese Zähne sind nämlich in einer Weise abgenutzt, die für unsere Gegenwartserfahrung ganz unvorstellbar ist, selbst wenn die Skelette aus jenen Zeiten stammen, in welchen Korn zwischen Steinen gemahlen und das Produkt rein gehalten wurde mit Ausnahme vielleicht vom Mahlstaub der Steine. Es scheint daher, daß das Verzehren von mehr oder weniger scharfkantigen Sandkörnern von der Menschheit durch sehr lange Zeiträume geübt wurde, ohne Gefährdung der Gesundheit. Unser intensives Mißvergnügen an der Wahrnehmung von Sand in der Nahrung ist daher eine jüngere Bewertung von Empfindungen, an die der Mensch früher recht gewohnt gewesen sein muß.

So kommen wir denn zu dem Ergebnis, daß alle jene Sinne, von welchen gesagt wird, sie seien Wächter am Eintrittsort der Nahrung in den Verdauungsapparat, in Wahrheit sehr unzureichend wirken, ja man möchte selbst sagen ziellos und nutzlos dastehen. Wie immer die Sinne entstanden sein mögen, so führen sie heute ein Leben, das unabhängig ist von den Erfordernissen der Ernährung — soweit eben Unabhängigkeit innerhalb eines Systems bestehen kann. Die Sinne beeinflußen die Ernährung und haben dies wahrscheinlich seit prähistorischen Zeiten getan, aber auf ihre eigene Art und Weise. Es ist wahrscheinlich, daß sie sich zum Zwecke des Vergnügens und der Lust entwickelt haben und, um das immerwährende Spiel zwischen Vergnügen und Mißvergnügen hervorzurufen.

4. Nicht der Schmerzsinn und auch nicht der Temperatursinn

Im menschlichen Leben werden Schmerzempfindungen nicht in dem Maße vermieden, wie allgemein angenommen wird und dies trifft besonders zu im Verhältnis zur Nahrung. Wir sind gewillt, Schmerz zu ertragen im Hinblick auf gewisse uns erwünschte Zwecke, zum Beispiel, wenn wir scharfkantige Gegenstände von beträchtlichem Gewicht mit der Hand heben müssen oder die Nähe eines Feuers aufsuchen, wenn es kalt ist. Diese Schmerzen müssen auch einen gewissen Intensitätsgrad erreichen, bevor wir sie überhaupt Schmerzen nennen. So ist es auch beim Verzehren von Nahrungsmitteln.

Viele Arten von Schmerz sind mit dem Ernährungsvorgang verbunden, die durch Scharfkantigkeit, Temperaturextreme oder einen inadäquaten Reiz des Temperatursinnes hervorgerufen werden, wie dies letztere bei Gewürzen und höher konzentriertem Alkohol der Fall ist. Es ist erstaunlich, welch intensiven Schmerz wir beim Schlucken solcher alkoholischer Getränke bereit sind zu ertragen. Dasselbe gilt für die Wirkung starker Gewürze. Diese Beobachtung bezieht sich natürlich nur auf Personen, die einen besonderen Zweck mit dem Ertragen dieser Schmerzen verbinden. Kalte Getränke können Pein verursachen und dies tun auch heiße Getränke von mehr als 50° C. Freilich gibt es da Grenzen. Wir sind nicht richtige Fakire. Die Phrase „sich die Zunge verbrennen" ist in allen Sprachen zu finden. Sie entstammt der Tatsache, daß unsere Fähigkeit, Hitze zu ertragen, schließlich und endlich begrenzt ist und daß diese Grenzen nicht deutlich im Voraus angezeigt werden; Dampf aus einem Gefäß gibt nur eine unzureichende optische Anzeige des Wärmegrades des Inhalts und was es an Anzeichen gibt, die uns vor der Fähigkeit von Alkohol und Gewürzen warnen, im Munde zu brennen, ist noch weniger verläßlich. Man muß sich wundern, daß Tiere und manchmal selbst Menschen imstande sind, Fischgräten zu kauen, die so scharf wie Nadeln sind. Wo bleibt da unser Schmerzsinn als Wächter der Gesundheit?

In mancher Beziehung würde menschliches Leben wohl unmöglich sein ohne Temperatur- und Schmerzsinn; ohne sie würden wir Kälte nur durch das Steifwerden der Gelenke und Hitze durch den Gesichts- oder Tastsinn, das Sehen und Greifen von Schweiß und Blasen bemerken.

XVI. Mittel zur Berauschung und Erregung

Eine Übersicht über die Nahrungsgebräuche kann nicht an der Wirkung von Stoffen vorbeigehen, die zwar nicht direkt zu den Nahrungsmitteln gerechnet werden, aber mit ihnen enge verbunden sind und große Bedeutung im menschlichen Leben besitzen, wie Alkohol, Tee, Kaffee und Tabak. Ziffern zeigen, daß im Kriege die Nationalausgaben Großbritanniens nur für Alkohol und Tabak nicht weniger als drei Fünftel der Ausgaben für Nahrungsmittel betrugen!

Viel ist gesagt und geschrieben worden über die Wirkung von Alkohol. Im folgenden wollen wir uns darauf beschränken, L o u i s L e w i n[1] zu zitieren, der von allen berauschenden und erregenden Stoffen sagt, der stärkste Antrieb für deren Verbrauch bestünde in der Fähigkeit, die Funktionen des Nervensystems zu affizieren oder zu ändern, und zwar in einer angenehmen Art und Weise und für einen längeren oder kürzeren Zeitraum. In der Tat, der Ausdruck „das Nervensystem in angenehmer Art und Weise zu alterieren", ist überaus bezeichnend, besonders, wenn hinzugefügt wird, daß die Neigung, solchen Wechsel herbeizuführen, ein Verlangen, eine Leidenschaft oder eine Manie werden kann.

1. Alkohol

Wenn wir die Beziehung des Menschen zum Alkohol betrachten, so treten zwei Punkte hervor. Erstens: Alkohol wird ausschließlich durch den Verdauungskanal eingeführt; zweitens: dabei wird Alkohol nicht rein als Alkohol genossen, sondern gewöhnlich in Verbindung mit Nahrungsmitteln wie Zucker oder zumindest mit Geruchstoffen. Dieser letztere Punkt ist für die vorliegende Untersuchung von großem Interesse; denn daß Alkohol vom Körper in derselben Weise aufgenommen wird wie ein Nur-Nahrungsmittel und daß er verwendet wird, andere Nährstoffe in den Körper zu bringen, zeichnet ihn nicht besonders aus unter den Nahrungsmitteln. Auch ist in dieser Beziehung kein Unterschied vorhanden zwischen Alkohol als Geruchsträger und anderen Substanzen, die dies auch sind. Doch ist es etwas anderes, eine Beziehung herzustellen zwischen Ernährung und Geruch oder zwischen Geruch und einer Alteration des Nervensystems, denn um dieses zu ändern, könnten wir auch eine Spritze benützen, wie es die Morphinisten tun, dann würde uns die Geruchswirkung nicht merkbar sein.

Vom Gesichtspunkt der Ernährungsgebräuche ist die Frage interessant, was an erster Stelle steht, die Wirkung der Riechstoffe oder

---

[1] L e w i n L o u i s, Phantastika, die betäubenden und erregenden Genußmittel. 1924.

die Einwirkung auf das Nervensystem? Man ist leicht geneigt zu glauben, daß alles Interesse am Aroma und auch am Geschmack alkoholischer Getränke nur eine Verkleidung des Verlangens nach der Wirkung auf das Nervensystem darstellt; aber sonderbarerweise hängt der Handelswert von Alkohol in einem enormen Ausmaß von den Riech- und Geschmackstoffen ab, oder auch anderen die Sinne erregenden Elementen (Brennen). Vom Gesichtspunkt der Bewertung scheint der Alkohol nichts anderes zu sein als ein Lösungsmittel für Riechstoffe usw. und für sich selbst vergleichsweise geringe Bedeutung zu haben.

Wie kann diese Frage entschieden werden? Wir sind nicht in der Lage, in der Geschichte der alkoholischen Getränke soweit zurückzugehen, wie es notwendig wäre, um einen Schlüssel zu finden, da der Brauch zu alt ist, sowohl in unserer gegenwärtigen Zivilisation wie auch in vorangegangenen. Wir können nur dort in der Geschichte einen Schlüssel finden, wo unsere eigene Zivilisation mit anderen in Kontakt kam, welche den Alkohol nicht kannten. Die vorhandenen Nachweise über die Wirkung der Einführung sind kaum genauer und detaillierter als jene über die Einführung eines neuen Nahrungsmittels, wie der Kartoffel. Wir wissen, daß es leicht war, die Indianer dazu zu bringen, jene Alteration des Nervensystems als angenehm zu akzeptieren; sie erkannten die Freuden des Alkohols in einem alarmierenden Grad. Aber wir wissen nichts darüber, wie die Indianer auf die Riechstoffe und Geschmäcke reagierten, die im Alkohol enthalten waren. Den Berichterstattern war es wohl nicht der Mühe wert, dies aufzuzeichnen, was nicht erstaunlich ist, da sie doch unter dem Eindruck der überwältigenden Wirkung standen, die der Alkohol an sich auf die Indianer ausübte. Daß in solchen Fällen das Aroma vernachlässigt werden konnte, beweist aber doch, daß aromatisierter Alkohol nicht anders zu beurteilen ist als aromatisierte Stärke. Das Aroma des Maises gibt der Polenta einen bestimmten Charakter und das Aroma des Hafers einen solchen dem britischen Porridge. Dessenungeachtet sind beide stärkehaltige Nahrungsmittel. In gleicher Weise bleibt aromatisierter Alkohol Alkohol und wird nicht ein alkoholisiertes Parfum, welcher Wert immer in unserer Zivilisation auf das Aroma gelegt werden mag.

2. Tee, Kaffee, Kakao

Louis L e w i n reiht Alkohol in die Klasse der berauschenden Mittel ein. Tee, Kaffee und Kakao werden als erregende Mittel bezeichnet. Dem Alkohol wird es abgesprochen, erregend zu sein, nicht nur von L e w i n, sondern auch von dem Psychologen M c D o u g a l l.

Es wird später gezeigt werden, daß in diese Gruppen, die berauschenden und die erregenden, noch andere Stoffe fallen.

Es besteht eine Analogie zwischen der Einführung von Alkohol bei den Indianern und der Einführung von stimulierenden Mitteln in die westliche Zivilisation. In erster Linie ist beiden gemeinsam, daß sie diese neuen Gewohnheiten nicht so ohne weiteres annehmen konnten. Beide hatten dafür zu bezahlen. Die Indianer zahlten wohl einen sehr hohen Preis, weil sie sich außerhalb des Wirtschaftssystems jener Völker befanden, die den Alkohol bei ihnen einführten. Die erregenden Genußmittel Tee, Kaffee und Kakao wurden innerhalb ein und desselben Wirtschaftssystems eingeführt — Verkäufer und Käufer gehörten ihm an — und erreichten zunächst nur jene, die imstande waren, exorbitante Preise dafür zu bezahlen. Aber es erwies sich, besonders bei Tee und Kaffee, daß, als die Preise fielen, diese Stimulantien einen ebenso mächtigen Einfluß ausübten wie der Alkohol auf die Indianer. Sie revolutionierten das ganze Ernährungssystem, mehr noch bei den Armen als bei den Reichen. Die Art und Weise, wie die von Brot und Käse lebenden Hilfsarbeiter im Süden von England im 18. Jahrhundert leidenschaftliche Teetrinker wurden, und ebenso wie die hungernden Weber auf dem Kontinent im 19. Jahrhundert zum Kaffeetrinken übergingen, beweist, daß die Alteration in den Funktionen des Nervensystems von der Menschheit als eine der dringendsten Notwendigkeiten des Lebens betrachtet wird. Ob dies schon in prähistorischen Zeiten entdeckt wurde, wie es beim Alkohol der Fall war, oder erst in jüngst vergangenen Jahrhunderten, wie beim Tee, Kaffee und Kakao, ist von geringer Bedeutung. Das Verlangen nach diesen Mitteln warf alle Tradition über Bord, mag diese noch so geliebt und verehrt worden sein.

3. Tabak

Tee und Kaffee erschienen als Getränke, die eine erregende Wirkung hervorrufen. Kakao wurde eingeführt teils als Getränk und teils als Nahrungsmittel. Der Tabak gehört nach L e w i n s Klassifizierung auch zu den Erregungsmitteln, aber merkwürdigerweise fand die Menschheit drei verschiedene Methoden zur Erlangung dieser Wirkung: Kauen, Schnupfen und Rauchen. Alle diese drei Methoden sind eigenartig für Dinge, die fast an Nahrungsgebräuche anklingen. Das Tabakkauen macht Gebrauch vom Speichel, um die wirksame Substanz aus dem Tabak auszuziehen, und dieser Speichel wird großenteils geschluckt wie eine Nahrung. Die Art und Weise, in welcher beim Tabakschnupfen die wirksame Substanz resorbiert wird, scheint noch nicht eindeutig festgestellt zu sein; wahrscheinlich handelt es sich um Vorgänge, die beim Kokainschnupfen klarer sind, und außerdem um eine inadäquate Stimulierung des Geruchssinnes. Im ganzen ist das Schnupfen ein eigenartiger Prozeß, während Kauen von Tabak, um etwas daraus zu extrahieren, nichts Einzigartiges vorstellt; Süßholzkauen ist etwas Ähnliches und künstliche Extraktion durch Speichel überhaupt sicherlich eine der ältesten Ernährungsarten. Der sonderbarste Weg, von Tabak Gebrauch zu machen, ist wohl das Rauchen. Einen Erregungsreiz aus Rauch zu absorbieren auf dem Wege über die Schleimhäute des Atmungsapparates ist offenbar einzigdastehend im Leben des Westens. Wir wissen, daß Alkoholdämpfe in derselben Weise vom Körper absorbiert werden können, aber davon wurde niemals mit Absicht Gebrauch gemacht. Anderseits besteht eine starke Analogie zwischen Tabakrauchen und Alkoholtrinken, da bei beiden die auf die Nerven wirkende Substanz mit Geruch und auch Geschmack kombiniert ist. Wie beim Alkohol wird auch beim Tabak das Vergnügen und der Wert auf das Aroma übertragen. Ob eine Zigarette stark oder schwach in ihrer erregenden Wirkung (Nikotin) ist, ist nicht so sehr das Hauptinteresse, ebensowenig wie die Konzentration und Wirkung des Alkohols. Beim Rauchen leben wir in der Einbildung, es wegen des Aromas zu tun, und wir sind bereit, für das Aroma zu bezahlen, ja lehnen selbst ein uns ungewohntes ab. Wie der Biertrinker einen Schock erhält, wenn er unerwarteterweise aus einem Weinglas Bier zu trinken bekommt, so ist es beim Raucher von Virginiazigaretten, wenn er aus Irrtum eine türkische anzündet.

Zieht man das Verhalten in Betracht, das Tabakraucher unter gewissen Umständen ihres Lebens zeigen, so ist man geneigt zu bezweifeln, ob Nikotin wirklich als eine erregende Substanz zu klassifizieren sei; jeder Raucher hat in der Erregung das dringende Verlangen nach dem Rauchen, und zwar als ein Beruhigungsmittel. Dies ist wieder ein Beispiel dafür, wie wahr es ist, daß psychologische Tatsachen nicht von einem Gesichtswinkel allein betrachtet werden dürfen. Erregung höheren Grades stoppt die Funktion der Speicheldrüsen, der Mund wird trocken, das Rauchen regt den Speichelfluß an. Weiters wird auch zum Rauchen gegriffen als einem Mittel, die Aufmerksamkeit abzulenken, es hilft dem Raucher in kritischen Augenblicken wie kein anderes Beruhigungsmittel.

4. Allgemeine Übersicht

Der Brauch, Gifte aller Art in den Körper einzuführen, ist so sonderbar, daß es verwunderlich erscheint, wie er entstanden ist. Die Menschen sind im allgemeinen recht vorsichtig in der Auswahl dessen, was sie essen; jede Mahlzeit ist ein biochemisches Experiment im Hinblick auf ihre unmittelbaren Folgen. So ist es erstaunlich, daß der

Mensch solch neue Experimente jemals begann, um so mehr, als sie tatsächlich unmittelbar Schmerzen und späterhin Übelkeit zur Folge haben, wie dies beim Rauchen und höheren Konzentrationen von Alkohol der Fall ist. Wieder scheint die Versuchung in dem angenehmen Wechsel gelegen zu sein, der durch diese Mittel im Nervensystem hervorgerufen wird. Auf die Frage, wie der menschliche Körper es zustande bringt, sich an diese Gifte zu gewöhnen, gibt Lewin eine Antwort, nach der Gifte so abschreckend als möglich erscheinen. Er sagt, daß keines dieser Mittel die menschliche Leistungsfähigkeit in irgend einer Weise erhöht. Der Vorgang der Gewöhnung bestehe in einer Schwächung der lebenden Zellen und diese schreite fort mit verstärktem Gebrauche und beruhe wahrscheinlich auf chemischen Wirkungen. Unsere Anpassung an die Gifte bedeute den Verlust der Fähigkeit, auf gewisse Reize in normaler Art zu reagieren.

Wir sprachen hier von Alkohol, Coffein, Theobromin und Nikotin, da diese glücklicherweise in unserer Zivilisation nahezu die einzigen Vertreter einer enormen Gruppe von Substanzen sind, die in anderen Zivilisationen zu den gleichen oder ähnlichen Zwecken gebraucht werden. Lewin hat sie nach ihrem Effekt in Gruppen eingeteilt und es mag den Leser interessieren, sie kennen zu lernen:

Euphorica: Beruhigungsmittel: Opium, Morphium, Codein, Heroin, Eucodal, Chlorodyn, Cocain.

Phantastica: Erreger von Halluzinationen: Analonium Lewinii (der mexikanische Kaktus Peyotl), Indischer Hanf, Fliegenpilz, Nachtschatten.

Berauschende: Alkohol, Chloroform oder Äther, Benzindampf.

Hypnotica: Schlafmittel: Chloralhydrat, Veronal, Paraldehyd, Sulfonal, Cava, Canna.

Erregende: Kampfer, Betel, die Coffeinpflanzen (Kaffee, Tee, Kolanüsse, Maté, Ilex cassina, Paste Guarana, Kakao), Tabak, Parica, Arsenik, Quecksilber.

Aus dieser Aufstellung ist ersichtlich, daß die unterschiedlichen Wirkungen dieser Gruppen kaum in einen Oberbegriff zusammengefaßt werden können. Lewin sagte 1924, daß alle Bestrebungen der Chemiker bisher versagt haben, auf synthetischem Wege herzustellen, was jenem gleichwertig in der Wirkung wäre, was die Völker der Erde zur Befriedigung ihrer Wünsche für geeignet befunden haben. Dies mag noch heute gelten, aber es darf uns nicht sehr überraschen, denn die chemische Synthese hat uns bisher bei Nahrungsmitteln auch nicht viel weiter gebracht. In dieser Beziehung kann wieder eine Parallele zwischen den Nahrungsmitteln und den oben genannten Stoffen gezogen werden. Für ihren Genuß ist jeder Stoff vom Aroma oder anderen sinnesphysiologischen Eigenschaften abhängig, und wären wir fähig, etwas synthetisch herzustellen, so würde das Aroma fehlen, das so wesentlich für uns ist. In diesem Sinne ist weder reine Stärke, noch sind synthetisch hergestellte Vitamine menschliche Nahrung. Wie die Dinge liegen, ist das Verzehren solcher Erzeugnisse nicht eine Sache der Ernährung, sondern eine solche der Medizin.

5. Pillen als Nahrung und als Reizmittel

Pillen mögen ihre Aufgabe als Reizmittel voll erfüllen, da so viel Gift, als ein Mensch ertragen kann, leicht in einer kleinen Pille konzentriert werden kann; dasselbe ist bei den Riechstoffen möglich. Hingegen können Nahrungsmittel niemals eine ausreichende Ernährung in Form von Pillen abgeben. Wir können zwar angemessene Mengen von Vitaminen, vielleicht auch von Mineralsalzen in eine Pille bringen, aber im Hinblick auf die energetische Wirkung der Nahrung und den Eiweißbedarf des Körpers müßte die Pille so groß sein wie ein Cricket-Ball, den wir unmöglich verschlucken können. Daher ist uns auch kein Nährstoff bekannt, der den täglichen Bedarf des Körpers in einer geringeren Menge als 10 Unzen decken könnte. Eine derartige Nahrung mit diesem Minimalgwicht wäre nur Fett. Selbst angenommen, daß wir kein Eiweiß benötigen und nur Kalorien, müßten wir also täglich Fettpillen verschlucken, die ungefähr 10 Unzen wiegen.

XVII. Salz

Über Ernährungsgebräuche zu schreiben, ohne das Salz mit größerer Ausführlichkeit zu behandeln als dies in früheren Abschnitten geschehen ist, würde bedeuten, das Thema ohne das eigentliche Reizmittel abzutun. Brot und Salz sind in unserer Vorstellungswelt aufs engste verbunden, aber im tatsächlichen Gebrauch ist Salz weit universeller. Der Teil der Welt, in dem kein Brot gegesen, aber doch Salz gebraucht wird, ist recht beträchtlich. Salz hat selbst auf die Sprache einen wichtigen Einfluß. Kein „Salaire" (oder ein „Salary", Angestelltengehalt auf englisch) würde bezahlt werden, hätten nicht in der römischen Armee Offiziere und Mannschaften einen Naturalbezug von Salz gehabt; dieses Salarium wurde später in einen Geldzuschuß für Salz umgewandelt.

Salz ist eine Zutat zur Nahrung und daher eine Nahrung, was von großem Interesse von unserem Standpunkte aus ist; manches läßt sich aus den vergangenen und gegenwärtigen Bräuchen, die für Salz in Anwendung waren und sind, erklären.

Ich sagte, eine Zutat zur Nahrung und daher selbst Nahrung. Aber bevor wir darauf eingehen, wollen wir versuchen, tiefer in die Kenntnis der Eigenschaften einzudringen, welche dieses Mineralsalz im Verhältnis zum Menschen besitzt. Die Encyclopädia Britannica führt aus: „Salz und Weihrauch, die hauptsächlichsten ökonomischen und religiösen Notwendigkeiten der antiken Welt." Salz, eine ökonomische Notwendigkeit? Das bedeutet, daß Salz einer der Hauptartikel war, für die als eine Lebensnotwendigkeit Nachfrage bestand. Wie kam Salz dazu, dies zu sein? Erwägen wir die Sachlage:

1. Chemisch ist Salz eines von vielen vorhandenen Mineralsalzen und von außerordentlich einfacher Zusammensetzung, da es nur aus Natrium und Chlor besteht.

2. Salz ist in der Natur weit verbreitet, war immer leicht erlangbar aus dem Meer oder auf dem Festland und ist als chemische Verbindung verhältnismäßig rein.

3. Da vom Kochsalz im Seewasser mehr vorhanden ist als von anderen Mineralsalzen, wird vermutet, daß es enger mit den Lebensfunktionen verbunden ist, da das Leben wahrscheinlich im Meer seinen Ursprung genommen hat.

4. Salz kann der Nahrung leicht zugesetzt werden, da es chemisch stabil und unbegrenzt haltbar ist, besonders wenn es an einer trokkenen Stelle aufbewahrt wird. Salz löst sich leicht. Andere Mineralsalze, die gleichfalls vom menschlichen Körper benötigt werden, haben solche Eigenschaften allerdings auch.

Nun wollen wir etwas mehr physiologisch werden:

5. Die moderne Wissenschaft hat gefunden, daß Salz eine der vielen chemischen Verbindungen ist, die der Körper mehr oder weniger täglich und in kleinen Quantitäten zur Aufrechterhaltung der Gesundheit benötigt.

6. Der Körper hat die Eigenschaft, beim Schwitzen Salz auszuscheiden.

7. Beinahe überall, wo Salz erhältlich war, ist durch die ganze Menschheitsgeschichte dieses Mineral in größerer Menge konsumiert worden als andere Mineralien, jedoch nicht in solchen Mengen, daß die Bezeichnung Nahrungsmittel im üblichen Sinne gerechtfertigt wäre. Von diesem Salzverbrauch werden 95—99% mit dem Urin aus dem Körper ausgeschieden.

8. In diesem Sinne hat Salz unter den verfügbaren Mineralsalzen eine einzigartige Funktion im Hinblick auf Ernährung. Betrachten wir die Sache mehr von der psychologischen Seite, so wäre zu sagen, daß Salz immer als „gesund" galt, obwohl einige Steckenpferdreiter unserer Zeit Salz fürchten. Es wurde immer als eine Notwendigkeit

angesehen, für welche der Mensch einen Trieb, eine Sehnsucht, ein stürmisches Verlangen zeigt.

9. Im Bereich der Physiologie fallen drei Tatsachen in bezug auf das Salz auf. Der Mensch ist sozusagen mit einem Spezialorgan für dessen Wahrnehmung ausgestattet, da Salz, worauf schon früher hingewiesen worden ist, das einzige Mineralsalz ist, das einen rein salzigen Geschmack hervorruft. Salz greift die Schleimhäute im Munde an, reizt sie und erzeugt Durst. Schließlich ist besonders bemerkenswert, daß eine nicht riechende Substanz eine so hervorragende Stellung in der Ernährung einnimmt. Um dies voll zu würdigen, hat man nur an die vielen stimulierenden Wirkungen der Gewürze zu denken.

Dies ist im großen und ganzen und, wie ich glaube, von allen Gesichtspunkten aus, die Sachlage beim Salz, außer daß es auch als Konservierungsmittel Anwendung findet. Diese Eigenschaft beeinflußt unser Problem gleichfalls, wenn auch nur indirekt.

Wie können wir nun auf die Spur des Ursprungs seines Gebrauches kommen?

1. Diätetische Erklärung des Salzkonsums

a) *Bunges Theorie.* Es wurde schon in früheren Abschnitten gezeigt, wie stark die Neigung der Physiologen ist, in den bestehenden Ernährungsbräuchen des Menschen Vernunft zu finden. Beim Salz ist das Verlangen, es der Nahrung beizugeben, durch die ganze Menschheitsgeschichte dermaßen evident, daß jeder unbefangene Laie es als eine Notwendigkeit seines Körpers betrachten wird. Wenn dem so ist, so ist die Aufdeckung der Ursache dieses Brauches sicherlich eine Aufgabe der Physiologie. Deshalb hat die Erklärung, die in dieser Hinsicht vor ungefähr 70 Jahren von Bunge in Basel gegeben wurde, als eine hervorragende Entdeckung der Physiologie gegolten.

Bunge wies darauf hin, daß Volksstämme, die ausschließlich von Fleisch leben, kein Verlangen nach Salz haben und es nicht gebrauchen. Salz war und ist in Verwendung nur bei jenen Völkern, deren Nahrung wenigstens teilweise aus Vegetabilien besteht. Da diese Kalium enthalten und Kalium chemisch stärker ist als Natrium, so verdrängt es Natrium aus seinen Verbindungen. Deshalb ist ein täglicher Zusatz von Natriumchlorid, dem Kochsalz, eine Notwendigkeit für alle Völker, die von vegetabilischer Nahrung leben.

b) *Neuere Theorien.* Diese chemische Erklärung ist noch immer in Handbüchern zu finden, aber sie scheint nunmehr auf weniger festem Grund zu stehen. Vor einigen Jahren wurde darauf hingewiesen, daß ethnologische Tatsachen der Theorie Bunges widersprechen. Nach Glatzel[1] verwenden einige Negerstämme vegetabilische Asche, um

---

[1] Glatzel, Forschungen und Fortschritte. 1911.

beim Kochen das Salz zu ersetzen, und diese Asche besteht hauptsächlich aus Kalium und nur geringfügig aus Natrium (dies war B u n g e bekannt. — Der Verfasser). Außerdem, wenn es richtig wäre, daß Kalium das Natrium aus dem Körper vertreibt, dann würden Reisesser Kochsalz nicht benötigen, da Reis sehr arm an Kalium ist. Aber die Chinesen und die Inder haben immer viel Salz konsumiert. Es gibt nun eine andere diätetische Theorie, die davon ausgeht, daß vegetabilische Nahrung sich von animalischer nicht nur im Hinblick auf Kalium unterscheidet, sondern auch infolge des Gehalts an Kohlehydraten, wofür Reis und Weizen typische Beispiele sind. Animalische Nahrung besteht hauptsächlich aus Eiweiß. Es könnte auch angenommen werden, daß der Kochsalzbedarf derjenigen Stämme und Nationen, die von Zerealien leben, seine Ursache in diesem chemischen Unterschied habe.

Es scheint, als ob die Richtigkeit dieser Ansicht bewiesen werden konnte. Der Speichel und der Pankreassaft enthalten Diastase, die Kohlehydrate zu Zucker abbaut, ein Vorgang, der für die Verdauung unentbehrlich ist. Es wurde nun gefunden, daß eine Stärkelösung, die Kochsalz in Mengen von 0,034 — 28% enthält, durch die Speicheldiastase schneller abgebaut wird, als dies bei Stärkelösungen ohne Salz der Fall ist. Eine ähnliche Beschleunigung wurde beim Stärkeabbau durch Pankreasdiastase festgestellt, nur sind die Grenzen der Salzkonzentration da enger. Es wird behauptet, daß dies mit den Bedingungen, unter welchen die zwei unterschiedlichen Quellen der Diastase wirken, übereinstimmt. G l a t z e l sagt, daß das Salzen der Nahrung, zum Beispiel von Kartoffeln, nicht nur die Umwandlung von Stärke in Zucker beschleunigt, sondern auch die Speicheldrüsen veranlaßt, Speichel von größerer Wirksamkeit zu liefern.

Wir haben jedoch nicht nur die Wirkung des Kochsalzes auf die Verdauung stärkehaltiger Nahrung in Betracht zu ziehen. Es sind Anzeichen dafür vorhanden, daß auch die Chlorkomponente des Kochsalzes eine gewisse Wirkung auf die Tätigkeit des Verdauungstraktes und der Galle ausübt. Es wird auch behauptet, daß das Chlor von Bedeutung sei für die Freisetzung des Insulin. G l a t z e l glaubt, daß die Steckenpferdreiter, die die Verwendung von Salz in der Nahrung mit Mißtrauen betrachten und als ein Zeichen von Degeneration ansehen, nun befriedigt sein dürften.

Über die obengenannten Salzkonzentrationen ist noch ein Wort zu sagen: Ihre Grenzen sind zu weit, weiter als es der Praxis der Nahrungsmittelsalzung entspricht. 0,034% können kaum wahrgenommen werden; sonderbarerweise ist bis zu 0,052% der Salzgeschmack nicht salzig, sondern süß. Die normale Salzung beträgt 1—2% der Nahrung, als Süßungsmittel kommt Salz nicht in Betracht. Die obere

Grenze, 28%, ist so hoch, daß wir sie in der Nahrung kaum ertragen könnten, ausgenommen in jenen Fällen, in welchen wir aus einem bestimmten Grunde sehr durstig werden wollen. Der tägliche Salzbedarf des menschlichen Körpers ist auf 4—5 Gramm (Hösslin 1911), aber auch nur auf 0,2 Gramm (Benedict 1915) geschätzt worden. Der tatsächliche Konsum ist so groß, daß nach Fearon[1] 95—99% des eingenommenen Quantums im Urin ausgeschieden werden.

Wenn die neue Stärke-Zucker-Theorie richtig ist, weshalb wird dann Salz auch mit Gerichten verzehrt, die so gut wie keine Stärke enthalten, zum Beispiel mit grünem Salat oder klarer Suppe? Besonders die letztere wirkt ohne Salz abstoßend. Überdies, Tausende von Jahren früher tranken die Chinesen ihren Tee gesalzen, und es gibt keine Stärke im Tee.

c) *J. B. S. Haldanes sozialphysiologische Ansichten.* Es gibt eine andere diätetische Begründung für Salz als Nahrungsmittel, nämlich das Schwitzen. Der damit verbundene Salzverlust ist der Aufmerksamkeit der Physiologen selbstverständlich nicht entgangen. J. B. S. Haldane[2] sagt:

„Unsere Pferde und Kühe leiden oft an Salzmangel, deshalb lecken sie einander im Sommer ab. Die einzigen Pferde, die vielleicht all das Salz bekommen, das sie brauchen, sind die Grubenponies in einer Cheshire Salzmine, die ich gesehen habe. Sie hatten große Löcher in die Mauern ihres Untergrundstalles geleckt."

Weiters: „Menschen, die viel schwitzen, haben ein instinktives Verlangen nach Salz. Bergarbeiter in tiefen und heißen Gruben essen viel mehr gesalzenen Speck und Räucherheringe als der Durchschnitt der Bevölkerung und manche von ihnen tun ein wenig Salz in das Trinkwasser, das sie unter die Erde mitnehmen. Sie können Krämpfe in den Gliedern oder im Magen bekommen, wenn ihre Salzration zu klein wird. Dasselbe gilt von anderen Arbeitern, die viel zu schwitzen haben, wie die Schiffsheizer. Die Heizer skandinavischer Schiffe essen mehr Salzfisch und eingesalzenes Fleisch als jene auf britischen Schiffen und die Hitze an ihren Arbeitsplätzen berührt sie deshalb weniger."

Und weiter: „Aber das Bedürfnis nach Salz wird am stärksten von Vegetariern in heißen Ländern gefühlt, wie in Indien. Hier ist Salz eine Lebensnotwendigkeit. In England ist es eine Art Luxus und die meisten von uns konsumieren mehr davon, als sie benötigen, obwohl dies wahrscheinlich harmlos ist. Bei uns könnte Salz gerechterweise besteuert werden. Aber in Indien lastet die Salzsteuer außerordentlich schwer auf den ärmsten Arbeitern und Mr. Ghandis Kampagne für ihre Aufhebung war biochemisch gerechtfertigt."

---

[1] Fearon W. R., An Instruction to Biochemistry.
[2] Haldane J. B. S., Science and Everyday Life.

Das Mindeste, was man zu H a l d a n e s Beispiel von den Grubenponies in Salzbergwerken sagen kann, ist wohl, daß ihr körperlicher
Zustand kaum irgendwie dem anderer Ponies überlegen gefunden
worden sein wird. Löcher in die Mauern der Untergrundställe zu lecken,
mag aus Vergnügen am Salzgeschmack geschehen, wie dies auch die
Kühe im Sommer tun, die richtiges Salz zu dieser Jahreszeit an
anderen Tieren finden, und es lecken. Wir werden ˙weiter unten eine
Theorie von K a t z diskutieren und zeigen, wie gewagt es ist, Schluß-
folgerungen aus dem Gehaben von Tieren zu ziehen, wie es H a l d a n e
tut. Was den Salzverbrauch der Inder anbelangt, so sagt die Encyclopädia Britannica, daß in einzelnen Teilen von Indien Salz unbekannt
war, bevor es von den Europäern eingeführt wurde. B u n g e s Feststellung, daß Volksstämme, die ausschließlich von Fleisch leben, kein
Salz konsumieren, ist noch immer unbestritten. Wie steht es mit
ihrem Salzverlust durch Schwitzen? Wie können wir dies mit
H a l d a n e s Theorie der „Lebensnotwendigkeit" in Übereinstimmung
bringen, besonders in der gegenwärtigen Zeit, in welcher der Glaube
an des Menschen Fähigkeit, seine Bedürfnisse zu erkennen, den größten
Schlag erhalten hat durch die Entdeckung der Vitamine?

Sei dem wie immer, es besteht eine große Literatur über den zusätzlichen Salzbedarf von Menschen, die in heißen Klimaten oder
Räumen arbeiten. D i l l,[1] einer der jüngsten Forscher, die sich mit
diesem Gegenstand befaßt haben, berichtet, daß im Jahre 1935 der
Chefarzt der Stahlwerke in Youngtown, Ohio, 0,1% Salz dem Trinkwasser in einem der Stahlwerke zusetzte. Die Arbeiter erhoben zuerst
Einwände, doch wird behauptet, daß die Neuerung ausgezeichnete Ergebnisse zeitigte. Hitzekrampf trat viel seltener auf und die Arbeits-
fähigkeit der Leute war in der heißen Jahreszeit wesentlich erhöht.
Vor der Einführung der Salzzugabe zum Wasser mußte das Tempo
des Walzwerkes im Sommer verlangsamt werden; nachher konnte die
volle Geschwindigkeit durch das ganze Jahr aufrechterhalten werden.

In dem Wüstenklima von Boulder City, Nevada, machte D i l l
selbst ausgedehnte physiologische Versuche betreffend den Salzverlust
durch Schwitzen. Er ist anscheinend ein Gelehrter, der an die natürlichen Instinkte glaubt, und so sagt er: „Dies (der Salzverlust durch
Schwitzen) ist im ganzen ein unvorteilhaftes Verhalten in Hinsicht
auf die innere menschliche Ökonomie, ein Verhalten, das einen Mangel
in unseren natürlichen Instinkten aufzeigt. Der Mangel besteht darin:
im Gegensatz zum Pferd und Ochsen hat der Mensch kein Verlangen
nach Salz, wenn er es notwendig braucht." Aber D i l l selbst fand
während seiner Versuche in der Nevada-Wüste, daß der Salzgehalt
des Schweißes abnimmt in dem Maße, als der Körper sich an hohe

---

[1] D i l l D. B., Life, Heat and Altitude. 1938.

Lufttemperaturen gewöhnt, und daß der Verlust von Salz über den Urin überhaupt aufhört. Dies scheint anzuzeigen, daß die Natur doch imstande ist, das Problem zu lösen, wenn ihr die nötige Zeit dazu geboten wird.

Das Problem, die Arbeitsbedingungen von Menschen zu verbessern, deren Aufgaben sie heftig schwitzen machen, ist durch die ganze Menschheitsgeschichte von großer Bedeutung gewesen. Dessenungeachtet wird von einer günstigen Wirkung von Salz in diesen Fällen in der gleichfalls langen Geschichte der Verwendung von Kochsalz nirgends etwas erwähnt. Diese mögliche Wirkung hat nichts zur Ausbreitung und Intensivierung des Gebrauchs von Salz beigetragen, noch auch ist sie am Ursprung der Sitte des Salzens beteiligt. Erst in der jüngsten Zeit, Tausende von Jahren nach der Einführung und vielseitigen Verwendung dieses Stoffes in der Ernährung, wurde diese günstige Wirkung in den tiefen Kohlengruben Englands nachgewiesen. Erst in den Dreißigerjahren war es, daß Arbeiter in den amerikanischen Stahlwerken zögernd begannen davon Nutzen zu ziehen, und zwar auf dringenden ärztlichen Rat. Wenn wir D i l l s natürliche Instinkte des Menschen unberücksichtigt lassen, so ist es doch überraschend, daß nicht einfache Erfahrung diese Eigenschaft des Salzes uns zur Kenntnis gebracht hat — die Erfahrung zum Beispiel von Erntearbeitern in der heißen südlichen Sonne schon vor Tausenden von Jahren. Stehen wir hier einem Fall menschlicher Unzulänglichkeit gegenüber, ähnlich wie im Falle des sehr verspäteten Erkennens von Vitamin C in Gemüsen und Früchten in Beziehung auf Skorbut? Es scheint mir zweifelhaft.

d) *Abschweifung zu Calcium.* Ich unterliege der Versuchung, hier eine Theorie von K a t z zu erwähnen über das Verlangen nach ganz bestimmten Nahrungsmitteln und nicht nach Nahrung im allgemeinen. Er sagt, daß das Versuchs- und Irrtumsprinzip bei der Auswahl der Nahrung nicht zu gelten scheint. Er präsentiert eine andere Theorie, auf nativistischen Prinzipien basierend, welche experimentelle Wahl nicht ausschließt, aber sie doch nur als Vorspiel ansieht. Des Menschen Urteil hinsichtlich der Nahrung sei nicht auf Bekömmlichkeit oder Unbekömmlichkeit begründet, sondern hänge von einer Erscheinung ab, die innerer Anreiz genannt werden könnte. Im Idealfall wird ein spezifisches durch Appetit zum Ausdruck kommendes Verlangen durch einen inneren Anreiz verursacht und durch eine entsprechende Nahrung befriedigt. Anreiz und Befriedigung sind einander angepaßt wie Matrize und Patrize. „Der Organismus versucht die Hohlform des Appetits so gut wie möglich auszufüllen; wenn er sein Ziel nicht ganz erreichen kann, so begnügt er sich in quantitativer und qualitativer Hinsicht mit approximativen Lösungen.“

Um diese komplizierte Theorie zu prüfen, hielt K a t z Umschau
in der Natur und fand zum Beispiel bei Rindern das Phänomen der
Osteophagie. Rinder, die zu wenig Calcium bekommen, fressen Knochen ihrer eigenen Art, wenn sie sie finden. K a t z vermeinte durch
Versuche den Beweis für seine Theorie erbringen zu können, daß man-
gelnde und dringend benötigte Nahrungsbestandteile das Verlangen
darnach verursachen und dessen Befriedigung herbeiführen. Er fütterte
Hühner mit einer Kost, der Calcium vollständig mangelte, und gab
ihnen die Wahl zwischen zwei verschiedenen Typen von Makkaroni-
stückchen, die einen in natürlichem Zustande und die anderen mit
Kalk gefüllt. Die Hühner pickten mit voller Sicherheit nach jenen,
die mit Kalk gefüllt waren.

Das ist recht schön, aber wie kommt es, daß die Natur den
Menschen nicht dazu führt, seinen Bedarf an Calcium zu decken, wie
es bei den Hühnern der Fall ist? Geht nicht aus S i r J o h n O r r s
Arbeiten[1] hervor, daß der Mangel an Kalk in der britischen Nahrung
nach der heutigen wissenschaftlichen Überzeugung ungeheuer ist? Es
ist ganz klar, daß ungefähr die Hälfte der Bevölkerung Großbritanniens
vor dem zweiten Weltkrieg an einem Calciummangel in ihrer Nahrung
litt, und was die andere Hälfte angeht, so ist die Lage zweifelhaft
mit Ausnahme des obersten Zehntels der Bevölkerung, mit den höchsten
Einkommen; selbst Familien mit einem wöchentlichen Einkommen von
ungefähr zehn Pfund konnten nicht mit Sicherheit aus der Mangel-
kategorie ausgeschieden werden. Beim Menschen gibt es keine Osteophagie wie bei den Rindern, kein Herausfinden des kalkreichen Futters
wie bei K a t z' Hühnern. Wie kommt es, daß der Mensch zu Bezugs-
quellen für Calcium griff, die kostspielig sind, statt sich an die
billigen zu halten? Und wie kommt es, daß bei Natriumchlorid gerade
das Gegenteil der Fall ist, die billigste Bezugsquelle gewählt wird,
und daß dabei der Konsum den physiologischen Bedarf ganz unge-
heuerlich überschreitet? Ist es vielleicht schließlich und endlich doch
so, daß nicht der physiologische Bedarf entscheidet, sondern der
Geschmack?

> *Kann man auch essen, was ungesalzen ist?*
> *Oder wer mag kosten das Weisse um den Dotter?*
> *Was meine Seele widerte anzurühren,*
> *Das ist meine Speise, mir zum Ekel. Hiob VI,6,7.*

2. Bräuche in der Salzverwendung

Jedermann würde überrascht sein, sähe er eine Landkarte von
Europa, die zeigt, wieviel Salz das Brot in verschiedenen Ländern oder

---

[1] O r r J. B., Food, Health and Income.

in verschiedenen Teilen desselben Landes enthält. Ist es doch allgemeiner Glaube, außer bei berufsmäßigen Bäckern, daß Brot einfach gesalzen ist, und der Gedanke taucht gar nicht auf, daß der Salzungsgrad an verschiedenen Orten verschieden sein könnte.

Eine solche Landkarte ist noch nicht entworfen worden, aber ich habe Daten gesammelt, die einige Vorstellung davon geben, wie sie aussehen würde. Die stärksten Salzverbraucher im Brot sind die Franzosen, sie geben dem Mehl ungefähr 3% Salz zu und das am wenigsten gesalzene Brot ist in Italien zu finden. M a u r i z i o[1] behauptet sogar, daß es in Italien Gegenden gibt, wo gar kein Salz in den Brotteig getan werde. Vielen Besuchern von Italien ist das Brot dieses Landes abstoßend, hauptsächlich wegen des Salzmangels. Sehr wenig Salz wird auch im Süden von England verwendet, im Norden hingegen ungefähr 2%, was ungefähr dem Durchschnitt des europäischen Brauchs entspricht. Sonderbarerweise haben nicht nur Länder und Landstriche ihren eigenen Brauch des Brotsalzens, sondern auch gewisse Professionen. In den Grenzbezirken der Tschechoslowakei und in den anstoßenden Teilen Deutschlands ist es Brauch, Brot sehr wenig zu salzen. Es wird gesagt, daß die Handweber, die in Häuschen mit ausreichendem Grund für die Deckung ihres Kartoffelbedarfs leben und eine Ziege halten, eine Art Enklave in Mitteleuropa bilden. Sie leben hauptsächlich von Kartoffeln und Gemüse, Kaffee-Ersatz und Ziegenmilch und es wird behauptet, daß ihr schwacher „Kartoffelmagen" stark gesalzenes Brot nicht vertragen würde. Dies ist natürlich reiner Unsinn. Aber worin liegen die wirklichen Ursachen nicht nur für den geringen Salzgebrauch örtlich beschränkter Webergruppen, sondern auch für die zahllosen Unterschiede, von denen oben einige Beispiele gegeben wurden? Die Frage ist von einiger Bedeutung, wenn man bedenkt, daß das Vergnügen eines Besuchers Italiens wesentlich beeinträchtigt sein kann dadurch, daß ihm das Brot daselbst nicht schmeckt. Wenn wir nun den Ursachen der verschiedenartigen Salzung nachgehen, so werden wir noch viele andere bemerkenswerte Tatsachen aufdecken, außer jenen, die mit der Salzung des Brotes verbunden sind.

Es gibt zwei Arten, Gerichte oder Nahrungsmittel zu salzen, die sich deutlich voneinander unterscheiden: die eine ist, das Salz gleichmäßig durch die Mischung oder auch durch das Naturprodukt zu verteilen und so den gleichen Geschmack während des Verzehrens wahrzunehmen; die andere besteht in der Salzung der Oberfläche, so daß wechselnde Empfindungen von Salzgeschmack während des Essens erweckt werden.

Über den ersten Brauch ist nicht viel zu sagen. Er sieht sehr einfach aus und es wird angenommen, es sei die Aufgabe des Koches,

---

[1] M a u r i z i o, Brotgetreide und Brot. 1938.

dem Durchschnittsgeschmack Rechnung zu tragen. Die zweite Art, die ungleiche Verteilung, könnte, so möchte man glauben, eine Untersalzung einzelner Teile und eine Übersalzung anderer bedeuten, und das müßte daher in jedem der beiden Fälle Mißvergnügen hervorrufen. Daß dem nicht so ist, ist wahrscheinlich darauf zurückzuführen, daß ein Wechsel im Salzgeschmack aufeinanderfolgender Bissen Vergnügen bereitet, was als ein solches der Abwechslung an sich bezeichnet werden kann. Daß in einer gebräuchlichen Speisenfolge jeder Gang unterschiedlich gesalzen ist, das Brot anders als die Suppe, die Suppe anders als Fleisch und Gemüse und diese wieder anders als die Süßspeise, mag seinen Ursprung darin haben, daß neben den ein Vergnügen bereitenden Variationen von Empfindungen von einem Gericht zum nächsten auch der Wechsel in den Salzempfindungen seinen Platz hat. Bei der Süßspeise kommt noch ein anderer Faktor in Betracht. Da ist es wünschenswert, daß der Salzgeschmack dem süßen Geschmack nicht Abbruch tun möge, obwohl behauptet wird, daß eine kleine Beigabe von Salz die Süße erhöht. Die Beobachtung zeigt auch, daß mit der zunehmenden Feinheit einer Süßspeise auf den oberen Stufen derselben die Salzzugabe immer kleiner wird; unter Feinheit ist in diesem Falle hauptsächlich die Tendenz verstanden, weniger Mehl oder Stärke in das Kochrezept aufzunehmen und Sahne in verschiedener Form zum herrschenden Bestandteil zu machen.

Die Erfahrung lehrt weiters, daß ungleiche Verteilung von Salz ein weit verbreiteter Brauch ist. Es gibt Leute, die gewohnt sind, Brot mit gesalzener Butter zu essen; der Brauch hat selbstverständlich eine technische Ursache, die Konservierung der Butter, aber jene, die daran gewöhnt sind, lieben dies. Andere, die wissen, daß bei gesalzener Butter das Salz zum Zwecke der Konservierung zugesetzt worden ist, haben einen magischen Abscheu davor. Daher ist manchenorts oder in manchen Kreisen ungesalzene Butter beliebt und bei Verwendung fürs Butterbrot wird Salz auf die gebutterte Schnitte gestreut. Auf diese Weise erhält man einen Salzgeschmack, ohne gezwungen zu sein, Butter zu verwenden, die vom Tabu-Gesichtspunkt aus verdorben ist. Ein solches mit Salz bestreutes Butterbrot verursacht wechselnde Salzempfindungen während jedes einzelnen Bissens, darunter auch sehr intensive, wenn feste Salzkörnchen direkt auf den Geschmacksknospen der Zunge im Speichel gelöst werden. Solche Oberflächensalzung kann recht sonderbare Formen annehmen, wie zum Beispiel, wenn in einem Restaurant in Bukarest Leute von ihrer Wurst abbeißen und sie vor dem nächsten Biß in das gemeinsame Salzfaß auf dem Tische tauchen.

Eine besondere Art der Oberflächensalzung ist auf den Britischen Inseln gebräuchlich. Es ist schwer, dahinterzukommen, woher der

Brauch stammt, Salz auf den Tellerrand beim Fleisch- und Gemüsegang zu geben und jedem Bissen ein bißchen davon zukommen zu lassen. Gute Tischmanieren mögen dem Brauch zugrundeliegen, es ist das gerade Gegenteil des rumänischen Wursttauchens in das gemeinsame Salzfaß. Man kann auch sagen, daß in England Gelegenheit gesucht wurde, jedem Bissen individuelle Salzigkeit zu geben, ohne dabei jedesmal nach dem Salz greifen zu müssen. Aber warum muß der Engländer jeden Bissen separat gesalzen haben? Warum sind alle Gemüse und häufig auch das Fleisch untersalzen, wenn sie aus der Küche kommen? Die Antwort ist anscheinend in dem Vergnügen zu finden, das der Wechsel von Empfindungen bei jedem Bissen hervorrufen kann, und vielleicht auch in individuellen Besonderheiten, deren Stärke im Sinnesleben in früheren Abschnitten dieses Buches beleuchtet worden ist. Wenn wir fragen, wie es dazu kam, daß die eine Nation gleichmäßige Salzverteilung in gekochten Gerichten verlangt — es ist klar, daß bei Radieschen selbst die Franzosen Oberflächensalzung verwenden müssen —, und andere das Salzen jedes einzelnen Bissens bevorzugen, so mag nur eine Antwort richtig sein, nämlich die Vermutung, daß es einst einen Salzmangel gegeben haben mag. Es ist viel weniger Salz notwendig, um wechselnde Empfindungen hervorzurufen und diese Methode ist geeignet, eine Art von Täuschung über den Gesamtsalzgeschmack eines Gerichtes zu bewirken. Die Geschichte des Zuckers zeigt dies klarer. Als Zucker sehr teuer war, entstand manchenorts der Brauch, der sogar jetzt noch in Osteuropa geübt wird, ein Stück Zucker in den Mund zu stecken und Kaffee oder Tee darüber hinweg zu trinken. Die Bitterkeit war dabei die Hauptempfindung, aber sie war nicht so deutlich, da sie durch Augenblicke intensiver Süßigkeit unterbrochen wurde. Es mag bei dieser Gelegenheit bemerkt werden, daß nach allen Feststellungen der Psychologie des Essens das Verbot, Kuchen mit Zucker zu glasieren (wie es in Großbritannien während des Krieges der Fall war), eine unrichtige Sparmaßnahme darstellt. Kein besserer Gebrauch konnte von Zucker gemacht werden als diese Glasuren, sowohl um sein Vorhandensein optisch anzuzeigen als auch um von der Süßigkeit den wirksamsten Gebrauch zu machen. Aber die Psychologie hat viele Seiten und Zuckerglasuren auf Kuchen mögen von anderen Gesichtspunkten aus als jenen der Psychologie des Essens weniger zu bevorzugen sein.[1]

Noch ein anderer Punkt muß hier aufgeklärt werden. Wollte man aus dem Vorangegangenen schließen, daß geringe Salzung eines Ge-

---

[1] Anmerkung zur deutschen Ausgabe: Innerhalb Jahresfrist nach dem Erscheinen der englischen Originalausgabe dieses Buches hat das britische Ernährungsministerium den Bäckern und Konditoren die Herstellung von Zuckerglasuren wieder gestattet, ohne die Zuteilung von Zucker zu erhöhen.

richts, und wäre es selbst von Brot, in einem Lande bedeutet, daß in diesem Lande im allgemeinen weniger Salz konsumiert wird als in einem anderen, so wäre eine solche Annahme ungerechtfertigt. Man kann finden, daß in Gegenden, in denen das Brot wenig gesalzen ist, viel Salz in die Suppe kommt und ähnliches. Es ist wesentlich mehr eine Frage der Verteilung des Salzes auf die verschiedenen Gerichte als eine Frage ungleichen Gesamtverbrauches. Daraus ist auch ersichtlich, wie Unterschiede im Salzen verschiedener Gerichte dazu führen können, daß man wenig Begeisterung für die Gerichte eines anderen Landes empfinden kann oder selbst diese ablehnt. Vom individuellen Gesichtspunkt aus betrachtet ist es auch sonderbar, daß Übersalzen oder Versalzen viel leichter erkannt wird als zu wenig Salz. Italienisches Brot und gewisses englisches Brot, das zu wenig gesalzen ist, wird einfach als unbefriedigend von vielen Besuchern empfunden, ohne daß die Ursache erkannt wird. Manchmal wird davon gesprochen, eine internationale Küche zu schaffen oder das Kochen zu internationalisieren; wenn ein Versuch dieser Art geplant werden sollte und wenn mit einer Normung des Salzens der Anfang gemacht würde, so würde dies allein genügen, um die ganze Welt in einen Zustand des Elends, vielleicht sogar für Generationen, zu versetzen!

XVIII. Der Gebrauch von Gewürzen

Viele unserer Gewürze kommen aus dem Fernen Osten, wo sie gezogen werden. Der Senf ist eine wichtige Ausnahme. Wenn wir uns der allgemein gültigen Tatsache erinnern, daß, was immer in einem Lande wächst, dort auch als Nahrung verwendet wird, vorausgesetzt, daß es verdaulich und nicht Tabu ist, so ist es nicht überraschend, daß „hitzige" Gerichte so allgemein im Fernen Osten verbreitet sind. Wir brauchen nicht das Klima zur Erklärung der starken Würzung im Fernen Osten verantwortlich zu machen. Paprika wächst in Ungarn und so ist es nicht erstaunlich, daß nach dem Genuß eines echten ungarischen Gulyas, des nationalen Gerichtes, sei es an heißen Sommertagen oder in der Kälte des Winters, der Mund die Neigung hat, offen zu bleiben, zum Zwecke der Kühlung. Selbstverständlich, ist der Brauch einmal eingewurzelt, dann interveniert Magie und schreibt den Gewürzen geheime Kräfte in bezug auf Gesundheit und Verdauung zu. Aber starke Würzung in den Ursprungsländern findet keineswegs nur bei Fleischgerichten statt — für welche den Gewürzen besondere Verdauungsförderung zugeschrieben wurde —, sondern auch bei Reisgerichten.

Da tritt uns zunächst wieder die Frage entgegen, warum denn das Würzen überhaupt zu einem Brauch geworden ist. Die Frage der Würzung ist eigentlich jener der Salzung verwandt. Es wurde im letzten Kapitel gezeigt, von wievielen Seiten der Einfluß der so einfachen chemischen Verbindung Natriumchlorid, des Vertreters eines einzigen Geschmacks, betrachtet werden kann. Die Frage der Gewürze ist noch viel schwieriger. Alle haben sie die Eigenschaft, zu brennen. Wir wissen noch nicht einmal, wie weit dieses Brennen durch inadäquaten Reiz des Temperatursinns veranlaßt ist oder durch einen Reiz des Schmerzsinnes. Wahrscheinlich sind in vielen Fällen beide Sinne im Spiele. Gewürze sind auch der Tummelplatz von Aromen, während Salz geruchlos ist. Gewürze reizen überdies die Schleimhäute der Nase, verursachen Niesen, Kitzeln, Jucken usw.

Es ist mit Erfolg versucht worden, die Riechstoffe der Gewürze durch chemische Methoden zu extrahieren. Man erhielt die sogenannten ätherischen Öle. Man hat auch diese zerlegt. Die Öle sowohl als ihre Bestandteile wurden als bemerkenswert in der Welt der Riechstoffe gefunden. Man kann annehmen, daß jedes Gewürz Hunderte von riechenden Substanzen enthält, manche von ihnen in so kleinen Mengen, daß die Chemie bis jetzt noch kein Mittel gefunden hat, sie alle zu extrahieren und zu isolieren. Da jeder einzelne dieser Hunderte von Riechstoffen eine eigene chemische Verbindung darstellt, die von dem Gewürz ausströmt, so haben wir damit zu rechnen, daß einige oder viele dieser Verbindungen in einer Weise, die uns einstweilen unbekannt ist, auf den menschlichen Körper einwirken. Die eine oder andere besitzt, wie gefunden wurde, beträchtliche antiseptische Eigenschaften. Beim Einbalsamieren füllten die alten Ägypter die Höhlungen des Schädels und Abdomens mit Gewürzen.

Weiters, Gewürze erzeugen offensichtlich Durst. Wenn Durst erwünscht ist, sind Gewürze so gut verwendbar wie Salz. Dies gilt nicht nur für Alkoholiker, die durstig werden wollen, um einen neuen Reiz für das Weitertrinken zu erhalten, sondern auch für Teetrinker, die sich die komplexe Wirkung mehrerer Tassen Tee wünschen. Kuchen mit Ingwerzusatz zum Beispiel sind ein ausgezeichnetes Mittel für die Wiederbelebung des Durstes, der nach der ersten Tasse bereits gestillt sein mag. Es ist nicht notwendig, darauf hinzuweisen, daß der Brauch des Teetrinkens aus dem Fernen Osten stammt.

Des weiteren scheint es, daß Gewürze imstande sind, die physiologische Ermüdung des Geruchsinnes zu verhindern. Es ist recht wahrscheinlich, daß der Reis mit seinem feinen, milden Aroma uns bei längerem Essen, wie es im Osten praktiziert wird, geruchlos erscheint. Und wir müssen wieder auf die Feststellung hinweisen, welche der Psychologe H e n n i n g gemacht hat, der nicht imstande war, seinen

Geruchsinn für Nelkenöl zu ermüden, selbst wenn er daran stundenlang roch.

Gewürze wirken auch sehr stark auf die Schleimhäute des Mundes. Zumindestens nach oberflächlicher Erfahrung ist es unwahrscheinlich, daß diese Empfindungen der Ermüdung unterliegen oder gar durch einen kontinuierlichen Reiz verschwinden. Im Gegenteil, sie nehmen dadurch zu. Reis mit Curry zum Beispiel ist sehr leistungsfähig in dieser Hinsicht. Dies ist verständlich, wenn es sich dabei um eine Schmerzempfindung handelt, da Schmerz durch wiederholten Reiz sich nicht vermindert. So scheint es wenigstens.

Wenn wir annehmen, daß der Gebrauch von Gewürzen einmal auf dieser doppelten Grundlage, durch Hervorrufung von Durst und durch Ermüdungsvermeidung, eingebürgert war, so stellte sich dann die übliche Folge ein: die Aromen wurden „lieblich" oder „interessant", vom kulinarischen Gesichtspunkt aus versuchswürdig; der indische Curry ist eine komplizierte Mischung vieler Gewürze. Die Kraft, welche die Menschheit zum Gebrauch der Gewürze trieb, kann mit jener verglichen werden, die sie zu Salz trieb. Gewürze mögen in anderen Ländern aus genau denselben Gründen in die Nahrungsgebräuche aufgenommen worden sein, die sie in den Ursprungsländern populär gemacht haben. „Pfeffer", sagt die Encyclopädia Britannica, „... eines der der Menschheit am frühesten bekannten Gewürze ... Tribute sind in Form von Pfeffer erhoben worden; eines der Dinge, die Alarich als Teil des Lösegeldes von Rom verlangt hat, waren 3000 Pfund Pfeffer, und sein exorbitanter Preis während des Mittelalters war einer der Antriebe, der die Portugiesen auf die Suche nach einem Seeweg nach Indien schickte..., Monopol der Portugiesen bis zum 18. Jahrhundert". Wir wissen, wie groß das Verlangen nach Gewürzen in England gewesen ist. Sie waren sehr hoch besteuert, die Abgabe betrug im Jahre 1623 5 Shillinge und selbst im Jahre 1823 noch 2½ Shillinge für das Pfund. Heute ist der Verkaufspreis gewöhnlich nur die Hälfte dieses Betrages.

Gewürze besitzen viele Eigenschaften konservierter Nahrungsmittel. Sie können leicht über große Entfernungen befördert werden. Wenn sie in einem neuen Lande erscheinen, so mögen sie aus denselben Gründen wie im Ursprungsland angenommen worden sein, vielleicht sogar noch bereitwilliger in Ländern, in welchen schweres Trinken gebräuchlich war. Drummond und Wilbraham haben Berechnungen angestellt über die ungeheuren Tagesmengen von Ale und Bier, die in diesem Lande in den fünf Jahrhunderten, die diese Autoren studierten, üblich gewesen sind. Solche Quantitäten konnten, denke ich, dauernd nur bei ständiger Wiederbelebung des Durstes konsumiert werden. Da außerdem in jenen Zeiten auch maßlos gegessen wurde, so waren die Gewürze zur Vermeidung der Ermüdung wohl ebenfalls notwendig. Mit einer Beimischung von Pfeffer usw. wird selbst Holzmehl beinahe eßbar. Starke kommerzielle Interessen waren außerdem mit dem Import von Gewürzen verknüpft.

Drummond und Wilbraham glauben, daß es in früheren Zeiten unmöglich gewesen ist, Fleisch nach unseren Begriffen frisch zu halten und daß die starke Würzung gebraucht wurde, um den Geruch zu verbergen. Ich bezweifle, daß man damals so empfindlich war wie heute und daß das Würzen wirklich diesem Zwecke diente. In unserer Zeit mit unseren Mitteln der Fleischaufbewahrung kommt Hochgeruch beim Fleisch praktisch nicht vor. Aber in der Literatur früherer Zeiten sind Beschwerden darüber kaum zu finden, ebensowenig wie solche über den Zustand der Aborte, welche damals benutzt worden sind. Es scheint mir, daß die Menschen an beides gewöhnt waren und daß es nur wir sind, die, rückschauend auf diese Dinge, sie abstoßend finden und nach Abhilfe verlangen. Es ist einer der Hauptpunkte dieses Buches, klarzumachen, daß, solange die Menschen der Vergangenheit genügende Mengen und einige Abwechslung ihrer Nahrung hatten, sie mit dieser zufrieden waren und ihr Vergnügen aus dem holten, was sie eben hatten. Dasselbe gilt für die unterschiedlichen Arten der Ernährung der Völker unserer Zeit. Deshalb ist es vermutlich ein Irrtum, anzunehmen, daß leicht fauliges Fleisch nicht angenehm oder abstoßend war, wenn dies den normalen Zustand darstellte. Drummond und Wilbraham erwähnen, daß Gewürze auch für eingesalzenes und eingebeiztes Fleisch notwendig sind, da diese Konservierungsmethode das Fleisch mehr oder weniger geschmacklos macht. Salz und Essig sind in der Tat starke Reizmittel, aber keines von ihnen kann mit dem Reichtum der Empfindungen konkurrieren, die Gewürze hervorrufen.

XIX. Schmutz und Farbe

1. Nahrung und Schmutz

> *„Auf deinem Bauche sollst du gehen*
> *und Erde essen dein Leben lang"*

Zu untersuchen, wie es dazu kam, daß Menschen schmutzbewußt wurden, wäre ein kompliziertes Unternehmen. Reinlichkeit des Leibes und der Umgebung des Menschen verlangt mühsame Arbeit und war lange bekannt, bevor das Bazillenbewußtsein auftauchte. Die menschliche Haut ist für jeden Reiz empfindlich und die Reaktion darauf ist meist unangenehm, wenn die Haut nicht durch ständigen Kontakt

mit umgebenden Gegenständen gehärtet ist, wie dies bei den Hand-
flächen und den Fußsohlen der Fall ist. Der Mensch fühlt sich daher
in physisch angenehmstem Zustand nicht nur, wenn er rein, sondern
wenn er auch nackt ist — falls es nicht zu kalt ist. Selbst sein
Wohlbefinden im Bade, seine Lust, darin zu singen, ist hauptsächlich
dadurch hervorgerufen, daß die Kleidung für die Haut durch die unterschiedlichen irritierenden Reize, welche sie bewirkt, eine Last ist.
Deshalb könnte man sich sehr wohl vorstellen, daß die Reinlichkeit
aus dem Bestreben, den Körper von zusätzlichen, unangenehmen Empfindungen freizuhalten, entstanden ist und daß auf diese Weise der
gegebene Naturzustand beendet wurde.

Die Quellen des Schmutzes sind beim Menschen natürlich in erster
Linie die Ausscheidungen seines eigenen Körpers. Dann erst kommt
die Wirkung der Umgebung und die große Schmutzquelle, welche die
Menschheit nicht vermeiden konnte, die Mutter Erde. Der Kontakt
mit der Erde war unausweichlich; Erde in allen ihren Formen erzeugt
Staub, der überallhin in die Atmosphäre getragen wird und der sich
daher auch auf den Menschen absetzt.

2. Farbe der Nahrung und Schmutz

Daß die menschliche Haut frei von Schmutz gehalten wird, hat
eine andere Motivierung als das Reinmachen oder Reinhalten der
Nahrungsmittel. Weshalb eigentlich der Mensch den Brauch, die
Nahrung frei von Erde zu halten, schon so lange entwickelt hat, ist
nicht ganz klar. Der Geruch der Erde, und es ist ein ganz spezifischer,
ist nicht beliebt, wenn er die Nahrung begleitet. Manche unangenehme
psychologische Assoziationen sind mit der Feststellung von Erde verbunden, die an den zu essenden Stoffen haftet, obwohl dies in der Früh-
zeit des Menschen nicht so gewesen sein muß. Wieder taucht die Frage
nach der psychologischen Wirkung des Sandes auf, der in Körnern
verschiedener Größe sich immer im Boden findet; aber auch dies
war nicht so ganz ungewöhnlich, da mit dem Mahlen von Samen-
körnern stets etwas Sand von den Mahlsteinen in die Nahrung geriet.
Jedenfalls kann darüber kein Zweifel sein, daß in jeder menschlichen
Gesellschaft der Brauch, die Nahrung zu reinigen, sich ungefähr gleichzeitig mit dem Brauch der Körperreinigung entwickelt haben wird,
wenn auch die verschiedenen Stadien dieser Entwicklung in der Geschichte der verschiedenen Rassen zeitlich enorm differiert haben
mögen. Das allgemeine Ergebnis war immerhin, daß die Anwesenheit
von Erde in der Nahrung mit außerordentlichem Mißvergnügen wahrgenommen wird, ja daß solche Erde geradezu als die Verkörperung
von Schmutz gilt. Auch starke Tabus sind mit Schmutz und seiner

Quelle verknüpft. Man erinnere sich des alten Aberglaubens, daß tiefstehende Tiere, das Ungeziefer, aus Schmutz durch Urzeugung entstehen können. Dieser Glaube ist durch die Wissenschaft kurz vor **Pasteur** in der Mitte des vorigen Jahrhunderts zerstört worden, aber die Vorstellung, daß Schmutz aus sich selbst Ungeziefer erzeugen kann, ist noch immer weit verbreitet. Sie gehört zu unserem ererbten Wissen.

Weshalb ist diese nicht sehr appetitliche Übersicht hier gebracht worden? Erde ist dunkel in Farbe und obwohl der Staub von der Erde kommt, ist trockene Erde weniger dunkel, wird aber wieder dunkel, wenn sie feucht wird, wie dies meist im Kontakt mit Nahrungsstoffen der Fall ist. Wann immer daher dunkle Farbe an einem Nahrungsmittel sichtbar wird, vermuten wir, mißtrauisch, ein Eindringen des allgegenwärtigen Stoffes, der Erde, in dieses. Auch heute noch, in der Stadt wie auf dem Lande, kann man rohe Kartoffeln sehen, die nur halb vom Schmutz gereinigt sind, der vom Boden anhaftet, und einen Kohl, der die sichtbaren Zeichen seines Ackers trägt; und so ist es auch mit allem Wurzelgemüse. In früheren Zeiten hatte jedermann Kontakt mit dem Getreidekorn. Dieses trug, auch wenn die Spreu entfernt worden war, noch immer den Staub an sich, der auf den Feldern liegt, wenn der Boden zur Erntezeit austrocknet. In neuerer Zeit wird das Korn in der Mühle einem Waschverfahren unterworfen, aber es ist nicht so lange her, daß die Müller der Kleie den Staub zusetzten, der vom Korn im ersten Stadium der Vermahlung abgesondert wurde.

Betrachtet man so den Zusammenhang zwischen Erde und Schmutz, und den Zusammenhang zwischen beiden und der dunklen Farbe sowie das Faktum, daß jedermann sich der Notwendigkeit bewußt ist, die Erdprodukte von anhaftenden fremden Stoffen zu reinigen, so hat man die Antwort darauf, weshalb dunkles Brot schmutzig und weißes Brot rein genannt wird. Aber die menschliche Psychologie ist nicht so einfach; eine Erklärung deckt niemals alle Seiten eines Problems. Auch bei der Nahrung zeigt dunkle Farbe nicht eindeutig Schmutz an und weiße Farbe Reinlichkeit. Wir haben auch andere Erfahrungen mit Dunkelheit der Nahrung; rotes Fleisch wird beim Kochen und Braten dunkel und Mehl verdunkelt sich beim Backen. Es gibt dunkelgefärbte Früchte, die in rohem Zustande gegessen werden können oder die eine dunkle Marmelade ergeben. Saucen werden durch die Zubereitung dunkel. Wann immer uns unsere Erfahrung sagt, daß die dunkle Farbe eines bestimmten Nahrungsmittels in keinem Zusammenhang mit Schmutz steht, so erheben wir keine Einwendungen. Ohne Gelehrsamkeit wissen wir, daß ein Truthahn aus Muskeln besteht, die teils hell und teils dunkel sind, und finden nichts besonderes daran.

Solange wir annehmen können, daß dunkle Punkte in einer Suppe von
Fleisch stammen, ist sie uns unverdächtig. Ist dies aber nicht der
Fall, so deuten diese Punkte auf Schmutz, es sei denn, daß ihr Ur-
sprung als harmlos erkennbar ist. Anderseits wissen wir auch aus
Erfahrung, daß auch helle Farben etwas uns nicht Zusagendes an-
zeigen können, wie dies bei gewissen Fleischgattungen und bei den
Samen von Äpfeln der Fall ist. Dies kann sogar so weit gehen, soziale
Unterschiede anzuzeigen, wie es bei der ganzen großen Gruppe von
Molkereierzeugnissen der Fall war, die als Nahrung (im Beefsteak-
England) des armen Mannes tief klassifiziert waren, obwohl sie offen-
sichtlich rein sind.

Im allgemeinen jedoch entspringen unangenehme Assoziationen aus
dunklen Farben, selbst wenn sie aus Quellen stammen, die mit Schmutz
nichts zu tun haben. Man denke zum Beispiel an den Schwarzen Tod.
Seit man bazillenbewußt geworden ist und den Schmutz nicht einfach und allgemein für gesundheitsgefährlich hält, sondern ihn als
eine Brutstätte für Bakterien betrachtet, wurde die Abneigung noch
mehr betont.

3. Wechsel in der Packung und der Verkauf von Nahrungsmitteln

Ursprünglich diente das Verpacken von Lebensmitteln im Detail-
handel nur dem Zwecke, den Transport vom Laden ins Haus zu erleichtern; jetzt ist Verpacken eine Methode, dem Kunden zu versichern,
daß der Gegenstand schmutzfrei ist. Obwohl die Packpapiere und
Tüten zu Hause weggeworfen werden und dies zumeist sofort, so werden
sie dennoch als ein Teil der Produkte betrachtet. Dunkle Farben
werden am Verpackungsmaterial sparsam verwendet. Andere ererbte
Erinnerungen spielen dabei mit. Obwohl Grün die in der Natur bevorzugte Farbe ist, so ist es auch diejenige einiger früh entdeckter Gifte;
daher wird Grün in manchen Ländern mit Gift in Zusammenhang
gebracht. Blau wird als rein empfunden. Bei den Nahrungsmitteln
selbst liegen die Dinge etwas anders. Bei Obst ist Grün selbstverständlich nicht mit einem Giftverdacht belastet, aber mit der Vorstellung
von Unreife verbunden, für welche die grüne Farbe häufig ein Anzeichen ist. Rot wird in Zusammenhang gebracht mit der Rostfarbe
und kann als Anzeichen eines erwünschten Eisengehalts der Nahrung
aufgefaßt werden. Daß Gelb so beliebt ist, muß einen anderen Ursprung haben; es ist die Farbe von gerösteten Zerealien, wenn die
Karamelisierung nicht so weit gegangen ist, den bitteren Geschmack
zu intensivieren, und Süßigkeit noch vorwiegt. Es ist auch die Farbe
des Eidotters, der als gut und nahrhaft so hochgeschätzt wird; auch
ist es die Farbe der Zitronen, Orangen und des Honigs. Gelb ist eine

so klare Farbe, daß bei ihr Schmutz nahezu so gut sichtbar ist wie bei Weiß. Dies mag der Hauptgrund sein, weshalb diese Farbe so besonders anziehend wirkt. Erzeuger von Nahrungsmitteln nennen jetzt gelbe Produkte goldfarbig, wobei sie von der Anziehungskraft des Goldes selbst und von dessen malerischem und historischem Zusammenhang mit gutem Essen und Trinken Gebrauch machen.

4. Glanz im Zusammenhang mit Nahrungsmitteln

Echter Glanz ist, um es kurz zu sagen, unvollständige Reflexion von Licht. Daß überhaupt eine Reflexion stattfindet, ein Zurückwerfen von Lichtstrahlen, ist der entscheidende Teil dieser Definition. Reflexion ist unmöglich, wenn aus der Oberfläche eine Unmenge auch nur kleinster Gegenstände vorragt. Daher ist Glätte der Oberfläche eine Vorbedingung des Glanzes. Sie ist ganz allgemein und für sich selbst beliebt, besonders bei der Nahrung. Zu den Assoziationen, die durch Glätte hervorgerufen werden, gehört aber auch die Vorstellung, daß Staub nicht so leicht an einer glatten Oberfläche haften kann. So zeigt Glas Glätte optisch an, ohne daß es notwendig wäre, die Oberfläche zu berühren. Wenn eine für gewöhnlich glänzende Oberfläche trübe wird, so zeigt dies eine stattgehabte Änderung des Glättezustandes an. Entweder ist die Oberfläche runzelig geworden infolge eines natürlichen Vorgangs oder sie wurde von Staub bedeckt oder irgend etwas anderes ist geschehen.

Deshalb spielt Glanz eine große Rolle in der visuellen Bewertung von Nahrungsmitteln, wie Äpfeln, Kirschen und anderen Früchten. Sie haben einen natürlichen Glanz. Bei anderen Dingen wie Fett ist die Bedeutung des Glanzes weniger leicht erkennbar. Da Fett auf dem Wasser schwimmt, sind die Fettaugen auf der Oberfläche einer Suppe die visuelle Anzeige ihres Fettgehalts und wir können mit dem Auge beurteilen, wieviel davon in der Suppe ist, ob zu viel oder zu wenig.

Glänzende Oberfläche an Nahrungsmitteln zu erzeugen, die von Natur aus durchaus nicht glänzend sind, ist ein Lieblingsbestreben bei Zubereitung der Nahrung. Gemahlener Zucker hat die Eigenschaft, das Licht zerstreut zurückzuwerfen; daher hat er keinen Glanz. Aber der Erzeuger von Zuckerwürfeln oder Zuckerglasur bemüht sich, diesen Dingen eine glänzende Oberfläche zu geben, weil er den Eindruck der Reinheit hervorrufen will, der durch Glätte erweckt und durch den Glanz angezeigt wird. Wahrscheinlich wäre es nicht notwendig, Kakaobohnen so fein zu mahlen als es geschieht, wäre nicht das Ziel gesteckt, jene glatten und glänzenden Oberflächen herzustellen, die wir an modernen Schokoladeerzeugnissen vorfinden.

XX. Unsere Haltung zu Süß und Bitter

Der amerikanische Psychologe T i t c h e n e r sprach seine Verwunderung darüber aus, daß der Geschmackssinn mit nur vier Qualitäten — süß, bitter, sauer und salzig — eine so große Rolle in unserem Sinnesleben habe erlangen können. Die Tatsache selbst, die große Bedeutung dieser bloß vier Geschmäcke, steht außer Zweifel. Die Natur erzeugte in gemäßigten Klimaten viel mehr bittere, salzige und sauere Geschmäcke als süße, wenigstens bevor der Mensch sie beeinflußte. Es ist nicht so lange her, daß der Geschmack unserer Nahrung hauptsächlich einen Wettbewerb zwischen bitter und sauer bot und daß Süßigkeit mehr verlangt als geboten wurde. In den Achtzigerjahren des letzten Jahrhunderts konnte F e r g u s o n anständiges Kochen ohne Zucker sich nicht vorstellen. In dem Brauch, Zuckerwaren zu konsumieren, mag noch etwas aus den Zeiten stammen, in welchen der Süßgeschmack so selten zur Verfügung stand.

In den letzten 150 Jahren hat sich ein beträchtlicher Wandel der Bräuche und Neigungen im Hinblick auf Geschmäcke abgespielt. Vieles davon geht auf Rechnung der Einführung von Kaffee, Tee und Kakao und dies ist sozusagen eine Zufallsangelegenheit. Die am meisten wirksamen Bestandteile dieser Getränke sind Coffein und Theobromin und zufälligerweise sind diese Substanzen bitter. Wenn Völker nach der Wirkung von Coffein oder Theobromin Sehnsucht hatten, so mußten sie den bitteren Geschmack mit in Kauf nehmen. Wenn man den internationalen Handel Europas in bitteren und süßen Stoffen während der letzten Dekaden und darüber hinausgreifend überprüft (dies wäre ein neuer Gesichtspunkt für die Handelsstatistik), so findet man die bemerkenswerte Tatsache, daß der Import von Bitterstoffen, in Geld ausgedrückt, weit größer ist als der Import von Süßstoffen. Seitdem auf dem Kontinent so viel Zuckerrübe gezogen wird, als für den ganzen Zuckerverbrauch benötigt wird, ist die Menge von Bitterstoffen, die in Form von Kaffee, Tee und Kakao importiert wird, überwältigend im Vergleich mit den Mengen süßer Rosinen, Datteln und Feigen.

Der Ursprung dieser Zunahme des Verbrauchs bitterer Substanzen ist, wie bereits gesagt, reiner Zufall, da die Bitterkeit eine unvermeidliche Begleiterin der anderen Eigenschaften ist, derenthalber die Waren importiert werden. Auf der anderen Seite steht die Tatsache, daß Zucker in schlechten Ruf gekommen ist, vom Standpunkt der guten menschlichen Figur; man könnte meinen, daß der bittere Geschmack populär geworden sei, um darüber hinwegzutäuschen, wieviel Zucker dennoch konsumiert wird. Worüber man sich wundern muß, ist, daß Volksstämme, die kaum je Gelegenheit hatten, süße Nahrung zu kosten, dennoch ein heißes Verlangen nach ihr zeigen. Man versteht ohne weiteres, daß um das Mittelmeer herum, wo Früchte mit Süßgeschmack reichlich und selbst überreichlich wachsen, die Vorliebe für Süßigkeit üblich geworden ist. Aber warum wurden dann die in den nördlichen Regionen heimischen bitteren und saueren Geschmäcke dort so unangenehm empfunden? Wieso kam es nicht dazu, daß sich im Norden eine Bevorzugung der Bitterkeit einstellte? Weshalb ist bitter auch psychologisch so bitter? Weshalb graben selbst die Stämme an den Nordgrenzen von Asien nach Wurzeln, die süß sind?

Man könnte zu der Erklärung greifen, daß die Stämme, die von mehr oder weniger bitteren und saueren Nahrungsmitteln zu leben hatten, wußten, daß es in milderen Klimaten Völker gibt, denen außer anderen Dingen reichlich süße Nahrung zu Gebote stand, aber ich glaube, daß die Grundlage des Verlangens nach dem süßen Geschmack im bloßen Dasein der vier Geschmacksqualitäten gegeben ist. Die nördlichen Rassen waren nicht nur mit Geschmacksknospen zur Wahrnehmung von bitter, sauer und salzig ausgestattet; sie hatten auch den „Süßigkeitssinn" und wollten ihn gebrauchen; ist es doch ein allgemeines Verlangen des Menschen, von seinen Sinnen Gebrauch zu machen und allein aus diesem Gebrauch Vergnügen herzuleiten. Menschen, die von den vier Geschmacksqualitäten nur drei in ihrer täglichen Nahrung vorfinden, mögen Vergnügen daran haben — aber dennoch wollen sie die vierte gleichfalls betätigen. Es ist gewiß nicht richtig, daß Bitterkeit und Sauerkeit immer gehaßt werden; sie werden verlangt in gewissen Intensitäten und Kombinationen. Man kann kleine Mädchen tapfer in saure Äpfel beißen, die Bissen kauen und mit Gusto schlucken sehen. Es mag dabei passieren, daß für einen Augenblick ein Krampf das Gesicht verzerrt, als Reflex der Sauerkeit, aber selbst dies ändert nichts am Ausdruck der Zufriedenheit. Oder nehmen wir ein Beispiel aus der Geschichte der Nahrung; Ale aus gemalztem Korn muß einen süßlichen Geschmack gehabt haben, wenn nicht der ganze Malzzucker vergoren war. Dies war das alkoholische Getränk von Großbritannien während eines Zeitraumes von etwa tausend Jahren. Als der Brauch aufkam, Hopfen hinzuzufügen, ein Brauch, der vom Kontinent stammt, und das Produkt dann Bier genannt wurde, so handelte es sich nicht nur um die Zugabe einer Substanz, die das Bräu besser haltbar gemacht und ihm ein zusätzliches Aroma gegeben hat — es trat nun eine recht intensive Bitterkeit an die Stelle des bisherigen süßlichen Geschmacks. Der Widerstand gegen diese Neueinführung war nach den Zeugnissen der Zeitgenossen nicht so stark, wie man angesichts einer so radikalen Änderung vermuten möchte. Man hat den Eindruck, daß der Widerstand gegen die Einführung von Kartoffeln als Nahrung viel größer war als beim bitteren Hopfen.

Will man aus diesen Beispielen Schlüsse ziehen auf die Bereitwilligkeit des Menschen, sich sauere und bittere Geschmäcke gefallen zu lassen, so ist Vorsicht am Platze. Hinter diesen Dingen mag mehr stecken, sowohl in psychologischer als auch in physiologischer Hinsicht.

XXI. Pralinés und Zuckerwaren

1. Schokoladeerzeugnisse

Es gibt nicht viel Länder, in welchen die großen Massen der Verbraucher Wein als wesentlich empfinden und an sein Trinken gewöhnt sind. Der Genuß von Schokolade und Zuckerwaren ist eine weit allgemeinere Übung. Es soll nun die Wirkung physiologischer Ermüdung an diesen Erzeugnissen gezeigt werden. Dabei wird klar werden, wie groß die Rolle ist, die diese menschliche Schwäche bei der Zusammensetzung und Erzeugung dieser Produkte spielt.

Wir haben gesehen, daß der erfahrene Forscher Henning das Stadium totaler Ermüdung seines Geruchssinnes nicht erreichen konnte, wenn er es mit Nelkennöl versuchte. Es ist wahrscheinlich, daß der Zusatz von Nelkenöl und von Vanille zu den natürlichen Riechstoffen der Kakaobohne deshalb üblich wurde, weil sie so widerstandsfähig sind gegen eine Ermüdung des Geruchssinnes. Damit wäre die populäre Vorstellung abgetan, daß ein anderes Aroma dem natürlichen zum Zwecke einer Verbesserung beigefügt wird. Es muß wiederholt werden, daß kein Riechstoff an sich gut oder schlecht ist, und es ist kein Grund erkennbar für die aromatischen Zugaben zur Schokolade, als der eben gegebene. Leider hat weder die Schokoladeindustrie, noch irgend eine andere Lebensmittelindustrie ihre Forschungsarbeit in der Richtung entwickelt, um wissenschaftliche Versuche an jenen Sinnesorganen anzustellen, welche die Eigenschaften ihrer Erzeugnisse wahrzunehmen haben. Die Wissenschaft, von welcher diese Industrie abhängt, ist die Chemie und die Anwendung der Ergebnisse chemischer Forschung auf die menschlichen Sinne befindet sich noch in den Anfangsstadien. Meine eigenen Versuche konnten nur zeigen, daß unmittelbar nach dem Rauchen — um eine Seite des Problemes aufzuzeigen — die Wahrnehmung des Aromas von Schokoladeerzeugnissen nur ungefähr halb so intensiv ist wie jene, die man normalerweise hat.

Wir müssen Kakao nicht nur als ein Getränk in Betracht ziehen, sondern auch als einen Bestandteil fester Nahrung. Man muß sich daran erinnern, daß es vom Beginn der Schokoladeerzeugung an und besonders, seit sie sich zu einer wichtigen Industrie entwickelt hat, üblich war, Schokolade in Bissengröße herzustellen, eine mühsame und auch komplizierte Arbeit. So geschah es nicht nur mit der reinen Schokolade, sondern auch mit deren Zutaten, wie Stückchen von Früchten und Nüssen. Wer die Entwicklung der Schokoladeindustrie und deren Absichten verfolgt hat, weiß, daß die Bemühungen dahingehen, einen Wechsel der Sinnesempfindungen innerhalb eines Bissens herbeizuführen. Ein solcher Wechsel ereignet sich zum Beispiel, wenn Mandeln in Schokolade eingebettet sind; er bereitet ein Vergnügen an sich. Aber, so muß man fragen, weshalb macht man sich die Arbeit, so kleine Stückchen herzustellen, und zwar sowohl bei reiner Schokolade als auch bei Hinzufügung anderer Ingredienzien? Warum mischen diese Fabrikanten unterschiedliche Bonbons und füllen Schachteln mit einer Mannigfaltigkeit? Es ist sehr wahrscheinlich, daß die Tendenz der Sinne, zu ermüden, diesen Planungen und Handlungen zugrunde liegt. Stückchen ganz purer Schokolade werden nicht in einer Folge gegessen, so wie man Brei löffelt. Daß die Stückchen schon vom Erzeuger gewöhnlich in Einheiten geformt werden, die selbst kleiner sind als die gebräuchlichen Bissen, deutet darauf hin, daß diese Bissen mit Unterbrechungen gegessen werden, die den Sinnen eine Gelegenheit bieten, sich zu voller Leistungsfähigkeit zu erholen. Dasselbe gilt, wenn diese Bissen Zusätze von Frucht oder Nüssen enthalten; jeder dieser kleinen Bissen enthält ein anderes Aroma; dadurch ist die Ermüdung noch gründlicher vermieden und das Verzehren kann beschleunigt werden — und diese Beschleunigung ist das, was den Erzeuger besonders interessiert. Es wurde hier bereits dargetan, daß ein Zusammenhang besteht zwischen der Beliebtheit eines Gerichts und der Geschwindigkeit, mit welcher es verzehrt wird. Ein Lieblingsgericht wird schnell gegessen, um die Ermüdung zu vermeiden. Wie wirkt sich dies bei Pralinés aus? Schokolade ist ein fester Stoff; was fest ist, kann keinen Geschmack erzielen und verhältnismäßig nur wenig Riechstoffe abgeben. Die Lösung fester Stoffe im Speichel ermöglicht erst die Reizung der Geschmacksknospen und vermittelt diesen so auch die bitter-süße Mischung der Schokolade. Speichel ist ebenso nötig für die Riechstoffe, damit diese mit voller Kraft die Schleimhäute der Nase durch den inneren Verbindungskanal erreichen. Riecht man an diesen gemischten Pralinés in trockenem Zustand, so verraten sie wenig von ihrem Aroma. Nach dieser Richtung unterscheiden sie sich von der großen Masse anderer Lebensmittel. Sie verlangen die Auflösung im Speichel. Man hat verhältnismäßig lang zu warten, bevor die Wirkung von Geschmack- und Riechstoffen in der Wärme und Feuchtigkeit des Mundes ihren Höhepunkt erreicht.

Daher ist die Gefahr der Ermüdung hier akuter als bei anderer Nahrung. Deshalb die vorausgeplanten Unterbrechungen des Essens.

In Ländern, in welchen Arbeitskraft verhältnismäßig teuer ist, wie in den Vereinigten Staaten, versuchen die Erzeuger ein Kompromiß, indem sie größere Stückchen herstellen lassen; die Technik ist in diesen Dingen noch nicht sehr weit vorgeschritten. Das Ergebnis ist nicht ganz befriedigend und so war es, wenigstens bis in die jüngste Zeit, üblich, daß kleinere Einheiten, die von Ländern mit billigerer Arbeitskraft importiert wurden, von den Verbrauchern bevorzugt wurden.

2. Zuckerwaren

Die Art und Weise, wie wir Zuckerwaren verzehren, birgt anscheinend einen noch größeren Widerspruch zu Sternbergs Behauptung, daß wir schnell essen, was wir lieben. Was sind diese Kanditen usw. eigentlich? Chemisch handelt es sich hauptsächlich um Zucker, obwohl dieser Zucker zum Teil weniger süß ist als Rohrzucker. Der Zucker ist gewöhnlich mit Riechstoffen beladen, die uns an Früchte erinnern, an die wir gewöhnt sind. Die Mischung von Süßigkeit und Fruchtaroma scheint ein Vergnügen zu ergeben, das aus der Erinnerung an süße Früchte abgeleitet ist, sonst wäre es nicht zu verstehen, weshalb wir nicht ebenso viel Vergnügen am Essen reinen Rohrzuckers oder von Glukose finden.

Bei der Erzeugung von Zuckerwaren, insbesondere von Hartkanditen, wird der Zucker in solcher Weise behandelt, daß er sich im Speichel nur langsam lösen kann, viel langsamer zum Beispiel als der in Schokoladewaren enthaltene Zucker. Da diese Zuckerwaren aromatisiert sind, wirft sich die Frage auf, weshalb sie denn nicht mit der normalen Löslichkeit des Rohrzuckers hergestellt werden und so für schnellen Verzehr geeignet sind. Ist es möglich, bei einem so weit verbreiteten Artikel dem Gesetz der physiologischen Ermüdung entgegenzuhandeln?

Es ist sehr selten, daß ein einziger der vielen Faktoren, die in einem Komplex von Empfindungen eine Rolle spielen, für einen Ernährungsbrauch verantwortlich gemacht werden kann. Der Fall der Zuckerwaren kann folgendermaßen erklärt werden:

Es scheint, daß die Hauptaufgabe, welche sich die Erzeugung von Zuckerwaren stellt, darin besteht, nur einen mäßigen Grad von Süßigkeit beim Verzehren auftreten zu lassen, einen geringeren Grad als bei der Auflösung eines Stückes Zucker im Munde. Es wurde in einem früheren Abschnitt bei der Darlegung der Psychologie der Gefühle auseinandergesetzt, daß jede Empfindung nur zwischen bestimmten Intensitätsgrenzen angenehm ist. Jenseits der oberen Grenze wird die Empfindung mißliebig. Es scheint, daß bei Süßigkeiten jene Stärke, wie sie in konzentrierter Rohrzuckerlösung gegeben ist, das Stadium des Angenehmen überschreitet und zumindest in vielen Fällen die Empfindung des unangenehm Süßen hervorruft.

Die Verringerung der Süßigkeit wird bewirkt durch die Zugabe einer weniger süßen Zuckerart, von Glukose, aber auch dies ist anscheinend nicht ausreichend. Wie bereits bei den Pralinés gesagt wurde, haben feste Körper keinen Geschmack. Wenn wir die Empfindung der Süßigkeit hervorrufen wollen, müssen wir den festen Körper auflösen. Da dies nicht im voraus getan wird (wie dies bei Zuckerwasser der Fall ist), so ist die Auflösung Aufgabe des Speichels. Die jeweils vorhandene Menge dieses Lösungsmittels hängt von der Leistungsfähigkeit der Speicheldrüsen und von der Zeit ab. Klarerweise, je größer die Quantität des Lösungsmittels ist, die der Zucker erfordert, um so schwächer wird die Lösung sein und um so weniger süß der Geschmack. Mit anderen Worten, die Herstellung einer Hartkandite bedeutet nichts anderes als die Aufgabe, einen sich langsam lösenden Zucker zu produzieren. Rechnet man den Einfluß der Zeit auf die Speichelsekretion hinzu, so ergibt sich, daß die Zuckerlösung im Munde weit weniger konzentriert sein wird, als es bei der Auflösung eines Stückes Rohrzucker im Munde der Fall ist.

Dies ist nicht nur Theorie; der Autor hat Versuche angestellt, um die Süßigkeit der Süßwaren beim Verzehren zu messen. Er ließ junge Mädchen an Hartkanditen saugen und den Speichel ausspucken, statt ihn zu schlucken. Indem er dann die Menge des erhaltenen Speichels maß und sie in Verhältnis setzte zum Gewicht der aufgelösten Kanditen, konnte er ausrechnen, daß die Süßigkeit nur ungefähr 16% jener betrug, die reiner Rohrzucker ergeben hätte. Die Minderung der Süßigkeit durch den üblichen Beisatz von Glukose zu den Kanditen wurde dabei berücksichtigt. Diese Versuche beweisen, daß die Zone des Vergnügens an Süßigkeit weit unter jener einer konzentrierten Rohrzuckerlösung liegt und daß dies der Grund ist, weshalb in diesem Falle etwas Angenehmes langsam konsumiert wird. Es ergibt sich, daß der Konsument hier nicht Rücksicht nimmt auf physiologische Ermüdung, weil das Vergnügen überhaupt nur durch langsames Verzehren erreichbar ist.

Wenn Leute ihre Mahlzähne auf Hartkanditen einwirken lassen, so erhöhen sie deren Lösbarkeit nur wenig. Was dann geschieht, ist nichts anderes, als daß sie harte Zuckerteilchen schlucken, bevor deren Fähigkeit, süßen Geschmack hervorzurufen, zur Wirkung gekommen ist.

Selbstverständlich verursacht das Saugen an Zuckerwaren Ermüdung; deshalb sind sie meist an Größe und an Gewicht kleiner als Pralinés. Das Intervall zwischen einem Stück und dem nächsten

ist in der Regel länger. Außerdem sind diese Zuckerwaren nicht so anspruchsvoll und so kostspielig wie Pralinés. Auch ist die hervorgerufene Empfindung sehr einfach: Süßigkeit zusammen mit einem einzigen Aroma, manchmal auch noch mit einem sauren Geschmack. Vielfach sind in einer Packung Kanditen von verschiedenem Aroma enthalten. Da Süßwaren mit weniger Achtung behandelt werden als
Pralinés, so macht es nicht viel aus, wenn man an den Riechstoffen
während des Saugens ermüdet, oder wenn man die Empfindung für sie
völlig verliert. Bei diesen Dingen muß auch berücksichtigt werden, daß
die Aufmerksamkeit des Konsumenten eine große Rolle spielt. Man
kann zwar auch Pralinés ohne Aufmerksamkeit essen und dann werden
auch die raffiniertesten Mischungen des Erzeugers ohne psychologische
Wirkung sein; dies ist jedoch selten; aber sowohl das Kind, das eine
Kandite in den Mund steckt und im Spiele fortfährt, wie das Fräulein
an der Schreibmaschine, das etwas Süßes aus der Lade zieht, während
es arbeitet, vergessen beide leicht, welche Nebenbeschäftigung sie sich
gegeben haben. Als Henning seine Ermüdungsversuche machte, war
es eine Hauptschwierigkeit bei der Beobachtung der Wirkung von
Nelkenöl auf seinen Geruchsinn, seine Aufmerksamkeit darauf andauernd zu konzentrieren, da eine Unterbrechung den Versuch wertlos
gemacht hätte. Wenn sich das spielende Kind nach einer Weile
bewußt wird, daß ein ungelöstes Stückchen der Hartkandite sich noch
in seinem Munde befindet, und es wieder daran zu saugen beginnt,
so werden die Empfindungen von Süßigkeit und Aroma neu erweckt.

Der Komplex von Empfindungen, der durch das Saugen an Zuckerwaren hervorgerufen wird, besteht natürlich nicht nur aus Süßigkeit
und Geruchsempfindung, wie bei einem Laboratoriumsversuch. Es
kommt die vermehrte Tätigkeit der Speicheldrüsen in Betracht, welche
das Lösungsmittel liefern und dadurch beitragen, Durst nicht aufkommen zu lassen; dann sind es weiters die automatischen Zungenbewegungen, welche die Kandite und deren Lösung von einer Stelle
des Mundes an eine andere befördern. All dies trägt bei zur Erregung
von Vergnügen, und zwar in einer Art und Weise, die man bei den
gewöhnlichen Nahrungsmitteln nicht antrifft.

XXII. See- und Süßwasserfisch

Sieht man das hier schon oft zitierte Werk von Drummond und
Wilbraham „The Englishmann's Food" auf der Suche nach Material
für die hier gestellte Aufgabe durch, so wird man gewahr, daß
in früheren Jahrhunderten der Süßwasserfisch einen ansehnlichen

Platz in der Ernährung Englands einnahm. Karpfen, Hechte und andere Fische müssen häufig auf dem Tische gestanden sein. Anderseits hat man den Eindruck, daß der Mangel an Transportmitteln und an Kühlung die Möglichkeit des Absatzes von Seefischen äußerst beschränkte. Salzwasserfische müssen in früheren Jahrhunderten, wenn sie nicht eingesalzen waren, ihren Bestimmungsort in einem sehr zweifelhaften Zustand erreicht haben. Frischwasserfische waren überall zur Hand und alte Berichte geben ein Bild der Menge, die gefangen und auch lebend in Vorrat gehalten wurde. Im Mittelalter wurden die Rechte an Wassermühlen zusammen mit Fischereirechten verliehen und Schaden an Fischereigeräten wurde ebenso ernst genommen als Schaden an den Mühlen selbst. An Herrenhäuser waren Fischteiche angegliedert, in welchen Süßwasserfische in Vorrat gehalten wurden. All dies entspricht ungefähr dem, was zur gleichen Zeit auch in Ländern des kontinentalen Europa hinsichtlich der Süßwasserfischerei üblich gewesen ist.

Daher scheint es, daß Süßwasserfische in England früher sehr beliebt gewesen sein müssen; gerade das Gegenteil dessen, was gegenwärtig der Fall ist. Wäre es anders gewesen, so würden in früheren Jahrhunderten auch größere Anstrengungen gemacht worden sein, Salzwasserfische frisch auf die Tafel jener Reichen zu bringen, die in einiger Entfernung von der See lebten, wie es bei den Austern der Fall war; auf den Tisch der unteren Schichten kam Salzwasserfisch getrocknet oder eingesalzen.

Die Entfernungen, über die der Salzwasserfisch auf dem Kontinent hätte befördert werden müssen, waren natürlich viel größer. Dem Fischtransport stand deshalb hier eine noch schwierigere Aufgabe gegenüber. Mit der Entwicklung der Transportmittel verbreitete sich der Brauch, billigen Seefisch im immer entfernteren Binnenland zu essen. Aber die Bevorzugung von Süßwasserfischen ging auf dem Kontinent niemals verloren, wie es in England der Fall war. Im Herzen Europas, entfernt von der See, ist der Brauch, Seefische zu essen, noch gar nicht so lange gefestigt, mit Ausnahme natürlich der geräucherten, gesalzenen oder eingesäuerten Fische, die natürlich viel früher kamen. Aber es gibt im Herzen Europas noch immer Leute, die sich weigern, frischen Seefisch zu essen. Da die Belieferung mit Süßwasserfisch auch auf dem Kontinent mit der Zunahme der Bevölkerung nicht Schritt gehalten hat, sind Karpfen, Hechte, Forellen und so weiter keine billige Nahrung, obwohl es viele Familien gibt, die Fische zweimal im Jahr bei feierlichen Gelegenheiten essen, wie am Christabend und am Karfreitag.

Es wäre vielleicht möglich festzustellen, wann es geschah, daß die Bevölkerung Großbritanniens ihre Vorliebe für Süßwasserfisch auf den Seefisch übertrug. Jedenfalls hat der Süßwasserfisch für die letzten zwei oder drei Generationen der Britischen Inseln einen Erdgeschmack angenommen. Daher kam es, daß vor dem zweiten Weltkrieg Forellen in London oft sehr billig waren, während sie auf dem Kontinent von jedermann als eine Delikatesse betrachtet wurden und sehr kostspielig waren, ungeachtet aller Versuche, sie in größeren Mengen zu züchten. Während dieses Krieges nun, in dem die Nation alle Hilfsmittel der Ernährung auszuschöpfen hatte, fand ich ein Rezept, das sich bemühte, dem englischen Volke Forellen schmackhaft zu machen! Es war dies in W o m e n's O u t l o o k, einem Wochenblatt der Konsumvereine, das sich dementsprechend hauptsächlich an die Frauen der Arbeiterklasse wendet. In dem Rezept wird empfohlen, die Forellen in Essig zu waschen, um sie von dem Erdgeruch zu befreien. Zufälligerweise wird auf dem Kontinent das gleiche Verfahren angewandt, um den Seegeruch aus dem Salzwasserfisch zu entfernen! Der Übergang von Süßwasserfisch zu Seefisch in Großbritannien ist sicherlich kennzeichnend dafür, daß die Popularität von Rohstoffen der Nahrung von den Belieferungsmöglichkeiten abhängt. Durch die Hochseefischerei, durch die modernen Transportmittel und Kühlmethoden wurde die Belieferung mit Seefisch reichlich, jene mit Süßwasserfisch hingegen sehr knapp, da die Bevölkerungsvermehrung weit schneller erfolgte als die Vergrößerung des Fischstandes in den Flüssen. Auf diese Weise blieb der Süßwasserfisch zunächst unbekannt und dies führte zu seiner Meidung; von da bis zum Abscheu ist kein weiter Schritt.

XXIII. Verdorbenes Fleisch und fauler Fisch

Wenn es einen Gipfelpunkt gibt in den Widersprüchen, die bei Nahrungsgebräuchen zu finden sind, so liegt er hier. In diesem Buche wurde bereits manches dieser Art aufgezeigt. Es sei auf H e n n i n g s Aufstellung von Nahrungsmitteln verwiesen, die von Volksstämmen und Nationen zum Teil geliebt, zum Teil gehaßt werden. Der widerspruchsvolle Stand der Dinge wurde auch offensichtlich, als wir die Frage der Funktion der menschlichen Sinne als Wächter der Gesundheit erörterten. Nun wollen wir ein wenig tiefer in einen Teil dieser Materie eindringen, der die animalische Nahrung betrifft. Betrachten wir:

1. Die Haltung zum Fleisch von Tieren, die natürlichen Todes gestorben sind.

2. Die Haltung zur Verderbnis, das ist der beginnenden oder vor-

geschrittenen Fäulnis von Fleisch oder Fisch, wenn die Tiere geschlachtet oder sonst in der üblichen Weise getötet worden sind.

Da ist zunächst die Frage, ob in unserer Zivilisation das Fleisch von Tieren nach ihrem natürlichen Tod als eßbar betrachtet wird. Diese Frage ist zu verneinen. In den meisten Ländern bestehen strengste gesetzliche Vorschriften gegen die Verwendung solchen Fleisches als menschliche Nahrung. Der bloße Gedanke, daß wir uns jemals in der Lage befinden könnten, solches Fleisch essen zu müssen, ist für uns abstoßend. Wenn wir jedoch Nachschau halten, was die diätetischen Sachverständigen in dieser Angelegenheit zu sagen haben, jene, die hinter dem Gesetz stehen sollten, so müssen wir mit Erstaunen wahrnehmen, daß ihre Ansichten der allgemeinen Meinung vollständig widersprechen. H u t c h i s o n erklärt es einfach als Vorurteil, daß wir uns weigern, das Fleisch von Tieren zu essen, die an Krankheiten gestorben sind. Unser Verhalten kann kaum gerechtfertigt werden, sagt er, weder auf Grund der Wissenschaft noch der Erfahrung. „Die schottischen Hirten haben immer das Fleisch von Schafen verwendet, die an den verschiedensten Krankheiten umgekommen waren, und meines Wissens wurde niemals berichtet, daß sie dadurch Schaden erlitten hätten." Und weiter: „Ein französischer Beobachter[1] hat die Frage einer experimentellen Untersuchung unterzogen. Er nahm das Fleisch von Tieren, die an verschiedenen Krankheiten gestorben waren (einschließlich dem eines wütendes Hundes!), bereitete es auf verschiedene Weise zu und gab es Leuten zu essen, die nichts vom Ursprung der Gerichte wußten. Die Mahlzeiten hatten keinerlei üble Nachwirkungen. Der Autor folgert ganz gerecht, daß das Verzehren solchen Fleisches harmlos ist, falls es richtig zubereitet wird, und daß die überstrenge Überwachung von Schlachthäusern mehr Schaden zufügen mag als Nutzen, indem sie das Fleisch verteuert und daher für Arme unerreichbar macht."

Bevor wir uns zu diesen Feststellungen äußern, sei eine zweite Gruppe von Beobachtungen festgehalten.

In unserem Zivilisationskreis hat der Mensch die gleiche Angst vor beginnender oder gar vorgeschrittener Fäulnis tierischer Nahrung, die er gegenüber dem Fleisch von Tieren zeigt, die eines natürlichen Todes gestorben sind. Wir sind uns dessen bewußt, daß das Fleisch wilder Tiere einen „Hoch"-Geruch von sich geben muß, weil es sonst zu zäh wäre, aber es fällt uns kaum ein, darüber nachzudenken, weshalb „Hoch"-Geruch bei Rindfleisch als schädlich betrachtet wird, nicht aber beim Fasan oder dem Reh. Die Diätetiker konnten vor diesem Widerspruch ihre Augen nicht schließen. D r u m m o n d und

---

[1] D e c r o i x, Recherches expérimentales sur la viande de cheval et sur les viandes insalubres, Paris. 1885.

W i l b r a h a m sagen dazu, daß bis zum neunzehnten Jahrhundert wohl das meiste in England verzehrte Fleisch einen „üblen" Geruch von sich gegeben haben müsse, und begründen damit den enormen Verbrauch an Gewürzen, der damals in England üblich gewesen ist.[1]

Im allgemeinen weiß man nichts über diese Seite der Geschichte des Fleischessens und macht sich auch keine Gedanken darüber. Dem Gelehrten hingegen stellte sich die Sache als ein doppeltes Problem dar: erstens bestehen noch immer Volksstämme (siehe H e n n i n g s Aufstellung), die von faulendem Fleisch leben, ohne Gefährdung ihrer Gesundheit; zweitens besteht die Tatsache, daß es in der Vergangenheit nicht möglich gewesen ist, frisches Fleisch in solcher Weise aufzubewahren, daß ein „Hoch"-Geruch hätte vermieden werden können; und daß es ohne moderne Transportmittel unmöglich gewesen ist, Seefische weiter ins Land zu befördern, denn sie würden vor der Verteilung zersetzt gewesen sein.

Dies trifft für den gegenwärtigen Stand der Fischversorgung im Fernen Osten zu. Es kann kein Zweifel bestehen, daß vom Standpunkt der Aufbewahrung und des Transports Indien und China, zumindest in vielen Teilen, in derselben Lage sein müssen, in der England vor ein oder zwei Jahrhunderten war; und wenn man noch das Klima dieser Länder in Betracht zieht, erscheint es um so unmöglicher, selbst Süßwasserfisch in frischem Zustand zum durchschnittlichen Verbraucher bringen zu können, geschweige denn Seefisch. Daraus geht hervor, daß für den Fall, als ein östlicher Diätetiker über die Nahrung seines Landes schreiben würde, er festzustellen hätte, daß die Verderbnis der in seinem Lande gegessenen Fische die Gesundheit nicht beeinträchtige.

Dieser Stand der Dinge im Fernen Osten blieb natürlich in der europäischen Fachliteratur nicht unbeachtet. V a n E r m e n g e n lenkte die Aufmerksamkeit auf die Tatsache, daß faule Fische eine Delikatesse bedeuten für Millionen von Indern, Indo-Chinesen, Malayen, Polynesiern und Negern verschiedener Stämme; er bestätigt damit den hier vertretenen Gesichtspunkt, daß, was immer ein Volk zu essen hat, sei dies nun durch die Umwelt oder ein sonstiges Gelegenheitsverhältnis bestimmt, allein durch diese Umstände zur Delikatesse werden kann. L e i g h t o n, dessen Buch[2] das obige Zitat von V a n E r m e n g e n entnommen ist, sagt, daß es zumindest sehr

---

[1] Für den kontinentalen Leser ist hiezu wohl zu bemerken, daß das Klima Englands nur in Ausnahmejahren eine natürliche Eisbildung von einiger Dicke zuläßt. Im Gegensatz zum Kontinent konnte daher eine Aufspeicherung des Eises in Kellern zur Kühlhaltung von Fleischvorräten nicht erfolgen. Daher war es in England auch zwecklos, Keller anzulegen, und es gibt auch so gut wie keine.

[2] L e i g h t o n. Botulism and Food Preservation.

zweifelhaft ist, ob irgend ein Stadium der Fäulnis eines Nahrungsmittels für sich allein die Ursache einer Vergiftung sein kann. Es sei
festgestellt, daß bakteriologische Zersetzung für sich allein nicht unbedingt gefährlich sei. Durch Giftstoffe in der Nahrung hervorgerufene
Krankheiten können nach unserem gegenwärtigen Wissen in zwei
Gruppen geteilt werden. In der einen wird die Krankheit durch eine
giftige Substanz von mehr allgemein bakteriologischem Ursprung verursacht. In diesen Fällen leiden die Kranken an akuten und heftigen
Störungen des Verdauungstraktes, wie Erbrechen, Diarrhöe und Hin-
fälligkeit, die mit Fieber auftreten. Diese Symptome fehlen in der
zweiten und selteneren Gruppe, in welcher eine mehr oder weniger töd-
liche Krankheit durch eine spezifische Mikrobe hervorgerufen wird,
den Bacillus botulinus.

So liegen die Verhältnisse in bezug auf bakteriologische Infektion.
Wenn wir die Beziehung herstellen zu den bestehenden Ernährungsgebräuchen und Schutzgesetzen, ergeben sich die nachstehenden Folgerungen.

Es wurde schon früher in diesem Buch darauf hingewiesen, daß jede
Mahlzeit als eine Art biochemisches Experiment betrachtet werden muß,
auch wenn unser Denken nicht nach solchen Richtlinien vor sich gehen
mag; ein Experiment nicht im Hinblick auf weitreichende Folgen für
unseren Ernährungszustand und die Aufrechterhaltung der Gesundheit,
sondern im Hinblick auf die Folgen, welche das Mahl innerhalb von ein
paar Stunden haben mag. Wenn wir nicht volles Vertrauen zu einem
Gericht haben, so denken wir an diese Folgen, bevor wir es essen.
H u t c h i s o n sagt, daß er kein Beispiel davon kenne, daß das Essen
des Fleisches von Schafen, die eines natürlichen Todes gestorben sind,
irgendwie schädlich gewesen sei. Wenn diese Tiere nun in cinem Zustand der Zersetzung wären oder wenn dies der Fall wäre mit dem
Fleisch geschlachteter Tiere, so würden wir aus Erfahrung fürchten,
daß die Möglichkeit eines Fehlschlages des biochemischen Experiments
besteht. Aus diesem Grunde haben wir das Essen solchen Fleisches
aufgegeben und dasselbe trifft auch für Fische zu. Was hier klargemacht werden soll, ist nichts anderes, als daß die Sachlage sich
ganz verschieden verhält von jener, die durch den Tuberkelbazillus in
der Milch oder durch einen unzureichenden Gehalt der Nahrung an
Mineralsalzen oder Vitaminen gegeben ist, in welchen Fällen die
Folgen der Mangelhaftigkeit weder unmittelbar nach der Mahlzeit
noch selbst nach vielen Mahlzeiten schon fühlbar werden. Die
Fleisch- oder Fischinfektionen, die vorhin beschrieben wurden, zeigen
ihre Folgen unmittelbar. Dem Autor ist es unbekannt, ob derartige
Infektionen nach dem Verzehren von fauligem Fleisch, das bei den
australischen Eingeborenen üblich ist, oder nach einem Fischgericht

der östlichen Welt überhaupt je beobachtet wurden; wahrscheinlich gibt es noch keine Feststellung darüber, ob diese Art Nahrung dort wirklich „sicher“ ist oder nicht. In unserem Zivilisationskreis haben die damit verbundenen Risiken zur Vernichtung großer Mengen von Nahrungsmitteln geführt, die wahrscheinlich vom Standpunkt des Diätetikers absolut harmlos waren; und wir werden darin fortfahren, derartiges Fleisch zu vernichten. Und nun kommen wir zu dem realen Grunde für dieses unser Tun, der nicht in der möglichen Gefahr der Gesundheitsschädigung zu suchen ist, sondern im Abscheu. Doch bevor wir dies etwas ausführlicher behandeln, müssen wir noch einmal auf unsere Vorliebe für Wild im Zustand beginnender Fäulnis zurückkommen. Es mag nochmals betont werden, daß das Wildfleisch in diesem Zustand sich befinden muß, damit es ausreichend weich sei — anderenfalls könnten wir davon keinen Gebrauch machen — oder wir hätten es einfach aus unserer Kost zu streichen, wie dies mit dem Fleisch von Reihern und anderem Wildbret geschehen ist, das die Tafel des Mittelalters zu zieren pflegte. Es scheint, daß mit „hoch“-riechendem Wild Vergiftungen durch Infektionen niemals stattgefunden haben und daß wir deshalb dabei verblieben sind, während wir Rindfleisch in gleichem Zustand ausgeschaltet haben. Es ist nicht ersichtlich, weshalb solche Infektionen durch Wild nicht stattfinden; aber die Tatsache an sich steht fest.

Abscheu vor Fäulnis

Die Furcht vor Vergiftung durch zersetztes Fleisch oder zersetzten Fisch entstand in vorbakteriologischen Zeiten. Man könnte nun fragen, weshalb die Bakteriologie denn nicht benutzt wurde, um eine Verschwendung von wertvollen Lebensmitteln zu vermeiden, einfach durch Erprobung, ob gefährliche Bakterien darin anwesend sind oder nicht. Man mag fragen, weshalb die Diätetiker diesen Stand der Dinge dulden und weshalb sie selbst den Glauben unterstützen, daß das Fleisch von an Krankheit gestorbenen Tieren oder angefaultes Fleisch für menschlichen Genuß unzulässig sei, wenn doch der Unterschied zwischen gefährlich infiziertem und unschädlichem Fleisch so leicht festzustellen ist. Dennoch aber sind die Diätetiker im Recht, wenn sie das Volksurteil unterstützen, denn Furcht hat zur Ablehnung zersetzter Nahrungsmittel und zum Abscheu vor ihnen geführt, und es ist jetzt anerkannt, daß Nahrung, die nicht nach dem Geschmack ist, schlecht verdaut wird und daß der Abscheu so schädlich ist wie Gift. Dies ändert allerdings nichts daran, daß unsere Lebensmittelkontrolle auf Annahmen beruht, die die Wissenschaft der Ernährung als Unsinn erkannt hat.

Dieses Nichtmögen und der Abscheu vor Nahrung in Zersetzung sind von einiger Bedeutung für die vorliegende Untersuchung. Der Leser wird Hennings Theorie über die Rolle des Tabu in der Ernährung und das daraus folgende Meiden und den Abscheu in Erinnerung haben. Henning sagte, daß das Tabu zum Meiden führte und daß dieses die betreffende Nahrung unbekannt machte. Daher ist schon der Gedanke, derartiges essen zu müssen, in gleichem Grade abstoßend geworden, wie etwa der Gedanke, das uns unbekannte Fleisch von Affen essen zu müssen.

Haben wir hier in unserem Falle faulender Nahrungsmittel eine ähnliche Linie der Entwicklung vor uns? Hat aus Erfahrung stammende Furcht zur Vermeidung geführt und die Vermeidung zum Abscheu, wie es bei Tabu der Fall ist? Wahrscheinlich ist es so. Unser Abscheu vor zersetztem Fleisch scheint viel tiefer zu liegen, als es bei diesem Gefühl der Fall wäre, stünde nur die Gefahrenfrage vor uns. Wir können wissend Gift schlucken, ohne uns vor Abscheu zu erbrechen, und tatsächlich schlucken wir Gift geradezu gewohnheitsmäßig in der Form von Alkohol und Nikotin. Aber in normalen Lebensverhältnissen sind wir außerstande, auch nur einen Bissen eines Fleisches den Schlund hinabzubringen, wenn wir wissen, daß es von einem gestorbenen Tier stammt oder wenn Zersetzung sich durch den Geruch kenntlich macht. (Mit Ausnahme von Wild natürlich.) In diesen Fällen denken wir nicht an unsere Gesundheit, wenn wir auch glauben mögen, daß wir es tun. Etwas Stärkeres hat sich zwischen unseren Wunsch, zu essen, und unseren Selbsterhaltungstrieb gestellt, etwas, das unpsychologische Diätetiker Vorurteil heißen, das aber so stark ist wie ein Tabu.

XXIV. In der Wüste ausgesetzt

Ein französischer Flieger Antoine de Saint-Exupéry[1] war durch viele Jahre Pilot in der zivilen Luftschiffahrt, war aber außerdem ein begabter Schriftsteller, so daß er seine Erfahrungen in interessanten Büchern festhalten konnte.

Einmal mußte er in der afrikanischen Wüste notlanden und wäre beinahe vor Durst umgekommen, wenn er nicht rechtzeitig von Beduinen aufgefunden worden wäre.

Nach seiner plötzlichen Landung wanderte de Saint-Exupéry einige Tage mehr oder weniger ziellos herum, und zwar nicht auf der Suche nach Wasser, da er dies für aussichtslos hielt. Es scheint, daß

---

[1] Antoine de Saint-Exupéry. Wind, Sands and Stars.

es jene Art des Wanderns war, wie sie als Massenerscheinung in den großen Hungersnöten von Rußland beschrieben wird. Wie Tiere ohne Nahrung, waren die Menschen aus innerem Antrieb genötigt, große Wegstrecken zurückzulegen, die zu ihrer Kraft gar nicht im Verhältnis standen. Auch unser Pilot war natürlich ein hungernder Mensch, obwohl der Hunger nicht so drängend war wie der Durst und die Furcht vor dessen Folgen. Nebenbei bemerkt ist es nach den Beobachtungen, die an verhungernden Russen gemacht wurden, ein schmerzloser Zustand, dem Hungertod sich zu nähern.

Bei dieser Wanderung kam der Pilot auf die Lager von Sandfüchsen, indem er Erdlöcher wahrnahm und die Fußspuren eines der Füchse verfolgte. Die bloße Tatsache des Auffindens von Fußspuren gab seinem Leben einen Sinn und schließlich kam er in die Speisekammer der Füchse.

„Hier sah ich in Entfernungen von je hundert Metern aus dem Sand einen kleinen trockenen Strauch herausragen, dessen Zweige schwer mit kleinen goldfarbigen Schnecken beladen waren." Die Reaktion des gestrandeten Pilot-Autors auf diese Entdeckung ist bemerkenswert. Er studierte das Gehaben des Fuchses in seiner Speisekammer. Da fand er auch solche Sträucher, die sich ganz niederbogen unter dem Gewicht der Schnecken, die der Fuchs unbeachtet gelassen hatte; bei anderen Sträuchern hatte er halt gemacht, aber er hatte die Zweige nicht ganz von ihrer Last befreit. Der ausgesetzte Mann spekulierte: Was war die Absicht des Fuchses gewesen? War er Züchter von Schnecken, bemüht, ihre Reproduktion zu sichern, indem er vermied, den Vorrat ganz aufzubrauchen, oder unterhielt er sich, indem er sich mit der Leerung seiner Speisekammer spielte, setzte er vielleicht seine Sättigung in zweite Linie, um das Vergnügen seines Morgenspazierganges zu erhöhen?

Diese Fragen, die sich dem Pilot-Autor hinsichtlich der Nahrungsgebräuche von Wüstenfüchsen stellten, sind gar nicht schwer zu beantworten. Kein Tier ist in seinen Ernährungsbräuchen rationell. Eine Ziege verdirbt mehr Heu, als sie frißt, ein Bär tritt die Büsche nieder, an welchen die Himbeeren wachsen, die er doch fressen will. Auch ist es möglich, daß dieses Herumwandern von Strauch zu Strauch während des Fressens, sei es bei Fuchs oder Bär, eine Methode ist, physiologische Ermüdung an der Einförmigkeit der Nahrung zu vermeiden. So sind Intervalle in den Freßakt eingestreut, die zum Herumwandern benutzt werden.

Aber dies ist nicht der Grund, weshalb diese kleine Geschichte hier gebracht wird. Was mir auffiel, ist die sonderbare Tatsache, daß der Pilot zwar über die Ernährungsbräuche der Füchse Spekulationen anstellte, daß ihm aber nicht der Gedanke kam, daß hier etwas war, was seinen Durst stillen und seinen Hunger befriedigen konnte. Vom Gesichtspunkt des Diätetikers gesehen, enthielten nämlich diese kleinen goldfarbigen Schnecken ungefähr 90% Wasser und 10% Eiweiß, so daß sie, obwohl lebendig, eine vollständig hinreichende Nahrung für einen Mann in der geschilderten Lage darstellten. Nach seiner Schilderung war in der Gegend nichts anderes zu finden, außer diesen Schnecken, wovon ein Fuchs hätte leben können.

Weshalb wurde der Pilot selbst nicht ein Wilderer in den Jagdgründen des Fuchses? Die Tatsache, daß der durstende Mann angesichts eines solchen Hilfsmittels keinen Augenblick daran dachte, sich dessen zu bedienen und die Schnecken zu essen, beweist, wie stark seine Aversion war. Solche Nahrung würde ihn wahrscheinlich zum Erbrechen gebracht haben. Sie war Tabu für ihn nach seinen Eß- und Trinktraditionen und seine Geschichte wird hier nur erzählt als ein Beispiel dafür, in welchem Maße zivilisierte und kultivierte Menschen der Wirkung solcher Tabus unterliegen. Ich erinnere mich an eine resignierte Bemerkung des Physiologen D u r i g, daß ein Kaninchen eher Hungers sterben wird als von Blättern zu fressen, die nach unserem Wissen dieselbe Nahrung enthalten wie die, von welchen es lebt.

Es liegt nahe, zu fragen: Unter welchen Umständen nehmen verhungernde Menschen eine Nahrung, die sie ekelt? Stoffe, wie Baumrinde oder Eicheln gehören nicht in diese Klasse. Sie werden als „rein" betrachtet, so daß der Brauch eines Volkes in Hungersnot, sie zu Mehl zu vermahlen und ins Brot zu tun, in ein anderes Kapitel menschlicher Psychologie gehört. Hingegen liegen die Dinge anders bei Ratten als Nahrung. In den Tagebüchern der Brüder G o n c o u r t wird über die Pariser Hungersnot vom Jahre 1871 berichtet und geschildert, daß der Geschmack des Fleisches von Ratten ungefähr zwischen dem von Rebhuhn und Schwein liegen soll. Aus dieser Beobachtung geht hervor, daß die Pariser ihre Ratten nicht so aßen, wie es Primitive tun mögen, sondern sie haben selbst auf diese Kost gastronomische Kritik angewandt.

Es ist möglich, daß Menschen zu ekelerregender Nahrung leichter greifen, wenn es sich um ein generelles Verhalten handelt, wie es im belagerten Paris der Fall war. In einer Gruppe oder Gemeinschaft sind zweifellos Individuen vorhanden, die einer solchen Nahrung weniger Widerstand entgegensetzen, und ihr Beispiel beeinflußt andere, so daß solchermaßen der ekelerregende Charakter des Rattenfleisches und dergleichen verschwindet; und nur dieses Verschwinden macht die Ernährung möglich. In dem Wüstenabenteuer des Piloten handelte es sich um einen isolierten Ästheten; wäre eine Gruppe gestrandeter Piloten vorhanden gewesen, dann hätte sie vielleicht nach den Schnecken

gegriffen und vielleicht selbst nach dem Sandfuchs gegraben. Auch
muß die Plötzlichkeit, mit welcher der Situationswechsel des Piloten
erfolgte, in Betracht gezogen werden. Gewöhnlich kommen die Opfer
einer Hungersnot ganz allmählich in ihre verzweifelte Situation.

XXV. Brotschneiden und seine Wirkungen

Backen von Brot in Laiben ist ein Brauch, die Laibe in Schnitten
zu zerlegen, ein anderer. Von jeder Schnitte wird erwartet, daß sie
eine Einheit sei, Krume eingeschlossen in Kruste. Wenn die Kruste
sich im Backverfahren ablöst, so daß eine Höhlung zwischen Kruste
und Krume entsteht, dann fallen die Brotschnitten nach dem
Schneiden unvermeidlich entzwei, das heißt es gibt dann keine Brotschnitte der erwarteten Eigenschaft. Diese Trennung von Kruste und
Krume ist ungefähr das Ärgste, was einer Brotschnitte passieren kann,
aber im Alltagsleben werden auch viel kleinere und selbst kleinste
Defekte ernsthaft kritisiert.

Gewöhnlich wird das Brot geschnitten, nicht nur um das Essen
zu erleichtern, sondern um eine Oberfläche herzustellen, die für Aufstrich oder Belag geeignet ist. Wird Butter oder Margarine oder
irgend ein anderes Fett als Aufstrich verwendet, so werden die Poren
der Krume gefüllt und mehr als gefüllt, bis eine glatte Oberfläche
erreicht wird. Die Porengröße entscheidet über die benötigte Butter-
menge. Kleine Poren sind die wirtschaftlichsten. Sind die Poren von
ungleicher Größe, so sind auch die Empfindungen beim Essen davon
beeinflußt, indem ganze Butterstückchen in den größeren Löchern
stecken.

Die Krume oder der weiche Teil des Brotes muß imstande sein,
dem Druck des Messers beim Aufstreichen zu widerstehen. Tut sie dies
nicht, so wird die Krume eingedrückt oder gebrochen und es ist unmöglich, eine glatte Oberfläche herzustellen. Wenn die Oberfläche
einer Schnitte nach dem Schneiden mit Bröselchen bedeckt erscheint,
so macht dies auch Schwierigkeiten.

Ganz frisches Brot hat zwar das reichste Aroma, es ist aber aus
all diesen eben dargelegten Gesichtspunkten nicht entsprechend. Darin
ist die Ursache zu finden, weshalb sich in vielen Ländern der Brauch
entwickelt hat, nicht nur Laibe, sondern auch Kleingebäck zu backen.
Bei diesem ist das Verhältnis von Kruste zu Krume anders wie bei
den Laiben. Semmeln sind „fester" beim Spalten mit dem Messer
und machen selbst beim Brechen keine Schwierigkeiten für unsere
Eßtechniken. Die Franzosen haben den Brauch entwickelt, Brot in

langen Stangen zu backen, die das Gewicht von Laiben haben, aber die Eigenschaften von Kleingebäck.

Die Franzosen sind unermüdlich ,in ihrem Streben nach jenem vollen Aroma, das nur im ganz frischen Brot zu finden ist, aber in anderen Ländern überwiegt der Wunsch nach der glatten Schnitte. Dies hat hier wesentliche Folgen. In diesen Ländern wird Brot nicht dann geschnitten, wenn es das üppigste Aroma hat, sondern im Zustand der besten Schneidbarkeit, und dieser wird nicht erreicht, bevor das Brot altbacken zu werden beginnt oder noch später. Wenn sehr dünne Schnitten gewünscht werden, die wenig Kauarbeit erfordern, so liegt der Fall besonders kritisch.

So weit die Praxis der Verbraucher. Der Erzeuger von Brot, der Bäcker, zeigt meist mehr Ängstlichkeit hinsichtlich der Schnitteigenschaften seines Produkts als hinsichtlich seiner anderen Eigenschaften. Es ist so weit gekommen, daß schlechte Schnittqualität als der ärgste Fehler betrachtet wird, den ein Brot haben kann. Geschmack und Aroma sind bei den Vergleichsproben von geringerer Bedeutung. Selbstverständlich ist es Sache des Bäckers, die Trennung von Kruste und Krume beim Backen zu verhindern. Aber abgesehen von solchen Katastrophen hat er nach besten Kräften für gute Schneidbarkeit vorzusorgen, die Poren klein und gleichmäßig zu machen und zu diesem Zwecke unter Umständen selbst die Gärung zu unterbrechen, bevor das Brot sein volles Volumen erreicht hat.

Die Amerikaner haben das Problem in ihrer Art gelöst. Sie machen die Laibe bald nach Verlassen des Ofens gut schneidbar, indem sie sie in einem ausgedehnten mechanischen Apparat künstlicher Kühlung unterziehen. So kann das Brot noch in der Bäckerei in Schnitten zerlegt und diese in Papier verpackt werden, sie sind dann bereit zur Lieferung. Dergestalt die Laibe in Schnitten zu zerlegen, bevor sie den Haushalt erreichen, wurde in den späten Zwanzigerjahren versucht und wurde von den Verbrauchern so günstig aufgenommen, daß bald darnach alles Brot in dieser Weise behandelt wurde. In einem bescheidenen Grade hat diese Umwälzung auch die Ufer Englands erreicht. Selbst für Amerika war es ein starkes Stück im Wechsel der Ernährungsgebräuche, da es sich doch um eine solche Notwendigkeit wie Brot gehandelt hat. In England und Amerika bestand allerdings eine Art von Präzedenzfall in dem mechanischen Schneiden geräucherten Specks. Vom technischen Gesichtspunkt aus gesehen war es eine Tat, die ganze Hälfte eines schweren Schweines durch mechanische Schneidemittel in dünne Spalten zu zerlegen, aber psychologisch war das ein Nichts im Vergleich zur Verletzung der Heiligkeit des Brotlaibes. Christus brach das Brot, der am Herde gebackene Laib wurde beim Schneiden gegen die Mutterbrust gedrückt, dann kam das hygie-

nische Brotbrett und schließlich folgte die Schneide- und Einwickel-
maschine.

Zu Beginn des zweiten Weltkrieges wurde der Verkauf vorgeschnit-
tenen Brotes in Großbritannien verboten, um Papier zu sparen. Dies
hat in diesem Lande die feststehenden Bräuche nicht sehr erschüttert,
da der Verkauf solchen Brotes nicht so allgemein war wie in Amerika.
Als dieselbe Frage dort auf die Tagesordnung kam, erhoben die
Bäcker viele Einwendungen. Einer von ihnen behauptete sogar, daß
viele Hausfrauen nicht einmal mehr ein Brotmesser besäßen, was
recht wohl der Fall gewesen sein mag nach mehr als zehn Jahren
des Kaufens von in Schnitten zerlegten Brotlaiben.

Diese Bemerkungen haben uns auf einen Seitenweg geführt.
Wesentlich war es, zu zeigen, daß Erleichterungen des Schneidens,
mögen sie wie immer bewirkt werden, wichtiger geworden sind als
irgend eine andere Eigenschaft des Brotes; und dies ist ein Beispiel
für einen allgemeinen Grundsatz in Nahrungsgebräuchen, nämlich
dafür, daß Eigenschaften von Nahrungsmitteln, die mit der Vorbereitung des Essens zusammenhängen, größere Wichtigkeit erlangen
können als das Essen selbst.

XXVI. Knabbern von Brot

Lord W o o l t o n[1] sagte in einem Interview, er wundere sich,
weshalb Restaurants den Brauch, kleine Brotschnitten bei Mahlzeiten beizustellen, nicht aufgeben wollen. Die Leute knabbern an
ihnen, sagte er, und dabei knabbern sie an dem Leben der Seeleute,
die den Weizen zu bringen haben. Dies ist in Kriegszeiten in der Tat
ein starkes Argument gegen einen solchen Brauch. Wie er aber entstand, ergibt sich leicht aus der menschlichen Eigenschaft physiologischer Ermüdung, auf die hier schon so oft hingewiesen worden ist.
Das Knabbern an Brot ist deutlich und einfach nichts anderes als
eine kurze Unterbrechung des Genußes eines Gerichtes, um unbe-
wußtermaßen Ermüdung zu vermeiden. Man kann neugierig sein,
welche Argumente die Inhaber der Restaurants vorbringen werden,
um die Fortsetzung dieses Brauchs zu rechtfertigen. Es ist nicht
ausgeschlossen, daß sie etwas präsentieren werden, was dunkel an
physiologische Ermüdung erinnert — die meisten Begründungen der
Ernährungsgebräuche, wie sie von Fachleuten gegeben werden, sind,

---

[1] Lord W o o l t o n war Ernährungsminister zur Zeit, als dieses Buch geschrieben wurde, und seine Fähigkeit wurde sehr gelobt. Der Brotverbrauch
war nicht rationiert.

im Sinne dieses Buches, konfus. Es stehen ihnen bis jetzt noch keine wissenschaftlichen Argumente zur Verfügung. Wenn es hoch geht, so marschiert die Chemie auf und diese ist sich dessen nicht bewußt, daß sie in bezug auf Nahrungsgebräuche meist nichts anderes bedeutet als eine Hilfswissenschaft der Sinnesphysiologie und Psychologie. Keine Besserung in dieser Hinsicht ist zu erwarten, bevor nicht die Chemiker die wahre Stellung ihrer Wissenschaft begreifen oder bevor nicht Psycho-Physiologen die Sache in die Hand nehmen und die Dinge so ordnen, wie das in den letzten fünfundzwanzig Jahren zwischen Medizin und Chemie geschehen ist. Keinesfalls wird diese Entwicklung leicht sein, wie das folgende Beispiel lehrt: ein hervorragender deutscher Psychologe wurde von den Nazi ausgetrieben und fand in England Schutz, wo er einige Jahre verblieb, bis er eine Professur in einem anderen Land erhielt. Es handelte sich um einen Mann, der großes Interesse für Nahrungsprobleme hatte, und er suchte und fand während seines Aufenthaltes in England bei einer Organisation der britischen Müller eine Anstellung. Er veröffentlichte einige sehr interessante Berichte über Versuche, die er in seiner neuen Stellung ausgeführt hatte, aber es scheint, daß diese von seinen Auftraggebern weder gewürdigt, noch gar zur Grundlage weiterer Untersuchungen gemacht worden sind.

Nach meiner persönlichen Erfahrung gibt es wohl auch Chemiker in der Nahrungsmittelindustrie mancher Länder, die sich der Mängel ihrer Methoden bewußt sind, aber die Vorstände der Gesellschaften, bei welchen sie beschäftigt sind, haben noch nicht erfaßt, um was es sich handelt. Sie glauben, daß auch in diesem Zweige Nur-Chemiker so erfolgreich sein können, wie in der Gummi- oder Erdölindustrie. Sie sind sich der Grenzen nicht bewußt, die der Lebensmittelchemie durch die menschlichen Sinne auferlegt sind, bis sie durch Erfahrung dahin geführt werden, die Verantwortung für die Qualität der Erzeugnisse Männern oder Frauen zu übertragen, die keine andere Qualifikation zu bieten haben als scharfe Sinne und Erfahrung in deren Gebrauch. Eine solche Person könnte zufällig auch ein Chemiker sein; ich sage zufällig, weil das berufsmäßige Kosten von Dingen wie Wein, Tee und Kaffee sich ganz unabhängig von der Chemie als ein Zweig der Gastronomie entwickelt hat. Diese Versuchskoster haben durch ihre Konzentration auf die ihnen gestellten Aufgaben und durch ihre Erfahrung einige der Gesetze der Sinnesphysiologie herausgefunden. Wäre Suppe ein so kommerzialisierter Artikel, wie Wein, Tee oder Kaffee, so gäbe es auch gut bezahlte Suppenkoster. Sie könnten dann durch praktische Erfahrung zur Entdeckung gelangen, daß es zweckmäßig oder ratsam sei, während des Suppenkostens Brot zu knabbern.

Was immer die Erfahrung lehren mag, entspricht nicht der Entwicklungsstufe der Gegenwart. Es entspricht, um ein Beispiel anzuführen, eher dem, was die Bierbrauer während all der Jahrhunderte taten, bevor das Wesen der Hefe entdeckt war: sie wußten, wie man Bier braue, ohne auch nur die geringste Ahnung vom Wesen der Gärung zu haben.

Dasselbe trifft zu für unsere Eßpraxis, wenn wir sie einmal vom Gesichtspunkt der Ermüdung der Sinne überprüfen. Wir mögen während eines Ganges Brot knabbern oder ein Schlückchen Wasser trinken oder hastig essen oder mit jemandem plaudern, aber wir verstehen die treibende Kraft nicht, die uns zu diesen Handlungen veranlaßt, ebenso wenig wie die Brauer von den Kräften eine Ahnung hatten, die im Leben der Hefe frei werden.

Würden die Ratgeber Lord W o o l t o n s es der Mühe wert finden, Physiologie der Sinne zu studieren und anzuwenden, so würden sie das Knabbern an Brot anders beurteilen und es nicht als Unfug betrachten. Es könnte ihnen der Einfall kommen, Brot durch etwas anderes zu ersetzen, das geeignet ist, die Sinnesermüdung bei Mahlzeiten zu verhindern. So besteht in Polen der Brauch, mit der Suppe noch einen kleinen Teller mit zerkleinerten Kartoffeln zu servieren und davon von Zeit zu Zeit ein bißchen auf den Löffel zu nehmen und ihn dann erst mit Suppe zu füllen. Hinter diesem Brauch steckt nichts anderes als wieder ein unbewußtes Vermeiden der Ermüdung, so wie es beim Brotknabbern der Fall ist. Und Kartoffeln sind in England Inlandserzeugnis, ohne Risiko für das Leben von Seeleuten bereitstellbar.

So hat uns eine Untersuchung über das Brotknabbern zu unerwarteten Folgerungen geführt, wie es bei der Analyse des Brotschneidens im vorigen Abschnitt der Fall gewesen ist.

XXVII. Gastronomie

Gastronomen werden geboren wie Dichter und Künstler. Der Feinschmecker unterscheidet sich von dem durchschnittlichen Esser und Trinker durch die beträchtlich gesteigerte Empfindlichkeit jener Sinne, die bei der Nahrungsaufnahme in Tätigkeit geraten; insbesondere ist der Geruchssinn des Gastronomen außerordentlich scharf. Es sind viele Fälle von ganz besonderer Befähigung dieser Art bekannt geworden, wie zum Beispiel der Fall eines Professors, der allein am Geruch erkannte, welcher seiner Assistenten während seiner Abwesenheit sein Arbeitszimmer betreten hatte.

1. Geruchsdichter

Wem die Natur einen außerordentlich feinen Geruchssinn verliehen hat, der hat natürlich an dessen Mitteilungen stärkeres Interesse als normale Personen. Dadurch erhält er bewußt oder unbewußt ein Training, das seine natürlichen Fähigkeiten noch weiter schärft, sowohl in bezug auf seine Nahrung als auch in bezug auf andersartige Geruchserlebnisse. Es ist dem Psychologen Henning für die Einführung eines neuen Maßstabes in die schöne Literatur zu danken, da er es war, der die Dichter in zwei Klassen teilte, in jene mit und in andere ohne scharfen Geruchssinn. Henning durchstöberte die Weltliteratur und schied die Dichter in Geruchsdichter und „Andere". Da das Wesen eines Dichters darin besteht, seine Gefühle, die auf Empfindungen beruhen, besser ausdrücken zu können als der Durchschnittsmensch, und da er sie in Gedichten, Theaterstücken und Romanen festhält, so finden wir bei Geruchsdichtern nicht nur die Schönheit oder Häßlichkeit von Gesichts- oder Gehörerfahrungen, sondern auch die Lieblichkeit oder Widerlichkeit von Gerüchen in bezeichnenden Worten ausgedrückt. Gerüche bereichern das Innenleben oder sie sind Ursachen von Leiden. Im achtzehnten Jahrhundert gab der Philosoph Kant der Meinung Ausdruck, es stünde nicht dafür, den Geruchssinn zu erforschen oder zu pflegen, denn er bereite mehr unangenehme Erfahrungen als angenehme. Ist aber einmal die Aufmerksamkeit auf die Unterschiede in der Begabung der Dichter in dieser Richtung gelenkt und damit die Möglichkeit geboten, die Geruchsdichter herauszusondern, so wird dies zu einem neuen Faktor für die Beurteilung und das Verständnis der Werke der Dichter.

Die Tatsache, daß manche Dichter über ihre Geruchserlebnisse geschrieben haben, da sie von ihnen in ihrem persönlichen Leben stark beeinflußt worden sind, ist nicht unbemerkt geblieben. Aber erst Henning hat diesen Umstand zu einem Literaturkriterium gemacht. Sonderbarerweise hat Hennings Entdeckung bisher die Literaturkreise nicht erreicht; jedenfalls ist es für die Zwecke dieses Buches wohl der Mühe wert, ihre Anwendung zu versuchen.

Als Geruchsdichter sind unter den allgemein bekannten Dichtern leicht erkennbar: Shelley, Schiller, Heine, Baudelaire, Flaubert, Zola, Wilde, Huysmans, Altenberg, D'Annunzio, Romain Rolland. Auch bei jedem durchschnittlichen Roman kann man meist nach dem Lesen von nur ein paar Seiten erkennen, ob der Autor diese Gabe hat oder nicht.

2. „Wie grün war mein Tal“ und „Lorna Doone“

Einige Dichter und Schriftsteller machen in ihren Werken von allen Geruchserlebnissen Gebrauch, die ihnen widerfahren sind, besonders von jenen in der Natur. Einige haben sich spezialisiert: zum Beispiel ist Z o l a s Naturalismus teilweise darauf gegründet, daß er für den Menschengeruch empfindlicher war als der Durchschnitt; in seinen Romanen macht er daraus kein Geheimnis. S c h i l l e r liebte Fäulnisgerüche, vor allem die vegetabilischen, die Herbstblätter, den Geruch von Friedhöfen.

R i c h a r d L l e w e l l y n s Besonderheit sind Küchengerüche, und in seinem Roman „Wie grün war mein Tal“ sind es die Gerüche der Küche eines Walliser Handwerkers. Er läßt seinen Helden, vielleicht phantastisch übertreibend, sich der Eier erinnern, „alle so groß wie eine Faust“, die er als kleiner Junge aus den Nestern im Hühnerstall einsammelte. „Hennen haben einen sonderbaren Geruch, einen, der glaube ich, von ihren Federn stammt, so wie jeder Mann seinen eigenen Geruch an sich hat. Dieser Geruch der Hennen ist einer der anheimelndsten Gerüche, in die man seine Nase stecken kann. Er ruft einem die Erinnerung wach an so Vieles, was gut schmeckte und nun vergangen ist.“ Gerade so wie H e n n i n g sagt, daß manche Leute imstande sind, an einem stinkenden Zigarrenstummel das ursprüngliche Aroma der Zigarre zu riechen, so wird L l e w e l l y n durch den Geruch der Hühnerfedern an alle Brathühner erinnert, die er jemals gegessen hat, erinnert an alles, was einmal gewesen ist. Auf derselben Seite seines Romans beschreibt er ein Familienmahl: „Was diese Suppe für einen Geruch hatte. Er ist jetzt wieder in meinen Nasenflügeln.“ (Er weiß, daß die Geruchserinnerung eine dauernde ist. Es gibt Leute, die imstande sind, verflossene Gerüche sich selbst zu reproduzieren, wann immer sie es wünschen.) „In der Suppe war alles enthalten, was gut ist —“; und am Ende der Mahlzeit: „— dann kam der Pudding und, laßt es mich sagen, meiner Mutter Pudding würde Euch beim Essen zwingen, den Atem anzuhalten.“

So geht es in diesem Buch weiter und weiter. Ein paar Seiten später findet eine Verlobung statt. „— und der Kochgeruch machte einen so hungrig, daß man Schmerzen fühlte.“ Es folgt eine lyrische Beschreibung von Kochrezepten in beinahe biblischen Dithyramben:

„Oh, Kognaksuppe ist die Königin aller Suppen und königlich in den Räumen des Mundes.“

Oder:

„Oh, Brombeerenpastete mit Beeren so groß als mein Daumen, purpurn und schwarz, dick von Saft, und die Kruste gibt den Beeren erst vollen Wert, und alles zusammen zergeht wie Sahne im Munde und hinterläßt einen Geschmack, der die Augen schließen und wünschen macht, in diesem Erlebnis für immer zu leben.“

Wenn ein Literat für das Essen begeistert ist, so entnimmt er diesem auch seine Vergleiche. Wenn andere Leute sagen würden, daß es plötzlich so still wurde, daß man eine Uhr ticken hörte, sagt Llewellyn: „Die Küche war so ruhig, daß ich das Fett der Hühner vom Bratspieß tropfen hörte.“ Der Speichel spielt eine große Rolle in Llewellyns Beschreibungen. Zum Beispiel beschreibt er, wie Frau Rhys Zuckerwerk zubereitet: „Stundenlang habe ich in ihrem Vorderzimmer mit einem Penny in der Hand gewartet, mein Mund war voll Speichel, ich dachte an das Zuckerwerk und schnupperte den Geruch von Zucker, Sahne und Eiern.“ Liest man dies und andere Beschreibungen solcher Art, so wundert man sich, daß die Physiologie so lange gebraucht hat, um die Ursachen der Ausscheidung von Verdauungssäften im Magen zu finden. Es ist so offensichtlich, daß die Ausscheidung von Speichel im Munde durch psychologischen Reiz erfolgt, durch den Geruch oder den Anblick von Speisen, daß wohl die Annahme nahe lag, die Magendrüsen könnten durch den gleichen Reiz in Funktion gesetzt werden. Statt dessen wurde geglaubt, wie Hutchison ausführt, daß der physische Kontakt zwischen der Nahrung und den Magenwänden jene Säfte auslöst, bis Pawlows berühmte Hundeversuche die psychologische Seite auch dieser Sekretionen nachwiesen. So wird es der Psychologie nur sehr zögernd erlaubt, in den Bereich der Physiologie einzutreten.

An einer anderen Stelle gehen die Beobachtungen des geruchsempfindsamen Llewellyn sogar über das hinaus, was wissenschaftlich von den Eigenschaften des Geruchssinns bisher bekannt ist. Der alte Morgan kommt heim, nachdem er einen in die Länge gezogenen Bergarbeiterstreik erfolgreich beigelegt hat. Es ist eine sehr kalte Nacht und der alte Mann ist sehr aufgeräumt und hungrig:

„Kann ich vielleicht zu allererst einen Bissen zu essen haben? Wir sind halb verhungert.“ „Riech, Junge, riech,“ sagte meine Mutter ungeduldig. Mein Vater schnüffelte, aber ihm war zu kalt. „Wenn ich das kriege, was ich riechen kann,“ sagt er, „dann ist in dem Hause kein Topf, der das Waschen nötig hat.“

Llewellyn scheint bemerkt zu haben, daß die Fähigkeit, Gerüche wahrzunehmen, sehr verringert ist oder überhaupt aufhört, wenn man der Kälte durch längere Zeit ausgesetzt ist. Unter den vielen Untersuchungen, die über den Geruchssinn veröffentlicht worden sind, kann ich mich keiner erinnern, die dies behandelt.

Im Kontrast zu Llewellyn, dem Geruchsliteraten, sei nun ein anderer Autor historischer Romane zitiert, R. D. Blackmore, dessen „Lorna Doone“ man als halbklassisches Werk der eng-

lischen Volksliteratur bezeichnen kann. Er beschreibt das Leben
eines Freibauern im siebzehnten Jahrhundert und hat von seiner
Einbildungskraft unter anderem auch bei Nahrung, Mahlzeiten und
Getränken Gebrauch gemacht. Da wird nun klar, daß dieser Autor
von Erinnerungen an vergangene Gerüche keineswegs geplagt wird,
daß sie in seinem Leben keine Rolle spielen. Mutter Ridd lädt Tom
Faggus, den Straßenräuber, ein, zum Abendbrot zu bleiben:

„Wir haben einige Schnitten Rehfleisch und einen Schinken, frisch
aus dem Rauchfang her, und ein bißchen geräucherten Lachs aus der
Lynmouth-Schleuse und kalten Schweinsbraten und ein paar Austern.
Und wenn nichts davon Ihrem Gusto paßt, so könnten wir in einer
halben Stunde zwei Schnepfen braten und Annie könnte das Röstbrot
dazu machen. Und die guten Leute, die letzte Woche landeinwärts
gingen, haben aus Versehen ein Fäßchen holländischen Wacholder
hier gelassen — — —"

Und Tom Faggus blieb

„und nahm ein bißchen von allem; zuerst ein paar Austern und
dann geräucherten Lachs und dann Eier mit gebratenem Schinken, in
kleine Rollen zusammengedreht, und dann ein paar Rehschnitten auf
Röstbrot und dann kam ein bißchen kalter Schweinebraten und zum
Abschluß eine Schnepfe auf Röstbrot, vor dem holländischen Wacholder
mit heißem Wasser — — — er war anscheinend bei recht gutem
Appetit und spendete Annies Kochkunst hohes Lob mit genießerischen
Geräuschen, schnalzte mit den Lippen und rieb sich die Hände, wann
immer er sie frei hatte."

Anders wie L l e w e l l y n kann B l a c k m o r e Appetit nur als
eine Form des Betragens beschreiben, er schildert nur das, was im
Einzelfalle sichtbar oder hörbar ist; Röllchen gerösteten Schinkens,
genießerische Geräusche, Reiben der Hände. Verführerische Düfte existieren nicht für ihn. Seine Beschreibung des Mahles ist sicherlich
eindrucksvoll, besonders in Kriegszeiten; wie eine Speisekarte eines
guten Restaurants aus Vorkriegszeiten, die in einer Lade gelegen,
macht die Beschreibung den Mund wässern, allein durch den Reiz des
Gesichtssinnes. Man muß erst darauf hingewiesen werden, was der
Ekstase L l e w e l l y n s, des erstzitierten Autors, zugrundeliegt, bevor
man den Unterschied in den natürlichen Begabungen der beiden
Schriftsteller erkennt.

3. Malen und Feinschmeckerei

Der Platz, welchen die Gastronomie in der Kultur einnimmt, liegt
ungefähr irgendwo zwischen Malerei und Parfümerie; Malen ist eine
Kunst des Sehens und von der Parfümerie kann man sagen, sie sei

eine Nasenkunst. Beide Künste werden von mehr oder weniger geübten Künstlern betrieben, denen Grenzen gesetzt sind durch die Eigenschaften des Materials, das sie benutzen, und durch die Fähigkeiten des Organs, für welches die Erzeugnisse bestimmt sind.

In bezug auf das Malen kann man sagen, daß Gesetze entwickelt wurden, die in Schulen oder Perioden ihren Ausdruck fanden. Ebenso gibt es Gesetze der Parfümerie. Maler haben gewisse, mehr oder weniger konventionelle Regeln für die Anordnung des Gegenstands der Bilder aufgestellt; so zum Beispiel die Einteilung des Bildraumes in Vorder-, Mittel- und Hintergrund; Licht und Schatten; die Beziehung der Farben zueinander; die Art und Weise, Gegenstände in Bewegung darzustellen. Will man ein Werk der Kunst beurteilen, so muß man zu allererst berücksichtigen, ob die Schule, in der es entstanden ist, schon Kenntnis von der richtigen oder wirksamen Behandlung des einen oder des anderen dieser Punkte besaß. Der innere Wert eines Gemäldes kann nicht richtig beurteilt werden ohne Kenntnis der Schule oder Periode, zu welcher es gehört. Für den Vergleich, den wir hier anstellen, ist es von besonderer Bedeutung, daß die Kultur auf diese Art mehrere oder viele Kunstsysteme entwickelt hat, die nicht voneinander abhängen. Es gibt nicht bloß eine europäische Kunst — die wir bei solchen Betrachtungen meist im Auge haben —, sondern auch eine Kunst des Fernen Ostens, der russischen Ikonen usw. Dasselbe gilt aber auch für die Gastronomie.

4. Feinschmeckerei der Klassen

Da die Menschen entweder als Feinschmecker geboren werden oder keine sind, sind sie in einem gewissen Grade in dieser Eigenschaft unabhängig von ihrem Lebensstandard. Sie haben ihre Fähigkeiten, ob sie es mögen oder nicht, an dem ihnen zugänglichen Material zu gebrauchen und zu schärfen, mag dies bei den einen geschroteter Hafer oder Mais sein oder bei anderen Rebhühner und Austern. Ein Mann, der von gekochtem Haferschrot oder Maisschrot leben muß, also von schottischem Porridge, italienischer Polenta oder rumänischer Mamaliga, kann verglichen werden mit jenen Künstlern, die ihre künstlerischen Gefühle und Neigungen in Zeichnungen auf Höhlenwänden ausdrücken mußten. Der bevorzugte Feinschmecker hingegen hat eine ganze Welt von Aromen zu seiner Verfügung, eine Welt, die die Generosität der Natur geschaffen hat und die vielleicht aus allen Winkeln der Erde herstammt.

Der primitive Eßkünstler, dessen Kunstleben auf der Linie von Porridge oder Polenta sich abspielt, zieht ganz ungeheures Vergnügen aus diesen ursprünglichen Stoffen, obwohl die möglichen Variationen dabei viel enger begrenzt sind als in der Welt der Gerichte mit den reichen Zutaten. Es mag sein, daß Hafer oder Mais aus verschiedenen Samen oder verschiedenen Böden oder im Wechsel der Jahre in bezug auf das Aroma unterscheidbar ist. Außerdem kommt die Art der Schrotung und der Siebung der Getreidekörner in Betracht, ob diese einfach in ein paar Teile zerbrochen oder fein gemahlen sind oder ob die Mischung aus groben und feinen Teilen besteht. Bei der Zubereitung ist die Wassermenge von Bedeutung, sie bestimmt, ob der Brei dick oder dünn ausfällt. Ferner spielt noch eine Rolle, wie lange der Brei gekocht wird und wann er am besten zu essen ist, unmittelbar nach dem Kochen oder später. Schließlich geht es noch um die Frage des Salzzusatzes, wenn nicht auch anderes zugesetzt wird. Obwohl dies alles nur wenige Faktoren sind, die bei einfachen Breien variiert werden können, so gibt die Kombination doch eine große Anzahl unterschiedlicher Eigenschaften. Man denke nur an die Zahl der Marken geschroteten Hafers auf dem Markte und wie viele Rezepte bestehen, sie zuzubereiten. Aber man kann sicher sein, daß der durchschnittliche Polentaesser ohne Verständnis dem Vergnügen gegenübersteht, das der durchschnittliche Porridgeesser aus der verschiedenartigen Behandlung seiner Spezialität zieht, oder daß er überhaupt nur ahnt, worin dessen Vergnügen besteht, und umgekehrt. Gilt dies schon für den Durchschnittsmenschen, so noch mehr für den Künstler der Aromen, den die Geburt in eine Porridge- oder Polenta-Umgebung gebracht hat. Wenn sein Weib von Natur aus nur ein mittelmäßiges Interesse an der Zubereitung der Nahrung besitzt, so werden die künstlerischen Veranlagungen des Mannes ihr zur Qual und Last. Freilich, niemand lebt außer in Zeiten akuter Hungersnot ausschließlich von geschroteten Körnern und Wasser und selbst der ärmste Gastronom hat die Möglichkeit, seine Fähigkeiten auch an Brot und Margarine und kleinen Mengen anderer Dinge zu proben, womit er seinen Wirkungskreis ungeheuer erweitert. Wir hören nicht viel von diesen Künstlern, die in ihrem einfachen Kreis festgehalten sind, so wenig wie wir von den vielen Malern wissen, die der Welt durch ökonomische oder andere Verhältnisse verlorengegangen sind.

Wenden wir uns den Feinschmeckern zu, die vom Glück begünstigt sind, so finden wir unter ihnen diejenigen Männer, welche die Systeme und Schulen der Kochkunst entwickelt haben. Als die Römer arm waren oder sich noch an den Brauch der Armut hielten, aßen sie geschroteten und gekochten Mais. Als die wohlhabenden Klassen die einfachen Bräuche aufgaben, entwickelten sie eine Kochkunst, selbstverständlich nur für sich selbst. Wir kennen die Pioniere, jene von der Natur bevorzugten Künstler des kulinarischen Getriebes, die dabei die treibende Kraft bedeuteten. Zwischen Malerei und Gastronomie besteht auch insofern eine Analogie, als in beiden die Minderbegabten durch die echten Künstler stark beeinflußt werden. Der Einfluß der Nahrungskünstler auf die Entwicklung der Nahrungsgebräuche sollte deshalb nicht unterschätzt werden. Diese Quälgeister des einfachen Haushaltes werden auf dem höheren Niveau die respektierten Personen in Nobelrestaurants und Gesellschaften und ihr Urteil und Rat wird von der Menge befolgt.

5. Gesetze der Feinschmeckerei

Die Analogie zwischen der historischen Entwicklung der Kunst und der der Ernährung kann hier nicht bis in kleinste Details ausgeführt werden; wir müssen uns auf einige hervorstechende Kennzeichen beschränken, die beiden gemeinsam sind. Bis ins 17. Jahrhundert war die Königsidee des Kochens die Verkleidung der Rohstoffe. Sie wurde erreicht durch Vereinigung möglichst vieler derselben in einem Gericht, das außerdem noch stark gewürzt wurde. Diese Schule der Kochkunst war auf drei Voraussetzungen gegründet: Erstens das Bestreben der Küchenkünstler dieser Zeit, außerordentliche, überraschende Gerichte für ihre Herren, die Reichen, zu erzeugen; zweitens gab es keine Gabeln und daher empfahl es sich, Gerichte herzustellen, die mit dem Löffel gegessen werden konnten. Deshalb waren die meisten der Gerichte gulyas- oder sagen wir eintopfartig und gerade solche Gerichte sind für verschiedenartige Verkleidung am besten geeignet; drittens, der populäre, bei Herr und Diener beliebte Sport, den Scharfsinn der Gastronomen auf die Probe zu stellen, und zwar durch Erraten von visuell nicht kenntlichen Zutaten. Alle Gewohnheiten sterben schwer und auch nach ihrem Tode kehren sie ab und zu, in der einen oder anderen Form, wieder ins Leben zurück. An jenen Brauch, der nur bis ins 17. Jahrhundert bestand, wurde ich kürzlich erinnert, als mir eine Dame erzählte, sie habe einmal einige Mitglieder der Wine and Food Society in London zu Gast geladen und eine Pastete aus Schnepfenfleisch und Austern bereitet mit der Absicht, ihre Gäste raten zu lassen, was darin enthalten sei.

Nach dem 17. Jahrhundert entwickelte sich in Frankreich eine Schule, deren Idee dem eben Beschriebenen vollständig entgegengesetzt war. Nichts mehr von Verkleidung der Rohstoffe. Grundsatz wurde, daß die Saucen, deren Bereitung die Parfümerie der Kochkunst darstellt, den Grundgeschmack eines Fleisches nur begleiten, nicht aber ertränken dürfen. Dieser neue Brauch wurde zum heiligen Gesetz der Gastronomie dieser Schulrichtung und gilt noch heute, wird aber manchmal selbst von unseren Feinschmeckern gebrochen; siehe das vorangegangene Beispiel.

Die Reihenfolge der Gerichte, die im 18. Jahrhundert Brauch wurde,
ist von unserem Gesichtspunkt aus ebenfalls von Interesse. Wir müssen
uns erinnern, daß es in der Gastronomie keine l'art pour l'art gibt,
wie in der Malerei und vielleicht auch in der Parfümerie. Gegessen
und getrunken wird nicht nur zur Sinnesbefriedigung, sondern auch
wegen des Magens und wegen aller Dinge, die mit der Verdauung
verbunden sind. Die gesetzmäßige Reihenfolge der Gerichte wurde
geschaffen, um das Maximum an Vergnügen hervorzurufen, gegen das
der Magen nicht protestiert, und so haben diese Gesetze immer den
Sinnesreiz und die Ansprüche des Magens gleichzeitig im Auge. Sicherlich ist es möglich, bei sorgfältiger Anordnung der Reihenfolge in
einem französischen Diner von zehn Gängen den Magen in angenehmer Weise zu überlasten. Anderseits muß darauf hingewiesen
werden, daß es in Amerika vor einigen Jahrzehnten allgemeiner Brauch
war, eine ganze Anzahl von Gerichten zu gleicher Zeit zu essen, ohne
daß der Magen irritiert wurde. Wie bereits erwähnt, hat K a t z berichtet, er habe seine Kinder, die schlecht aßen, mit allen Arten von
Gerichten an einen Tisch gesetzt und ihnen erlaubt, sie nach ihrer
Wahl zu mischen, also auch Schokolade mit Spinat zu essen, wenn
es ihnen paßte.

Viele der Gesetze der Gastronomie sind auf physiologischen Eigenschaften der menschlichen Sinne und Psychologie basiert, worüber
zu berichten Aufgabe früherer Abschnitte dieses Buches gewesen ist.
Man kann sich an die Begrenztheiten des menschlichen Auffassungs-
vermögens und der menschlichen Sinne halten und unter deren Berücksichtigung ein System der Speisenfolge machen, oder man kann diese
Grenzen durchbrechen und doch ganz angenehm leben. Alles Psychische
ist anpassungsfähig. Alles, was in einem System vernünftig und
logisch ist, kann nach einiger Zeit durch etwas anderes ersetzt
werden. Dies gilt sowohl vom Malen als auch von den Nahrungsgebräuchen. F e r g u s o n und andere Schriftsteller sagen, daß die
Kochkunst in England von den Römern herstammt. Dasselbe kann,
in Abstufungen, von der Kochkunst aller Nationen Europas gesagt
werden. Aber alle Schulen von Ernährungsgebräuchen, die neben-
einander oder nacheinander in den verschiedenen Ländern sich entwickelt haben, haben zu verschiedenen Ergebnissen im Laufe der Jahrhunderte geführt, gerade so wie es in der Malerei der Fall ist. So
ist es in Polen Brauch der Gastronomie, zusammen mit raffinierten
Gerichten ein ganz dunkles Roggenbrot zu essen. Die Polen sind
wahrscheinlich imstande, zu erklären, weshalb sie dies tun, aber kein
französischer Gastronom wird ihre Erklärung verstehen. Und wie steht
es mit der russischen Kochkunst oder der chinesischen Gastronomie,
die sich ganz unabhängig von der römischen Tradition und vor dieser

entwickelten, gerade so wie es bei der chinesischen Kunst der Fall war?

So gibt es Systeme der Gastronomie, innerhalb welcher alles für einige Zeit demjenigen logisch erscheint, der sie verstehen kann; von welchem Gesichtspunkt aus immer man aber an die Geschichte menschlicher Ernährung herangeht, vom Ursprung der Nahrungsgebräuche oder von einem anderen Gesichtspunkt aus, man muß sich erst von der Vorstellung befreien, daß es gute und schlechte Nahrung oder Gerichte gibt, daß es solche gibt, die absolut wohlschmeckend oder absolut unangenehm sind und daß es gute und schlechte Nahrungsgewohnheiten gibt. Die Gastronomie ist eine Sphäre, in der es äußerst schwierig ist, eine Generalisierung der eigenen individuellen Gefühle zu vermeiden; man sollte ständig Hennings ausgezeichneten Satz sich gegenwärtig halten, daß es nichts auf dieser Erde gibt, was von einer Nation nicht so sehr geliebt, als es von einer anderen gehaßt wird.

6. Abnagen der Knochen

Wir haben etwas verloren, als wir den Brauch aufgaben, das Fleisch von den Knochen zu nagen. Wie es gemacht wurde, hat Charles Laughton treffend rekonstruiert, als er die Rolle Heinrichs VIII. in dem bekannten Film spielte. Der Vorgang läßt sich folgendermaßen analysieren: Der Knochen wird mit einer Hand oder beiden zum Mund gebracht und, sobald die Schneidezähne ihre Arbeit getan haben und das Mahlkauen beginnt, wird der Knochen vom Munde weggetan, bis der nächste Biß erfolgen kann. Dies bedeutet, daß im Augenblick des Abbeißens der Knochen unmittelbar unter der Nase placiert ist und dieser so Gelegenheit zu voller Wahrnehmung der Riechstoffe geboten wird. Da diese Wahrnehmung von dem Abstand zwischen Nahrung und Nase abhängt, kann kein Fleisch auf einem Teller so intensiv wirken wie ein Knochen beim Abnagen. Daß er immer wieder vom Munde entfernt wird, ist das beste Verfahren, physiologische Ermüdung zu vermeiden, da sowohl der Knochen als auch seine Riechstoffe in dieser Zwischenzeit weit von der Nase entfernt sind. Der Schauspieler fühlte, daß König Heinrich eine noch wirksamere Handlung zum Schutz seines Appetits sich leisten konnte, daher wirft der König im Film die abgenagten Knochen gleich über seine Schulter.

Gastronomen haben noch immer die Neigung, die Knochen vom Geflügel abzunagen. Ich kannte einen, der zufälligerweise Professor der Philosophie war. Er pflegte selbst im Restaurant die Knochen abzunagen, war sich zwar nicht bewußt, weshalb er es tat, hatte sich aber eine andere und nicht unberechtigte Erklärung für seine Handlung zu-

rechtgelegt. Er sagte, das Abnagen verlängere sein Vergnügen, denn
nachher, zu Hause, konnte er genießerisch das Erlebnis wiedererwecken,
indem er ab und zu an seinen Fingern schnupperte.

XXVIII. Mode in der Ernährung

Wo eigentlich die Mode in das Gebiet der Ernährung eindringt,
ist schwer zu sagen. Die Sache kann von recht unterschiedlichen Gesichtspunkten aus betrachtet werden. Nur um die Situation etwas
zu klären, soll hier der Versuch unternommen werden, einiges davon
mitzuteilen.

Bei der Mode wird im allgemeinen anerkannt, daß die unteren
Klassen den oberen folgen, was am besten an der Mode in der Kleidung
exemplifiziert werden kann. „Mode" wird auch vielfach als ein Argument verwendet, um Nahrungsgebräuche schlecht erscheinen zu lassen.
In diesem Buche wird viel Raum darauf verwendet, nachzuweisen, daß
diese Bräuche oft tiefere Wurzeln haben.

Gebräuche, die Moden genannt werden können, haften in Dingen
der Ernährung viel fester als in Dingen der Kleidung. Die meisten
Leute verhalten sich in Fragen der Ernährung wie alte Herren, deren
Vorstellungen über Kleider, Kragen und Krawatten endgültig festgelegt sind. Im allgemeinen gilt, daß die oberen Klassen eine Mode
aufgeben, sobald sie von den unteren angenommen wird. Dies ist nicht
so bei der Ernährung; die oberen Klassen greifen nicht nach anderer
Nahrung, wenn die ihre allgemein wird. Der beste Beweis dafür ist
weißes Brot, das in vielen Ländern durch lange Zeit ein Monopol der
oberen Klassen gewesen ist; es wurde von ihnen nicht aufgegeben, als
das ganze Volk es aß, obgleich in jüngster Zeit eine gewisse Tendenz
dazu vielleicht wahrnehmbar war (M o t t r a m). Wenn es eine solche
Tendenz heute gibt, so hat sie sicherlich nichts damit zu tun, daß
diese Mode von der Allgemeinheit angenommen worden ist, denn dies
ereignete sich vor ungefähr 200 Jahren. In Amerika, wo eine so
starke Neigung besteht, alle Lebensverhältnisse anzugleichen, geben
dessenungeachtet die oberen Klassen eine Kleidermode auf, sobald sie
populär wird; wenn dasselbe aber mit Orangen geschieht, so folgt
kein solches Aufgeben. Amerikaner aller Klassen sind einigermaßen
darauf stolz, daß Obst der gleichen Qualität und desselben Preises
im ganzen Lande erhältlich ist, und dies ist auch eine Art Mode.

Wenn wir die schlanke Linie als eine Mode betrachten, obwohl
sie in die ganze Revolution unserer Lebensgewohnheiten ausgezeichnet
hineinpaßt, so sind wir auch berechtigt, von einer Mode in Nahrungs-

mitteln zu sprechen, die von diesem Gesichtspunkt aus gewählt werden.

Es gibt aber auch Kräfte, welche den Wandel von Ernährungsgebräuchen beeinflußen und über welche uns ein tieferes Wissen fehlt. So lange dem so ist, können wir einige Genugtuung darin finden, diesen Wandel der Mode zuzuschreiben. Alles, was in der Sprache um den Ausdruck, Geschmack an einer Nahrung finden oder verlieren, herumgebaut ist, gehört zu dieser Gruppe. Schon am Ende des 18. Jahrhunderts machte Sir Frederick Eden von einer solchen Phrase Gebrauch, indem er bemerkte, daß die Arbeiter im Süden von England ihren „Zahn" für Roggenbrot verloren hätten. Da die Ursache dieser Geschmacksänderung nicht bekannt ist, so bedeutet der „Zahn" nichts anderes als eine Konstatierung mittels eines anderen als des üblichen Ausdruckes. Denn jene Arbeiter folgten bei ihrem Übergang zum Weizenbrot nicht einfach dem Beispiel der oberen Klassen, sondern es gab auch psychologische und physiologische Gründe für die Bevorzugung von Weizen. Viel schwerer jedoch ist der moderne amerikanische Ausdruck „ein süßer Zahn" zu erklären. Dies in die Kategorie Mode einzureihen, scheint mir gerechtfertigter. In Schweden gab es eine Zeit, ich glaube es war das 17. Jahrhundert, in der die Zuckerpreise beträchtlich sanken und eine plötzliche Leidenschaft für das Süßen aller Speisen sich verbreitete. Die gegenwärtige Leidenschaft für Süßigkeiten, die in Amerika zu finden ist, hat sicherlich andere Wurzeln, aber welche, weiß man einstweilen nicht. Hier stehen wir wohl dem großen Problem dessen, was wir Mode nennen, gegenüber. Kleinere Probleme dieser Art tauchen ununterbrochen auf, wie der Rückgang im Verbrauch unbedeutenderer Lebensmittel, die früher beliebt waren, oder auch deren vollständiges Verschwinden auf dem Markte. Bei vielen dieser Fragen mag es möglich sein, durch Anwendung der Methoden dieses Buches Ergebnisse zu erhalten, aber gewiß nicht bei allen. Aber keine Methode kann den Anspruch erheben, vollkommen zu sein oder die Vielseitigkeit des menschlichen Lebens vollständig zu decken.

Einige Anzeichen des ungeheuren Einflußes der Mode auf Nahrungsgebräuche können aus den Beobachtungen gezogen werden, die eine Psychologin[1] in bezug auf den Einfluß der Mode auf Kleidungsgewohnheiten gemacht hat. Man kann eine Analogie ziehen zwischen Nahrung und Kleidung, sowohl hinsichtlich der verwendeten Rohstoffe als auch der Zubereitung oder des Schnittes.

Dr. Wolf studierte den Schnitt von Frauenkleidern vom psychologischen Standpunkt aus auf Grund der Messung von Tausenden von

---

[1] Wolf Käthe, Psychologie der Mode, „Neue Freie Presse", Wien, 8. September 1936.

Modellen, die durch einen Zeitraum von zwanzig Jahren aufbewahrt worden waren. Die Feststellung, ob die Kleider gefielen oder nicht, wurde in Beziehung gesetzt zu den Messungen. Danach ergab sich, daß jedes Kleid aus unteilbaren Einheiten besteht, die unter allen Umständen koordiniert sein müssen, um die gewünschte Wirkung hervorzubringen. In jeder Periode der Mode gibt es einen entscheidenden Faktor, der durch die Beziehung zwischen Schluß und Saum dargestellt wird. Es gibt weiters drei konstruktive Faktoren der Kleidermode: die Weite der Schultern, die Stelle, an welche der Schluß gelegt wird, und die Länge des Rockes. Diese drei zusammen ergeben die Silhouette des Kleides. Die Gesamtwirkung, die durch den Ausdruck Silhouette gekennzeichnet wird, scheint der entscheidende Punkt in der Frauenmode zu sein. Ein Kleid wird unmöglich, wenn der Schneider einen dieser drei Faktoren vernachlässigt. Außer diesen wurden noch ergänzende Faktoren festgestellt. Die Breite des Schlußbandes, die Weite des Rockes und die Form der Ärmel. Wenn einer dieser Ergänzungsfaktoren vernachlässigt wird, so wird dadurch das Kleid nicht unmöglich, aber doch unmodern.

Für die Nahrungsmode besteht keine Analyse, die der eben gegebenen ähnlich ist. Nach der Einstellung dieses Buches kann nicht gesagt werden, wie andere das taten, es sei Mode im antiken Rom oder im mittelalterlichen England gewesen, alle Nahrung in Eintopfform mit reichlich beigemischten Aromen herzustellen, wenn wir wissen, daß hinter diesem Brauch der Mangel an Gabeln steckte. Viele dieser sogenannten Moden können mehr oder weniger einfach erklärt werden. Wir können jene Studie über die Frauenmode dazu benutzen, um Vergleiche zwischen einem Kleide und einer Mahlzeit anzustellen. Eine Mahlzeit von mehreren Gängen besteht, wie ein Kleid, aus unteilbaren Einheiten, die koordiniert werden müssen, um ein Ganzes darzustellen. Das Entscheidende ist das Hauptgericht. Die Einheiten einer Mahlzeit mögen in ihrem Charakter wechseln; es mag zum Beispiel Mode sein, wenig Suppe zu essen oder viel, gerade so wie die Weite eines Rockes mit der Mode wechselt. Dieser Vergleich gibt nur einen Anhaltspunkt für das Wirken der Mode auf Mahlzeiten und kann nicht zu weit geführt werden. Bei dem klassischen französischen Diner von zehn oder zwölf Gängen ist die Einteilung eine andere und das Hauptgericht weniger betont, dennoch aber bleibt die Tatsache bestehen, daß jeder Gang, das ist jeder Teil der Mahlzeit, eine unteilbare Einheit ist. Es wird wahrscheinlich möglich sein, den Einfluß der Mode nicht nur bei jedem Gang der Mahlzeit aufzudecken, sondern auch hinsichtlich der Art der Zubereitung des Hauptgerichtes. Jede Hausfrau und jeder Restaurateur sollte sich dessen bewußt sein, daß sie oder er Gelegenheit haben, schöpferisch in Sachen der Nahrungsmode zu sein oder, um es anders auszudrücken, ihre Individualität zu zeigen; dies kann beim Kochen wie beim Kleidermachen der Fall sein. Eine Mahlzeit vorzusetzen, sollte tatsächlich mehr bedeuten, als Gerichte aus einer Anzahl von Töpfen herauszuschöpfen.

XXIX. Aldous Huxley über unsere Stellung zur Farbenwirkung der Nahrung

Schriftsteller pflegen intuitiv zu sein in bezug auf die meisten der Dinge, über die sie schreiben, und so lohnt es sich zu hören, was Aldous Huxley über den Einfluß der Färbung unserer Nahrung zu sagen hat, um so mehr, als es sehr unterhaltlich ist; außerdem wurde das Zusammenwirken oder der Widerstreit von Auge und Gaumen in diesem Buch nicht so vollständig behandelt, als es vielleicht wünschenswert wäre.

„Trinidad: Die Orangen, die auf diesen tropischen Inseln wachsen, sind ganz besonders saftig und aromatisch: aber niemals erreichen sie einen europäischen oder nordamerikanischen Markt. Wie bei so vielen von uns ist ihr Äußeres ihr Unglück; die Natur hat ihnen eine Gesichtsfarbe gegeben, die nicht orange, sondern hellgrün ist, unregelmäßig gelb gefleckt. Deshalb will niemand außerhalb des Ursprungslandes sie kaufen, denn sonderbarerweise wird Obst nach dem Aussehen und nicht nach dem Geschmack verkauft. Jeder Gärtner weiß, daß sein Erzeugnis in erster Linie das Auge und erst in zweiter Linie den Gaumen befriedigen muß. Unendliche Mühe hat man sich gemacht, die Haut von Früchten zu verschönern, aber wie wenig hat man sich bisher bemüht, das Aroma unseres Desserts zu verbessern!

Die Wirkung heller Farben, von Symmetrie und Größe ist unwiderstehlich. Der Sägespäneapfel des mittleren Westens ist wunderbar rot und rund; die Orange Kaliforniens mag kein Aroma haben und eine Haut wie ein Krokodil — aber sie ist eine goldene Lampe; und das Runde, das Rote und Goldige sind die Dinge, die der Käufer als erstes wahrnimmt, wenn er einen Laden betritt. Mehr noch, diese Früchte sind groß und die Gefräßigkeit ist so einfältig, daß sie das Essen großer Happen dem kleiner immer vorzieht — sogar dann, wenn die Dinge nach Gewicht gekauft werden. Und es macht auch keinen Unterschied, ob nachher auf den Einzelnen eine große oder kleine Portion entfällt.

Aber dies ist noch nicht alles. Der Mensch blickt auf die Wirklichkeit durch ein vermittelndes und nur teilweise durchscheinendes Medium — die Sprache. Er sieht die wirklichen Dinge überlagert durch die

Besonderheiten der Ausdrücke, die ihnen die Sprache gegeben hat. Er blickt auf Orangen so, als sähe er sie durch ein mit diesen Früchten bemaltes Glas. Wenn die wirklichen Orangen mit dem beau idéal jener Orangen übereinstimmen, die auf das Glas gemalt sind, dann ist er überzeugt, daß alles in Ordnung ist. Aber wenn die beiden nicht übereinstimmen, wird er argwöhnisch; irgend etwas muß da nicht in Ordnung sein.

Ein Wörterbuch ist ein System platonischer Ideen, welchen unserem Gefühl nach (seltsamerweise, wenn es auch unlogisch ist) die Wirklichkeit entsprechen sollte. Durch die Sprache haben alle unsere Beziehungen zur Außenwelt eine gewisse ethische Färbung; bevor das Auge noch beobachtet, glauben wir zu wissen, wie die Wirklichkeit verpflichtet ist, auszusehen. Zum Beispiel ist es offensichtlich Pflicht aller Orangen, orangenfarben zu sein; und wenn sich nun herausstellt, daß sie nicht orangenfarben sind, sondern wie die Früchte von Trinidad hellgrün, dann lehnen wir es ab, diese abnormen und unmoralischen Karikaturen von Orangen auch nur zu kosten. Jede Sprache enthält in sich eingeschlossen einen ganzen Satz von kategorischen Imperativen[1]."

XXX. Der Mund: ein überlastetes Werkzeug

In einer Sitzung einer medizinischen Gesellschaft gab es einmal eine Diskussion über die Möglichkeit, den Magen und seine Wirkung mit einem technischen Apparat zu vergleichen, einem Dampfkessel zum Beispiel. Auch der scharfsinnigste Fachgelehrte konnte keinen passenden Vergleich finden, bis der Vorsitzende die Diskussion unterbrach und ausrief: „Wissen Sie, was ein Magen ist, meine Herren, ein Magen!"

Die gleiche Lösung würde wohl kaum befriedigen, wenn es sich um den menschlichen Mund handelt. Für die Diätetiker ist der Mund lediglich jener Teil, durch welchen die Nahrung dem menschlichen Körper zugeführt wird, wobei das Vorhandensein von Zähnen und Zunge kaum beachtet wird. Für den Zahnarzt ist der Mund ein Kauapparat. Aber der Mund ist nicht nur die Eingangspforte der Nahrung; manchmal hat er zu lächeln oder zu gähnen, zu lachen oder zu rauchen, zu husten oder zu erbrechen und auch zu singen. Wenn es kalt ist, mögen die Zähne klappern. Die Lippen haben nicht nur an einem Trinkgefäß zu nippen; sie haben auch zu küssen. Der Apparat, der neben der Ernährung noch allen diesen Zwecken dient, hat auch die menschliche Sprache mit allen ihren Verfeinerungen zu formen.

---

[1] Huxley Aldous, Beyond the Mexique Bay, London. 1934.

Der Mund ist nicht nur die Stelle, durch die die Nahrung eingeführt, zerkleinert und geschluckt wird, sondern darin haben auch die meisten der Sinnesorgane ihren Sitz, welche uns die Empfindung der Nahrungsstoffe vermitteln. Und was immer der Mund jeweils tun mag, zwei Dinge gehen darin fortwährend vor sich, die alle anderen Tätigkeiten irgendwie beeinflussen. Wir haben ungefähr sechzehnmal in der Minute zu atmen und es erfolgt die Speichelsekretion im Ausmaß von ungefähr einem Liter täglich.

Man mag sagen, daß im Laufe des Tages genügend Zeit vorhanden ist für all dies, und daß bis jetzt noch niemand Klage geführt hat über eine Überlastung seines Mundes; aber die Frage ist, auf welche der vielen Tätigkeiten des Mundes ist jeweils die Aufmerksamkeit konzentriert? Wenn auf den Lippen Küsse brennen, so wird von der Qualität des Weines wenig bemerkt und ebenso wenig Aufmerksamkeit kann dem Essen gewidmet werden, wenn der Mund des Dinierenden wiederholt zum Lächeln gezwungen wird. So kommt es, daß wir oft nicht wissen, was wir essen, wenn nicht ein extra starker Stimmungsstimulus auf unsere Sinne ausgeübt wird. Wir mögen sogar überhaupt vergessen, daß wir essen, käme es dann nicht vielleicht zu einem Konflikt zwischen Atmung und Essen und wir verschlucken uns dann.

Zweiter Teil

Landwirtschaft, Klima und Konservierung

I. Nationale Nahrungsgebräuche und Landwirtschaft

Daß die Nahrungsgebräuche von den vorhandenen Rohstoffen ihren Ausgang nahmen und daß diese hauptsächlich von der Landeserzeugung abhängen, klingt mehr nach einem Gemeinplatz, als es wirklich der Fall ist. Die meisten Leute besitzen nur unbestimmte Vorstellungen von den weitreichenden Folgen, die es hat, daß die menschliche Nahrung so sehr an den Boden des Landes gebunden ist. Wenn auch in unserer Zeit der Einfluß der unmittelbaren Umgebung nicht mehr so stark ist, wie er einst war, so ist er doch als eine Erbschaft auf uns gekommen.

1. Alkoholische Getränke

Es mag überraschen, daß alkoholischen Getränken hier eine solche Bedeutung zugemessen wird, daß sie die erste Stelle in dieser Untersuchung einnehmen. Warum nicht Brot? Der Grund dafür ist, daß Getreide weit weniger vom Klima abhängt, als dies bei den Rohstoffen der alkoholischen Getränke im allgemeinen der Fall ist. Der Weinbau ist weit mehr beschränkt als die Kultur von Weizen, Roggen oder Gerste. Völker, die Weinstöcke in genügenden Mengen ziehen, entwickeln kaum jemals den Brauch, Getreide zu mälzen und Ale oder Bier zu brauen. Wahrscheinlich standen ihnen weder überschüssige Böden noch überschüssige Arbeit für den Gerstenbau zur Verfügung. Die weinbauenden Länder verwendeten die Trauben auch fürs Destillieren starker Getränke, die anderen mußten sich mit Getreide behelfen.

Es ist eine Besonderheit von Weintrauben, daß die Mannigfaltigkeit ihrer Eigenschaften eine große Menge unterschiedlicher Weine bedingt, wobei nicht nur Differenzierungen in den Gärungsmethoden in Betracht kommen, wie es beim Bier der Fall ist. Diese Eigenschaften der Trauben variieren nicht nur innerhalb eines Landes von Distrikt zu Distrikt, sondern selbst von einem Acker zum nächsten, je nach den Eigenschaften des Bodens, der Seehöhe und der Lage zur Sonne, so daß Äcker, die nach dem Norden gehen, eine andere Traube erzeugen als jene, die nach Süden zeigen. Dem ist es zuzuschreiben, daß die Weinerzeugung niemals eine Großindustrie geworden ist wie die Brauerei. Es gibt freilich auch große Unterschiede in den Eigenschaften der Gerste, aber wenige von ihnen vermögen die Qualität des Bieres zu beeinflussen. Es ist bei der Gerste nicht notwendig wie bei den Trauben, den Ertrag eines Feldes getrennt vom Ertrag des anderen zu vergären.

In früheren Zeiten, als in vielen Ländern, einschließlich England, das Brauen Hausarbeit war wie das Kochen, gab es Unterschiede des Bieres nur in bezug auf das Verfahren beim Mälzen und Brauen von einem Haus zum nächsten und von einem Ort zum anderen, gerade so wie Gerichte nach ihrer Zubereitung heute von Haus zu Haus variieren. Sicherlich mag es so gewesen sein, daß örtlich dem Gebräu besonders geschickter Leute ein Vorzug gegeben wurde, aber die lokalen Merkmale, die von so großer Bedeutung in der Unterscheidung der Weinarten sind, fehlen beim Bier. Viele Leute sind fähig, über die Eigenschaften ihrer Lieblingsgetränke in Ekstase zu geraten, aber beim Lob des Bieres waren sie früher nicht imstande, mittels der Sprache auszudrücken, was sie über das eine oder das andere Bräu zu sagen wünschten. Jetzt ist ihnen das etwas leichter gemacht, seitdem die Großerzeugung von Bier bestimmte Typen mit besser definierbaren Kennzeichen herausgebracht hat. Beim Wein sind diese Schwierigkeiten bei weitem nicht so groß. Unterschiede können gemacht werden, indem man die Eigenschaften mit dem Lande oder Distrikt des Ursprungs und dem Jahrgang in Zusammenhang bringt.

Jedoch jedem Volke bleibt nichts anderes übrig, als sich an dem zu vergnügen, was es besitzt. In England, Deutschland, der Tschechoslowakei und Polen genoß man das primitiv gegorene Ale und Bier, solange die Hausbrauerei Brauch war, und jetzt muß das Vergnügen in kommerzialisierten Produkten dieser Art gefunden werden. Die Franzosen, die Italiener und die Spanier ziehen ihr Vergnügen aus dem Wein. Überall ist es das nationale oder selbst das lokale Getränk, worauf ein Volk stolz ist.

Dasselbe gilt von gebrannten Getränken, sei deren Basis Getreide oder Wein. Es ist nicht möglich, die Empfindungen beim Trinken solcher Getränke so scharf zu unterscheiden, wie dies bei Wein und Bier der Fall ist; denn diese können mit einem Alkoholgehalt hergestellt werden, der von sehr wenig bis zu mehr als 15% ansteigt, während Spirituosen meistens zwischen 30 und 40% Alkohol enthalten, mögen sie aus Getreide oder aus Wein destilliert sein. Für ihre feine Unterscheidung hat man zunächst die brennenden und irritierenden Empfindungen beim Trinken zu beobachten. . Dafür ist Übung und Erfahrung notwendig, und diejenigen, die sie sich erworben haben, finden in ihrer Kunst mehr Vergnügen, als der Breiesser in seinem Verständnis für Breiempfindungen. Durch die Destillation werden dem Alkohol aromatische Substanzen in unbestimmten Mengen einverleibt. Sie sind leicht wahrnehmbar in alkoholischen Lösungen und ihre Würdigung durch den Geruchsinn ist die zweite Aufgabe des Trinkers. Wie beim Bier ist die Sprache unzureichend, die unterschiedlichen Erlebnisse dabei zu beschreiben, und kein Whiskyerzeuger kann in Worten ausdrücken, was denn eigentlich die spezifischen Eigenschaften seines Produktes sind. Dessenungeachtet sind Whisky mit seiner Abhängigkeit vom Malz, und Wodka, der vom Roggen seine Duftstoffe bezieht, Nationalgewohnheiten von Großbritannien, beziehungsweise Rußland geworden. Bei der Destillation verschwindet die Abhängigkeit vom lokalen Rohstoff so ziemlich, aber es gibt einen Fall, in welchem ein gebranntes Erzeugnis seine Herkunft im Namen akzentuiert; dies ist der Fall bei den Erzeugnissen der Stadt Cognac. In manchen Ländern ist die Erzeugung von reinem Alkohol, der Basis der starken Getränke, manchmal auch diese selbst, Staatsmonopol geworden, ausgenommen die auf Wein basierenden. Viele Nationen haben an Stelle des Getreides die Kartoffel, das nunmehr reichlich vorhandene Produkt des nationalen Bodens, zum Rohmaterial der Branntweinerzeugung gemacht; aber in Frankreich ist es der gemahlene Reis, weil dieser das reinste, die Kehle am wenigsten reizende Getränk ergibt. Der Reis kommt aus den Kolonien Frankreichs und auf diese Weise wird die Erde der Kolonien in einer Art, die anderwärts unbekannt ist, zu Frankreichs eigenem Boden gemacht.

Welcher Nutzen kann aus diesen Darlegungen über die Entwicklung von Gebräuchen bei alkoholischen Getränken gezogen werden? Einfach der, daß Völker im Norden und Osten ihrem Mangel an Sonnenlicht nicht nur ihren Rheumatismus und ihre Melancholie verdanken, sondern auch die Anstrengungen, die sie zu machen haben, um eine Traumwelt des Vergnügens und Entzückens auf Basis solcher Getränke aufzubauen, wie sie ihr Klima hervorzubringen erlaubt. Deutsche Trinklieder zum Lobe des Bieres preisen den Gerstensaft, einen Saft, der nur in der Phantasie besteht; die Saftigkeit mußten sich die Dichter von den Weintrauben borgen.

2. Getreide und Landwirtschaft

Wenn menschliche Ernährung durch Zerealien in Frage steht, so muß man zunächst zwischen den verschiedenen Arten von Getreide unterscheiden und dann zwischen den Speisen und Gerichten, die aus den Getreidearten bereitet werden. In bezug auf die Landwirtschaft steht nur der erste Punkt zur Diskussion, obwohl beide in einem gewissen Grade miteinander verwoben sind.

Die Frage, wie es dazu kam, daß in Großbritannien der Weizen seine dominierende Stellung erhielt, ist von vielen Gelehrten mit großem und selbst leidenschaftlichem Interesse untersucht worden. Sir William Ashley[1] kam dabei zu der nachstehenden Folgerung: Daß im Mittelalter verschiedene Getreidearten gezogen wurden, war eine Notwendigkeit, die auf das damalige System der Landwirtschaft zurückgeht. Außerdem war der für Weizenbau geeignete Boden enger begrenzt, als es für alle anderen Getreidearten der Fall war, weil der Weizen spezifische Ansprüche an Boden und Klima stellt. Gerste wurde für Bier und Brot gebaut, Hafer für Brei und für die Haustiere, Roggen und Weizen für Brot; die beiden letzteren wurden oft gleichzeitig in ein Feld gesät und ergaben dann Mischgetreide. (Dieser Ausdruck wird auch im nachfolgenden in diesem Sinn gebraucht werden.) Von der Bedarfsdeckungsseite aus gesehen war das Verhältnis zwischen den vier Getreidearten im Süden und Norden des Landes verschieden. Des Klimas und des Bodens wegen erzeugte der Norden mehr Hafer und Gerste, während im Süden der Haferbau hauptsächlich auf den Bedarf der Pferde beschränkt war. So lange das, was die Landwirtschaft liefern konnte, von deren mehr oder weniger primitiven Methoden abhängig war, haben die volkreichen Teile Großbritanniens hauptsächlich von Roggen gemischt mit Weizen gelebt. Erst als die Behandlung des Bodens mit Mergel, Kalkstein oder Kalk eingeführt wurde, war die Möglichkeit geschaffen, das Verhältnis zwischen Weizen und Roggen zu ändern und mehr Weizen zu bauen. Diese Bodenverbesserungen waren kostspielig und konnten nur von Grundbesitzern ausgeführt werden, die Kapital zur Verfügung hatten. Nach Ashley war es der steigende Reichtum Großbritanniens, der es ermöglichte, Geld in den Boden zu stecken. Vorher gehörte Großbritannien zum roggenbauenden Gürtel des nördlichen Europas, dessen Hauptteil in den weiten Ebenen von Norddeutschland und Rußland gelegen ist. Diese Länder häuften keinen Reichtum an in den Jahrhunderten, die dem Mittelalter folgten, wie es bei Großbritannien der Fall war. Ashley sagt, daß selbst Frankreich noch im achtzehnten Jahrhundert in großem Ausmaß ein Roggenland gewesen war. Dort

---

[1] The Bread of our Forefathers. 1928.

erfolgte der große Wandel erst im neunzehnten Jahrhundert, so daß Großbritannien selbst Frankreich wenigstens um ein Jahrhundert voraus war. Um seine Ansicht zu unterstützen, weist A s h l e y darauf hin, daß im Rußland der jüngsten Zeit, in der Endperiode des Zarismus, der Winterroggen der einzige Winteranbau der bäuerlichen Besitzer und des Grundbesitzes des geringeren Adels war. Der Weizenexport, der eine beträchtliche Rolle in der Wirtschaft des zaristischen Rußlands spielte, war auf der Winterweizenproduktion des Großgrundbesitzes gegründet, welcher in den Händen von Geschäftsleuten lag, die sich ihr Vermögen in den Städten gemacht hatten. Sie hatten das Kapital, das für den Weizenanbau unter den Boden- und klimatischen Verhältnissen Rußlands notwendig war, und verwendeten es zu diesem Zwecke. Dies zeigt nach A s h l e y, daß in Rußland erst vor verhältnismäßig kurzer Zeit derselbe Wandel stattgefunden hat, der in Großbritannien vor mehr als zweihundert Jahren erfolgte, aber aus den gleichen Ursachen.

Vor A s h l e y s gelehrten Untersuchungen wußte man in Großbritannien gar nicht, daß der Roggen in der Geschichte des Landes eine so bedeutende Rolle gespielt hat. Man wußte, daß der Süden Englands in Römerzeiten Weizen gebaut hatte, daß die Römer England sogar als Getreidespeicher benutzt hatten und daß selbst später der Weizenexport von England einige Bedeutung für seine Wirtschaft besaß. Auch scheint es, daß aus dem einen oder anderen Grund die Wichtigkeit der Gerste und des Hafers in der Broterzeugung mehr hervortrat als die des Roggens. Der Grund für dieses mangelhafte Wissen mag vielleicht darin gelegen sein, daß die Historiker sehr oft gerade über die einfachsten Tatsachen ihrer Zeit ganz unzureichend berichteten.

Für die Zwecke der vorliegenden Untersuchung genügt es nicht zu konstatieren, welche Getreidearten außer Weizen gebaut und für Brot verwendet wurden, bevor der Weizen zum herrschenden Erzeugnis in England wurde. Für unsere Zwecke hat es veschiedenartige Bedeutung, ob das Brot, das dem Weizenbrot voranging, einfach aus Gewohnheit beliebt war oder ob es die Menschen jener Zeit aßen, obwohl sie es nicht mochten. Es scheint, daß das letztere der Fall gewesen ist. Nach G r a s[1] bestand im siebzehnten Jahrhundert eine starke Abneigung gegen jedes andere Brot als Weizenbrot. In einer Übersicht über die Entwicklung seit dem Mittelalter sagt G r a s :

„Es scheint, daß in guten Erntejahren Weizen viel mehr verwendet wurde als die anderen Getreidearten, die in Zeiten der Knappheit so stark gebraucht wurden. In aufeinanderfolgenden Mangeljahren, wie 1316 und 1317, mußte die Bevölkerung mit Roßkastanien, Eicheln,

---

[1] G r a s N. S. B.: The Evolution of the English Corn Market. 1915.

Wurzeln und Baumrinde vorlieb nehmen neben den schlechteren Sorten der Zerealien. In Hungerjahren selbst viel späterer Zeit, wie in den Jahren 1586 und 1594, wurde den Bäckern aufgetragen, Brot aus Roggen, Gerste, Erbsen und Bohnen zu backen, und im Jahre 1622 wurde das Verfüttern von Erbsen und Bohnen an Schafe verboten, weil diese in Zeiten äußerster Knappheit den armen Leuten zur Brotbereitung dienen müssen." Mit anderen Worten, in Hungersnotzeiten wurde das übliche Brotgetreide nicht nur durch Importe ersetzt, sondern auch durch den größeren Verbrauch anderer Zerealien. Dies galt nicht nur für die Armen, sondern auch für die Wohlhabenden.

„Wir müssen zwischen den Gegenden unterscheiden: die eine bevorzugte die eine Getreideart und die andere eine andere. Bis ins 19. Jahrhundert bestand die Neigung, die in einer Gegend am leichtesten gebaute Getreideart auch am meisten im Konsum zu bevorzugen. Daher können wir sagen, daß mit geringen Ausnahmen der Weizen im Themsetal, im Süden und im Osten vorherrschte, wo der größte Teil der Bevölkerung lebte, während in anderen Gebieten wohl andere Getreidearten die erste Stelle einnahmen.

Die Reichen aßen ein ausschließlich aus Weizenmehl gebackenes Brot weit öfter als die Armen, die als Diener gemischtes und minderes Getreide von ihren Herren erhielten; waren sie nicht Diener, so kauften sie die minderen Zerealien, besonders Roggen und Gerste, wegen ihres billigeren Preises.

Die Armen schätzten Roggen- und Gerstenbrot ebensowenig als die Reichen, nicht zu sprechen vom Buchweizen- oder Bohnenbrot. Nur die Notwendigkeit veranlaßte sie, solches Brot zu essen. Im siebzehnten Jahrhundert bestand in London die Einrichtung, daß die Kaufleute den Armen der Stadt spezielles Brotgetreide zu liefern hatten. Die Kaufleute beschwerten sich darüber, a) daß die Armen Gerste oder Roggen für ihre Brotbereitung nicht nehmen wollten, b) daß sie selbst eine Mischung von einem Drittel Roggen mit zwei Dritteln Weizen zurückgewiesen hätten und c) daß die Kaufleute ihre Mischung von Roggen und Weizen unverkauft im Laden liegen hätten, obwohl während des Winters der Weizen knapp gewesen sei.

Es scheint, daß in einem großen Teil Englands der Weizen, entweder in Mischung oder rein, den bevorzugten Rohstoff für das Brotbacken bildete und daß er mit Ausnahme von Zeiten der Fehlernte die Getreideart war, die am meisten konsumiert wurde."

Diese Feststellung eines anerkannten Gelehrten bezeugt einwandfrei die Ablehnung, der Roggenbrot im damaligen England begegnete. Die Ursachen für diese Haltung werden weiter unten sehr ausführlich behandelt werden, ebenso wie der Einfluß, den die Landwirtschaft auf andere Nahrungsgebräuche ausübte.

II. Klima und Ernährungsbräuche

Die Ergebnisse der wissenschaftlichen Forschung über den Einfluß des Klimas auf die Menge der vom Menschen benötigten Nahrungsmittel lauten einigermaßen widersprechend. Ebenso steht es mit der Frage des Einflusses des Klimas auf die Eigenschaften der Nahrung. Im folgenden soll versucht werden, über den gegenwärtigen Stand des Wissens auf diesem Gebiet zu berichten, so weit es für die Aufgaben dieses Buches notwendig ist.

Zumindestens drei Dinge sind zu erwägen. Erstens, wie der Mensch sich zur Nahrung verhält, wenn er von einem kälteren Klima in ein wärmeres versetzt wird oder umgekehrt (hierher gehört auch die Frage des Unterschieds zwischen Winter- und Sommergebräuchen im gleichen Klima); zweitens, welcher Unterschied durch einfache Beobachtung zwischen Völkern in kalten und heißen Klimaten hinsichtlich der Ernährung festgestellt werden kann; drittens, was hat die Statistik darüber zu sagen?

Es ist ganz offensichtlich, daß Menschen, die von einem nördlichen in ein südliches Klima übersiedeln, das Bedürfnis nach einem Wechsel zu leichterer Nahrung fühlen, insbesondere Fett und Fleisch in ihrer Kost verringern und größere Neigung zu Zerealien und Obst zeigen. Gegensätzliches ist zu beobachten bei einer Übersiedlung von einem heißen in ein kühles Klima. Es scheint, daß das Klima den Verdauungsapparat in einer Art und Weise beeinflußt, die bisher so gut wie unerforscht geblieben ist. H u t c h i s o n (1929) sagt, daß Grund für die Annahme vorhanden ist, daß bei heißem Wetter und in warmen Klimaten die Fähigkeit zu verdauen nicht so groß ist wie in kälteren und daß daher das Essen großer Nahrungsmengen nicht so gut anschlägt. Wie ersichtlich, drückt sich H u t c h i s o n sehr vorsichtig über diesen Punkt aus, da es ihm wohl bekannt ist und von ihm auch betont wird, daß widersprechende Feststellungen in dieser Frage vorhanden sind. Man kann wohl auch sagen, daß es nicht ganz klar ist, was eigentlich unter der Fähigkeit zu verdauen verstanden werden muß.

H u t c h i s o n weist darauf hin, daß der Unterschied zwischen heißen und kalten Klimaten in Ernährungsangelegenheiten nicht so auffällig ist, wie jene glauben, die persönlich die Notwendigkeit eines Kostwechsels zu fühlen bekamen. Er sagt, auch in einem kalten Klima leben wir praktisch sozusagen in den Tropen, denn wir tragen Kleider, welche die Temperatur zwischen dem Körper und der innersten Schichte unserer Kleidung auf etwa 33° C erhalten. Dieser Hinweis scheint mir von großer Bedeutung, er gibt der Frage nach den möglichen Ursachen

des Zusammenhanges zwischen Nahrungswechsel und Außentemperatur
eine ganz andere Grundlage. Freilich ist es klar, daß der Versuch, in
einem kalten Klima sich warm zu halten, nicht immer von Erfolg begleitet ist und seine Grenzen hat. Die Temperatur von 33⁰ C zwischen
Körper und Hemd kann zum Beispiel bei einem kalten Winde schwer
aufrechterhalten werden. Anderseits ist in einem heißen Klima die
Temperatur der den Körper umgebenden Luft mitunter über 33⁰ C,
wie immer man sich die Kleidung erleichtert. Dennoch darf
H u t c h i s o n s Beobachtung nicht vernachlässigt werden, wenn man
die durchschnittliche Wirkung der an das Klima angepaßten Kleidung
berücksichtigt. Es gibt bekanntlich auch einen thermischen Haushalt
des Menschen und von diesem ist bewiesen, daß der Kalorienverlust
durch klimatische Bedingungen nicht so groß ist, als allgemein geglaubt wird. Es bleibt daher noch umstritten, ob wir bei der Übersiedlung aus einem Klima in das andere wirklich das Bedürfnis nach
einem Kostwechsel fühlen.

Wenn wir nun den zweiten Punkt in Betracht ziehen, wie nämlich
die Nahrung der in niedrigen Breitegraden Angesiedelten von jener der
Einwohner gemäßigter Zonen sich unterscheidet, so läßt oberflächliche
Beobachtung vermuten, daß solch ein Unterschied in der Tat besteht.
Man könnte sogar glauben, daß hier wieder unbekannte chemische
Faktoren der Verdauung den Unterschied hervorrufen. Doch ist dies
wohl eine Täuschung. Dringt man tiefer in den Gegenstand ein, womit
man zu unserem dritten Punkt gelangt, den Ergebnissen der Statistik,
so findet man, wie H u t c h i s o n sagt, „daß in Wahrheit der Nah-
rungsverbrauch der Bewohner der Tropen nicht nennenswert geringer
ist als jener der Menschen, die in der gemäßigten Zone leben".

1. Internationale Statistik

Die Grundlage für die eben zitierte Feststellung H u t c h i s o n s
kann man in einer berühmten statistischen Erhebung R u b n e r s
finden, die den Kalorienverbrauch von sieben großen Nationen in
unterschiedlichen Klimaten zum Gegenstand hat. Diese Statistik
wurde vor dem ersten Weltkrieg ausgearbeitet und zeigt den täglichen
Durchschnittsverbrauch von 470 Millionen Menschen. Wir lassen hier
die Hauptziffern folgen, da sie klar zeigen, wie sehr die allgemeine
Meinung im Punkte des vergleichsweisen Nahrungsbedarfs fehlgeht.

Diese Statistik bedarf eines Kommentars. Zur Vereinfachung hat
der Autor die Ziffern für Kohlehydrate ausgelassen, da es ja klar ist,
daß der Unterschied zwischen den Kalorien, die durch Eiweiß und Fett
geliefert werden, und dem Gesamtverbrauch jedes Landes durch die

Verbrauch pro Kopf und Tag von 470 Millionen Menschen in sieben Ländern.

	Eiweiß Gramm	Fett Gramm	Kalorien
Italien	88	58	2.612
Rußland	79	43	2.666
Deutschland	81	81	2,770
Österreich	81	57	2,825
Frankreich	83	67	2,973
Großbritannien	90	105	2,997
Japan	81	29	2,583
Durchschnitt	83	63	2,775

Kohlehydrate aufgebracht wird. Höchst auffällig ist, welch geringer Unterschied im Kalorienverbrauch zwischen heißen und kalten Ländern besteht. So weit solche Unterschiede — nach dieser Statistik — überhaupt vorhanden sind, müssen wir fragen, ob alle diese sieben Völker tatsächlich jene Nahrungsmengen erhalten, die sie nötig haben, zumindest vom kalorischen Gesichtspunkt. A y k r o y d[1] weist darauf hin, daß wahrscheinlich in den ärmeren Ländern der Welt, das ist hauptsächlich in Indien und China, ein beträchtlicher Teil der Bevölkerung nicht genug zu essen bekommt. Wir gehen vielleicht zu weit, wenn wir annehmen, daß in den Ländern, welche die Grundlage von R u b n e r s Untersuchung bildeten, in dieser Hinsicht alles in Ordnung ist. Weiters ist es möglich, daß die Japaner einen etwas geringeren Kalorienbedarf haben, als andere Nationen, weil sie kleiner sind. Auch ist es möglich, daß die Italiener weniger Kalorien brauchen als die Engländer, aber es ist kaum zu glauben, daß ein geringerer Nahrungsbedarf in Rußland besteht (oder wenigstens im zaristischen Rußland bestand) als in England; oder daß es eine physiologische Rechtfertigung selbst für einen kleinen Unterschied zwischen deutschem und französischem Bedarf gäbe. Wir können annehmen, daß eine leichte Form der Unterernährung im zaristischen Rußland bestanden hat und wir können auch annehmen, daß in prosperierenden Ländern Nahrung von höherem Kaloriengehalt verzehrt wird, als tatsächlich nötig ist. Wenn wir dies und den kleineren Wuchs der Japaner berücksichtigen, so können wir wohl zu dem Ergebnis kommen, daß alle Unterschiede, die dem Klima, dem Gegenstand dieses Kapitels, zugeschrieben werden, in ein Nichts zerfließen.

Prüfen wir die Statistik weiter, so sehen wir, daß der Eiweißver-

---

[1] S i r A y k r o y d W i l l i a m R.: Human Nutrition and Diet.

brauch in allen Ländern ziemlich gleich ist, so daß er uns keinerlei Aufschluß gibt. Allerdings muß der Autor gestehen, daß er im Zeitpunkt der Niederschrift nicht imstande ist, festzustellen, wie die Frage des tierischen und pflanzlichen Eiweißes von Rubner behandelt worden ist.

Von größerem Interesse sind die auffallenden Unterschiede im Fettverbrauch. Sie sind nicht nur bemerkbar zwischen Ländern kälterer und wärmerer Zonen: Großbritannien und Deutschland einerseits, Italien und zum Beispiel Japan anderseits; es fällt auf, daß die Russen pro Kopf nur ungefähr die Hälfte jener Fettmenge konsumierten, welche die Engländer aßen; das dadurch hervorgerufene Kaloriendefizit wurde durch Kohlehydrate gutgemacht.

Es ist klar, daß dies in direktem Widerspruch steht zu dem Glauben, in nördlichen Klimaten sei vermehrter Fettkonsum eine Notwendigkeit. Hutchison gibt dem folgende Form: „Aus Bequemlichkeitsgründen und um eine Überfüllung des Magens zu vermeiden, tut man am besten, nach Fett zu greifen als der Hauptquelle zur Deckung eines erhöhten Wärmebedarfs, denn Fett ist die kompakteste Form unter den Heizmitteln, die wir besitzen." Es scheint, daß diese Bequemlichkeit den Russen nicht zugänglich war; sie mußten ihren Magen statt mit Fett mit Zerealien füllen. So besteht der Verdacht, daß auch der niedrige Fettkonsum in Italien und Japan aus derselben Quelle sich herleitet, der Armut nämlich. Wenn wir weiters noch in Betracht ziehen, wie der Fettkonsum in England und Deutschland ganz unabhängig vom Klima durch das Aufkommen neuer Nahrungsgebräuche wie das Essen von Sandwichs an Stelle gekochter Mahlzeiten und so weiter sprunghaft gestiegen ist, so wird immer deutlicher, daß die Abhängigkeit des Fettverbrauchs vom Klima nichts anderes als ein Märchen ist.

Es gibt noch einen anderen Gesichstpunkt, von dem aus wir die Sache betrachten können. Hutchison spricht von der großen Menge von Walfischfett, welche die Eskimos verzehren. Er sagt, dies sei für sie nicht nur bequemer als der Konsum von Kohlehydraten, in den sehr kalten Gegenden seien Kohlehydrate auch nicht so leicht erhältlich wie Fett. In dieser Bemerkung sehe ich einen weiteren wichtigen Schlüssel zu der ganzen Frage von Klima und Nahrungsgebräuchen.

Gerade so wie Stärke und Zucker in den arktischen Regionen nicht erlangbar sind, so ist Fleisch in tropischen Klimaten schwierig zu erreichen und noch schwieriger vor Fäulnis zu bewahren. Dasselbe gilt dort für tierisches Fett und die Gewebe, in welche dieses Fett eingebettet ist. Ist es daher nicht erklärlich, daß in den Tropen eine starke Neigung dazu besteht, von Pflanzenfett zu leben, und ist nicht schon Italiens Olivenöl ein Beispiel dafür? Liegt nicht darin auch die Ursache der ganzen Pflanzenkost des Südens, einschließlich der Früchte? So oft schon hat die Untersuchung, die in diesem Buch unternommen wird, ergeben, daß Nahrungsgebräuche, für welche Ärzte und Laien die Ursache im menschlichen Körper suchten, von äußeren Umständen bestimmt sind. Man kann nicht einmal sicher sein, ob ein Mann, der von der gemäßigten Zone nach den Tropen geht, nicht sofort eine Abneigung gegen Fleisch erwirbt, aus keinem anderen Grunde als dem, daß er sich unbewußt vor Fleischessen fürchtet an einem Orte, an dem die Frischhaltung offensichtlich ein Problem darstellt. Selbst Leute, die in einem erstrangigen Hotel leben, sind sich dessen bewußt, daß alle Kühleinrichtungen daselbst die Anlieferung von Fleisch in einem bereits zweifelhaften Zustand nicht verhindern können. So spielt die Umgebung eine wichtige Rolle und so kann gewohnte Nahrung unerwünscht werden und sogar ungesund scheinen, ohne irgend eine richtige Begründung. Ich erinnere mich, Bemerkungen eines Zeitungsreporters über die Verpflegung der britischen Armee in der afrikanischen Wüste gelesen zu haben. Er sagte, sie erhalte ihr Essen aus Konservenbüchsen, wie wenn sie auf Manövern in Yorkshire und nicht in der Wüste wäre, wo nach seiner Vorstellung eine andere Kost ratsam schiene. „Aber", fügte er hinzu, „die Truppen sind in ausgezeichneter Gesundheit." Offenbar hatte jedermann Vertrauen in die Konservenbüchsen und daher schlugen die anscheinend nicht entsprechenden Mahlzeiten gut an.

2. Kaltes Klima und Nahrung

Der Leser wird sich an Hutchisons Theorie erinnern, nach der wir auch in der gemäßigten Zone unter tropischen Bedingungen leben, dank dem Wärmeschutz, den die Kleidung erteilt. Es ist nun von Interesse, die Frage zu stellen, wie es dazu kommt, daß wir die Kälte fühlen, wenn die Kleidung als Wärmeschutz versagt. Wie kommt es zu einer Kälteempfindung?

Hauptsächlich durch den Temperatursinn, dessen Organe in der menschlichen Haut eingebettet sind, wird die Decke des Körpers, die Haut, niedriger Temperatur gewahr. Die Hauttemperatur hat aber nur einen sehr indirekten Zusammenhang mit der Ernährung des Körpers. Die Haut ist aufzufassen als ein zweiseitig erwärmtes oder auch gekühltes Objekt, das an der Außenseite von der umgebenden Luft und an der Innenseite durch das Blut beeinflußt wird, das in den Gefäßen unter der Haut zirkuliert. Wie die Kühlung von außen funktioniert, ist wohl im allgemeinen klar. Die Erwärmung von der Innenseite her hängt von der Erweiterung oder dem Zusammenziehen der Blutgefäße ab, wodurch die Menge des Heizstoffes, des Blutes, entweder

vermehrt oder vermindert wird. Diese Erweiterung hängt von Reflexen
ab und ebenso das Zusammenziehen, so daß der Heizwert der Nahrung
nicht die Ursache einer stattfindenden Wärmeveränderung an der
Innenseite des thermalen Systems der Haut sein muß.

Hier taucht wieder der Widerspruch auf, der in der Beziehung
Nahrung und Klima besteht. Wir wissen, daß warme Nahrung oder
alkoholische Getränke eine Reflexwirkung hervorrufen können, durch
die die Blutgefäße erweitert und daher die Haut erwärmt wird; aber
wir fühlen uns auch nach einer kalten Mahlzeit erwärmt; und dies
tritt ein, bevor wir so viel von der Mahlzeit verdaut haben, daß diese
zu einer ernsthaften Quelle von Kalorien geworden sein kann. Mit anderen Worten, wir begegnen hier wieder etwas wie einem unbekannten
chemischen Faktor des menschlichen Leibes.

III. Technik der Lagerung und Konservierung

Wir wollen uns hier auf nur ein Beispiel der hier in Betracht kommenden Dinge beschränken, das geeignet ist, Licht auf den Ursprung
gegenwärtiger Nahrungsgebräuche zu werfen. Wir wählen das Beispiel
Brot.

Es ist bekannt, daß das im Weizenkeim enthaltene Fett bei län-
gerer Lagerung leicht ranzig wird. Deshalb ziehen es Getreidemüller
vor, den Keim im Mahlprozeß nicht ins Mehl gelangen zu lassen. Was
das Roggenmehl anbelangt, so hat es die Neigung, bei heißem Wetter
bitter zu werden, besonders wenn es viel Kleie enthält. Deshalb hat
die moderne Bäckereitechnik in Amerika den Brauch angenommen, die
Lagerräume für Roggenmehl in große Kühlräume zu verwandeln.
Bevor künstliche Kühlung möglich war, muß die Gefahr, das Mehl
durch Lagerung zu verderben, dahin geführt haben, alle nicht stabilen
Bestandteile aus dem Mehl zu entfernen, und das ist noch heute üblich,
wo die vorerwähnte kostspielige Methode nicht angewandt werden
kann.

Man würde jedoch fehlgehen, diese Verhältnisse nur den Müllern
zuzuschreiben. Sie mögen wohl manchmal verantwortlich gemacht
worden sein für das Schimmlig- und Ranzigwerden oder die Bitterkeit des Mehls, aber die Ursache muß doch den Bäckern und auch den
Hausfrauen selbst zu allen Zeiten recht gut bekannt gewesen sein.
Man hat nur an den früher so häufigen und schließlich auch jetzt
noch bestehenden Brauch zu denken, das Korn zum Mahlen in die
Mühle zu bringen und das Mehl dann im Hause aufzubewahren.

Das nachfolgende Zitat aus den Aufzeichnungen eines Landwirts in
Yorkshire im siebzehnten Jahrhundert bestätigt dies und gibt auch

manche andere für unsere Zwecke nützliche Aufklärung[1]: „Es ist närrisch, zur Mühle mehr Korn zu senden, als man unmittelbar braucht. Wir senden im Winter zwei Scheffel Mischgetreide; im Sommer, wenn es heiß ist, senden wir nur ein Scheffel, weil das Mehl sonst schimmlig und bei längerem Stehen unverwendbar wird. Für das Backen braunen Brotes im Winter ein Scheffel Roggen, ein Scheffel Erbsen und ein Scheffel Gerste. Bevor dies in den Einschüttkasten geleert wird, muß der Müller einen Besen nehmen und den Boden reinmachen, die Säcke ausleeren und alles mit der Hand zusammenmischen, bevor es mit der Schaufel in den Einschüttkasten getan wird. Im Sommer senden wir nur ein Scheffel Erbsen, ein Scheffel Roggen und ganz wenig Gerste. Für unsere eigenen Pasteten lassen wir ein Scheffel des besten Weizens vermahlen, für den Pudding der Leute ein Scheffel Gerste. Man verwende niemals Roggen für Pudding, denn der macht den Teig so weich, daß er davonläuft; zur Erntezeit bekommen die Leute Weizenpudding. Ihr Pastetenteig wird aus Mischgetreide gemacht, wie dies bei unserem Brot der Fall ist, denn der Teig, der aus Gerstenmehl gemacht wird, bricht auf. Arme Leute geben gewöhnlich ein Viertel Scheffel Erbsen in ein Scheffel Roggen und andere wieder zwei Viertel Scheffel zu zwei Vierteln Mischgetreide und behaupten, ihr Brot sei gut. In manchen Häusern läßt man Abfallweizen für die Pasteten der Diener zu und einige verwenden gar keine Gerste im Haushalt, denn sie macht den Teig so kurz, daß er sich gar nicht richtig bearbeiten läßt.“

Diese ausführliche Darstellung stellt einen richtigen Querschnitt durch einen Teil des Landlebens im siebzehnten Jahrhundert dar, nicht nur eine Information über die damals für Mehl gebräuchliche Lagerung und Konservierung. Eine Analyse des Berichts hinsichtlich des darnach in jenem Haushalt hergestellten Backgutes gibt das folgende Ergebnis.

Pasteten für den Gutsbesitzer: bester Weizen.

Brot für den Gutsbesitzer: Mischgetreide (Weizen und Roggen).

Pasteten für die Leute: Mischgetreide.

Braunes Brot für die Leute: ein Drittel Roggen, ein Drittel Erbsen, ein Drittel Gerste.

Pudding für die Leute: Gerste; zur Erntezeit Weizen.

Vom Gesichtspunkt der Entwicklung von Nahrungsgebräuchen enthält diese Aufstellung recht charakteristische Kennzeichen. Der sozialen Stufenleiter entspricht die Qualität des Gebäcks; dazu ist nicht viel zu sagen, vielleicht sind ein paar Worte über den Pudding am Platze. Anscheinend handelt es sich hier um die Yorkshire-Variante

---

[1] Aus B e s t's Farming Book, zitiert von S i r A s h l e y W i l l i a m, The Bread of our Forefathers.

des schottischen „eiligen Puddings“, den Sir F r e d e r i c k E d e n ein
Jahrhundert später so sehr empfahl, einen dicken Papp, der das Haupt-
gericht der Taglöhner und Diener darstellte und überdies noch harte
Teile enthielt (siehe vierter Teil, VII. Kapitel). Daß es die Yorkshire-
Variante ist, ist daran zu erkennen, daß sie auf Gerste und nicht auf
Hafer basiert ist. Das, was wir heute Pudding nennen, eine süße
Speise, scheint damals noch nicht als zweiter Gang bei der Mahlzeit
des gewöhnlichen Volks in Brauch gewesen zu sein.

IV. Leben und Wohlleben hängt vom Konservieren ab

Beginnen wir mit der Landwirtschaft, der Mutter menschlicher Ernährung, von der her die meisten unserer Nahrungsgebräuche entstanden sind. Wenn wir die Landwirtschaft als eine Einrichtung ansehen, die für die Befriedigung der Bedürfnisse während des ganzen
Jahres verläßlich vorzusehen hat, so können wir ihre Erzeugnisse in
zwei Gruppen teilen: die eine umfaßt jene Nahrungsmittel, die während des ganzen Jahres täglich erzeugt werden, die andere solche, die
zu bestimmten Jahreszeiten geerntet und dann gespeichert werden.
Ein tägliches Erzeugnis in diesem Sinne ist die Milch, in einer Gemeinschaft, die hauptsächlich vom Aufziehen kleinerer Tiere lebt,
mag es das Schaf oder Lamm sein. Im Mittelalter lieferte der Tauben-
schlag wohlhabender Häuser täglich Fleisch, wenigstens für einen
wesentlichen Teil des Jahres. Im großen und ganzen aber wäre die
Abwechslung in der Ernährung das ganze Jahr hindurch recht begrenzt
gewesen, wäre nicht vom Konservieren reichlich Gebrauch gemacht
worden.

Konservierung im weiteren Sinne umfaßt ein weites Feld der Tätigkeit, das von sehr einfachen Verfahren zu solchen reicht, die beträchtliche Geschicklichkeit erfordern. Nicht einmal ein Apfel ist durch
längere Zeit haltbar, wenn er nicht trocken und druckfrei gelagert
wird. Das Aufbewahren von Rüben in Sand ist ein Verfahren, das
erst seit verhältnismäßig kurzer Zeit bekannt ist.

Das hauptsächlichste Konservierungsverfahren der Landwirtschaft
ist das Trocknen. Es wird leicht vergessen, daß selbst Getreide verdirbt, wenn es nicht nach dem Schnitt endgültig getrocknet wird, entweder durch die Sonne oder auf andere Art. Das Keimen von Getreide, das in regnerischen Jahren naß geerntet wird, bedeutet für
viele Länder eine ernste Kalamität. Daß der Zustand des Geernteten
vom Klima abhängt, ist klar. Ein warmes Klima erlaubt selbst das
Trocknen von Früchten wie Weintrauben in freier Luft. Früh schon

war es bekannt, daß man das Trocknen durch künstliche Wärme beschleunigen könne. Früchte, die in dieser Weise getrocknet wurden, wie Pflaumen, Birnen und Feigen, sind immer schon Standardartikel häuslicher Erzeugung und internationalen Handels gewesen. Das Weihnachtsessen vieler Länder gründet sich auf diese Methode der Konservierung. Auch soll hier nicht die große Rolle vergessen werden, die die Hülsenfrüchte dank demselben Verfahren in der Geschichte der menschlichen Ernährung gespielt haben, und ebensowenig dürfen wir die Bedeutung getrockneter Fische und getrockneten Fleisches außeracht lassen.

1. Konservierung durch Trocknung — Brot

Wenn wir Erzeugnisse ausnützen, welche die Natur selbst getrocknet hat oder deren Trocknung vom Menschen beschleunigt wurde, so tun wir etwas, das eigentlich unseren Bedürfnissen beim Essen vollständig widerspricht. Denn in erster Linie brauchen wir Nahrung mit hohem Wassergehalt, schon allein wegen des Schluckens; und obwohl wir Quellen von Feuchtigkeit in uns selbst tragen, die Speicheldrüsen, so ist im allgemeinen deren Leistung nicht schnell genug. Deshalb enthält unsere Nahrung etwa von vier Zehntel bis zu neun Zehntel Wasser. Wollen wir Getreidekörner konservieren, so muß ihr Wassergehalt bis auf 15% oder noch weniger heruntergebracht werden. Dies ist auch vom technischen Gesichtspunkt der Müllerei gut; ist das Korn aber einmal gemahlen, so muß wieder Wasser zugegeben werden, um das Mehl für den menschlichen Konsum geeignet zu machen. Wenn wir von der Gärung absehen, ergibt sich, daß nach all der Sorgfalt, die zuerst angewandt werden mußte, um das Wasser zu eliminieren, die Zugabe von Wasser wieder der Hauptfaktor bei der Bereitung von Nahrung aus Getreide wird.

Haben wir Wasser zugesetzt, so haben wir ein Gericht, einen Brei, der bald gegessen werden muß, denn wegen des nunmehr hohen Wassergehalts ist er nicht länger haltbar als einen Tag. Wird ein trockener Fladen oder Brot daraus gebacken, so beginnt damit der Trocknungsprozeß aufs neue.

Dieser Kreislauf des Trocknens, Befeuchtens und Wiedertrocknens ergibt Nahrungsmittel, die haltbar sind. Der trockene Fladen oder auch Keks ist so gut lagerfähig wie das Erzeugnis der Natur, das trockene Korn. Essen wir aber einen trockenen Fladen oder Keks, dann ist die Durchfeuchtung nur dem Speichel überlassen, es wäre denn, daß wir noch ein Glied anfügen, indem wir den Fladen neuerlich in Wasser tun. Backen wir Brot, so schaffen wir eine Halbkonserve, die vielleicht für eine Woche haltbar ist, aber in der Regel ziehen wir es vor, in kürzeren Intervallen zu backen, im Interesse von Aroma und anderen Eigenschaften.

2. Pökeln und Räuchern

Wir kennen drei Verfahren der Konservierung solcher Art. Jedes von ihnen ist sehr alt und drei Mittel werden dabei verwendet, Salz, Salpeter und Rauch. Manchmal wird nur eines angewandt, manchmal zwei und manchmal alle drei. Konservierung durch Einsalzen allein ist nur bei solchem Material möglich, das nachher gut ausgewaschen werden kann, sonst wäre die Salzwirkung beim Essen unerträglich.

Es ist wohl überflüssig darauf hinzuweisen, welche Bedeutung diese Methoden in der Geschichte der menschlichen Ernährung besaßen. Das Einsalzen eröffnete den Weg, Fleisch im Winter haltbar zu machen, wenn die Tiere wegen Mangels an Winterfutter im Herbst geschlachtet werden mußten. Das Einsalzen war auch das übliche Verfahren, Fische zu konservieren, wenn Trocknung oder Kühlung nicht angewandt werden konnte. Die Aufspeicherung gesalzener Heringe in Fässern ist ein Beispiel der Anwendung des Konservierens und schon seit vielen hundert Jahren in Brauch. Gesalzenes Fleisch und gesalzener Fisch waren die Grundlage der Nahrung der Seeleute. H e n n i n g bezeichnet den gesalzenen Hering als das nationale Gericht des russischen Bauern, der doch weit entfernt von der See lebt. Wenn dem so ist, so gibt uns dies allein eine Vorstellung von der Bedeutung dieser Konservierungsmethode.

Für die Zwecke dieses Buches aber ist es erwünscht zu zeigen, daß das Konservieren durch Salz, Salpeter und Rauch eine wichtige Rolle spielte als Mittel zur Entwicklung von Nahrungsgebräuchen; nicht nur wurde dadurch der Kreis der zur Verfügung stehenden Nahrungsmittel ausgedehnt, sondern der Mensch gewöhnte sich an einen Grad von Salzigkeit, der weit größer ist als jener anderer Nahrungsmittel, meist auch nach dem Auswaschen in Wasser. In diesen Fällen ist der Salzkonsum offensichtlich nicht diätetisch begründet. Auch ist es sehr unwahrscheinlich, daß die Menschen sich jemals an den Rauchgeruch einer Nahrung gewöhnt oder gar eine Vorliebe dafür erlangt hätten, hätte nicht die Notwendigkeit bestanden, heißen Rauch auf Fleisch und Fisch zur Konservierung einwirken zu lassen. Ist doch bei all unserer anderen Nahrung ein verbranntes Aroma den meisten Leuten widerlich und wird nicht angebrannte Milch oder verbranntes Brot als nicht eßbar weggeworfen? Daß unsere Nahrungsmittel geteilt werden können in solche, bei welchen ein Rauchgeruch beliebt, und andere, bei welchen er verhaßt ist, ist ein charakteristisches Beispiel für den unterschiedlichen Ursprung unserer Ernährungsgebräuche.

3. Einsäuern

Einige Völker, unter ihnen auch das britische, haben eine starke Aversion gegen saure Geschmäcke. Brot, das mit Sauerteiggärung bereitet ist und daher einen leichten Sauergeschmack aufweist, ist solchen Nationen abstoßend. Der gewöhnliche Wein, der in den meisten Ländern, wo er wächst, mit großem Vergnügen getrunken wird, ist gleichfalls dem Engländer zu sauer. Auch beim Kochen wird Essig in England sparsam gebraucht. Aber wenn Nahrungsmittel in Essig konserviert werden, dann wechselt die psychologische Einstellung vollständig. Die ganze Welt kennt die Schärfe der englischen Mixed Pickles und selbstverständlich sind es nicht die Pflanzenteile, die die Schärfe verursachen, sondern die Säure, in welche diese eingelegt sind.

Die Wurzel dieses Widerspruchs in den gegenwärtigen, wenn man so sagen darf, Säuerungsgebräuchen der Engländer liegt in der Vergangenheit. Dieser muß sich entwickelt haben zur Zeit, als das Einsäuern eine der gewöhnlichen Methoden der Fleischkonservierung gewesen ist; man mußte sich daran so lange gewöhnen, bis es einem schließlich selbst angenehm war. Wir haben vorhin auf einen ähnlichen psychologischen Prozeß hingewiesen, der sich mit dem Räucheraroma abspielte. Essig muß in diesem Lande seltener gewesen sein als in weinbauenden Ländern, wo seine Herstellung sich leicht ergab. Doch mag es sein, daß die Weintrauben, die in England im Mittelalter gezogen wurden, eine Rolle in dieser Entwicklung spielten. Es wird berichtet, daß sie süß waren, aber ich möchte dies ein wenig bezweifeln.

4. Konservierung durch Zucker

Dies ist eine Methode der Konservierung, die sich von der Verwendbarkeit des Honigs ableiten läßt. Es ist recht unwahrscheinlich, daß wir jemals eine Vorliebe für die intensive Süßigkeit gesättigter Zuckerlösungen erlangt hätten, würde nicht die Natur uns dieses sonderbare Produkt zur Verfügung gestellt haben. Es gab eine Zeit, in der Rußland das Land war, das in großem Maßstab Honig allen Ländern Europas lieferte und so die Möglichkeit seiner Verwendung vermehrte. Konzentrierte Zuckerlösungen, auf diese oder eine andere, modernere Weise gewonnen, sind ein ausgezeichnetes Mittel zur Konservierung und fanden so ihren Weg in die menschliche Ernährung.

Doch ging die Tendenz, Honig zu verwenden, nur dahin, bereits bestehende Süßigkeit zu intensivieren, wie dies bei Früchten der Fall ist. Heringe wurden niemals in Honig konserviert!

5. Fettgewinnung aus Geweben

Es ist wohl nicht notwendig zu betonen, daß die Ölgewinnung aus Oliven an den Küsten des Mittelmeeres oder von Sojaöl aus den Sojabohnen des Ostens zu den ältesten technischen Methoden der Menschheit gehört. Möglicherweise ist auch das Ausschmelzen von Fett aus tierischen Geweben nicht viel jünger. Beiden Verfahren liegt dieselbe Methode der Konservierung zugrunde: weder das Pflanzenfett, noch das Tierfett ist haltbar, so lange es innerhalb der Fasern der toten Pflanze oder innerhalb der Gewebe des Tierkörpers sich befindet. Die Trennung von Fett und Gewebeteilen ist eine unvermeidliche Notwendigkeit bei der Aufspeicherung von Fett, wenn nicht zum Pökeln, Räuchern oder Einsäuern gegriffen wird. Es wird nicht jedermann bewußt sein, daß die Öl- und Schweinefettgewinnung darin ihren Ursprung haben.

6. Gärung

Geradeso wie die Menschen nichts über die Ursachen des Schimmelns und der Fäulnis wußten, war ihnen auch Wesen und Ursache der Gärung unbekannt. Die Erfahrung lehrte, schädliche Mikroben durch Trocknung zu zerstören, und Erfahrung war es auch, die dazu führte, Hefepilze zum Konservieren zu verwenden. Käse und Wein sind in Wirklichkeit nichts anderes als Konserven; Käse als Bewahrer der nahrhaften Bestandteile der Milch; Wein als Konservierung des Traubensaftes, abgesehen von den zusätzlichen Eigenschaften, die er im Gärungsprozeß erhält.

Von diesem Gesichtspunkt aus erscheinen Käse und Wein in anderem Lichte, als sie meist gesehen werden. Es ist eine Ausrede für das Weintrinken, daß doch irgend etwas mit den Weintrauben geschehen muß; und es ist eine Entschuldigung, wenn wir verfaulte Dinge essen, wie es bei manchen Käsen der Fall ist, daß nur auf diese Weise Milch aufbewahrt werden konnte.

7. Die Kühlung

Die Konservierungsmethoden, die wir bisher vom Gesichtspunkt ihres Einflusses auf Nahrungsgebräuche Revue passieren ließen, waren mehr oder weniger vom Klima unabhängig. Wer auf den Britischen Inseln aufgewachsen ist, ist sich kaum des Unterschiedes bewußt, der sich für die Nahrungsgebräuche ergibt, wenn die Winter streng sind, wie in Mitteleuropa bis zu den Südabhängen der Alpen und in Osteuropa, oder aber, wenn milde Winter vorherrschen, wie es in der Nachbarschaft der atlantischen Küste die Regel ist.

Ein Winter, der durch einige Monate andauert, mit Temperaturen meist unter dem Gefrierpunkt, stellt Eis nicht nur zum Schlittschuhlaufen, sondern auch zur Konservierung von Nahrungsmitteln bereit. Gesalzenes Fleisch zum Beispiel war in den nördlichen Klimaten niemals ein so ausgebreiteter Brauch wie in der atlantischen Zone. Bier wird in Frankreich und in England viel wärmer getrunken als in Mitteleuropa und auch wärmer aufbewahrt. Der Unterschied ist so auffallend, daß diejenigen, die an die niedrigen Biertemperaturen Mitteleuropas und Amerikas gewöhnt sind, nur der Temperatur halber französisches oder englisches Bier nicht gerne trinken.

Weshalb dies so ist, ist ganz einfach. In Ländern, in welchen im Winter auf Flüssen und Teichen kein Eis gebrochen werden konnte und es daher kein Kühlverfahren gab vor der Erfindung der Kühlmaschinen, konnte sich niemand eine Vorliebe für tiefgekühltes Bier erwerben. In Ländern mit dem Klima der atlantischen Küste ist die Biertemperatur abhängig von der Kellertemperatur — soferne es überhaupt Keller gab. Es scheint sogar, daß die britischen Brauereien die künstliche Kühlung auch jetzt nicht, wo sie erfunden ist, in gleicher Weise ausnutzen können wie die kontinentalen Brauereien. Sie haben keine Kunden für tiefgekühltes Bier und dasselbe gilt für die Gaststätten, deren Besitzer in früheren Zeiten selbst Brauer gewesen und nun Bierverschleißer geworden sind.

Die Einlagerung von Eis in Kellern in Mitteleuropa hat wahrscheinlich auch verhindert, daß die Fleischfäulnis einen so hohen Grad erreichte, wie dies für England beschrieben wird. Es mag auffallen, daß es in England überhaupt so wenig Keller gibt im Vergleich mit dem Kontinent. Dies mag seine Ursache darin haben, daß in England die winterlichen und sommerlichen Durchschnittstemperaturen nicht sehr verschieden sind, so daß das Aufbewahren von Lebensmitteln in einem Lagerraum über dem Erdboden in seiner Wirkung sich nicht besonders stark von Kellerlagerung unterschied. Die Kühlmöglichkeiten waren in England früher ganz allgemein recht armselig und die damals erworbenen Gewohnheiten wirken noch immer fort. Nicht bloß die größere Gleichförmigkeit der Temperatur hat es in diesem Lande bewirkt, daß die modernen Kühlschränke im englischen Haushalt nicht so beliebt geworden sind, wie dies in Amerika der Fall ist; Amerika hat auch mit viel höheren Sommertemperaturen zu rechnen. Kalte Winter, so scheint es, haben auch die Beliebtheit kalter Getränke gefördert, da diese vor der Erfindung der Kühlmaschinen nur im Winter erhältlich waren. In England mußte die starke Verführung, die die mannigfachen Reize der Eiscreme ausüben, wirksam werden, um Kälte überhaupt populär zu machen. Mit anderen Worten, es fehlt in diesem Lande die richtige Würdigung des zusätzlichen Vergnügens, das ein Lebensmittel mit niedriger Temperatur bereiten kann, und dieser Mangel ist historisch fundiert. Der Fall verhält sich nicht so: gemäßigtes Klima — kein Bedürfnis für kalte Getränke; sondern: gemäßigtes Klima — keine Möglichkeit kalter Getränke und deshalb keine erworbene Vorliebe für sie.

8. Moderne Konservierung

Alle Methoden der Konservierung, die in der Wiege der Ernährungsgebräuche, der Landwirtschaft, im Zuge der Menschheitsgeschichte entdeckt oder erfunden worden sind, sind mit wenig Änderung auf uns gekommen. Selbst die fast ungegorenen, hartgebackenen Fladen leben noch weiter in den Haferkuchen von Schottland und Irland und besonders im schwedischen Knäkkebrot. Die moderne Ausgabe davon sind die Keks. Wie wir gesehen haben, war die Zahl der Verfahren beschränkt, mittels welcher Mikroben zerstört oder ihre Entwicklung unmöglich gemacht wurde. In einigen Fällen haben diese Verfahren den ursprünglichen Zustand des Rohmaterials vollständig geändert, wie es beim Einsalzen und Räuchern geschieht.

Es bedeutet eine Rückkehr zu diesem natürlichen Zustand, wenn moderne Kühlmethoden auf Fisch, Fleisch, Früchte und Gemüse angewandt werden. Dessenungeachtet ist die Wirkung nicht gleichförmig. Die Kühlung wurde begrüßt als Ersatz für das Einsalzen der Fische, besonders weil der hohe Salzgehalt, der für die Konservierung notwendig ist, den natürlichen Zustand zu sehr verändert. Beim gewöhnlichen Fleisch hat sich die moderne Kühlung größere Aufgaben gesetzt als den Ersatz des Einsalzens, das ja niemals in der menschlichen Ernährung eine so große Rolle gespielt hat wie der gesalzene Fisch. Der Erfolg der Anwendung künstlicher Kühlung auf Fleisch aus der südlichen Hemisphäre für einen Wettbewerb mit dem nach denselben Methoden gekühlten Frischfleisch der nördlichen ist bisher zweifelhaft. Aber kein Zweifel kann über den Erfolg der Kühlung von Obst bestehen, das über See gesandt wird. Charakteristischerweise hat die Kühlung das Räuchern nicht zu verdrängen vermocht. Dieses ist ein so starker Brauch geworden, daß die Menschen es nicht entbehren wollen, selbst wenn ein Ersatz dafür nunmehr vorhanden ist.

Es besteht keine Notwendigkeit, auf die Wirkung des Kühlens von Molkereiprodukten näher einzugehen. Ihr Wesen hat sich dadurch nicht viel geändert, abgesehen von der Einführung richtiger Eiscreme; außerdem ist natürlich ein Wandel in bakteriologischer Hinsicht erfolgt. Wie bei den Früchten, macht auch bei den Molkereiprodukten die Distanz, über welche sie nunmehr ohne Schaden befördert werden können, den Hauptunterschied aus. Dieser Wandel hat auch die

Nahrungsgebräuche insbesondere im Hinblick auf die Mengen, die in den Konsumzentren heute zur Verfügung stehen, beeinflußt.

Was wirklich neu ist bei der Konservierung unserer Zeit, ist die verschlossene Blechdose mit thermisch behandeltem Inhalt. Diese Art, die verderblichen Kleinlebewesen abzutöten, steht im Begriffe, alle früheren Methoden der Konservierung in den Hintergrund zu drängen. Ist Konservierung ganz im allgemeinen ein Hauptfaktor für die Sicherstellung der Ernährung, so ist die Dosenkonservierung weit mehr als eine Methode zur Verringerung der Hausarbeit und zum Erlangen von Abwechslung in den Mahlzeiten. Sie bedeutet einen Sieg über die Natur von einem Ausmaß, von dem die Menschheit niemals geträumt hat in dem Kampfe, den sie auf allen Stufen ihres Daseins führen mußte.

V. Rinder, Schafe und Schweine, ihre Fütterung und die Beziehung zur menschlichen Ernährung

Dem modernen Großstädter muß dieser Titel sonderbar erscheinen; nicht so jenem, dem die Verhältnisse der Landwirtschaft bekannt sind.

Gehen wir alle verschiedenen Nahrungsmittel durch, welche Natur und Menschenhand hervorbringen, so finden wir zwei Gruppen unter ihnen, die vom Wettbewerb zwischen Mensch und seinem Haustiere ausgeschlossen sind. Die eine ist Gras, das ganz den Tieren überlassen bleibt, weil es zu viel Fasermaterial enthält, um für den menschlichen Magen bekömmlich zu sein. Die andere ist Fleisch, das von den pflanzenfressenden Tieren verschmäht wird und daher ganz für den menschlichen Verbrauch zur Verfügung steht.

Es muß nicht besonders gesagt werden, daß in Klimaten, in welchen es im Winter nichts zu ernten gibt, diese Jahreszeit immer die schwierigste für den Menschen gewesen ist. Für die Tiere gab es das Heu, das als Winterfutter aufgespeichert werden konnte, und die Zahl der Tiere, die den Winter hindurch gehalten werden konnte, hing fast ganz von der Menge Heu ab, die für diese langen Monate aufzusparen möglich war.

Als ein Weg gefunden wurde, das Massenschlachten, Einsalzen und Einsäuern im Herbst zu vermeiden, war dies einer der wichtigsten Fortschritte in der Entwicklung der Menschheit. Dieser Fortschritt wurde in unserem Klima nur durch die Einführung des Kartoffel- und Rübenbaues möglich und durch die Entdeckung von Verfahren, Kartoffeln und Rüben den Winter hindurch aufzubewahren. Ja, wahrscheinlich wäre es gar nicht dazu gekommen, daß wir Kartoffeln, Rüben und Kohl in so großen Mengen für den menschlichen Konsum bauen, hätten sich diese nicht so wertvoll für die Haustiere erwiesen. Drummond und Wilbraham haben Material über die Einführung der Kartoffel in England gesammelt. Im 18. Jahrhundert machte ein landwirtschaftlicher Sachverständiger, Arthur Young, eine Studienreise durch Irland, wo zu jener Zeit bereits Kartoffeln in sehr großen Mengen für die menschliche Ernährung verwendet wurden, vielleicht mehr noch als heute. Es ist nicht feststellbar, ob in Irland der Kartoffelanbau zum Zwecke der Schweinefütterung seinen Anfang nahm; aber Young war auf seiner Tour sehr beeindruckt von der Art und Weise, in welcher die Bauern ihre Schweine mit gekochten Kartoffeln großzogen, wobei sie die kleineren zusammen mit Kohlblättern und Heu als Winterfutter für ihr Vieh verwendeten. Es wird behauptet, daß es der Nachweis der Verwendbarkeit der Kartoffeln für die Viehfütterung war, welcher die Mehrheit der Farmer in Norfolk dazu gewann, Kartoffeln zu bauen. Man würde nicht glauben, daß das Kochen von Kartoffeln für den menschlichen Konsum zu jener Zeit ein solches Problem war, wäre man nicht auch im letzten Kriege in den Zeitungen auf Rezepte für die besten Methoden des Kartoffelkochens gestoßen, die auf Kosten der Regierung veröffentlicht worden waren. Obwohl die Ratschläge heutzutage von Sparsamkeit und selbst Gastronomie beeinflußt werden, ging im achtzehnten Jahrhundert die Frage fast ausschließlich um das beste Verfahren, die Kartoffeln weichzukriegen. Betrachtet man die Dinge vom Standpunkt dieses Buches aus, so scheint es klar, daß die Farmer des achtzehnten Jahrhunderts das fremdländische Produkt zuerst an ihren Haustieren versuchten und, wenn diese es annahmen und es sich erwies, daß sie dabei gediehen, war erst ein zureichender Grund gegeben, die Kartoffel in den Produktionsplan der Farmer aufzunehmen. Menschliche Ernährung kam erst in zweiter Linie in Betracht.

Gerade so verhält es sich mit den Rüben. Drummond und Wilbraham sagen, daß wruckenartige Rüben lange Zeit hindurch das einzige war, was in England an Viehfutter gebaut wurde. Damit wurde zum ersten Mal das Problem der Winterfütterung des Rindviehs gelöst. Die gleichen Verfasser sprechen davon, daß auch Kohl feldmäßig als Viehfutter gebaut wurde, ein Brauch, der von Schottland und dem Norden von England nach Süden wanderte. Daher ist man wohl berechtigt zu sagen, daß auch beim Kohl die Verwendung als Viehfutter der Verwendung als menschliches Nahrungsmittel voranging, so daß also die jetzt nationale schottische Kohlsuppe Scotch broth ein sekundäres Produkt darstellt. Auch ein so ausgezeichnetes Viehfutter wie Klee steht noch nicht lange in Verwendung. Klee erschien in der britischen Landwirtschaft erst im achtzehnten Jahrhundert, aber diese Pflanze enthält anscheinend zu viel Zellgewebe,

um vom Menschen in der gleichen Weise verwendet zu werden wie
Spinat. Die Schweden oder, wie sie zuerst genannt wurden, der wrucken-
wurzelige Kohl, wurden nach England im Jahre 1755 gebracht; wie
die meisten Gemüse- und Wurzelpflanzen kamen sie aus Holland. Nach
C l u s i u s, einer Autorität, wurden Kartoffeln auch in Italien zunächst als Schweinefutter verwendet.

VI. Höhe über dem Meeresspiegel und Nahrungsqualität

Es ist eine bekannte Tatsache, daß alle Pflanzenarten und alles, was
von Pflanzen lebt, in bezug auf den Duft von der wechselnden Umgebung abhängig ist. Ein anscheinend so einfaches Erzeugnis wie
Eukalyptusöl kommt in mehr als zwanzig Varietäten vor, von welchen
jede einen anderen Geruch hat.

Einer der wichtigsten Faktoren, der das Aroma und dadurch
nach allgemeiner Meinung die Qualität eines Nahrungsmittels beein-
flußt, ist die Höhe über dem Meeresspiegel. Es scheint eine Art von
Naturgesetz zu sein, daß die reichsten Riechstoffe sich nicht in heißen
Klimaten oder auf dem Niveau des Meeresspiegels entfalten, sondern in
höheren Lagen und im Hügelland mit besserer Exposition zur Sonne.
Dieses allgemeine Gesetz scheint gültig zu sein für Blumen und
Früchte, ja selbst für Samen, wie Kaffee. Der für die Blumenzucht zum
Zwecke der Parfümerzeugung bestgeeignete Boden in Europa ist in
Grasse, im Süden Frankreichs, hochgelegen am Südabhang der Alpen;
im Gegensatz dazu haben die in der Ebene gezogenen italienischen
Weine wenig Renommee erzielt. Die aromatischesten Weintrauben
wachsen meist in Tälern so weit nördlich, als es die Sonnenwärme er-
laubt, und immer als Ergebnis der Kombination von Wärme und
Höhe.

Diese Tatsache wird hier wegen ihres Einflusses auf die Nahrungsmittel und Nahrungsgebräuche erwähnt. Es scheint sogar, daß die
Wirkung der Seehöhe sich selbst auf die gewöhnlichen Gräser erstreckt.
Milch von Kühen, die hoch im Gebirge in den Alpen oder in Schottland weiden, scheint ein feineres Aroma zu besitzen; Käse aus gebirgigen Gegenden ist in der Regel geschätzter als solcher aus der Ebene.
Der Ruhm der Schweizer Schokolade und des Schweizer Käses rührt
von der Milch her. Anscheinend ist es sogar so, daß selbst Rind- und
Schaffleisch im Aroma davon abhängig sind, in welcher Höhe die Tiere
geweidet haben. So scheint der Vorzug, der dem schottischen Rind-
und Schaffleisch gegeben wird, auf diese Grasnahrung zurückzuführen

zu sein. Der Einfluß dieses Faktors auf die schottische Küche dürfte größer sein, als allgemein geglaubt wird. Es wird mir mitgeteilt, daß es in Nordirland als selbstverständlich angenommen wird, daß Schafe aus der gebirgigen Region des County Down solche aus der Ebene in der Qualität ihres Aromas schlagen, und der Diätetiker H u t c h i s o n spricht einmal in einer gastronomischen Anwandlung verächtlich von den rübengefütterten Schafen der Ebene.

VII. Die Römer und der Weizen — der Weizen und die Römer

Es wird gesagt, daß ein Land, das von den Römern besiedelt war, nie wieder die Gewohnheit des Weintrinkens vollständig aufgegeben hat. Mit gleicher Berechtigung kann man wohl sagen, daß keines dieser Länder von der Gewohnheit, weißes Brot zu essen, abgekommen ist.

Betrachten wir aber die Dinge von unserem Standpunkt und an Hand der Ergebnisse dieses Buches, so besteht die Wahrscheinlichkeit, daß die Römer nur solche Länder kolonisiert haben dürften, die Weizen- und Weinbau ermöglichten, oder daß dies zumindestens die Wahl ihrer Siedlungsplätze beeinflußt haben dürfte.

Alle Länder, die sich südlich von England und östlich des Rheines ausdehnen, und über Österreich, Ungarn und Rumänien bis zum Schwarzen Meer reichen, waren Länder, die Wein und Weizen bauen konnten. Es ist bekannt, daß die Römer selbst von England Weizen ausführten und daß hier der Weinbau noch im Mittelalter gang und gäbe war. Wir wissen aus den Erfahrungen unserer Tage, wie unwiderstehlich die Neigung ist, Nahrungsgebräuche auch in einem fremden Lande zu bewahren, und man darf kaum annehmen, daß der römische Legionär solch ein Übermensch gewesen ist, daß er sich leicht einer anderen Nahrung angepaßt hätte, wenn wir sehen, daß der Mensch unserer Zeit dazu nicht fähig ist. Das Klima der Britischen Inseln kann nicht sehr einladend gewesen sein für Völker, die um das Mittelmeer zu Hause waren; von ihrem Gesichtspunkt aus dürfte England keine größere Anziehungskraft gehabt haben als die roggenbauenden Ebenen des nördlichen Europas, welche die Römer niemals kolonisierten: aber in England konnten die Römer das bauen oder bauen lassen, was sie liebten, in der norddeutschen Ebene nicht. Man möge sich auch des Wortes von Tacitus erinnern, daß Bier irgendwie wie verdorbener Wein schmeckt.

VIII. Haferkuchen und schwedisches Brot

Wir haben von der Zone gesprochen, die sich den Norden der Alpen entlang zieht, wo der Übergang von den weizenbauenden und weizenessenden Nationen romanischen Ursprungs zu den roggenbauenden und roggenessenden Nationen der nördlichen Ebenen von Europa erfolgt.

Ein anderer Gürtel ist im nördlichsten Teil Europas zu finden, ein Gürtel, dessen nördliche Grenze den Abschluß klimatischer Möglichkeit für den Getreidebau überhaupt bedeutet, während die südliche Grenze des Gürtels in die Zone des Weizen- und Roggenbaues hineinreicht.

Dieser Gürtel zieht sich von Schottland durch Norwegen und Schweden. Ein gutes Stück des Nordens von England gehört dazu. Die Getreidearten, die dort hauptsächlich gezogen werden, Hafer und Gerste, sind für die Brotbereitung nicht sehr geeignet.

Von unserem Gesichtspunkt aus ist die Beschreibung, die S i r F r e d e r i c k E d e n von der Art des Brotbackens im nördlichen Großbritannien seiner Zeit gibt, sehr interessant:

„Viele Sorten von Brot sind im Norden von England üblich. In Cumberland ist es gewöhnlich aus Gerste bereitet, die vorher in einer Mühle gemahlen wurde; dann wird vom Schrot die Spreu abgesiebt und es folgt das übliche Teigmachen mit Salz etc. Manchmal wird das Brot als ungegorener Kuchen gebacken, der ungefähr einen halben Zoll stark ist und zwölf Zoll im Durchmesser hat; aber meistens wird Gärung angewendet und es werden Laibe geformt, von welchen ein einzelner zwölf Pfund wiegt. Diese Laibe werden gewöhnlich in Backöfen gebacken, die mit Heidekraut, Stechginster oder Reisig geheizt werden, mit unbeträchtlichen Kosten, da in Cumberland die Öfen meist gut gebaut sind. Der gewöhnliche Ofen bäckt ungefähr drei Winchester-Scheffel Gerste auf einmal als Brotteig. Dieses Brot hält sich durch vier oder fünf Wochen im Winter und durch zwei oder drei im Sommer. Gegorenes Brot solcher Art ist beinahe das einzige Brot, das die Bauern dieser Grafschaft essen, und es gibt wenige Familien (weder unter den wohlhabenden Farmern noch auch unter den Taglöhnern), die sich nicht ihr Brot aus dem Schrot selbst backen. Gegorenes Gerstenbrot wurde in Carlisle im letzten Mai um einen Shilling für 11 Pfund verkauft; zu dieser Zeit war der Preis der Gerste fünf Shilling das Scheffel nach Winchester-Maß. Jene, die daran gewöhnt sind, halten diese Art Brot für äußerst nahrhaft, obwohl es manchmal sauer und von dunkler Farbe ist. Und manche haben mir versichert, daß, wenn sie nach dem Süden gingen und statt ihres

Brotes Weizenbrot zu essen bekamen, sie es zusammenziehend und sehr unbekömmlich fanden."

Es ist klar, daß Gerstenbrot, das im Winter durch vier bis fünf Wochen haltbar ist, einen sehr niedrigen Wassergehalt haben muß. Da die Gärung geringe Wirkung auf den Gerstenteig ausübt, müssen die Brotlaibe sehr flach und mit einer dicken Kruste versehen gewesen sein; die Feuchtigkeit hat man durch langes Backen entzogen. Daher muß die Beschaffenheit des Brotes irgendwie zwischen Gerstenzwieback und einem gewöhnlichen Brotlaib gelegen gewesen sein.

E d e n geht dann weiter zu Haferbrot über. Er zitiert einen anderen Autor, der fünf verschiedene Sorten beschreibt, die in den Grenzgrafschaften üblich sind. Hier sind Teile der ausführlichen Beschreibung: „Wasser und Hafermehl werden zu einem Teig ohne Gärung geknetet; der Teig wird zu einem kreisförmigen Kuchen von ungefähr zwanzig Zoll Durchmesser ausgewalkt und auf eine dünne Eisenplatte gelegt, die über einem Feuer steht ..." Ein Durchmesser von zwanzig Zoll, einem halben Meter, ist für ein solches Erzeugnis enorm. Das Gewicht der Kuchen war dementsprechend hoch. „Farmer, Taglöhner und Handwerker lassen gewöhnlich fünfzehn Kuchen aus je sechzehn Pfund Schrot machen und damit ist die Familie für einen Monat versorgt. Wenn die Gentry diese Sorte Brot ißt (die meisten von ihnen haben nun Weizenbrot), so läßt sie es häufiger backen und auch viel dünner. Ein arbeitender Mann ißt sechzehn Pfund Haferschrot, zu Brot gebacken, in zwei Wochen ..." Dies sieht nach viel aus, deckt aber doch nur, wenn man nachrechnet, ungefähr den halben Kalorienbedarf eines Arbeiters.

Der Leser wird ersehen haben, daß nur bei dem in Lancashire üblichen Brot (Carlisle) eine Brotgärung erwähnt wird. Alle anderen Brote des Nordens sind einfach Haferkuchen, die sehr hart gewesen sein müssen, mit Ausnahme vielleicht jener Art, welche für die Gentry, die es viel dünner vorzog, gebacken wurde. Es gab damals sogar einen philologischen Streit, ob die harten Kuchen nicht Herdkuchen genannt werden sollten, weil sie auf einem Herd gebacken wurden. Die Streitenden hatten wahrscheinlich beide recht. Die Kuchen waren hart und auf einem Herde gebacken.

Hinsichtlich des schwedischen Brotes sei hier der wichtigste Teil des Berichtes E d e n s zitiert:

„Die gemeinen Leute in allen Teilen Schwedens backen ihr Brot nur einmal oder höchstens zweimal im Jahr; es besteht aus Roggen, der mit Hafer gemischt wird, und wird knikke broë oder knake broë genannt: dieses formen sie zu Kuchen in der Gestalt und Größe eines gewöhnlichen Tellers und mit der Dicke eines kleinen Fingers; dann machen sie ein Loch in der Mitte und die Bauern fädeln sie zu

Hunderten auf und hängen sie an der Decke ihrer Häuser. Brot solcher Art ist zwar außerordentlich hart, aber im Geschmacke nicht schlecht; oft erscheint es auf der Tafel der Leute von Distinktion, begleitet von Weizenbrot von ganz ausgezeichneter Farbe und Geschmack. In Zeiten der Knappheit, besonders im Norden von Dalekarlien, fügen sie dem Schrot von Roggen und Hafer Birkenrinde hinzu, die in einem Mörser zerkleinert worden ist; dieses Brot wird dann so hart, daß die Zähne eines Dalekarliers dazu gehören, um damit fertig zu werden."

Aus dieser Beschreibung geht hervor, daß Härte wieder das auffälligste Kennzeichen auch dieses Brotes ist, das eigentlich kein Brot mehr, sondern eine Art Haferzwieback darstellt.

Von diesen Zuständen sind im heutigen Großbritannien nicht mehr viel Spuren zu finden. In den hundertfünfzig Jahren, die verflossen sind, seit E d e n schrieb, sind die Haferzwiebacke und Gerstenkuchen verschwunden, an ihre Stelle ist weiches Weizenbrot getreten. Nach meiner Kenntnis gibt es in Irland noch sehr dünne Haferkeks, die recht leicht zu kauen sind; auch wird daselbst Haferschrot noch als eine Zutat zu verschiedenen Arten weichen Brotes verwendet.

Es ist sehr wahrscheinlich, daß die Härte eine der Ursachen für das Verschwinden solcher Brote aus dem Konsum war oder vielleicht selbst die Hauptursache. Hier erhebt sich die Frage, die dem alten Problem von der Henne und dem Ei gleicht, welches von beiden zuerst da war. War das Schlechtwerden der Zähne die Ursache, daß solcher Brauch aufgegeben wurde, oder hat das Preisgeben der Nahrung der Vorväter den Verfall der Zähne bewirkt? Die medizinische Wissenschaft weiß keine Antwort auf diese Frage.

Der Brauch ist im nördlichen Teil von Großbritannien ausgestorben, sonderbarerweise wurde er aber in Schweden durch die ganzen hundertfünfzig Jahre seit E d e n aufrechterhalten und wird es noch immer. Das schwedische Volk, so fortschrittlich in jeder anderen Sphäre der Arbeit und des Lebens, hat an dem Brot seiner Vorväter festgehalten. (Wieder erhebt sich die Frage: Wie steht es mit den Zähnen?) In Schweden gibt es noch immer diese harten keksartigen Gebilde, einen halben Zoll stark, mehr oder weniger von und für Bauern gebacken. Ebenso gibt es weißes Weizenbrot in der Form von Kleingebäck, geradeso wie dieses neben dem Roggenbrot in den nördlichen Ebenen von Europa üblich ist. Dennoch ist auch in Schweden ein beträchtlicher Wandel erfolgt. Nicht länger ist Hafer die Basis der flachen Kuchen, die in den Städten des Landes gegessen werden, sondern es wird Roggen verwendet, und da Roggen für Gärung sehr gut geeignet ist, ist das Knäkkebrot nunmehr gegoren. Seine Erzeugung ist eine Industrie geworden, wie die Erzeugung von Keks es heute in Großbritannien ist. Der Leser wird sich erinnern, daß zu E d e n s Zeit schon die Neigung bestand, die flachen Fladen für die Gentry dünner zu backen zum Zwecke der Erleichterung der Kauarbeit. Dünner wurden sie auch in Schweden und das Verfahren wurde nach modernen industriellen Methoden entwickelt. Eine große Zahl von Arten solcher Keks ist heute auf dem Markte zu finden, verschieden in der Dicke und zu Preisen, die mit der Verfeinerung steigen. Dennoch besteht im Grunde noch der alte Brauch. Die Erzeuger moderner Bäckereimaschinen mußten sich der schwedischen Hartnäckigkeit beugen und besondere Maschinen und Backöfen für die kommerzielle Erzeugung aller Varietäten dieser Keks für den heimischen Markt Schwedens entwerfen; und dies angesichts der Tatsache, daß durch die moderne Entwicklung der Landwirtschaft in diesem Lande, Schweden mehr Weizen produziert als verbraucht, so daß der Überschuß exportiert wird!

Um zusammenzufassen: Bis zum achtzehnten Jahrhundert ging die Brotbereitung in der Form harter Kuchen in allen Ländern des nördlichen Gürtels Europas parallel. Der Rohstoff für dieses Brot war hauptsächlich Hafer und Gerste. Seit damals ist Großbritannien zu weißem Weizenbrot übergegangen und vom alten Brauch sind nur Spuren geblieben. In Schweden ist er im wesentlichen bestehen geblieben. Die Schweden von heute sind noch immer nicht Brotesser, sondern — wie soll man es nennen? — Roggenkeksknabberer. Sie haben weder nach dem weichen Roggenbrot der Deutschen oder Russen gegriffen, noch nach dem Weizen des Weltmarktes und ihrem eigenen. Die Lehre, die aus dem Beispiel von Schweden gezogen werden kann, ist die, daß, wie immer die Regeln für die Entwicklung von Nahrungsgebräuchen lauten, seien sie aus der menschlichen Natur oder von der Umgebung her abgeleitet, damit noch lange nicht die Notwendigkeit geschaffen ist, daß diese Regeln auch befolgt werden.

Dritter Teil

Einführung der technischen Erzeugung

I. Erzeugungstechnik und ihr Einfluß auf Nahrungsgebräuche

1. Weißes Brot

Als in den letzten Jahrzehnten entdeckt wurde, daß weißes Mehl beträchtliche Mängel im Vergleich mit seinem Vorgänger, dem Vollkornmehl, hat, wurde die Schuld den Fortschritten gegeben, welche die Müllereitechnik gemacht hat. Es wurde gesagt, daß der Übergang von den Mühlsteinen zum Walzenstuhl die Änderung der Brotsitten verursacht habe. Die Wahrheit ist, daß die Erfindung der Walzenmüllerei niemals ein kommerzieller Erfolg geworden wäre, wenn nicht der Brauch, weißes Brot zu essen, oder das Verlangen darnach vor dieser Erfindung schon bestanden hätte. In einem späteren Abschnitt wird die Geschichte der modernen Getreidemüllerei mit größerer Ausführlichkeit behandelt werden, deshalb hier nur soviel. In medizinischen Kreisen wird die Bevorzugung von weißem Brot vom Gesichtspunkt der Ernährung aus heute als eine ungesunde Entwicklung betrachtet. V. H. Mottram und G. Graham sagen leichthin: „Die Armen weigern sich, Vollkornbrot zu essen — hauptsächlich, weil kein bedingter Reflex dafür bei ihnen ausgebildet ist, und dieser Mangel an einem bedingten Reflex war ursprünglich durch Snobismus verursacht. Braunes Brot zu essen war einst das Zeichen, einer niedrigeren Klasse anzugehören."

Hinter der Vorliebe für weißes Brot steckt mehr als Snobismus. So lange diese Frage von Diätetikern leichthin behandelt wird, wird der Laie auch weiterhin das Gefühl haben, es sei etwas falsch in ihrem Urteil. Denn gegen Brot, das Kleie enthält, ist etwas einzuwenden; Kleie hat Eigenschaften, die beim Essen unangenehm sind. Auch spielt es eine Rolle, daß Brot, wenn es als Grundlage anderer Nahrung verwendet wird, ein diskretes Aroma haben soll, was bei weißem Brot der Fall ist, aber nicht bei braunem oder dunklem Brot. Der Leser erinnere sich, was im ersten Teil dieses Buches über die psychologische Sättigung gesagt worden ist. Es wird weiters im folgenden gezeigt werden, daß die Technik der Brotbereitung ganz entschieden auf die Notwendigkeit hinweist, weißes Brot zu bevorzugen, vielleicht nicht so sehr in der Gegenwart, aber sicherlich in der Vergangenheit, zur Zeit, als der Brauch, weißes Brot zu essen, sich eben festigte.

Selbst in unserer Zeit weiß jede Hausfrau, daß weißes Mehl stark ist, so weit es sich um das Aufgehen des Teiges handelt, und dunkles Mehl schwach. Von gutem Brot wird verlangt, daß seine Krume durch die Gärung gut und gleichmäßig steigt, wodurch das Brot sein erstaunliches Volumen erreicht, das Dreifache der verwendeten Menge von Mehl und Wasser. Weiters wird von gutem Brot verlangt, daß die Krume nicht streifig sein soll als Folge eines teilweisen Zusammenbrechens der Brotzellen während oder nach dem Backen. Die Zellen haben gleichmäßig verteilt zu sein. Auch darf die Krume nicht krümelig oder klebrig sein, die Kruste keine Löcher zeigen und so weiter. Alle diese Forderungen an ein gutes Brot haben ihre Gründe; sie sind nicht etwa Steckenpferde. Die Gründe sind entweder physiologischer oder praktischer Natur und stehen vielfach mit dem Brotschneiden in Zusammenhang, worüber schon ausführlich gesprochen wurde. Aber an die Eigenschaften des Mehles hinsichtlich seiner Backfähigkeit werden auch noch andere Ansprüche gestellt.

Es ist leicht zu verstehen, daß medizinische Autoritäten, die glauben, im weißen Brot eine der Ursachen der Ernährungsmängel weiter Kreise der Bevölkerung gefunden zu haben, nicht viel Interesse für solche Fragen aufbringen (oder für Feinbäckerei, verschiedene Arten von Kleingebäcken und Kuchen), nicht viel Interesse und nicht viel Geduld. Dennoch besteht kein Zweifel, daß diese Varietäten der Backerzeugnisse für das menschliche Leben von einiger Bedeutung sind, nicht nur indem sie andersartige Empfindungen im Vergleich mit dem Essen gewöhnlichen Brotes hervorbringen, sondern auch durch die Unterschiede in Erscheinung, Glanz usw. Die Wichtigkeit dieser Techniken ist keine Entdeckung unserer Zeit. Die Mönche des Klosters von St. Gallen in der Schweiz hatten ihre Hörnchen schon im Jahre Tausend.

Die Qualität von Backerzeugnissen hängt nicht nur ab von der Stärke oder Schwäche des Mehles. Auch das Gärmittel, das den Teig steigen macht, kommt in Betracht; weiters Temperatur und Feuchtigkeit des Raumes, in dem die Gärung erfolgt, und dies hängt nicht nur von der Heizung ab, sondern auch von der Jahreszeit und von jedem Wetterumschlag; schließlich gibt es auch noch Unterschiede der Backöfen.

Die moderne Hausfrau, die irgend etwas backen will, weiß wenig von diesen Schwierigkeiten. Sie kauft Backpulver oder Mehl, das bereits mit Backpulver gemischt ist. Sie hat einen Ofen, der meist ohne Schwierigkeit auf jede Temperatur eingestellt werden kann.

Ähnlich steht es mit dem Bäcker unserer Tage. Er kann seine Hefe täglich geliefert bekommen, immer in demselben Zustand. Fast immer hat er auch Einrichtungen in seiner Werkstätte, die die Gleichmäßigkeit der Gärung sichern. Er hat Maschinen und gut gebaute Backöfen. Es gibt selbst automatische Anlagen für das Formen, Gären und Backen des Teiges.

Diese Stabilität der Hilfseinrichtungen fürs Backen gewährt Hausfrauen und Bäckern beträchtliche Hilfe, wenn sie schwaches, dunkles Mehl zu verbacken haben, obwohl sie nicht jenes Volumen des Gebäcks erreichen können, das bei Verwendung weißen Mehles möglich ist. Außerdem, ist das dunkle Mehl auch schwach, so hat es doch immer die gleiche Schwäche und der Müller von heute kann dafür vorsorgen, daß ein Wechsel in der Qualität des Mehles nur allmählich stattfindet. Dennoch ist das, was mit dunklem Mehl gebacken werden kann, in der Variabilität beschränkt. Ein treffendes Beispiel dafür sind die Hörnchen, die während der Kriegszeit in den besten Hotels von Dublin serviert wurden. Sie waren aus richtigem Vollkornweizenmehl zubereitet, wie alles Brot in Eire während der Kriegszeit. Der schwache Teig konnte jedoch die Behandlung nicht aushalten, die zur Erzeugung von Hörnchen notwendig ist; die Bäcker von Dublin brachten ganz annehmbare Laibe zustande, wenn sie solche buken, aber die Hörnchen waren wie Stein.

Solche Katastrophen im Backprozeß brauchen nicht gefürchtet zu werden, wenn das Weizenmehl nicht „vollkorn“ ist, sondern nur einen Teil der Kleie enthält. Die Gefahr wird durch die Gleichmäßigkeit der anderen Faktoren des Backens, wie vorbeschrieben, ausgeglichen. So ist nun ein beliebiges Übergehen zur Erzeugung dunklen Brotes heute innerhalb der Möglichkeiten der Technologie des Backens. Aber anders war es zu jenen Zeiten, in welchen der Brauch, weißes Brot zu essen, sich entwickelte. Es gibt wohl eine Art Backpulver, das sehr frühen Datums ist, aber es ruiniert die Backware durch einen Geruch von Ammoniak. Wenn wir von diesem Backpulver absehen, hatten Bäcker und Hausfrauen sich auf ihr hausgemachtes Ferment zu verlassen, das meist für das Backen am nächsten Tage oder in der nächsten Woche sorgfältig aufgehoben werden mußte. Oder der Bäcker mußte Brauereihefe nehmen. Die moderne Bäckereihefe ist ein Erzeugnis der Wissenschaft, den Bedürfnissen des Backens besonders angepaßt. Die Brauereihefe hatte bei weitem nicht dieselben Eigenschaften und in früheren Zeiten werden sich ihre Eigenschaften wohl von Tag zu Tag geändert haben. Die Arbeitsräume, in welchen die Brotgärung stattfinden mußte, waren den wechselnden Einflüssen der Jahreszeit und des Klimas ausgesetzt. Die Backöfen waren von primitiver Bauart, manchmal nur Dorfbacköfen in der freien Luft. Das Mehl selbst, ob weiß oder dunkel, war nicht aus Getreide gewonnen, das kunstvoll aus Erzeugnissen der ganzen Welt gemischt war, wie es heute der Fall ist. Es muß angenommen werden, daß nahezu jeder Sack im Vergleich zum vorherigen Mehl von abweichender Backqualität enthielt, ganz abgesehen von nassen Jahren, in welchen viel Getreide auswuchs.

Nun muß es zu allen Zeiten das Ziel gewesen sein, gutes Brot zu backen oder das, was wir so nennen, mit den Eigenschaften von Kruste und Krume, wie sie vorhin kurz beschrieben worden sind. Erwägt man nun, wie groß die Unsicherheit gewesen sein muß, dieses Ziel zu erreichen, durch Schuld der mitwirkenden technischen und landwirtschaftlichen Faktoren, dann erscheint das Verlangen nach weißem Mehl in ganz anderem Lichte. Dann ist es mehr als nur ein Steckenpferd der Feinschmecker des antiken Rom oder der Aristokraten im Paris des achtzehnten Jahrhunderts; das weiße Mehl ist dann eine Notwendigkeit, wenn man seines täglichen Brotes auch wirklich sicher sein will. Wir wissen, wie groß die Sorgfalt war, die in früheren Zeiten auf die Erzeugung einer Mahlzeit aufgewendet wurde, wenn die Arbeitskräfte zur Verfügung standen und entsprechend billig waren. Wir wissen auch, daß bei außerordentlicher Sorgfalt und langjähriger Erfahrung viele Arten von Schwierigkeiten beim Kochen gemeistert werden können; aber das Brotbacken, das auf Gärung und auf Backen basiert und keine Gelegenheit gibt, Irrtümer richtig zu stellen, wenn einmal das Erzeugnis vorliegt, hat zu allen Zeiten seine besonderen Schwierigkeiten gehabt. Daraus muß die Folgerung gezogen werden, daß dunkles oder weißes Mehl nicht nur eine Frage der Konservierung, des Geschmackes und Aromas, der Kauarbeit und Verdauung, der Aufteilung der Ernte zwischen Mensch und Tier war — sondern gewichtige technische Argumente sprachen dafür, das Mehl zu sieben und dadurch weißes Mehl von starker Triebkraft zu erhalten.

Es wurde vorhin zugegeben, daß die modernen technischen Methoden es ermöglichen, aus Mehl mit einigem Kleiegehalt glattkrumiges Brot zu backen, das nicht krümelig wird oder andere schlechte Eigenschaften zeigt. So kann man jetzt sagen, daß es keine Bedeutung habe, wie der ernährungstechnisch unrichtige Brauch entstand, weißes Brot zu essen, ob durch Snobismus, wie Mottram und Graham behaupten, oder aus den jetzt überwundenen technischen Schwierigkeiten heraus, die dunklem Mehl eigentümlich sind. Aber es ist nicht wahr, daß der Ursprung eines Brauches ohne Bedeutung ist. Die Hausfrau weiß, daß dunkles Mehl nicht nur dunkel, sondern auch schwach ist, außerdem braucht sie weißes Mehl aus anderen Gründen, von denen noch gesprochen werden wird. Wenn ihr gesagt wird, weißes Brot sei nur ein Steckenpferd, das Nachäffen eines Brauchs, der einst das Privileg der Reichen gewesen sei, so wird sie es nicht glauben. Eine Änderung von Nahrungsgebräuchen ist keineswegs eine leichte Sache und manchmal unmöglich, selbst wenn die Argumente so stichhältig sind, wie jene gegen Alkohol und Tabak. Unrichtige Argumente zu gebrauchen wird jedoch keinesfalls zu einem Erfolg führen.

2. Anderes Brot

Wir alle wissen, daß der Zusatz von Mehl aus anderen Getreidearten das Aroma des Weizenbrotes ändert und es jenen, die an Weizenaroma gewöhnt sind, geradezu unangenehm macht. Dies beweist nichts in der Frage der Bevorzugung von Weizenbrot; die Engländer oder Franzosen könnten noch immer an das Roggenaroma gewöhnt sein, wie sie es einst waren und wie die Deutschen es noch sind, die es sehr gerne haben, aber selbst die Deutschen müssen Weizenmehl für Kleingebäck und Kuchen verwenden. Hörnchen oder Blätterteig aus Roggenmehl zu backen ist noch unmöglicher als aus dunklem Weizenmehl. Dem Roggenmehl fehlt die Kraft des Weizenmehls, selbst wenn die Kleie so sorgfältig ausgezogen wird, wie es beim Weizenmehl geschieht. Das Mehl aus Mais, Gerste und Hafer ist noch schwächer. Wenn Mais in Mischung mit Weizenmehl zum Brotbacken verwendet wird, wie dies in weiten Gebieten Amerikas der Fall ist, so ist der Zusatz von Milch oder anderen Zutaten erforderlich, um den Teig zum Aufgehen zu bringen. Verwendet man nur Maismehl, so erhält man eine Art Keks; solche kann man in den Alpenregionen Italiens finden.

Aus anderem Mehl als Weizenmehl kann so bestenfalls einfaches Brot gebacken werden und nichts anderes. So wichtig dies auch ist vom Gesichtspunkt der Popularität des Weizens, so ist es doch die Leichtigkeit und Sicherheit, mit welcher Brot aus weißem Weizenmehl gebacken werden kann, die dabei entscheidend sind. Es wird behauptet, daß zu Beginn dieses Jahrhunderts die Hälfte des Brotbedarfs der Vereinigten Staaten noch immer von den Hausfrauen in ihren Kochherden gebacken wurde. Nichts derartiges wäre in einem Roggen bauenden und Roggen konsumierenden Land wie Deutschland möglich gewesen. Das Roggenbrot erfordert einen richtigen Backofen. Selbst in kleinen Dörfern Deutschlands können noch immer Gemeinschaftsbacköfen gefunden werden, zu welchen der im Hause bereitete und geknetete Teig zum Backen gebracht wird. Als moderne automatische Anlagen es ermöglichten, das Brotbacken in Amerika und Großbritannien zum Großbetrieb zu entwickeln, hinkte die Technik in Deutschland noch lange Zeit nach und dies ist noch jetzt der Fall. So wie in alten Zeiten, als man Mörser und Stößel und nicht Mahlmaschinen verwendete, gibt noch heute die gute Backfähigkeit des Weizens nicht nur der Hausfrau, sondern auch dem Ingenieur größeren Spielraum.

3. Vorteile von Mischgetreide

Es wird noch in Erinnerung sein, welche Bedeutung S i r W i l l i a m A s h l e y dem Anbau von Mischgetreide zumaß, jener Mischung von Weizen und Roggen, die einst in England und auch in einem gewissen Ausmaß auf dem europäischen Kontinent zur Broterzeugung verwendet wurde. Diese beiden Getreidearten zusammenzubauen hat einige Nachteile, sie mögen nicht immer zur gleichen Zeit reifen. Sieht man davon ab, so gab es in der Zeit der Mühlsteinmüllerei keinen Einwand dagegen, die beiden gemeinsam zu vermahlen, da ja das Mahlverfahren für beide Getreidearten dasselbe war.

Hier gibt es zwei Punkte von Interesse. Der eine ist, daß eine Zumischung von Weizen die Backschwierigkeiten, welche durch die Eigenschaften des Roggens hervorgerufen werden, beträchtlich vermindert. Auch ist Brot aus solcher Mischung leichter als das aus reinem Roggen und dies vermindert das Risiko des Backprozesses; weiters, wenn Fehler begangen werden, so kann das Brot wohl so schwer werden, wie wenn es aus reinem Roggen gebacken wäre, aber die Klebrigkeit und Streifigkeit, die das Brot aus bloßem Roggen so leicht ruinieren kann, tritt nicht so leicht ein.

Der zweite Punkt ist, daß aus den gleichen technischen Gründen die Bäcker fortfuhren, Roggen- und Weizenmehl zu mischen, als die Landwirte es schon aufgegeben hatten, die beiden Getreidearten zusammen auf einem Feld zu bauen. Dies stand teilweise im Zusammenhang mit der technischen Entwicklung der Müllerei, denn bei Walzenmüllerei ist die Behandlung von Roggen und Weizen technisch sehr verschieden. Die beiden unterscheiden sich in ihren Eigenschaften, wenn das Mahlen in viele aufeinanderfolgende Prozesse aufgelöst wird, wie es beim Walzenmahlen der Fall ist. Weiters war in den ersten Stadien dieser neuen Müllerei der Auszug weißen Mehls aus den roh zerkleinerten Weizenkörnern nicht so vollkommen, als es heute der Fall ist; das Mahlen ergab in jenen Tagen eine ziemliche Menge dunklen Mehles neben weißem und Kleie. Selbst heute ist das Verfahren noch nicht vollkommen. Es stand also dunkleres Weizenmehl in reichlicher Menge zur Verfügung und sein Zusatz zu Roggenmehl übte ungefähr die gleiche Wirkung auf den Roggen aus, die im angebauten Mischgetreide vorhanden war. Dabei mag auch die Verbesserung der Qualität des Weizens selbst eine Rolle gespielt haben.

So kam es, daß in jenen Ländern, die vornehmlich Roggen bauen und essen, reines Roggenbrot nur in beschränktem Maße hergestellt wird, indem zumeist Weizenmehl zugemischt wird. Ein neuer Gürtel hat sich in Mitteleuropa nördlich der Alpen entwickelt, der vom Elsaß bis nach Jugoslawien reicht und in welchem dieses Mischen praktiziert wird; diese Zone hat Ausläufer ins Rheinland, nach Sachsen und in die Tschechoslowakei und selbst nach Polen. Je weiter man in diesem Gürtel nach Süden geht, gegen die romanischen Gebiete von Frankreich und Italien, um so häufiger findet man den Zusatz von dunklem Weizenmehl zu Roggenmehl in Brauch. Das mehr oder weniger reine Roggenbrot ist auf Preußen beschränkt, aber selbst da ist es nicht vollkommen rein; sonderbarerweise ist Westfalen eine Landschaft, wo ein hundertprozentiges Roggenbrot beliebt ist, der Pumpernickel, ein schweres, schwarzes Brot, das beim Backen vierundzwanzig Stunden im Ofen verbleiben muß. Wir haben schon von Schweden gesprochen, das in dieser Beziehung eine Besonderheit darstellt, aber überall anderwärts, wo Roggenbrot einem Teile der Bevölkerung wahlweise zur Verfügung steht, ist die Zumischung von Weizenmehl sehr groß und gibt dem Roggenbrot eher die Kennzeichen eines Surrogats. In Amerika zum Beispiel beträgt dieser Zusatz von Weizenmehl, oder betrug vor zwanzig Jahren, wenigstens 70%.

Die Lage in den roggenbauenden und roggenkonsumierenden Ländern ist daher die, daß der Brauch, Roggenbrot zu essen, recht gefestigt ist und es wohl auch bleibt. Neben diesem Roggenbrot wird weißes Weizenbrot entweder in der Form von Kleingebäck oder auch in Laiben gegessen. Das ist die Übung von den Grenzen Frankreichs und Italiens an durch die ganze Breite Europas und selbst bis nach Rußland hinein. Das dunklere Weizenmehl, welches in der Müllerei anfällt, wird beim Roggenbrot verwendet, um es leichter und die Erzeugung sicherer zu machen. Abschließend kann gesagt werden, daß der gegenwärtige Brauch in der Broternährung und die damit verbundene Beliebtheit und Unbeliebtheit, als durch technische Faktoren der Müllerei und Bäckerei bestimmt, sich nachweisen lassen. Dies war das Ziel dieser längeren Ausführungen und damit sind wir auch am Ende unserer Erörterungen über das Mischgetreide.

II. Weißes Brot und die Römer

Wir sind im Besitze eingehender Beschreibungen der Ansichten, welche die Römer über Brot hatten. Dafür haben wir Plinius zu danken[1], der im Jahr 79 unserer Zeitrechnung starb, und Varro[2], der ein Jahrhundert vor Plinius lebte. Die Mitteilungen beider wurden von Bennett und Elton[3] in Beziehung gebracht. Was diese Autoren zu sagen hatten, wirft noch klareres Licht auf die Haltung der Gegenwart zu weißem Brot. Wieder zeigt es sich, daß der Vorzug, der diesem Brot zukommt, weit in die Geschichte zurückgeht, viel weiter, als nach den vorausgehenden Abschnitten dieses Buches angenommen werden konnte.

Zuerst möchte ich eine Feststellung dieser römischen Autoren zitieren, welcher Bennett und Elton nicht jene Bedeutung zugemessen haben, die ich ihr geben möchte. Nach Plinius ist Brot feinster Qualität jenes, das sine pondere ist, ohne Schwere. Die Leichtgewichtigkeit des Brotes, das aus weißem Weizenmehl bereitet ist, ist der entscheidende Faktor bei der Bevorzugung dieses Mehles. Wenn man weißes Mehl sieht, denkt man nicht an die Farbe, sondern an die Leichtigkeit des Brotes, das daraus gebacken werden kann. In diesem Sinn ist der nachfolgende Passus aus Plinius zu verstehen. Auch muß hinzugefügt werden, daß die Römer sehr gut wußten, daß man die höchste Ausbeute weißen Mehls aus solchen Körnern erhält, bei welchen das Gewicht des Hohlmaßes, des Scheffels, am höchsten ist[4].

„Es gibt viele Arten von Weizen, aber ich für meinen Teil kann keinen mit dem Italiens vergleichen, weder in bezug auf Weiße noch Gewicht, Eigenschaften, durch welche er besonders ausgezeichnet ist; tatsächlich kann nur das Produkt aus den gebirgigeren Gegenden Italiens mit dem Weizen anderer Ländern verglichen werden. Unter diesen Weizen nimmt der griechische von Böotien die erste Stelle ein, der von Sizilien die zweite und der von Afrika die dritte; obwohl die Weizen von Thrakien, Syrien und neuerdings auch von Ägypten die dritte Stelle hinsichtlich des Gewichts einzunehmen pflegten... Griechenland schätzte den pontischen Weizen sehr hoch, aber dieser hat Italien noch nicht erreicht. Von allen Weizenarten gaben die Griechen jenen Sorten den Vorzug, die Dracontian, Strangia und Selinusium genannt wurden ... Dies zumindest war die allgemeine Meinung zur Zeit Alexanders des Großen, als Griechenland auf der Höhe seines Ruhmes und das mächtigste Land der Welt war. Immer-

---

[1] Plinius: Naturgeschichte.
[2] De re rustica.
[3] Bennett R. und Elton J.. The History of Corn Milling. 1898.
[4] Plinius, Naturgeschichte XVIII, 12.

hin nahezu 144 Jahre vor dem Tod dieses Fürsten hat der griechische
Dichter Sophokles in seiner Tragödie des Triptolemus das Korn Italiens
vor allen anderen gepriesen: das begünstigte Italien wird weiß von
haarigem Weizen. Und es ist noch immer die weiße Farbe, die einen
der besonderen Vorzüge des italienischen Weizens bedeutet. Um so
mehr überrascht es mich, daß keiner der griechischen Schriftsteller
späterer Perioden ihrer Erwähnung getan hat."

Man kann nicht viel Unterschied bemerken zwischen der Art und
Weise, in welcher Plinius die verschiedenen Arten des Weizens beurteilt, und jener, mit welcher ein moderner Sachverständiger es tun
würde. „Die Qualität des feinsten Brotes," sagt Plinius, „hängt
hauptsächlich von der Güte des Weizens und der Feinheit des
Siebes ab."

Die Müllerei im antiken Rom war natürlich primitiv, mit Mörser
und Stößel.

„Sie schlagen das Korn mit Sand und die Spreu wird auf diese
Weise, obgleich mit Schwierigkeit, entfernt; darnach hat das Korn
nur mehr die Hälfte seines früheren Maßes. Sodann wird Gips im Verhältnis von ein Viertel der Menge des Mahlgewichts darunter gestreut,
und wenn das Ganze sorgfältig gemischt ist, folgt das Sieben des
Mehls. Zunächst verbleibt der Abfall, der zurückgewiesene Teil des
Mahlguts, der außerordentlich grob ist. Dann wird das, was durch
das Sieb gegangen ist, nochmals gesiebt und das feinere Produkt wird
Second genannt. Die cribaria oder das rein gesiebte Mehl ist das, was
in ähnlicher Weise durch ein Sieb größter Feinheit gegangen ist. Auf
diese Weise wird auch der Sand ausgeschieden."

Wie aus dieser Beschreibung hervorgeht, war das Sieben sehr vollkommen. Über das Sieben sagt Plinius weiter: „Aus einem Modius
Korn sollen vier Sextarii gesiebten Mehles ausgezogen werden, ein
halber Modius weißen Schrots, vier Sextarii groben Schrots und vier
Sextarii Kleie"[1] — eine Spezifikation, die, wie Bennett und Elton
bemerken, die Vollständigkeit kennzeichnet, in der die Gradierung
ausgeführt wurde und die die volle Kenntnis von feinem Mehl, feinem
und grobem Schrot, Seconds und Kleie voraussetzt, welche die Römer
besaßen. Daß die Preise der Erzeugnisse nach der Feinheit der Siebung
angesetzt wurden, wird von Plinius gleichfalls angedeutet, der bemerkt: „Wenn die Getreidepreise mäßig sind, wird Schrot um vierzig
Asen für den Modius verkauft, gesiebtes Vollmehl um acht Asen mehr
und gesiebtes Mehl von Winterweizen um sechzehn Asen mehr."

Es gab verschiedene Arten von Sieben, die beweisen, daß die
Römer die ganze damals bekannte Welt nach technischen Hilfsmitteln
zu diesem Zwecke durchsucht hatten, geradeso wie es in ähnlichen

---

[1] Plinius: Naturgeschichte XVIII, 20.

Fällen heute geschieht. „Die Gallier waren die ersten, die das Roßhaarsieb verwendeten; die Spanier machten ihre Siebe aus Flachs und Leinen und die Ägypter aus Papyrus und Binsen". D r u m m o n d und W i l b r a h a m sprechen von den Wolle- und Leinensieben, die bis ins 19. Jahrhundert, vor dem Gebrauch der Seidengaze, üblich waren. Solche Siebe waren, sagen diese Autoren, nicht imstande, die Kleie vollständig aus dem Mehle zu sondern. Aus P l i n i u s' Beschreibung hingegen geht hervor, daß zu seiner Zeit wirksamere Siebe benutzt wurden; wie B e n n e t und E l t o n meinen, wurde das Brot, das die Römer solcherart herstellten, nicht nur in großer Mannigfaltigkeit von den Reichen konsumiert, sondern zierte auch die Küche der Plebejer. Es war eine pondere, ohne Schwere.

III. Wie wirklich weißes Mehl in England eingeführt wurde

Jedes Handwerk ist stolz auf seine Leistungen. Bevor das weiße Mehl wegen seiner diätetischen Eigenschaften angegriffen wurde, betrachteten die Müller den Auszug von weißem oder weißlichem Mehl aus Weizen als den entscheidenden Faktor im Fortschritt ihrer Kunst und waren stolz darauf. Worin diese Kunst bestand sowie die Frage der Backqualitäten des Mehles wurde bereits erörtert.

In gleicher Weise haben die Müller den Fortschritt der Technik, der in der Anwendung von Walzen an Stelle der flachen Steine bestand, als eine besondere Leistung betrachtet. Mahlen auf Walzenstühlen wurde zuerst in Ungarn eingeführt und verbreitete sich von dort in die anderen Länder. Dies fand statt in den Sechziger- und Siebzigerjahren des vorigen Jahrhunderts. Es wurde damals auch von einigen forschrittlichen Müllern in England versucht und jeder Engländer, der nachher über diesen Gegenstand schrieb, versäumte nicht, auf diese Experimente hinzuweisen, wäre es auch nur, um damit zu zeigen, daß England hinter den anderen Ländern in Hinsicht auf einen wichtigen technischen Fortschritt nicht zurückgeblieben ist.

So kam es, daß medizinische Kreise, als sie den Feldzug gegen das weiße Mehl begannen, glaubten, das Mahlen auf Walzen sei aufgekommen, um den Profit der Müller zu erhöhen, da weißes Mehl höhere Preise erzielt als dunkles.

Zufälligerweise existiert eine unparteiische Darstellung der Einführung der Walzenstühle in England. Ihr Verfasser war frei von der Eitelkeit, den Beweis erbringen zu wollen, daß England die erste Stelle auf jedem Feld technischer Entwicklung innehabe. Der Autor dieses

unparteiischen Berichtes war P. A. A m o s, der im ersten Weltkriege
umkam, zu einer Zeit also, in der die Kenntnis der Leistung von
Vitaminen im Getreide eben erst aufkam und daher den Müllern noch
keine Sorge bereitete. A m o s[1] sagte damals: „Aber die große Revolution kam im Jahre 1881. In diesem Jahre fand in London eine große
Ausstellung der Walzenmüllerei statt, die von Müllern stark besucht
war, welche das neue System sehen wollten, das auf dem Kontinent
und in Amerika bereits benützt wurde und das die Ungarn, die
Deutschen und die Amerikaner in die Lage versetzte, den englischen
Markt mit Mehl von solcher Feinheit und Weiße zu überschwemmen,
daß das auf Steinen gemahlene englische Mehl keine Chance guten
Verkaufes mehr hatte. Gruppen englischer Müller besuchten auch derartige Mühlen im Auslande und, nachdem sie sich von der Aussichts-
losigkeit überzeugt hatten, das Walzensystem zu bekämpfen, waren
sie klug genug, ihr jahrelanges Vorurteil beiseitezustellen, und begannen, das neue System in ihren Mühlen einzurichten.“

Der Gegenstand dieses Buches ist nicht die Geschichte der Lebens-
mittelerzeugung, sondern der Ursprung der Nahrungsgewohnheiten.
Deshalb ist das Obige nicht im Zusammenhang mit der Geschichte
der Müllerei zitiert, sondern weil es die entscheidenden Kräfte der
Nahrungsgebräuche auf diesem Gebiet enthüllt. Nach dieser Darstellung liegt es auf der Hand, daß, wäre es nach den Neigungen der
britischen Müller gegangen, sie das Mahlen auf Steinen fortgesetzt
hätten, wie immer die Entwicklung der Müllereitechnik in anderen
Ländern sich gestaltet hätte. Doch waren sie gezwungen, ihre Meinung
zu ändern, weil das viel weißere Mehl dieser anderen Länder den englischen Markt überschwemmte und ihr Geschäft bedrohte. Selbst dann
bedurften die englischen Müller, wie A m o s sagt, noch eines mächtigen
Impulses in Form einer Ausstellung (die wahrscheinlich von Mühlen-
ingenieuren veranstaltet worden war) und in Form eines Besuches von
Betrieben im Ausland, um „ihr jahrelanges Vorurteil beiseitezustellen“. Wenn es nun nicht die Müller waren, wer war es dann, der
in England die Nachfrage nach weißem Mehl schuf? Wer in England
kaufte das weiße Mehl des Kontinents und Amerikas? Niemand anderer
als die breiten Massen des englischen Publikums, entweder direkt oder
indirekt durch den Bäcker. Mit anderen Worten, die Neigung und Vorliebe für weißes Mehl, für ein weißeres, als die Steinmüllerei hervorbringen konnte, bestand bereits bei den Konsumenten, bevor sie noch
einen einzigen Sack walzengemahlenen Mehles gesehen hatten, und sie
stürzten sich auf dieses, als es auf dem Markte erschien, ohne Rücksicht, woher es kam, und ohne Rücksicht auf den traditionellen Vorzug, den englische Erzeugnisse im Lande genießen.

---

[1] A m o s P. A.: Process of Flour Manufacture. 1925.

In früheren Abschnitten dieses Buches ist die Frage behandelt
worden, w o h e r d e n n jener Vorzug stammt, der dem weißen Mehl
gegeben wird. Hier soll nur aufgezeigt werden, w i e s t a r k diese
Vorliebe vor mehr als sechzig Jahren war. Natürlich ist es auch klar,
wie unrecht es wäre, den Müllern die Einführung der Walzenmüllerei
mit ihrer Erzeugung weißen Mehles vorzuwerfen. Weder der Geschmack
noch der Brauch weiterer Kreise wurden mit Absicht in eine Richtung
geleitet, die den Zwecken der Industriellen diente.

Falschen Argumenten in Angelegenheit der Gesundheitspflege ist
der gewünschte Erfolg versagt; das Gefühl der breiten Masse sträubt
sich gegen sie. Daß die Argumente, welche gegen das weiße Brot erhoben werden, trügerische Grundlagen haben, ist im wesentlichen die
Lehre, die aus dem vorstehenden Bericht zu ziehen ist.

IV. Die Idee der gedeckten Pastete

Die modernen Keks sind ein Abkömmling des Gerstenzwiebacks und
des Haferkuchens, die uns aus dem Ursprung der Zivilisation über-
liefert sind. Es ist ein Verfahren der Konservierung, das einfach in der
Verringerung des Wassergehalts gebackenen Teiges besteht, einer Verringerung solchen Grades, daß das Erzeugnis von Schimmel kaum ge-
fährdet ist. Während jener Zwieback und der Kuchen hart waren, sind
die modernen Keks in einer Art und Weise bereitet, die das Kauen
leicht macht. Immerhin sind die Keks das Ergebnis eines erfolgreichen
Kampfes gegen Gefahren, die sonst Backwaren drohen, nämlich gegen
die Schimmelpilze und die Altbackenheit.

Der Grundgedanke der Pastete mit Deckblatt ist ein ähnlicher.
Eine solche ist auf den Britischen Inseln althergebracht, wahrscheinlich viel älter als die Keks. Es wird ein ähnlicher, dünn ausgerollter
Teig verwendet, der durch und durch gebacken werden kann, wie eine
Brotkruste, aber nicht so karamelisiert wie diese. Eine solche Pasteten-
kruste ist, insbesondere wenn der Teig etwas Fett enthält, gut geeignet, dem Einfluß von Flüssigkeiten und halbflüssigen Stoffen Widerstand zu leisten, sich also nicht in eine klebrige Masse zu verwandeln.
Wenn der Teig in ein Pastetenblech gefüllt wird, so kann er dann
mit halbflüssigen Stoffen, wie gehacktem Fleisch oder Obst, gefüllt
werden, welche im Ofen sich in der gleichen Zeit garkochen, die der
Teig benötigt, um gebacken zu werden. Wird ein Stück ausgerollten
Teiges vor dem Backen über das Fleisch- oder Fruchthaschee gelegt,
dann ist das Ganze durch diese obere Lage gegen Schimmelinfektionen
recht gut geschützt und kann sehr wohl für einige Zeit aufbewahrt
werden.

Ursprünglich muß das Verfahren, eine so gedeckte Pastete herzustellen, ziemlich viel Arbeit gekostet haben, mehr sogar als die ursprünglich handgewalzten und handausgestochenen Keks. Aber das Produkt scheint dennoch in Ländern wie England und Frankreich so hoch geschätzt worden zu sein, daß es in die Liste der gebräuchlichen Nahrungsmittel aufgenommen wurde. Moderne Maschinentechnik, besonders in Amerika, hat aus der Pastete einen Gegenstand der Massenerzeugung gemacht, der kalt gegessen werden kann oder, wenn aufgewärmt, als Ersatz für frisch zubereitete Fleisch- oder Obstgerichte dient.

Auf diese Weise ist die gedeckte Pastete ein typisches Beispiel für halbkonservierende Behandlung der Rohstoffe unserer Nahrung. Gleichzeitig ist sie auch ein Beispiel für den Weg, auf welchem Altbackenheit erwünscht sein kann allen, die einen Grund haben, sie in Kauf zu nehmen; in diesem Falle ist dieser Grund die Nützlichkeit des Zustandes der Halbkonservierung.

Es mag hier erwähnt werden, daß Pasteten, Törtchen dieser Art und gedeckte Pasteten nicht in allen Ländern beliebt sind. Eine Halbkonserve von Fleisch kann auch ohne Teig hergestellt werden, eine solche ist die deutsche Wurst; nebenbei bemerkt ist es nicht richtig, sie deutsch zu nennen, denn sie ist auch in allen slawischen Ländern Mitteleuropas und selbst in Italien allgemein verbreitet.

V. Der Ursprung der Kuchen — amerikanische Gesichtspunkte

Zwei gelehrte Chemiker und Sachverständige in Zerealien, B a i l e y und L e c l e r c[1], haben die Geschichte des Kuchenbackens vom amerikanischen Gesichtspunkt aus studiert. Nach ihnen sind Kuchen schon zu Jeremias' Zeiten hergestellt worden: „Die Frauen kneteten ihren Teig, um Kuchen zu machen". B a i l e y und L e c l e r c glauben, daß sich dies auf eine Art Pfannkuchen bezieht und nicht auf das, was heute als Kuchen bezeichnet wird. Aber Shakespeares „Euer Kuchen ist innen warm" („Komödie der Irrungen"), „Unser Kuchen ist Teig an beiden Seiten" („Der Widerspenstigen Zähmung"), bezieht sich zweifellos auf das, was wir Kuchen nennen. Die Autoren zitieren auch den brühmten Ausspruch Marie Antoinettes: „Die armen Leute, die nach Brot schreien; sie sollten an dessen Stelle Kuchen essen!"

Nach dieser historischen Einleitung machen die Verfasser eine

---

[1] B a i l e y L. H. und L e c l e r c G. A.: Cake and Cakemaking Ingredients. Cereal Chemistry, **3**. 1935/6.

Feststellung, die für die vorliegende Untersuchung von Bedeutung ist. „Die Geschichte des Kuchenbackens," sagen sie, „steht in enger Beziehung zur Entwicklung der Gärmittel vom flüssigen Sauerteig zum Backpulver. Hefe wurde als Gärmittel für Kuchen noch im Jahr 1819 verwendet. Etwas später wurde Kaliumcarbonat für solche Erzeugnisse wie Ingwerkuchen oder Melassekuchen eingeführt. In neuerer Zeit hat Natriumbicarbonat das Kaliumcarbonat ersetzt."

Es ist nicht angängig, diese Gesichtspunkte von B a i l e y und L e c l e r c als für die ganze Welt gültig zu akzeptieren. Es gibt Länder, wo Kuchen noch immer mit Hefe gemacht werden, und außerdem wird überall in der Welt ein großer Teil der Kuchen ohne jedes Treibmittel hergestellt, nämlich dann, wenn in den Teig Luft durch mechanische Mittel einverleibt wird. Dessenungeachtet ist die Feststellung dieser beiden Autoren ein klares Beispiel des Einflußes technischer Entwicklungen auf Ernährungsgebräuche. Es hat ein so ausgesprochener Wandel stattgefunden, daß heute sowohl in Amerika als auch in England mit Hefe bereitete Kuchen, wie sie zu Beginn des 19. Jahrhunderts üblich waren, als nicht eßbar betrachtet würden.

VI. Ursprung des Kochens

Nach W o l b e r g s Ansichten über die Nahrung und Nahrungsweise des Menschen der Vorzeit war dessen Tätigkeit beschränkt auf das Töten von Tieren; sie wurden dann mit der scharfen Kante eines Steines abgehäutet und das Fleisch roh verschlungen. Der Autor fährt dann fort: „Die Art und Weise, in welcher der Mensch das Kochen entdeckte, ist problematisch, aber es mag wohl so gewesen sein, daß er eines Tages seine Beute in seine Höhle schleppte und nahe dem Feuer fallen ließ. So wurde zufällig das Fleisch versengt. Mit ärgerlichem Brummen schob er es von den Flammen fort. Er befürchtete, das Feuer habe seine Mahlzeit verdorben, aber er verschlang sie dennoch. Zu seiner Überraschung schmeckte es gut, er schnalzte mit den Lippen und wunderte sich, wieso das Feuer das Fleisch so schmackhaft gemacht haben könne. Die Geheimnisse des allmächtigen Feuers gingen über seinen Verstand. Am nächsten Tage legte er seine Beute absichtlich zum Feuer und zu seiner großen Freude erlebte er wieder denselben wunderbaren Geschmack. Von nun an hatte er nach diesem neuen Genuß ein ausgeprochenes Verlangen und so fuhr er fort, sein Fleisch zu rösten; auf diese Weise wurde in dieser wilden Umgebung eine neue Kunst geboren — die Gastronomie".

Aber man muß bei Aufstellung von Mutmaßungen, wie W o lb e r g seinen Ursprung der Kochkunst nennt, immer vorsichtig sein. Das wird das folgende zeigen.

1. Aroma nicht die Ursache

Die eben gegebene Rekonstruktion des Vorganges ist nicht die richtige Art und Weise, dem Ursprung des Kochens nahezukommen. Uns steht zur Rekonstruktion des Ereignisses nichts anderes zur Verfügung als unser Wissen von den körperlichen und geistigen Eigenschaften des Menschen, wie er heute beschaffen ist. So haben wir den Weg zu beschreiten, diese Eigenschaften zu prüfen und herauszufinden, welche von ihnen den ungeheuren Umsturz des Überganges vom rohen zum gekochten Fleisch inspiriert haben mögen. W o l b e r g nimmt an, daß das erste Schnuppern des Duftes gerösteten Fleisches dem Höhlenmann lieblich erschienen sein muß (dabei übersieht er den Widerspruch, daß der gleiche Geruch des zufällig Gebratenen zuerst ein ärgerliches Brummen und dann Entzücken verursacht haben soll). In Wirklichkeit besteht ein triftiger Grund zur Annahme, daß das Aroma zunächst keineswegs einen so guten Eindruck gemacht hat. Der Höhlenmann muß an den Geruch rohen Fleisches gewöhnt gewesen sein und ihn daher gerne gehabt haben, geradeso wie wir das Aroma des gerösteten Fleisches lieben und jenes des rohen uns unangenehm erscheint. Wenn wir wissen wollen, was denn wirklich der psychologische Effekt rohen Rindfleisches auf uns ist, wenn wir es essen, so haben wir nur jenes gar nicht häufige Gericht in einem Restaurant zu bestellen, das Beefsteak tartare genannt wird. Es besteht aus rohem Hackfleisch, über das vielleicht ein rohes Ei gegossen wird und dem geschnittene Zwiebel beigegeben werden zu dem Zwecke, das Aroma zu verdecken. Daher können wir annehmen, daß dem Höhlenmann der sogenannte liebliche Geruch gerösteten Fleisches zunächst so abstoßend gewesen sein muß, wie es Beefsteak tartare jenen ist, die nicht daran gewöhnt sind. Mit anderen Worten, unsere Erfahrung auf dem Gebiete des Geruchsinnes gibt uns keinen Hinweis dafür, weshalb die Menschheit den Brauch, rohes Fleisch zu essen, aufgegeben haben soll (der übrigens heute noch nicht vollständig aufgegeben worden ist).

2. Ein Präzedenzfall: Muttermilch

Es ist nicht wahrscheinlich, daß Frauenmilch jemals als Vorläufer einer warmen Nahrung des erwachsenen Menschen in Betracht gezogen worden ist. Aber doch kann kein Zweifel darüber bestehen, daß die erste Nahrung des Menschen warm ist und immer so war. Das ist selbstverständlich bei allen Säugetieren der Fall, aber Tiere haben nicht die Möglichkeit, diese Warmempfindung in ihrem Leben als Erwachsene zu wiederholen, außer durch Saugen des warmen Blutes anderer Säugetiere; im übrigen sind sie, wie die Menschen vor der Verwendung des Feuers zum Kochen, auf kalte Nahrung angewiesen. Wenn man versucht, Kätzchen abzusetzen, so muß die Kuhmilch, die man ihnen auf einem Teller reicht, zunächst vorgewärmt sein. Findet man eines Tages, daß die Kätzchen die Milch auch auflecken, wenn sie ausgekühlt ist, so weiß man, daß sie nun ohne Schaden von ihrer Mutter getrennt werden können; sie sind nun fähig, von kalter Nahrung zu leben.

Eine psychologische Gewöhnung an warme Speise gab es also lange, bevor es ein Verfahren gab, Feuer zu machen. Wir können annehmen, daß die menschliche Physis seit je auf die Wirkung warmer Nahrung eingestellt gewesen war, da ja die Schleimhäute des Mundes spezielle Organe für Wärmewahrnehmung ausgebildet hatten. Auch ist zu berücksichtigen, daß es in der Vergangenheit eine Zeit gab, in der Frauenmilch nicht nur Säuglingen gegeben wurde, sondern auch sehr alten Männern. Diese Zeit liegt nicht einmal so weit zurück. Jedenfalls, wenn wir warme Nahrung ausschließlich als eine Sinneswahrnehmung vom Gesichtspunkt der Wärme in Betracht ziehen, dann benützte der Mensch primär die Entdeckung des Feuers, um damit eine ihm schon bekannte Erfahrung zu imitieren. Die Verwendung des Feuers zum Kochen diente der Wiederholung einer bereits bekannten Empfindung. Zu jener Zeit muß auch bereits etwas von der Wirkung der Wärme auf das Aroma der Nahrung bekannt gewesen sein. Da von einer warmen Flüssigkeit mehr Riechstoffe entweichen als von einer kalten, so sind warme und kalte Milch recht verschieden in dieser Beziehung und so verhält es sich mit allen Naturprodukten zu den verschiedenen Jahreszeiten.

3. Reflexwirkungen, die durch warme Nahrung verursacht werden

Die Kochwärme erzielt offensichtlich tiefere Wirkungen als die Natur bei der Muttermilch. Daher haben wir zu erwägen, ob vielleicht eine Steigerung der Verdaulichkeit durch Kochen eintritt; dies könnte, falls zutreffend, von einem anderen Gesichtspunkt aus den Grund für einen Wechsel im Nahrungsgebrauch bilden. Was das Fleisch anbelangt, so hat uns die Wissenschaft noch keine klare Aussage darüber machen können, ob gekochtes oder gebratenes Fleisch besser verdaulich ist als rohes. Selbst wenn dem so wäre, so

wäre darin noch keine ausreichende Motivation gelegen, daß der
Höhlenmensch sich an einen so revolutionären Wechsel des Aromas
gewöhnte, wie ihn das Rösten und Räuchern zur Folge hat. Es ist
mehr als zweifelhaft, ob der Höhlenmensch an dem, was wir leichtere
Verdaulichkeit nennen, das ist zum Beispiel eine kürzere Verweil-
dauer des Fleisches im Magen, überhaupt interessiert war. Nach
seiner Lebensweise mag er es vielleicht vorgezogen haben, eine Nahrung zu sich zu nehmen, die seinen Magen längere Zeit belastete.
Sollte der Verdauungsapparat fähig sein, aus gekochter Nahrung mehr
Nährstoffe zu ziehen als aus roher, so würde ihm dies nicht ins Bewußtsein gekommen sein. Er hatte kein Laboratorium für eine Analyse
seiner Ausscheidungen zur Hand.

Es gibt aber doch eine menschliche Eigenschaft, die den Höhlen-
menschen veranlaßt haben kann, das Verzehren rohen Fleisches aufzugeben. Dies ist die Reflexwirkung, welche warme Flüssigkeiten und
auch warme feste Speisen in Mund und Magen auslösen. Diese Reflexwirkung ist ein mit Sicherheit festgestelltes Faktum und sie mag im
Zusammenhang mit der Wärme entstanden sein, die in den Mund des
Säuglings aus der Mutterbrust fließt.

Es ist bekannt, daß die Menge von Wärmeeinheiten, Kalorien,
durch die sich ein warmes Gericht von einem kalten unterscheidet, ein
Nichts ist im Vergleich mit den Kalorien, die das Verdauen sowohl
kalter als warmer Nahrung freisetzt. Aber jene Reflexwirkung, auf
die in diesem Buch schon verschiedentlich hingewiesen wurde, durch
die eine kleine Wärmemenge eine Erweiterung der Blutgefäße hervorruft, bewirkt eine reichere Durchblutung der Haut. Diese wärmende
Wirkung ist im Augenblick ihres Eintrittes viel größer als die der
zusätzlichen Kalorien durch Kochen. Dazu ist kein Laboratorium notwendig, die Wärmeempfindung wird unmittelbar wahrgenommen. Da
man wohl annehmen kann, daß der Höhlenmensch derselben Reflexwirkung durch Wärme unterlag wie wir, so könnte das Verlangen
nach dieser wünschenswerten Wirkung stark genug gewesen sein,
seine Abneigung gegen das unbekannte neue Aroma zu überwinden.
Wäre dem nicht so, so würden wir vielleicht noch immer am alten
Brauche haften, Fleisch und Fisch roh zu essen.

4. Kauwiderstand von roher und gekochter Nahrung

In unserer zivilisierten Lebensweise machen wir von der eben besprochenen Reflexwirkung der Wärme fortwährend Gebrauch; jede
Tasse Tee ist ein Beweis dafür. Das einzige andere Motiv, das hinter
dem Ursprung des Kochens stecken mag, kann die Verringerung der
Kauarbeit sein. Wenn wir Tiere beobachten, mögen sie Fleisch- oder

Pflanzenfresser sein, so können wir sehen, daß manche von ihnen zu ihrer Sättigung länger brauchen, als es ihnen erwünscht sein mag. Andere scheinen sich bei ihrem langwierigen Kauen ganz wohlzufühlen, solange keine Gefahr droht; sie sind daran gewöhnt. Wenn wir mit M a r r a c k[1] annehmen, daß die ursprüngliche Nahrung des Menschen gar nicht Fleisch gewesen ist, sondern vegetabilischen Charakter hatte, so wäre doch eine Verringerung der Kauarbeit eine mögliche Begründung für die Anwendung des Kochens. Man kann dies zwischen den Zeilen des Stoikers P o s i d o n i u s v o n R h o d e s lesen, über den J. C. J e a f f r e s o n folgendes schreibt:

„Dieser Philosoph, der Vergnügen an Zahnschmerzen fand und der Hexenschuß für einen Segen hielt, dachte, daß das einfache Kochen nur eine Nachahmung natürlicher Vorgänge sei und daß in bezug auf kulinarische Bedürfnisse jeder Mensch sein Schiffchen selber steuern müsse. Mit einem guten Gebiß, Drüsen für die Speichelsekretion, der Zunge und dem normalen Verdauungsapparat kann jeder Mensch sein Brot ohne alle Mühe zubereiten, indem er einfach das Getreide konsumiert, welches sonst der Broterzeugung dient. Seine Zähne können die Arbeit der Mühle verrichten; mit Hilfe des Speichels kann seine Zunge den Stoff kneten, den die Zähne gemahlen haben; der Muskeltätigkeit kann es überlassen bleiben, den Teig in den Ofen — den Magen des Brotbereiters — zu tun, wo er für die Ernährung des Körpers richtig vorbereitet wird. Der Berufskoch kann in dieser Hinsicht nichts anderes tun als die Tätigkeit des Körpers nachahmen. Unter gewissen Umständen mag dieses Nachahmen die Mühen des Körpers erleichtern, aber es kann sie nie ganz ersetzen. Tatsächlich ist jeder Mensch mit ausgezeichneten Küchenbehelfen ausgestattet und sollte sein eigener Koch sein.“

Mit anderen Worten, dieser Philosoph glaubte, daß die Menschheit ohne Kochen auskommen könne, vorausgesetzt, daß die Kauarbeit enorm vermehrt würde; daraus kann man schließen, daß er sich dessen wohl bewußt war, daß das Kochen der Erleichterung des Kauens dient.

VII. Warme und kalte Mahlzeiten

1. Das Essen

Daß die Einführung des Kochens einen großen Fortschritt der Zivilisation bedeutete, war bisher allgemeine Meinung. Die neuere Entwicklung der Ernährungsforschung hat jedoch dahin geführt, die

---

[1] M a r r a c k J. R.: Food and Planning. 1942.

Wirkungen von Wärme auf die Nahrung weniger günstig zu beurteilen, und zwar wegen der Schädigung der Vitamine, die das Kochen verursacht oder verursachen mag.

Hier ist es wichtig zu unterscheiden zwischen der Zubereitung der Nahrung für den Genuß und das Verzehren selbst. Wenn Wärme zur Zubereitung verwendet wird, so bedeutet dies noch nicht, daß die Speisen in warmem Zustande konsumiert werden; es gibt unzählige Beispiele von Speisen, die am Küchenherd oder sonstwie einem Hitzeprozeß unterworfen, dann aber kalt gegessen werden.

Sehen wir von der Frage der Zubereitung ab, so ist die übliche Unterscheidung von warmen und kalten Mahlzeiten willkürlich gesetzt, konventionell. Zunächst, jede Nation, jede Klasse innerhalb einer Nation und beinahe jeder Einzelne hat seine eigene Vorliebe, die entscheidet, ob ein Nahrungsmittel warm oder kalt gegessen werden soll. Man denke zum Beispiel an den Amerikaner, der ganz London abläuft in dem vergeblichen Bestreben, eisgekühlten Tee zu bekommen. Man könnte versuchen, eine warme Mahlzeit dahin zu definieren, daß eine solche wenigstens ein substantielles Gericht von höherer Temperatur enthalten müsse; aber wäre eine solche Definition hieb- und stichfest, wenn zum Beispiel als einziges Gericht warme zerdrückte Kartoffeln mit kaltem Fleisch serviert werden? Selbst wenn die Definition richtig wäre, wäre sie nutzlos; denn wenn man auch zwei Pfund warme Kartoffeln ißt und sie mit einem Liter kalten Bieres hinunterschwemmt, so würde die thermische Wirkung der warmen Mahlzeit das entgegengesetzte Ergebnis haben, eine Abkühlung des Körpers. Anderseits ist eine Mahlzeit, die aus Brot, Schinken, Käse und Butter besteht, eine typische kalte Mahlzeit im üblichen Sinne, besonders, wenn Schinken, Käse und Butter aus dem Kühlschrank kommen; wenn aber eine solche Mahlzeit von einigen Tassen heißen Tees begleitet wird, dann mag ihre Wirkung auf die Körpertemperatur wieder die entgegengesetzte der konventionell erwarteten sein.

Selbst wenn eine Mahlzeit ausschließlich aus warmen Gängen besteht, wird die Wirkung auf die Körpertemperatur zu vernachlässigen sein gegenüber der Wärme, welche im Verdauungsprozeß entsteht, wie bereits bei unseren Betrachtungen über den Ursprung des Kochens ausgeführt wurde. Die Wirkung der inneren Verarbeitung ist ganz unabhängig von der Temperatur der Speisen; diese liefern, auch wenn sie kalt serviert werden, eine viel größere Kalorienmenge, als der Unterschied zwischen heiß und kalt freimachen könnte.

Hat es einen Sinn, warme Gerichte zu verzehren und welchen? Nach meiner Meinung gibt es dafür fünf Motive. Von zweien derselben haben wir schon im früheren Kapitel gesprochen, hier haben wir sie von einem etwas anderen Gesichtspunkt aus zu betrachten.

a) Wenn Wärme in den Mund und den Verdauungskanal eingeführt wird, so erfolgt eine Reflexwirkung, die eine Ausdehnung der Venen in der Haut bewirkt. Das Blut, das sich durch diese erweiterten Kanäle bewegt, gibt mehr Wärme an die Haut ab. So wird eine Wärmeempfindung verursacht, die in ihrer Intensität den Wärmegesetzen anscheinend widerspricht; denn eine geringe Menge einer warmen Flüssigkeit im Munde ist imstande, über den ganzen Körper eine starke Empfindung von Wärme zu verbreiten. Obwohl es sich um eine physiologische Reaktion dabei handelt, hat eine solche Wärmeempfindung natürlich eine psychologische Basis. Nichts anderes geschieht, als daß die vorhandene Blutwärme zum größeren Vorteil angewandt wird; die unverhältnismäßig starke Empfindung wird auf Kosten der totalen Blutwärme hervorgerufen, obwohl wir uns dessen nicht bewußt werden.

b) Das Ausströmen von Gerüchen aus Flüssigkeiten und festen Stoffen ist in beträchlichem Maße von der Temperatur abhängig. Warme Gerichte geben reizstarke Riechstoffe viel stärker ab als kalte. Der Duft erreicht die Nase vom Teller oder der Gabel her, bevor wir zu essen beginnen. Dies dient aber unseren Zwecken nur dann, wenn eine Aromaverstärkung uns erwünscht ist. Ein Beispiel für die Bedingtheit einer solchen Wirkung fand ich zufällig in einem amerikanischen Roman, der im achtzehnten Jahrhundert spielt: ein Trapper wurde eingeladen, an der Mahlzeit der Studenten an der Harvard-Universität teilzunehmen. Jeder bekam eine warme Kaninchenpastete, die er, wenn das Deckblatt durchbrochen war, nicht essen konnte, weil ein fürchterlicher Gestank der Öffnung entströmte. Aber der Trapper aß nicht nur seine Pastete, sondern auch die aller Studenten. Gefragt, wieso er den Geruch aushalten könne, antwortete er, man müsse die Technik kennen; nach dem Durchbrechen des Deckblattes müsse man die Nase abwenden: wenn der heiße Geruch verströmt sei, dann könne man die Pastete essen.

c) Die Empfindung von Wärme ist für sich selbst erwünscht. Dasselbe gilt für kalt. Der Physiologe D u r i g sagt, daß sowohl warme als kalte Gerichte angenehm seien, die unangenehmen seien die lauwarmen. Dabei entsteht die Frage, wo denn die Temperaturgrenzen für Lauwarm liegen. Sie mögen wohl auch vom Brauch abhängen. M o t t r a m und G r a h a m nehmen wohl einen zu engen Standpunkt ein, wenn sie sagen, daß kalte Nahrung schwierig zu verdauen sei, weil sie den Magen nicht ausreichend stimuliere. Die Autoren bemerken weiters, daß sie ein besonderes Verlangen nach Alkohol bei Leuten gefunden hätten, die keine warmen Mahlzeiten bekommen konnten.

Dies mag richtig und darauf zurückzuführen sein, daß Alkohol die gleiche Reflexwirkung hervorruft, die unter a) beschrieben wurde. Auch Alkohol erweitert die Blutgefäße der Haut und erzeugt dadurch eine Empfindung von Wärme. Außerdem brennt er auf den Schleimhäuten, das heißt er reizt diejenigen Organe, die die Wärmeempfindung vermitteln, und ist auf diese Weise ein Ersatz für echte Wärmereizung.

d) Bei manchen Speisen oder Getränken ist es das Bemühen des Kochs, ein bestimmtes Verhältnis oder einen bestimmten Gleichgewichtszustand der Aromen oder anderer Reize hervorzurufen, was nur bei einer bestimmten Temperatur möglich ist. Von der Temperatur ist es abhängig, wieviel vom Riechstoff jedes Bestandteiles des Gerichts oder Getränks jeweils ausströmt. Daher mag eine andere Temperatur das Verhältnis der Aromen anders erscheinen lassen, es mag mehr von dem einen und weniger von dem anderen bemerkbar sein. Auch kann es sich bei gewissen Bestandteilen der Aromen ereignen, daß sie nach einem gewissen Zeitablauf überhaupt verschwinden, einfach durch Verdampfung. Ebenso können neue Geruchsqualitäten sich entwickeln. Beide Arten von Vorkommnissen müssen als Ursache dessen betrachtet werden, was altbackener oder abgestandener Geruch genannt wird.

e) Es gibt auch eine technische Ursache, weshalb manche Gerichte in warmem Zustand bevorzugt werden. Viele Gerichte sind Mischungen verschiedener Substanzen, die sich voneinander trennen, wenn sie nach dem Kochen so lange stehen, daß sie abkühlen. Solche Mischungen sind unstabile Emulsionen. Die Trennung tritt häufig bei Mischungen aus Wasser und Fett ein, wobei das letztere außerdem noch die Eigenschaft hat, bei der Abkühlung zu erhärten. Ebenso können Trennungen eintreten bei Mischungen aus Wasser und Stärke. Diese zwei Mischungen, Wasser — Fett und Wasser — Stärke, sind die Hauptgrundlagen von Speisen und flüssiger Nahrung. Wenn ihre Elemente sich trennen, dann sind die Eigenschaften, auf welchen das Gericht oder das Getränk aufgebaut war, zerstört und das Ergebnis naturgemäß ein ganz anderes, als beabsichtigt war und erwartet wurde.

2. Das Kochen

Die eben angestellte Analyse der thermischen Vorgänge beim Essen warmer und kalter Nahrung läßt die Frage unbeantwortet, auf welche Weise die üblichen Unterscheidungen zwischen warmen und kalten Mahlzeiten getroffen werden. Wie wir gesehen haben, wird vom Standpunkt des Essens der Unterschied rein konventionell gemacht. Anders ist es aber, wenn wir mehr die Zubereitung als das Verzehren der

Speisen in Betracht ziehen; dann ist eine warme Mahlzeit eine solche, bei welcher ein beträchtlicher Aufwand von Kocharbeit dem Servieren der Mahlzeit unmittelbar vorangeht. Bei einer kalten Mahlzeit hingegen ist das Kochen auf, sagen wir, das Wärmen von Wasser für Tee oder Kaffee beschränkt oder auf das Kochen von Eiern. Wenn die Rohstoffe fürs Kochen vorbereitet werden müssen, wenn Töpfe und Bratpfannen benützt und alles so arrangiert wird, daß die ganze Mahlzeit plangemäß fertig wird, dann ist es eine warme Mahlzeit, mögen auch noch so reichliche Mengen kalter Getränke dabei konsumiert werden, daß von der Wärmewirkung nichts übrig bleibt. So ist man versucht zu sagen, daß eine warme Mahlzeit in der Regel eine solche ist, bei deren Zubereitung dem Koch oder der Köchin heiß wird, selbst wenn die Speisen den Tisch nur lauwarm erreichen! Offensichtlich geht der Unterschied von warmen und kalten Mahlzeiten auf die Küche zurück.

In unseren Tagen hat dieser Unterschied viel von seinem ursprünglichen Charakter verloren. Konserven erfordern oft nur ein Aufwärmen und dem Koch bleibt der Vorwurf, nur eine kalte Mahlzeit bereitgestellt zu haben, erspart, wenn ihm auch das Wärmen gar keine Mühe gemacht hat.

VIII. Reinigung — ein Grundprinzip der Nahrungsgebräuche

Im Nachfolgenden sollen hervorstechende Beispiele der Reinigung oder Reinhaltung angeführt werden, die alle besonders wichtig, könnten. Man versteht unter reiner Nahrung einmal eine solche, die frei von Verfälschung ist, das andere Mal eine, die von jeder Art Schmutz, Sand, unverdaulichen oder irritierenden Stoffen, die ihr anhängen, gereinigt ist, mögen diese aus der Natur oder der Behandlung stammen. Die Entfernung irritierender Stoffe zum Beispiel ist ein wichtiger Grundsatz in der Bereitung der Nahrung und spielt eine beträchtliche Rolle in den Nahrungsgebräuchen, eine Rolle, der die Theorie bisher wenig Aufmerksamkeit zugewandt hat.

Im Nachfolgenden sollen hervorstechende Beispiele der Reinigung oder Reinhaltung angeführt werden, die alle besonders wichtig, wenn nicht gar entscheidend bei der Ernährung sind; sie sind von solcher Bedeutung, daß sie sogar die abfällige Kritik der Diätetiker nach sich gezogen haben. Die Erklärung, weshalb die damit verbundenen Tätigkeiten Brauch geworden sind, wird man zur Kenntnis nehmen müssen, wie viele andere in diesem Buch: sie sind gut fundiert, aber manchmal können aus unbekannten Ursachen auch widersprechende Gebräuche gefunden werden.

Wir wollen hier drei Gruppen untersuchen: 1. Stärke und Gelatine, 2. Salz und Zucker und 3. Brot und Kochfett. Der Grund für diese etwas befremdende Anordnung wird in den Ergebnissen zu finden sein.

1. Stärke und Gelatine

Um Stärke aus stärkehaltigen Naturstoffen wie Getreide oder Kartoffeln zu gewinnen, müssen andere, meist eiweißhältige Stoffe daraus entfernt werden. Diese betragen bei den Kartoffeln nicht mehr als 2%. Ähnlich ist es bei Gelatine, die durch Reinigung gewöhnlichen Leims gewonnen wird.

Man ist versucht zu fragen, weshalb man sich die Mühe nimmt, solche kleine Mengen anderer Substanzen auszuziehen; ist dies nicht übertrieben, da gerade sie sehr nahrhaft sind? Die Antwort auf diese Frage ergibt sich leicht, wenn wir die Eigenschaften reiner Stärke und reiner Gelatine erwägen und ebenso den Zweck, zu welchem sie in der Küche verwendet werden. Stärke und Gelatine sind nämlich in ihrem reinen Zustand geschmacklos und geruchlos, während die extrahierten Stoffe bei beiden Geschmack und Geruch besitzen. Man benötigt für eine große Anzahl von Speisen Rohstoffe, die frei von solchen Reizen sind, weil man beabsichtigt, andere Geschmäcke und Aromen der Nahrung beizufügen; diese will man rein wirken lassen, ohne ein Dazwischentreten anderer Geschmäcke oder Aromen. Dies ist der Fall, wenn gewisse Puddings oder Gelees bereitet werden sollen. Da haben wir Fruchtaromen und reine Süßstoffe zur Verfügung, die aus Zuckerrohr oder Zuckerrübe ausgezogen worden sind, und wir wollen nicht die gewünschten Reize mit deplaziertem Kartoffelgeruch vermischen, mögen wir diesen auch im vorherigen Gang der Mahlzeit mit Genuß wahrgenommen haben. Wir wollen nicht den Kartoffelgeruch die ganze Mahlzeit hindurch. So sind Stärke und Gelatine, die eine nahrhaft, die andere so gut als nutzlos vom Standpunkt der Ernährung, in diesen Fällen nur die Grundlagen für andere Aromen, die uns die Illusion von etwas geben, das in Wahrheit gar nicht vorhanden ist, wie von Himbeeren, Erdbeeren usw.

Einige der beliebtesten Puddings und Gelees sind in der Tat reinster Ersatz, sie wären kaum möglich, ohne geschmacklose Stärke- oder Gelatinegrundlage.

2. Salz und Zucker

Soweit Stärke und Gelatine. Bei Salz und Zucker liegt die Sache ganz anders. Salz ist wahrscheinlich der älteste Stoff, der gereinigt wird, und das Raffinieren von Zucker blickt auch schon auf ein respektables Alter zurück. Wir müssen uns erinnern, daß für den Menschen nur vier Geschmacksqualitäten wahrnehmbar sind — salzig, sauer, süß und bitter. Reines Küchensalz und raffinierter Zucker repräsentieren so schon die Hälfte der vier Geschmacksqualitäten; bei Zucker kommt nicht nur der Geschmack in Betracht, als Rohzucker enthält er auch verschiedene Riechstoffe.

Wenn Kochsalz aus dem Meere gewonnen wird und häufig auch, wenn es aus der Erde gegraben wird, enthält es andere chemische Verbindungen, die einen bitteren Geschmack besitzen. Es ist nicht das Ziel der Salzreinigung, Geschmacklosigkeit zu erzielen, wie es bei Stärke und Gelatine der Fall ist; dies wäre sinnlos. Das Ziel ist vielmehr, einen reinen Salzgeschmack herzustellen, ohne bitteren Nebengeschmack. Dennoch aber ist das Grundprinzip, unerwünschte Reize zu entfernen, dasselbe. Wie wichtig dies bei Salz ist, geht zum Beispiel daraus hervor, daß kein geringerer als P a w l o w es der Mühe wert fand, zu untersuchen, unter welchen Umständen Butter, die durch einen kleinen Zusatz von Salz konserviert wird, einen bitteren Geschmack annimmt, wenn das verwendete Salz unrein ist.

Das russische Salz, welches P a w l o w zu prüfen hatte, enthielt ein halbes Dutzend anorganischer Verbindungen neben Kochsalz. Diese Verunreinigungen wechselten in der Zusammensetzung und betrugen manchmal nahezu ein Zehntel des Ganzen. Eine der Verbindungen, Magnesiumsulfat, betrug allein ein Zwanzigstel des Salzgewichtes. Der Geschmack jeder einzelnen der Verbindungen wurde von B u d a g j a n und P a w l o w[1] geprüft, um die Bitterkeit festzustellen, und es wurde gefunden, daß Magnesiumsulfat einer Butter bitteren Geschmack verleiht, wenn auch nur 0,3% darin enthalten sind. Dasselbe gilt für Magnesiumchlorid, während bei Natriumsulfat erst 0,6% sich als bitterer Geschmack bemerkbar machten.

In diesem Falle wurde ein Gelehrter herangezogen, um den bitteren Geschmack aus einem gesalzenen Erzeugnis zu entfernen. Mit dieser Aufgabe steht ein anderer Fall in Widerspruch (was so oft bei den Regeln und Grundsätzen der Nahrungsgebräuche anzutreffen ist): es wird behauptet, daß die Bevorzugung der portugiesischen Sardinen, zum Teil wenigstens, darauf beruht, daß sie mit ungereinigtem, also bitterem Seesalz zubereitet werden. Da haben sich die Verbraucher an die bittere Geschmackskomponente gewöhnt und lieben sie, auch wenn sie ihnen gar nicht ins Bewußtsein tritt. Doch ist dies ein Ausnahmefall. Die Regel ist der Brauch, zusätzliche Empfindungen auszuschalten und keinen bitteren Geschmack an einem Gericht hervortreten zu lassen, das gesalzen wird. Dafür ist P a w l o w s Butter ein Beispiel.

---

[1] Einfluß der Nebensalze des Kochsalzes auf die Butter. Berichte über die ges. Physiologie. 55. 1933.

Es gibt eine Bewegung unter den Diätetikern gegen die Reinigung der Nahrungsmittel. Die Reinigung von Stärke, Gelatine und Salz wird einstweilen nicht beanstandet, aber der raffinierte Zucker wird bereits scheel angesehen. Man beklagt sich, daß durch die Raffination Salze mit wertvollen Ernährungseigenschaften verloren gehen. Es ist mir nicht bekannt, ob die Diätetiker im Falle des Zuckerrohres und der Zuckerrübe vorschlagen, den ganzen Auszug aus den Pflanzen als Nahrung zu verwenden, ähnlich wie beim Brot, oder ob vorgeschlagen wird, daß Rohzucker konsumiert werden sollte (wobei der größte Teil der Melasse zurückgelassen würde). In diesem Falle würde es sich nur um die Frage handeln, 2 bis 6% aus dem Rohzucker zu entfernen oder nicht. Nun ist es wohl am Platze, darauf hinzuweisen, daß der Gedanke, die Melasse auszuziehen und weißen Zucker herzustellen, aus dem hier erörterten Grundsatz sich herleitet, zusätzliche Reize, in diesem Falle den des Melassearomas, auszuschalten. Geradeso wie wir vermeiden wollen, über eine ganze Mahlzeit das Kartoffelaroma hinzuziehen, so wollen wir auch nicht beständig Melassegeruch wahrnehmen, was sich leicht einstellen könnte, da doch Zucker vielfach beim Kochen benützt wird; aber selbst hier finden wir Ausnahmen, wie bei Verwendung von braunem Zucker zu schwarzem Kaffee, zumindest in einigen Ländern.

3. Mehl und Fett

Wir kommen nun zu der dritten Gruppe von Beispielen, die das hier erörterte Grundprinzip klarlegen sollen. Es ist die bei weitem größte und wichtigste Gruppe und umfaßt Mehl, das aus Zerealien bereitet ist, die Erzeugnisse aus Mehl und die Fette.

Während bei Zucker die Absicht besteht, ihn geruchlos zu machen, will man bei Mehl und Fett die Intensität der vorhandenen Aromen reduzieren, will diese auch verändern, aber nicht gänzlich zum Verschwinden bringen. Die bestehenden Gebräuche sind entschieden gegen die Verwendung von Kleie bei der Broterzeugung gerichtet. Würden wir zu unserer Ernährung Brot allein essen, so wäre gegen den starken Geruch der Kleie nichts einzuwenden. Pfirsiche zum Beispiel haben gleichfalls ein starkes Aroma, aber wir haben kein Bedürfnis, es abzuschwächen, und es ist kein stichhältiges Argument zu sagen, daß das Aroma von Pfirsichen angenehmer ist als das von Kleie. Was wir lieben, das lieben wir, mag die Neigung dazu ererbt oder erworben sein. Das Kleiearoma wurde unangenehm durch den gut oder schlecht fundierten Brauch, Brot mit so vielen anderen Speisen zusammen zu essen. Denn wir wollen das Aroma dieser anderen Speisen möglichst wenig vom Brot beeinflußt genießen; dazu ist Kleie sehr ungeeignet. Es wäre wohl der Mühe wert, durch Versuche festzustellen, in Analogie zu P a w l o w s Versuchen mit gesalzener Butter, welche Art von Aromen voll wahrgenommen werden kann, wenn wir Speisen einmal mit weißem Brot und das andere Mal mit dunklem essen. Die starke Riechkraft von Gänsefett müßte zum Beispiel mit dunklem Brot leicht erkannt werden können, aber bei einem Sandwich mit einer Ober- und Unterschichte von Brot kann der Unterschied zwischen Butter und Margarine wohl viel schwerer wahrgenommen werden oder auch gar nicht.

Man könnte selbst so weit gehen zu sagen, daß unterbewußt die Gefahr der Unterdrückung anderer Aromen durch Kleie im Brot so stark gefürchtet wird, daß das Urteil schon vom Gesichtssinn gefällt wird, der im voraus gegen das dunkle Brot entscheidet.

Es gab in Amerika eine Periode, in welcher das Gesetz über die Verwendung oder das Verbot der Verwendung gebleichten Mehls in manchen Staaten nicht eindeutig klar war. Die Bäcker waren sich nicht klar, was sie tun sollten, und so verwendeten sie abwechselnd gebleichtes und ungebleichtes Mehl, jedes für einen bestimmten Zeitraum. Entsprechend dem amerikanischen Brauch war natürlich auch das ungebleichte Mehl noch ziemlich weiß und dementsprechend auch das Brot. Aber das Brot aus gebleichtem Mehl war doch um eine Nuance weißer. Wenn nun eine Periode der Verwendung ungebleichten Mehls einsetzte, so sank der Brotverbrauch; wurde wieder gebleichtes Mehl verwendet, so stieg er. Dann sollte man an die Franzosen denken, die Nation, für welche Brot als Zusatz zu anderer Nahrung unentbehrlich ist. Sie würden nicht daran denken, dunkles Brot auch nur anzurühren, ausgenommen bei unbedingter Notwendigkeit wie in Kriegszeiten. Weiters ist hier die Schweiz zu nennen, wo Dr. B i r c h e r - B e n n e r vor fünfzig Jahren eine diätetische Schule gründete, deren Lehre in weitem Ausmaß mit dem heutigen Ergebnis der Vitaminforschung übereinstimmt. Sein Sohn mußte gestehen, daß es das ganze Ergebnis von Dr. B i r c h e r - B e n n e r s Lebenswerk war, den Verbrauch von Vollkornbrot um ein halbes oder ganzes Prozent zu heben. Dies sind treffende Beispiele, aber es gibt auch andersartige. Das Aroma deutschen Roggenbrots, besonders der Variante Pumpernickel in Westfalen, ist für ein gewöhnliches Brot außerordentlich stark. Wie schon erwähnt, essen Feinschmecker in Warschau ein besonders dunkles Roggenbrot zu feinaromatischen Speisen. Aber diese Leute haben auch weißes, aus Weizenmehl bereitetes Brot als Zusatz zu solchen Gerichten zur Verfügung.

Beim Kochfett liegt, entsprechend dem Grundsatz, der hier dargelegt werden soll, eine ähnliche Situation vor wie beim Mehl. Auch die Fette werden in der Weise verwendet, daß ihr Aroma sich mit jenem mischt, das dem Gericht entströmt, zu dessen Zubereitung sie dienen. Das Aroma der Fette hängt von ihrem Ursprung ab und ist bei Butter, Schweineschmalz oder vegetabilischem Öl verschieden. Die Intensität des Geruches hängt zum Teil von der Art der Gewinnung des Fettstoffes ab. Wir wünschen hier keine starken Aromen. In vielen Ländern wird es als eine Art Fälschung betrachtet, wenn andere Teile des Schweines als jene, die nur aus fetthaltigen Geweben bestehen, zur Gewinnung verwendet werden; denn fleischige Teile würden dem Schweineschmalz ein stärkeres Aroma verleihen und bei allem, was damit zubereitet wird, diesen Geruch hervortreten lassen, ganz in Analogie zu dem, was vorhin über Stärke, Rohzucker und kleiehaltiges Brot dargelegt worden ist. Bei Pflanzenfetten werden jene Extraktionen als die wertvollsten betrachtet, die nicht die stärksten Aromen aus den Gewebeteilen herausholen: Dies gilt für Olivenöl geradeso wie für Brot. Ganz gewiß muß der Geruch des Walfischfettes vernichtet werden, sonst würden unsere Mahlzeiten nur nach Walfisch riechen, wenn solches Fett den Rohstoff für Margarine bildet. Aber bei anderen Fetten haben wir die vollständige Zerstörung der Aromen nicht zum Ziel: Wir verlangen sie nur innerhalb solcher Grenzen, daß sie zwar wahrnehmbar sind, aber die anderen nicht überwältigen; deshalb wird Butter so vorgezogen.

Nach allem, was hier bereits über die Grundsätze der Reinigung gesagt worden ist, ist es nicht notwendig, hinsichtlich der Kochfette noch ausführlicher zu werden; aber zwei Punkte müssen noch betont werden. Der eine ist, daß diese Grundsätze eine gute Erklärung für die Verschwendung benützten Bratfetts ermöglichen, über die noch in einem anderen Zusammenhang gesprochen werden wird. Der zweite, daß die Gültigkeit dieser Grundsätze manchmal bestritten wird, besonders in England, wo Leute immer wieder solches Fett verwenden, dessen Aroma ursprünglich mild gewesen, aber nun durch den wiederholten Gebrauch stark geworden ist.

Abschließend kann gesagt werden, daß unsere Analyse drei Arten der Reinigung von Lebensmitteln ergeben hat:

1. V o l l s t ä n d i g e Ausscheidung von Geschmäcken u n d Gerüchen, wie es bei Stärke und Gelatine der Fall ist.

2. V o l l s t ä n d i g e Ausscheidung entweder von Geschmäcken o d e r von Gerüchen, wie bei Salz und Zucker.

3. T e i l w e i s e Ausscheidung von Gerüchen, wie bei Brot und Fett.

Wir wollen noch einmal zu der Frage der Raffination des Zuckers zurückkehren und den Versuch machen, einen Vergleich mit der Verfeinerung des Mehls anzustellen. Beiden ist gemeinsam, daß die „rohen" Bestandteile, wenn nicht ausgeschieden, das Produkt verdunkeln und auf diese Weise eine visuelle Anzeige ihrer Anwesenheit geben. Verschieden ist bei beiden der Gebrauch, der von den extrahierten Stoffen selbst gemacht wird und vielleicht eine unterbewußte Möglichkeit zur Rückkehr auf die Urstufe, das Stadium vor der Reinigung.

Melasse, der Auszug aus Zucker, hat vielerlei Verwendungszwecke; einer davon ist, nach leichter Reinigung, die Verwendung als menschliche Nahrung: Sirup, der einmal der Ersatz für Zucker bei den Armen war, und das, was heute goldener Sirup genannt wird, werden daraus bereitet. Sirup und goldener Sirup sind die Formen, in welchen Melasse als Lebensmittel sozusagen ein unabhängiges Leben führt, das mit anderer Nahrung nicht in Konflikt kommt. Es ist nicht ganz so mit der Kleie, die aus Getreide abgesondert wird; wohl wird sie auch als ein „Gericht" verwendet, zum Beispiel ähnlich wie Haferflocken, aber dieser Gebrauch ist bei weitem nicht so ausgedehnt und populär, als jener des Sirups. Ich habe mich immer gewundert, weshalb denn, wenn Kleie und Keim auf Empfehlung der Diätetiker gegessen werden sollen, es immer als eine Sache der Selbstverständlichkeit gegolten hat, diese Bestandteile dem Mehl hinzuzufügen oder vielmehr sie darin zu belassen. Es wurde im ersten Kapitel gezeigt, daß vom technischen Gesichtspunkt aus vieles gegen diesen Vorgang spricht; aber warum müssen wir Kleie oder Keim dem Brot wieder hinzufügen, wenn es möglich ist, sie in die tägliche Kost aufzunehmen, ohne daß sie mit dem Aroma des Brotes in Konflikt kommen oder mit dem der Speisen, mit welchen Brot gegessen wird? Ist doch ein Anfang der Verselbständigung des Gebrauchs von Kleie als Nahrungsmittel bereits gemacht durch ihre Verwendung in einer Form ähnlich der von Haferflocken; und da Sirup als Nahrungsmittel so fest verankert ist, unabhängig vom raffinierten Zucker, weshalb müssen wir im Falle von Brot und Kuchen zu jenen Gebräuchen zurückkehren, die unsere Vorfahren so gerne aufgegeben haben?[1]

Alle diese Erwägungen betreffen bloß Geschmäcke und Gerüche. Aber wir wissen, daß die Nahrung auch noch andere Empfindungen hervorruft. Wird gereinigte Stärke gekocht, so ist sie im Munde außerordentlich glatt; dasselbe gilt für Gelee. Auch die Krume weißen Brotes ist glatt, während jene kleiehältigen Brotes als rauh gefühlt wird. Wie in früheren Kapiteln gezeigt wurde, übt Glätte bei Lebensmitteln eine besondere Wirkung aus, aber abgesehen davon scheint es, daß Rauheit eine Empfindung ist, die im Sinnesleben viel stärker hervortritt als Glätte. Sie zeigt ihre Anwesenheit viel deutlicher an

---

[1] Anmerkung zur deutschen Ausgabe: Was in England goldener Sirup genannt wird, heißt auf dem Kontinent meist Kunsthonig. Jenes obengenannte Frühstücksgericht, das aus Kleie in England und Amerika hergestellt wird, ist nach Wissen des Verfassers auf dem Kontinent noch unbekannt.

und zieht die Aufmerksamkeit auf sich. Wenn wir einen Pudding mit Himbeeraroma essen, so wollen wir dabei nicht an etwas erinnert sein, das viel rauher ist als Himbeeren; denn psychologisch hat der Pudding die Frucht zu ersetzen und ist, worauf schon hingewiesen worden ist, ein Ersatz für sie.

IX. Gasgehalt der Nahrung

Daß Gärung den Teig hebt und so das Kauen von Brot und Kuchen wesentlich erleichtert, ist immer als eine Angelegenheit von großer Wichtigkeit betrachtet worden. Der Bedeutung der Porosität anderer Nahrungsmittel wird die Anerkennung gleichfalls nicht versagt. Auch wird es sehr gewürdigt, daß Einverleibung von Luft in flüssige Nahrung kurze Zeit vor dem Verzehren eine sehr nützliche Änderung des Zustandes der Flüssigkeit hervorruft, wie dies bei Sahne oder Eiern der Fall ist. Ebenso ist das Vorhandensein von Gasbläschen in Getränken eine Quelle des Vergnügens, zumindesten für die meisten Leute, wie im Champagner, Sodawasser oder selbst im natürlichen Trinkwasser.

Tatsächlich aber spielt die Durchdringung der Nahrung mit Gasblasen eine viel größere Rolle in der menschlichen Ernährung, als allgemein angenommen wird. Der durchschnittliche und selbst der trainierte Beobachter hat nur eine unbestimmte Vorstellung von der Bedeutung der Gase in den Nahrungsgebräuchen.

Drei Arten solcher Gasdurchdringung können unterschieden werden. In dem einen Falle ist es ein beendeter Vorgang zum Zeitpunkt des Verzehrens; so ist es beim Brot, seine Poren sind von Wänden umgeben und ändern ihr Form nicht, bis das Brot gegessen wird. Anders verhält es sich bei Sahne, wo die Zellen die Neigung haben, sich allmählich abzuflachen und zu verschwinden. Wieder anders steht es mit dem unter Druck befindlichen Gas in Getränken, wo die Blasen in demselben Augenblick gebildet werden, in dem der Druck verschwindet; sie entstehen nicht nur, sondern steigen bald auf und verschwinden in der Atmosphäre.

Im gewöhnlichen Leben ist sich niemand bewußt, daß zwei Drittel des Volumens von Brot aus Luft besteht. Brot wird geschätzt als etwas Eßbares mit verhältnismäßig geringem Wassergehalt — dieser beträgt ungefähr ein Drittel des Gewichts; aber niemand denkt daran, daß der feste Teil, Mehl und Wasser zusammen, wirklich nur einen Bruchteil des Brotlaibes ausmachen. Nehmen wir ihn als ein Ganzes, so sind nur zwei Neuntel davon mehr oder weniger als Nahrung verdaubar. Dies zeigt, daß Brot immerhin eine sehr voluminöse Nahrung ist. Daher ist es von ziemlicher Bedeutung, ob das wirklich Nahrhafte davon möglichst vollständig verdaut werden kann oder, wie es bei großem Kleiegehalt der Fall ist, nur teilweise verdaubar ist.

Natürlich verleiht der große Luftgehalt, sieben Neuntel, dem Brote ausgezeichnete Eigenschaften für das Kauen. Daher ist Brot, das von der Gärung nicht gehobene Schichten enthält, unangenehm, und zwischen diesem Zustand und dem richtigen gibt es viele Zwischenstufen, die sich alle beim Essen bemerkbar machen, eine Folge unserer Scharfsinnigkeit in bezug auf das Getast. Wenn man eine Brotschnitte aufmerksam betrachtet, so findet man, daß auch die Kruste von Luftblasen durchzogen ist; nur sind die Poren daselbst viel kleiner. Das gleiche gilt für die modernen Keks, bei ihnen ist dies sogar der deutlichste Unterschied gegenüber ihrem Stammvater, dem ungegorenen Fladen. Hier liegt auch die Ursache, weshalb wir von den Keks Knusprigkeit verlangen — abgesehen davon, daß diese an sich angenehm ist, zum Beispiel wegen des damit verbundenen Knisterns und Krachens. Keks haben sehr kleine Poren. Wenn die Wände, die sie umgeben, weich werden, so brechen die Poren unter dem Druck der Zähne sogleich zusammen und werden so im Munde zu etwas, das jenen streifigen Lagen gleicht, die sich manchmal im Brot finden.

Aber nicht nur auf Backerzeugnisse als feste Nahrung erstreckt sich die Wirkung von Gasen. Bei allen gerührten Speisen, seien sie in der Schüssel oder in einer mechanischen Mischmaschine hergestellt, wird Luft einverleibt, wenn auch nicht in dem Ausmaß, wie es die Gärung verursacht.

Auf andere Gerichte ist der Brauch, sie zu kochen oder nur zu wärmen, von ähnlichem Einfluß. Nicht aller Dampf, der dabei entwickelt wird, entweicht. So können wir die Haut von Bratwürsten als eine Einrichtung zum Zwecke des Zurückhaltens von Dampf betrachten, an dessen Stelle, in einem späteren Stadium, Luft zwischen die Fleischpartikelchen tritt. Es gibt wohl keine genauen Ziffern darüber, aber unzweifelhaft erfolgt beim Braten solcher Würste eine bedeutende Volumenvergrößerung, falls das Braten nicht zu weit getrieben wird.

Es wurde ausgeführt, daß ein Laib Brot im Durchschnitt zu zwei Dritteln aus Luft besteht. Bei Sahne oder geschlagenem Eiweiß kann es sich leicht ereignen, daß die Durchlüftung sechs Siebentel des Volumens ausmacht. Der Rest, ein Siebentel, stellt das Nahrhafte dar; da auch dieses zu vier Fünfteln aus Wasser besteht, nimmt der Nährstoff eigentlich nur ein Fünfunddreißigstel des Volumens ein. Es ist erstaunlich, wie viel Vergnügen aus einer so hochgradig verdünnten

Nahrung gezogen werden kann und daß sie sogar nach allgemeinem Dafürhalten den Fettansatz begünstigt.

Bei flüssigen oder halbflüssigen Stoffen hätte es keinen Sinn, von Kaueigenschaften zu sprechen. Das Vergnügen liegt hier im Bereich des Tastsinnes und in der Leichtigkeit, mit welcher Aromen in diesem „aufgeblasenen" Zustand verdampfen und dadurch bemerkbar werden. Viel komplizierter liegen die Dinge bei jenen Flüssigkeiten, in welchen der Gasgehalt durch Druck oder physikalisches Gleichgewicht fest-gehalten wird, wie dies bei Bier oder Quellwasser der Fall ist. M o t t r a m und G r a h a m machen gelegentlich die Bemerkung, daß kohlensäurereiche Wässer kühler sind als andere. Sie scheinen anzu-nehmen, daß eine Kühlung der Flüssigkeit erfolgt, wenn die Gasblasen an die Oberfläche aufsteigen. Dies ist nicht sicher. Es ist viel wahr-scheinlicher, daß sowohl die Kühlung als auch andere Wirkungen, die mit dem Tastsinn verbunden sind, später erfolgen, im Munde. Exakte physikalische oder physiologische Beobachtung dieser Dinge scheint bis jetzt zu fehlen.

Wenn ein Gas in einer Flüssigkeit vollständig absorbiert ist, wie dies bei kaltem Quellwasser der Fall ist, so schmeckt solches Wasser anders wie ein solches von gleicher Temperatur, aber ohne Gasgehalt. Bei dem ersteren wird das Gas wahrscheinlich auf der Zunge teilweise freigesetzt. Eine richtige Analyse des Vorganges ist gleichfalls eine Aufgabe, die von der Sinnesphysiologie noch nicht unternommen worden ist. Die Wirkung schalen Bieres gehört in dasselbe Gebiet.

X. Brat- und Backfett

Zur Nahrung kann Fett in einer ganzen Anzahl von Formen ver-wendet werden; man kann es auf Brot aufstreichen, wenn es fest oder halbfest ist, es kann einem Teig zugemischt werden, wobei es seine selbständige Existenz verliert; wenn es, sahneartig, mit anderen Stoffen zu einer Creme geschlagen wird, ist es als Fett auch nicht mehr sicht-bar; ferner kann es an der Oberfläche einer warmen Flüssigkeit wie einer Suppe erscheinen. In allen diesen Fällen wird das Fett ohne Substanzverlust konsumiert. Bei der Zubereitung bleibt nichts zurück, das weggeworfen werden muß oder später wieder verwendet werden kann.

Worauf jetzt die Aufmerksamkeit gelenkt werden soll, ist der Fall beim Braten und Backen, wobei ein Überschuß zurückbleibt, nach-dem das Fett seinem Zwecke gedient hat. Braten und insbesondere Backen bedeutet, daß die hohe Temperatur, die das Fett beim Er-

hitzen annehmen kann, einen größeren Spielraum bei der Zubereitung
von Nahrung gewährt, als es bei Wasser möglich ist; hat dieses doch
einen viel niedrigeren Siedepunkt. Der erweiterte Spielraum rührt daher, daß größere Hitze neue Aromen in den ihr ausgesetzten Rohstoffen
entstehen läßt. Röstaromen unterscheiden sich wesentlich von solchen,
welche das Kochen in Wasser hervorbringt. Anderseits hat die Erwärmung von Fett auch ihre natürlichen Grenzen und auch dies ist ein
Vorteil. Würden wir Fleisch oder andere Stoffe nur einfach der Hitze
von Flammen oder heißen Platten aussetzen, so würde leicht Ver-
kohlung eintreten, ein durchaus unerwünschter Zustand bei Speisen.

Dies ist nur eine Erklärung für den Ursprung des Brauches, Fett
zum Braten oder Backen zu verwenden. Die Absicht dieser Untersuchung geht aber weiter, es soll auch der Einfluß erhoben werden,
den umgekehrt das Fleisch oder das Teigprodukt auf das Fett ausübt.
Es ist eine spezifische Eigenschaft von Fetten, Aromen leicht und
schnell anzunehmen, in unserem Falle also jene von Fleisch, Teig oder
Fisch, die in dasselbe zum Braten oder Backen getan werden. Fette
nehmen nicht nur die Gerüche auf, sondern sie halten sie auch lange
Zeit zurück, mögen sie warm oder kalt sein.

Die Parfümerie hat von dieser Eigenschaft der Fette seit jeher
reichlichen Gebrauch gemacht. Sie extrahiert den Duft der Blumen
durch Fette, bewahrt sie darin auf und tut dies auch mit Düften, die
auf andere Weise den Pflanzengeweben entzogen worden sind. So kann
man Riechstoffe durch unbegrenzte Zeit haltbar machen. Mag es sich
um Parfümerie oder um Braten und Backen handeln, in all diesen
Fällen wirkt Fett als ein Lösungsmittel für Riechstoffe, aus dem
sehr wenig verdampft. Die Lösungsmittel zeigen große Unterschiede
in dieser Richtung. Es wurde gefunden, daß die Verdampfungsgeschwin-
digkeit sehr verschieden ist, je nachdem man Wasser, Alkohol oder
Fett als Lösungsmittel verwendet; aus Alkohol verdunsten die Riechstoffe weitaus am schnellsten.

Wir haben vorhin gesagt, daß das Braten und Backen sich bei der
Zubereitung von Nahrungsmitteln von anderen Methoden der Fett-
verwendung dadurch unterscheidet, daß das Fett nach Gebrauch zurückbleibt oder zumindestens ein guter Teil davon. Dieses ist nun von der
Speise mit den Duftstoffen durchtränkt und kann auch etwas Wasser
desselben Ursprungs enthalten. Eine geringfügige Zersetzung des Fettes
kann ebenfalls stattgefunden haben.

Was soll man nun mit solchem Fett machen? Was immer es ursprünglich gewesen ist, sei es Butter, Schweinefett oder Margarine,
zweifellos ist es noch immer ein wertvolles Nahrunsmittel vom Gesichtspunkt des Kalorienwertes gesehen. Bei einigen Nationen, besonders in deren ärmeren Schichten, hat sich der Brauch entwickelt, dieses

Fett immer wieder zu gleichem oder einem anderen Zwecke zu verwenden, ohne Rücksicht auf die geänderten Eigenschaften. Wie es dem wiederholt dargelegten Charakter der Ernährungsgebräuche entspricht, kommt es selbst vor, daß die Veränderung in den Eigenschaften des Fettes als eine Verbesserung empfunden wird. So ist es in England, wo die immer wiederholte Verwendung solchen Fettes üblich ist, obwohl M a r r a c k in seiner tiefgründigen Studie „Food Planning" zugibt, daß man bei Fett mit einer gewissen Verschwendung rechnen müsse. Bei anderen Nationen hat sich der gerade entgegengesetzte Brauch entwickelt, sie sind zusätzlichen Aromen und Farben gerade bei Fett absolut abgeneigt, so daß solches Fett, vom Standpunkt der Ernährung gesehen, für sie vollständig verloren ist.

In seinen Wirkungen ist dieser Unterschied im nationalen Brauch recht auffällig. Wandert man durch die Straßen von Städten in verschiedenen Ländern, so erhält man sehr verschiedene Eindrücke von Gerüchen, die aus den Küchen kommen. Und unter diesen Gerüchen ist jener von Fett hervorstechend. Einem Besucher aus einem Lande, in welchem gewöhnlich nur reines Fett verwendet wird, behagt der Küchengeruch einer fremden Stadt, in der Bratenfett wiederverwendet wird, absolut nicht; hingegen scheint es, daß der, wenn man so sagen darf, nationale Geruch der Verbraucher reinen Fettes von den anderen sehr gerne wahrgenommen wird.

Es ist ein verschwenderischer Brauch, immer wieder reines Fett zu verwenden und es ist unbekannt, auf welche Art und Weise Nationen ihn erworben haben. Doch muß in Rechnung gesetzt werden, daß die Menschen in allen Ländern eine sonderbare Haltung zu der Verdaulichkeit von Fett einnehmen. Ranzigkeit von Butter wird als widerlich und selbst giftig empfunden, obwohl sie in nichts anderem zu bestehen scheint als in der Entwicklung von sehr kleinen Mengen komplizierter chemischer Verbindungen, kaum vergleichbar mit all dem, was gebrauchtes Bratenfett enthalten mag. Dieselben Hausfrauen, die bereit sind, bei der Zubereitung eines Gerichtes das Fett aus dem Topf für altes Bratenfett zu nehmen, sind äußerst wählerisch, wenn sie Butter kaufen. Es spielt ihnen dann keine Rolle, für die feinsten Unterschiede im Aroma zusätzlich zu bezahlen, und sie finden solche Unterschiede auf dem reich belieferten englischen Buttermarkt.

Es mag sein, daß die sogenannten höheren Fettsäuren, die im Bratenfett von Rind und Schaf enthalten sind, die Verdauung beeinflussen. Aber im wesentlichen scheint es, daß es sich um eine rein psychologische Einstellung zu den Riechstoffen handelt, wenn die Empfindlichkeit für Fettgerüche in verschiedenen Ländern andere Wege geht. Doch hat die Physiologie der Verdauung gefunden, daß Fett dem menschlichen Körper mit einiger Vorsicht zugeführt werden muß, denn es kann in manchen Fällen Schaden bringen. Auch mag das sonderbare Verhalten des Menschen in diesen Dingen auf magische Einflüsse zurückführbar sein, die dem Fett zu einer Zeit zugeschrieben wurden, in der über die Umsatzvorgänge im Körper nichts bekannt war. Sei dem wie immer, weder die Autoritäten, noch die Ernährungsfachleute erheben Einspruch gegen die Verschwendung von Bratenfett. Marrack selbst konstatiert nur die Tatsache, anscheinend ohne die Absicht einer Kritik.

XI. Unbequemlichkeiten und Risiken, die mit Gemüse verbunden sind

Drummond und Wilbraham haben eine ungeheure Arbeit darauf verwandt, fünf Jahrhunderte englischen Lebens nach Zeugnissen für die Entwicklung des Gemüsekonsums zu durchsuchen; die Frage erschien ihnen so bedeutungsvoll im Hinblick auf die Rolle des Vitamins C in der Geschichte der englischen Ernährung.

Diese Forscher glauben, daß die Langsamkeit, welche in der Entwicklung des Gemüsekonsums zu beobachten ist, auf Unkenntnis des Gemüsebaus und Unkenntnis der Nahrungseigenschaften seiner Produkte zurückzuführen ist.

Küchenkräuter wurden in England weit früher und viel häufiger gepflanzt als Gemüse. Ihnen wurde immer ein guter Einfluß auf die Gesundheit zugeschrieben; vielleicht hat die Tatsache, daß sie die Träger intensiver und dauernder Riechstoffe sind, damit etwas zu tun.

Noch immer wird aber geklagt, nicht nur in England, sondern auch in anderen Ländern, daß nicht genug Gemüse gegessen wird, besonders im Restaurant. In diesem Buche wurde schon verschiedentlich versucht, Nahrungsgebräuche auf die Schwierigkeiten der Zubereitung, die meist übersehen werden, zurückzuführen, und von diesem Gesichtspunkt aus wollen wir nun einige spezifische Eigenschaften der Pflanzennahrung betrachten.

Es gibt Blätter, Wurzeln und Knollen mit einer sehr verschiedenen Verwendungsweise. Einige der Blattarten werden roh als Salat gegessen; ebenso auch einige Wurzeln, wie Radieschen, aber meist werden sie gekocht. Viele werden vor dem Kochen zerschnitten; andere werden vor dem Essen in Schnitzel zerschnitten oder in breiartigen Zustand versetzt.

1. Verunreinigungen

Pflanzen oder Pflanzenteile werden vom Garten oder Feld in dem Zustand eingebracht, in welchem sie gewachsen sind. Die Blätter sind voll Staub und Parasiten, die Wurzeln und Knollen zeigen Reste der Erde, aus der sie kommen. Alle diese Pflanzen und Pflanzenteile unterscheiden sich in dieser Beziehung von Getreidekörnern; zwar sind auch diese staubig, aber meist haben sie eine mehr oder weniger glatte Oberfläche, von welcher der Staub viel leichter entfernt werden kann; auch wenn dies nicht getan wird, ist die Wirkung nicht so auffällig wie bei Blättern oder Wurzeln. Wollen wir Fleisch damit vergleichen, so ist es klar, daß dieses infolge der Art seiner Gewinnung von fremden Stoffen frei ist. Wenn es durch die Manipulation mit Schmutz in Kontakt kommt, so ist dieser in der Regel oberflächlich und kann leicht entfernt werden.

2. Volumen

Alle als Nahrung verwendeten Blätter sind voluminös. Es ist nicht nur so, daß sie einen größeren Wassergehalt haben als Getreidekörner, Fleisch oder Fisch, sondern im Naturzustand oder in Massen enthalten die Blätter von Spinat, Kohl und anderen grünen Gemüsen eine große Menge eines Stoffes, der gar nicht gegessen wird, nämlich Luft. Dies trifft in geringerem Grade bei Wurzeln und Knollen zu. Aber bei Gemüsen steht es im allgemeinen so, daß man eine voluminöse Sache nach Hause zu tragen und in der Küche zu behandeln hat, eine so voluminöse Sache, daß ihr Nährwert auf ein Zwanzigstel oder selbst weniger des Volumens zusammengepreßt werden könnte.

Jedermann, der mit Gemüse zu tun hat, ist sich dieses Mangels sehr wohl bewußt, besonders wenn er Produzent oder Händler ist. Dem entstammt der Wunsch und das Bedürfnis, Gemüse zu trocknen oder, wie es neuerdings im englischen Sprachgebiet genannt wird, zu dehydrieren. Es ist nicht immer gut, solchen Wünschen oder Bedürfnissen zu folgen; man könnte zum Beispiel darüber spekulieren, ob die Gemüsetrocknung nicht zur Niederlage Österreich-Ungarns im letzten Krieg mit beigetragen hat: Ein leitendes Mitglied der Familie Habsburg besaß nämlich eine große Trockenanlage für Gemüse, aus der Geld gemacht wurde. Die Erzeugnisse wurden von den Soldaten, die das Trockengemüse zu kochen und zu essen hatten, mit dem Spitznamen „Drahtverhau" gekennzeichnet.

3. Reinigung

Eine wirklich gründliche Reinigung kann den meisten Gemüsen nur unmittelbar vor der Zubereitung zuteil werden. Sie werden durch Einweichen, Abreiben und Schälen gereinigt, wobei man annimmt, daß diese Behandlung Parasiten, Sand und Erde vollständig beseitigt. Dies ist jedoch nur eine Annahme, es besteht in dieser Hinsicht eine beträchtliche Verantwortung und, selbst wenn eine sehr moderne Maschinerie verwendet wird, so kann doch volle Reinigung nicht garantiert werden.

Da haben wir wieder einen wichtigen Faktor, der den Gemüsekonsum herabdrückt, ganz unabhängig von Gefühlen oder Wissen über Nahrungsmittel oder Ernährung. Und weiters, wie lange ist es denn her, seit Wasserhähne in Verbindung mit Muscheln reichlichen Wassergebrauch in den Küchen ermöglichen und allgemein verwendet werden? Früher wollten weder diejenigen, die eine Mahlzeit zu planen und zuzubereiten hatten, noch diejenigen, für die gekocht wird, ein solches Risiko auf sich nehmen, das bei anderer Nahrung wegfällt. Am wenigsten Gefahr besteht in dieser Beziehung bei den Kartoffeln, daher ist die Haltung zu ihnen ganz anders, obwohl diese Knollen die jüngsten der in Europa gezogenen Pflanzen sind.

4. Kochen

Hier ist wieder das Volumen das Hindernis, wenigstens bei den Blättern und den meisten Wurzeln. Um eine Familie mit großen Portionen von Gemüse bei einer Mahlzeit zu versehen, sind große Töpfe erforderlich und Raum fürs Kochen. Wäre es nicht zu empfehlen, jene fünf Jahrhunderte englischen Lebens, die D r u m m o n d und W i l b r a h a m durchforscht haben, von diesem Standpunkt aus zu betrachten? Im modernen Haushalt natürlich kann die Küche damit fertig werden und so auch die dampfgeheizten großen Kochkessel, die jetzt in Krankenhausküchen anzutreffen sind. Aber die Antworten auf die Fragen: Warum gibt es keinen frisch gekochten Kohl auf einem Schlachtfeld? Und warum so kleine Gemüseportionen in den meisten Restaurants? stehen in engem Zusammenhang. M a r r a c k hat den Verbrauch der Bauern an frischem Gemüse auf dem Kontinent studiert und große Teile Europas gefunden, wo dieser Verbrauch praktisch gleich Null war. Auf die Frage nach den Ursachen dieser an sich befremdlichen Erscheinung ist er bei dieser Gelegenheit nicht eingegangen. Aber ist nicht das Kochen stärkehaltiger Nahrung, allenfalls mit einem Zusatz von Milch oder Milchprodukten und selbst Eiern, eine weit einfachere Aufgabe für eine überlastete Bauernfrau?

5. Sauerkraut

Es existiert aber ein Produkt, bei dem viele Probleme der Gemüsezubereitung lösbar sind. Die Köpfe einer bestimmten Kohlart werden durch mechanische Messer geschnitten, dann komprimiert und durch eine saure Gärung in großen Mengen konserviert.

Sauerkraut ist pflanzliche Nahrung aus dem Faß, geradeso wie der gesalzene Hering eine solche animalische darstellt; der Brauch mag schon recht alt sein. Wenn Sauerkraut gekocht werden soll, so ist ein bißchen Waschen und darauffolgendes Kochen alles, was getan werden muß, so daß Arbeit, Mühe und Risiko kleiner sind als selbst bei der Zubereitung von Kartoffeln. Bei dieser Gelegenheit mag auch gesagt werden, daß man Kartoffeln wohl pflanzliche Nahrung nennen kann, daß aber die allgemeine Meinung sie ganz im Gegenteil als Ersatz zerealer Nahrung betrachtet, und darum nimmt man in den meisten Teilen der Welt die Mühe der Zubereitung gerne auf sich. Anderseits ist Sauerkraut in Zentraleuropa so beliebt, wie es in anderen Ländern gehaßt wird, aber es mag wohl sein, daß seine Popularität im Schwinden begriffen ist, wie dies bei den meisten alten Konservierungsmethoden der Fall ist.

6. Gemüsekonserven

Gemüsekonserven scheinen in raschem Aufstieg in bezug auf populäre Wertschätzung zu sein, obwohl sie viel kostspieliger sind als die im Hause bereiteten Gemüse; nicht nur, daß das Essen von Gemüsekonserven von der Jahreszeit und selbst vom Ursprungsland unabhängig ist, die Dosenkonservierung löst das uralte Problem der Zubereitung, dem die letzten Abschnitte gewidmet waren.

XII. Was steckt hinter der französischen Küche?

Was bei früheren Gelegenheiten über die Rolle der Gastronomie in der Entwicklung der Ernährungsgebräuche schon gesagt worden ist, gibt bereits einige Hinweise auf das Wesen der französischen Küche. Sie beruht keineswegs einfach auf einer logischen Weiterentwicklung der Kochtechnik. Ein großer Teil der französischen Küche hätte kaum jemals in einem anderen Lande als Frankreich sich entwickeln können und kann kaum wo anders nachgeahmt werden, einfach deshalb nicht, weil diese Küche sich auf Rohstoffe gründet, die dem Boden Frankreichs eigentümlich sind. Es ist allgemein bekannt, welche Menge französischer Weine existiert, weit weniger weiß man aber, wie groß die Mannigfaltigkeit aller anderen Erzeugnisse der französischen Erde ist. Selbst das Brot, welches aus dem technisch schwachen Weizen Frankreichs gebacken wird, ist durch sein Aroma ausgezeichnet gegenüber dem Brote anderer Länder. Aber es mußte hier schon wiederholt darauf hingewiesen werden, daß der Entwicklungsweg zur Gastronomie in den verschiedenen Ländern nicht der gleiche ist. Frankreich scheint mehr

Feinschmecker hervorzubringen als irgend ein anderes Land und die Franzosen als Nation sind offenbar besonders in bezug auf ihren Geruchssinn sehr empfindlich; wir haben gesehen, wie viel stärker derartige Menschen gezwungen sind, den Impulsen dieses Sinnes Folge zu leisten. Daher mag es kommen, daß die Franzosen bereit sind, mehr Geistestätigkeit und Arbeit auf ihre Küche zu verwenden als andere Nationen, und diese Geistestätigkeit und Arbeit sind für das Leben der französischen Kochkunst ebenso unentbehrlich wie die spezifischen Rohstoffe. Es wird später in anderem Zusammenhang gezeigt werden, daß man niemals die hohe Stufe französischer Küche erreichen kann, wenn man die Einkäufe zweimal wöchentlich besorgt, wie es in England üblich ist, und man kann niemals eine der französischen gleichwertige Mahlzeit herstellen mit einem Brot, das schon einen oder zwei Tage in der Brotdose gelegen war.

Andere Nationen erkennen es an, daß die französische Küche ihre eigenen Aromen entwickelt hat, vielleicht auch besondere spezifische Reize der Mundschleimhaut und auch ihre eigene Speisenfolge bei den Mahlzeiten. Die Nahrung jeder Nation hat ihren bestimmten Charakter und manchmal auch die einzelner Distrikte und Städte. Aber die Küchenaromen von ganz Europa haben untereinander vielfache Beziehungen und so ist jede Nation in die Lage versetzt, den Geschmack der anderen zu beurteilen und zu kritisieren. Ausnahmen hievon, wie das Verhalten zu breiartigen, aus verschiedenen Zerealien, wie Hafer und Mais, bereiteten Speisen, wurden bereits erwähnt. So ist es zu verstehen, wieso andere europäische Nationen imstande sind, in der französischen Küche den feinsten Zusammenklang von Riechstoffen und andere hervorstechende Qualitäten überhaupt zu erkennen; aber dies bedeutet nicht, daß andere Nationen bereit sind, ihre eigene nationale Küche einfach aufzugeben und an ihre Stelle die französische Küche treten zu lassen. Bis zu einem gewissen Grade mag dies geschehen, in Ländern nämlich, die nicht Gelegenheit hatten, ihre eigene bürgerliche Küche zu entwickeln. Dies wird wohl eine Rolle gespielt haben in Ländern wie Rumänien oder Südamerika, wo der Reichtum sich meist in wenigen Händen anhäufte und wo es keine wirkliche Mittelklasse gab. Jedoch Nachahmungen der französischen Küche sind selten erfolgreich; die Nachahmung funktioniert selbst dann nicht richtig, wenn die Küche selber oder Familien, die daran gewöhnt sind, nach anderen Ländern auswandern. Französische Küche in Montana kommt einem vor, wie gotische Kathedralen daselbst. Bei beiden hat man das Gefühl, daß sie irgendwie gefälscht sind. Kehren wir zur Wirkung französischer Küche auf fremde Besucher zurück, so ist gemeinhin zu beobachten, daß jeder Besucher Frankreichs, komme er aus Europa oder Amerika, für ein paar Tage von den französischen Speisen und

Getränken entzückt ist, aber sehr schnell steigt die Sehnsucht nach seiner heimischen Kost auf. Dem Kenner erscheint es lächerlich, daß Deutsche, die Paris besuchen, nach dem deutschen Bierhaus stürmen, wenn der volle Reichtum französischer Weine ihnen zur Verfügung steht. Dasselbe gilt für die Engländer, die sich nach ihrem Rostbeef sehnen und ihren Whisky überall einführen. Die meisten Fremden glauben noch immer, daß die französische Küche den ursprünglichen Geschmack der Gerichte durch zusätzliche Aromen verhüllt, wie es bis ins 17. Jahrhundert der Fall gewesen ist. Die Fremden haben ein Verlangen nach den einfacheren Reizen von Pfeffer und Salz oder was immer es sei, woran sie gewöhnt sind. Sie bewundern die französische Küche als eine Kunst, weil sie ein Verständnis für sie von zu Hause mitgebracht haben, aber sie nehmen sie nicht an.

1. Internationale Hotelküche

Es gibt einen Fall, in welchem die französische Küche die Ernährungsgebräuche der westlichen Welt tatsächlich beeinflußt hat: die Entwicklung der internationalen Hotelküche. Die Tagebücher von Reisenden bis ins 19. Jahrhundert sind voll von Geschichten über die sonderbaren Gerichte, die sie in anderen Ländern serviert erhielten. Es war natürlich einfach die nationale Kost des Landes, das sie besuchten. Als die modernen Transportmittel eine ungeheure Zunahme des Reiseverkehrs zur Folge hatten, wurde die Anpassung lokaler Kost an die Wünsche der verwöhnten Besucher immer schwieriger und so wurde die französische Küche als eine zufriedenstellende Lösung des Problems überall eingeführt. Wieder muß darauf hingewiesen werden, daß eine solche Verpflanzung nur teilweise erfolgreich sein konnte, abgesehen von der zusätzlichen Schwierigkeit, daß die örtliche Küche im Interesse örtlicher Gäste doch in gewissem Maße beibehalten werden mußte. Doch kann kein Zweifel bestehen, daß allein durch den Versuch, französische Methoden zu benützen, eine Art von internationalem Bindeglied geschaffen worden ist, das den Aufenthalt in fremden Ländern jenen erträglich macht, die sich diese Art von Kost leisten können. Es ist zwar in manchen Klassen der Bevölkerung ein weitverbreiteter Brauch, auswärts luxuriöser zu leben als zu Hause, doch hat dies auch eine andere Seite. Es gibt viele junge Leute, die reisen oder im Ausland leben und für die dies oft ein Leben der Kasteiung und Entbehrung bedeutet. Sieht man davon ab, so kann man die allgemeine Neigung zu größerem Luxus in der Fremde wohl zugeben. Sie entspringt zum großen Teil dem Wunsche, die örtlichen Speisen zu meiden und sich in die kostspieligere internationale Hotelküche zu flüchten. Dies bringt uns zu einem zweiten Punkt von einiger praktischer Bedeutung.

2. Erziehung zu fremder Ernährungsweise

Seit Jahrhunderten steht es fest, daß jedwede bäuerliche Bevölkerung in ihren Ernährungsgewohnheiten als konservativ bezeichnet werden muß. Der Grund dafür ist offensichtlich: Wer auf dem flachen Lande lebt, dessen Auswahl ist in allen Fällen ärmer als die des Städters. Weniger wahrgenommen wird die andere Tatsache, daß die dem Stadtkreis angehörenden, aber immer noch einfach lebenden industriellen Arbeiter gleichfalls konservativ sind, eben weil ihre Kost recht einfach ist. Verlegung des Wohnsitzes auch nur um ein paar hundert Kilometer schafft so manches Leiden, und oft findet man Familien, die ihren Wohnsitz nicht einmal in kürzere Entfernungen verlegen wollen. Wenn es sich darum handelt, die Grenzen anderer Länder zu überschreiten, so vermehren sich die Schwierigkeiten noch beträchtlich, denn da gibt es keine französische Küche zur Erleichterung der Situation. Der alleinstehende Mann fällt am neuen Orte der rein lokalen Küche zum Opfer, wie sie von seiner Wirtin oder dem billigen Gasthaus geboten wird. Es kommt selbst vor, daß eine Familie, die ihren Wohnsitz nur um hundert Kilometer verlegt, nicht imstande ist, sich auch nur an das Brot zu gewöhnen, das am neuen Orte gebacken wird. Es gibt in der ganzen großen industriellen Welt nur eine winzige Gruppe von Arbeitern, welche diese Schwierigkeiten einigermaßen überwunden hat, die internationalen Monteure nämlich, Spezialisten für einzelne Maschinentypen. Ihr Arbeitgeber sendet sie für einen Monat nach Prag, für den nächsten nach Algier und so geht es weiter das ganze Jahr hindurch. Aber die breiten Massen sind hinsichtlich ihrer Ernährung in einem Grade konservativ, der nur mit der Haltung bäuerlicher Bevölkerung verglichen werden kann. Davon sind nicht einmal die Sekretäre von Gewerkschaften ausgenommen, wenn sie sich auf einem internationalen Kongreß treffen. Sie sind die ersten, die in einer fremden Stadt nach einem Restaurant der eigenen Nationalität Ausschau halten. Gibt man zu, daß die Franzosen in gastronomischen Angelegenheiten besonders empfindlich sind, so ist darin wohl ein Schlüssel für die Tatsache zu finden, daß französische Arbeiter so selten in der Fremde anzutreffen sind. Es sei an die Bemerkungen erinnert, die früher in diesem Buch über die Siedlungen des römischen Legionärs gemacht wurden.

Viel weniger konservativ als die arbeitenden Klassen sind in jeder Nation die Mittel- und Oberschichten, die Gelegenheit haben, einige

Erfahrung mit fremder Nahrung zu sammeln. Von Jugend auf bietet sich ihnen Gelegenheit, fremde Länder zu besuchen und auch größere Teile des eigenen Landes. Auch haben sie Gelegenheit, Muster der internationalen Hotelküche in den Hotels ihrer Heimatstadt zu verkosten. Ab und zu wird auch ein Versuch mit fremder Küche im eigenen Heim gemacht. Eines der großen Verdienste eines weithin bekannten englischen Unternehmens auf dem Gebiete der Massenernährung ist es, seinen Kunden Gelegenheit zu bieten, in seinen Corner Houses mit einer Art kontinentaler Küche zu billigen Preisen Bekanntschaft zu machen. In diesen Häusern können die Kunden in angenehmer Umgebung und bei Musik die ersten Schritte in der Erlangung von Kenntnissen fremder Bräuche tun. Die Aromen mögen viel später auf einer Reise wiedererkannt werden. In diesem Sinne wird an diesen Stätten eine wichtige erzieherische Arbeit geleistet.

Wenn wir annehmen, daß der Geruch unter den bei der Ernährung in Aktion tretenden Sinnen vorherrschend ist — natürlich haben alle Sinne, selbst der Gesichtssinn, sich fremder Nahrung erst anzupassen —, so müssen wir fragen, wann denn eigentlich die Erziehung zu Nahrungsgerüchen beginnt? Allgemein wird geglaubt, daß die einfachen Gerichte, die der Säugling bei seiner Entwöhnung erhält, die erste Anregung neuartiger Empfindungen bieten. Wie bei anderer Gelegenheit ausgeführt, neige ich der Ansicht zu, daß dies schon in einem früheren Stadium erfolgt, einfach dadurch, daß Nahrungsgerüche verschiedener Art einen Säugling umgeben, lange bevor er gewöhnliche Kost erhält. So ist es wahrscheinlich, daß der Geruch dem Kind nicht fremd ist, wenn der erste Löffel einer neuen Speise den Mund erreicht, sondern es bedeutet nur eine Intensivierung einer Empfindung, die ihm bereits vertraut ist. Derselbe Vorgang wiederholt sich wohl während der ganzen Kindheit, so lange manche Speisen und Getränke, die von den Erwachsenen genossen werden, den Kindern verboten sind. Der Geruch von Kaffee oder Bier mag so einem Kind vertraut sein, lange bevor es ihm erlaubt wird, davon zu trinken. Nur die anderen Empfindungen, die mit dem Eßvorgang verknüpft sind — mit Ausnahme natürlich der Kalt- und Warmempfindungen —, sind beim ersten tatsächlichen Kontakt mit einer neuen Speise neu.

Da ein Kind nur stufenweise dazu gebracht wird, die im Hause übliche Kost zu nehmen und lieben zu lernen, weshalb muß diese Erziehung bei der ortsüblichen Nahrung haltmachen? Kinder haben in der Schule so viel Dinge zu lernen, einfach zur Erweiterung ihres Gesichtskreises oder für eine — hypothetische — Anwendung in ihrem späteren Leben; weshalb sollte ihre Erziehung nicht auch eine praktische Kenntnis der Nahrung anderer Nationen einschließen?

XIII. Wie es zum Trinken von Portwein in England kam

Das Trinken von Portwein ist eine auffällige Gewohnheit im Leben der oberen Klassen Englands — oder war es zumindest bis jetzt. Es charakterisiert die spezifische Zivilisation der Engländer und ist ein Brauch, der in anderen Ländern beiweitem nicht so allgemein geworden ist. Sein Ursprung ist ungewöhnlich in der Geschichte von Nahrungsgebräuchen. Hohe Staatspolitik mußte sich hier in ihrer Wirkung mit so einfachen Dingen vereinigen, wie die Entdeckung des Verkorkens und der Aufeinanderschlichtung von Flaschen. Auch andere Faktoren haben dabei mitgewirkt, wir wollen jedem von ihnen seinen richtigen Platz im Bilde anweisen.

André Simon, der Gastronom und Geschichtsschreiber des Weinverbrauchs in England, hat die folgenden Fakten gesammelt. Da sich meine Auffassung von seiner unterscheidet, muß ich sie in anderer Weise anordnen und andere Folgerungen ziehen. Simon, ein Franzose, betrachtete die Geschehnisse, die zur Einführung des Portweins führten, mit einer gewissen nationalen Emotion, denn sie erbrachten das Resultat, daß man vom Trinken französischer Weine zum Trinken portugiesischer überging. So beginnt eines seiner gelehrten Bücher[1] wie folgt:

„Durch fünf aufeinanderfolgende Jahrhunderte trank jedermann in England hausgebrautes Ale und importierten Wein, mit Ausnahme der letzten Bauernknechte und wildesten Bergbewohner, die Wurzeln kauten und Wasser tranken wie die Schweine, unter welchen sie lebten."

Die importierten Weine, von welchen Simon spricht, waren hauptsächlich französischer Herkunft. Obwohl England sich frühzeitig daran gewöhnte, sich seinen Bedarf jeglicher Art aus allen Teilen der Welt zusammenzulesen, war Frankreich die hauptsächlichste Bezugsquelle für Wein. Ebenso wie das hausgebraute englische Ale seine Basis in heimischem Getreide hatte, so war der französische Wein derjenige, der den Bewohnern dieser Insel am leichtesten zugänglich war, beinahe so, wie wenn er auf dem eigenen Boden gewachsen wäre; der Bezug dieses Weines war vielleicht infolge der geographischen Lage sogar leichter. Durch diese fünf Jahrhunderte bis zum Beginn des 18. Jahrhunderts waren nämlich in England die Straßen so schlecht, daß das Überqueren des Kanals oder auch selbst die Beförderung des Weines von den atlantischen Häfen Frankreichs und das Entladen der Schiffe in irgend einem britischen Hafen die bequemste Methode für die Be-

---

[1] Simon A. L., Bottlescrew Days: Wine drinking in England during the Eighteenth Century.

förderung schwerer Lasten gewesen ist. Es war weit schwieriger, zu jener Zeit französischen Wein nach Mittel- oder Osteuropa zu liefern, als ihn über die See nach England zu befördern.

Von den zwei populären Getränken Ale und französischer Wein war es der letztere, der verdrängt wurde, und dieser Wechsel in den englischen Gewohnheiten wurde in erster Linie durch Politik verursacht. Die Schuld daran wird gemeinhin der Königin Anna und ihren Ministern zugeschoben. „Die ersten Minister Annas betrachteten es als ihre gegebene Pflicht," sagt S i m o n, „den Handel mit Frankreich zu verkrüppeln und die Gefühle der Franzosen mit allen verfügbaren Mitteln zu verletzen." Die unmittelbare Folge dieser Haltung war der Methuen-Vertrag, durch welchen portugiesischen Weinen ein Zoll von nur sieben Pfund pro Faß auferlegt wurde, während für die französischen Weine fünfundfünfzig Pfund pro Faß an Zoll zu bezahlen war.

Es ist die allgemeine Meinung in England, daß der Methuen-Vertrag die Ursache war, weshalb Portwein so populär geworden ist. Aber S i m o n glaubt und beweist es auch durch Ziffern, daß die Verteuerung des französischen Weins durch diesen Vertrag von 1703 nicht genügte, um dem Portwein die Stellung zu geben, die er sich später eroberte. Die Einfuhr portugiesischen Weines nach England war im Gegenteil im Jahre 1712 beträchtlich kleiner als in den letzten Jahren des vorhergehenden Jahrhunderts. Wenn man berechnet, wie wenig der Unterschied im Zoll den Preis einer Flasche Wein tatsächlich geändert hat, so kann man wirklich kaum glauben, daß der Zoll die Ursache der Abnahme des Verbrauchs französischer Weine gewesen sei. Es ist viel wahrscheinlicher, wie S i m o n sagt, daß „die Ursache zu suchen ist und gefunden werden kann in dem unermüdlichen Bestreben von Politikern, Geistlichen, Satyrikern und anderen, durch das ganze Land blinden Haß gegen Frankreich und alles Französische zu säen und zu pflegen."

Nach S i m o n dauerte diese wilde Agitation gegen französische Weine durch mehr als fünfzig Jahre an. Und in dieser Periode geschahen Dinge mit dem portugiesischen Wein, die den Absichten der patriotischen englischen Weintrinker sehr willkommen waren, welche den französischen Wein durch irgend einen anderen ersetzt haben wollten.

Die Portugiesen ließen es sich natürlich angelegen sein, die Vorteile des Methuen-Vertrags für sich auszunützen. Handelsorganisationen sorgten dafür. Sie kontrollierten die Qualität der Weine, die aus Portugal exportiert wurden. In einem kritischen Stadium, als der Verbrauch portugiesischen Weines in England nicht so stark gestiegen war, als es nach dem vorteilhaften Vertrag zu erwarten gewesen wäre, fanden die Erzeuger den Trick, der ihnen helfen sollte, nämlich eine grundlegende Veränderung der Qualität des portugiesischen Weins.

Bis dahin wurden Trauben aus den Provinzen zwischen Douro und Minho gepreßt. Es wurde nun entdeckt, daß die Douro-Trauben viel zuckerreicher sind als die Minho-Trauben. Weiters wurde beobachtet, daß der Douro-Traubensaft viel rascher als erwünscht vergärte, so rasch, daß er sich völlig ausgor. Obwohl die Trauben von Douro tatsächlich die süßeren waren, verlor der Traubensaft durch die Gärung seinen ganzen Zuckergehalt und dies war ein unbefriedigendes Resultat für die Neigungen und den Geschmack der englischen Verbraucher. Die richtige Abhilfe wurde bald gefunden: Verhinderung der vollständigen Vergärung des Zuckers und Verlangsamung der Gärung konnte durch Zugabe kleiner Mengen von Branntwein erreicht werden, der aus den Resten der letztjährigen Fechsung gebrannt worden war.

Von dieser Entdeckung machten die portugiesischen Weinbauern Gebrauch. Und es zeigte sich, daß diese Verstärkung des Weines durch den Zusatz von Branntwein gerade dasjenige war, was den Engländern der damaligen Zeit zusammen mit der erhöhten Süßigkeit ausgezeichnet zusagte.

Ich habe es unterlassen, darauf hinzuweisen, daß sich dies alles zu jener Zeit abspielte, als sich in England die Manie für Wacholderschnaps, Gin, entwickelte. Alle Schichten der Bevölkerung tranken ihn im Übermaß, und so glaube ich, daß der erhöhte Alkoholgehalt des neuartigen Portweins den Engländern deshalb zusprach, weil er mit der neuerworbenen Vorliebe für starken Wacholder übereinstimmte. S i m o n hat festgestellt, daß im Jahre 1728 die Einfuhr aus Portugal auf das Doppelte des Betrages vor dem Regierungsantritt der Königin Anna oder selbst fünfzehn Jahre nach dem Methuen-Vertrag gestiegen war. Wenn wir fragen, weshalb das neue Verfahren der Bereitung von Portwein den englischen Verbrauchern dermaßen zusagte, so kann wohl keine plausiblere Erklärung gefunden werden als die eben gegebene.

Aber sowohl politische Propaganda und Patriotismus als auch, auf der anderen Seite, die erhöhte Neigung für stärkere Getränke wären vielleicht noch immer nicht ausreichend gewesen, einen Wechsel in den Bräuchen hervorzurufen, der so einschneidend ist wie der, durch welchen der konservative Engländer den Portwein zu seinem nationalen Getränk erhob.

In der Tat ist noch ein dritter, auch technischer Faktor namhaft zu machen, wie es der der Verstärkung des Weines durch Branntwein ist, aber von ganz anderer Natur.

Denn die Weine waren noch immer nicht ganz befriedigend. Sie waren, wie S i m o n sagt, junge Weine, die durch jungen Branntwein verstärkt waren; sie waren keine richtigen Trinkweine mehr, aber auch noch keine Dessertweine; als solche konnten sie erst dann annehmbar erscheinen, wenn ihnen Zeit zur Reifung gegeben worden war. Sie hatten keine Möglcihkeit zu reifen, so lange nicht eine Flasche erzeugt wurde, die nicht zwiebelförmig, sondern zylindrisch war und im Keller des Händlers oder des Verbrauchers in praktischer Weise verstaut werden konnte.

Eine Flaschenfrage? Ja, tatsächlich, was alle jene in Erstaunen versetzen wird, welchen die Geschichte des Weines nicht vertraut ist.

„Die Alten hielten ihre Weine durch sehr lange Zeit," sagt S i m o n, „aber sie hielten sie in großen Amphoren, die an der Kellerwand standen oder im Fumarium. Außerdem lagerte der Wein oft in Holz, in kleinen Fässern in privaten oder Händlerkellern oder später in den ungeheuren Fässern, die der Stolz von Heidelberg und Bremen sind. Aber, La Vieille Bouteille, der Wein, der in Flaschen aufgespeichert wird und darin altert, war vor dem 18. Jahrhundert, der Zeit, von der wir hier sprechen, unbekannt, ja man hielt derartiges für gar nicht möglich."

Flaschenwein in unserem Sinne wurde erst möglich, als die Korkrinde zur Erzeugung von Flaschenkorken verwendet wurde. Kork war zwar den Alten bekannt, aber sie benutzten ihn hauptsächlich für Schwimmer an Fischernetzen und für andere Zwecke; erst im letzten Teil des 17. Jahrhunderts wurde der Gebrauch von Kork von Spanien nach Frankreich und Deutschland gebracht. In England wurden Korke für Weinflaschen nicht vor dem 18. Jahrhundert eingeführt, sonderbarerweise war es aber doch England, das dem Kontinent voranging im Gebrauch des Korkes zum Verschließen von Weinflaschen. Bis dahin kamen französische und italiensche Weine in offenen Flaschen nach England. Wir können uns dies heute kaum vorstellen. S i m o n setzt auseinander, daß die Flaschen eine breite Basis hatten, so daß sie nicht leicht umfielen, weder voll noch leer. Der italienische Wein hatte im Flaschenhals ein Häutchen Olivenöl, um den Wein vor Staub und Schmutz zu schützen, ein Brauch, der die Einführung des Verkorkens überlebt hat und noch immer geübt wird.

Wir haben darauf hingewiesen, daß der Portwein von 1728 zu jung war und Reifung notwendig hatte. S i m o n sagt nicht ausdrücklich, daß diese Reifung in Flaschen erfolgen mußte und nicht in Holz. Doch können wir annehmen, daß das Reifen in Flaschen das bessere Verfahren war, wie es beim Wein noch heute allgemein der Fall ist. So ergab es sich, daß die Form der Flaschen, die für unverkorkte Weine notwendig war, sich als schlecht erwies für verkorkte, da der Kork neue Möglichkeiten eröffnete, und auch neue Notwendigkeiten. Denn der Kork in einer Flasche muß feucht gehalten werden, sonst schrumpft er durch Trocknen und verliert seinen Zweck. Der einzige Weg nun, ihn feucht zu halten, war, davon abzugehen, die Flaschen stehend aufzuspeichern, wie dies früher notwendig war; wollte man die Flaschen legen, so mußte man sie zylindrisch machen, was außerdem für eine Speicherung in engem Raum außerordentlich praktisch ist.

Die neue Flaschentype mag ihre endgültige Form erst im Jahre 1784 gefunden haben und seit damals ist sie die Normaltype für Portweinflaschen.

So ist es offensichtlich, daß die technische Entwicklung der Weinabfüllung mit der Notwendigkeit, den Wein reifen zu lassen, vortrefflich übereinstimmte; dadurch wurde der Wechsel im Brauch stabilisiert. Man kann diesen technischen Fortschritt mit der Wirkung der Einführung von Gabeln zum Essen vergleichen, wodurch die Einführung fester Speisen ermöglicht wurde anstelle der Eintopfgerichte, die mit dem Löffel gegessen wurden. Aber ich glaube, daß bei Weinflaschen außerdem noch psychologische Zusammenhänge vorhanden sind, die bei der Einführung von Gabeln fehlten. Das Aufspeichern von Wein zum Beispiel in engem Raum bedeutet die Möglichkeit, mehr Sorten im Keller zu halten, als es früher möglich war, sowohl bei Händlern als bei Privaten. Daß der Verbrauch nunmehr in Einheiten, den Flaschen nämlich, erfolgen mußte, trug zum Vergnügen am Weintrinken bei; diese Art Vergnügen fehlte bei den praktisch unbegrenzten Mengen von Wein, die bei der Entnahme aus dem Faß zur Verfügung standen. Für den Genuß von Wein ist es typisch, daß viele Arten psychologischer Assoziationen sich dabei ergeben, die vielleicht mehr zum Trinkvergnügen beitragen als die tatsächliche Qualität des Weines. Durch das Abfüllen auf Flaschen und Aufspeichern, durch das Flaschenschild, das Sorte und Jahrgang anzeigt, durch Spinnweben und Staub auf den alten Flaschen haben sich neue Möglichkeiten psychologischer Assoziationen des Weintrinkers ergeben.

Freilich, dies gilt auch für französische und andere Weine, nachdem das Verkorken einmal eingeführt war. Aber für die Entwicklung, die hier geschildert wurde, kam das Verkorken gerade im richtigen Augenblick, so daß die Einführung des Portweins durch viele Umstände begünstigt war, die zwischen so weiten Grenzen sich bewegten, wie hohe Politik und die nationale Manie für Wacholder, die Verstärkung des portugiesischen Weines durch Branntwein und der Gebrauch von Kork.

XIV. Der Ursprung des Kaffeetrinkens

Viele Geschichten sind im Umlauf über den Ursprung des Kaffeetrinkens, meist von der Art der Schweinebratenphantasie C h a r l e s L a m b s und der durch W o l b e r g verbreiteten Version (wonach liebliche Düfte emporsteigen, wenn zufällig Fleisch ins Feuer fällt). Wie es wirklich dazu kam, daß Kaffee in der westlichen Welt eingeführt wurde, ist solchen Geschichten nicht klar zu entnehmen: „Aber der Prior, der nun zu ihnen kam, feuchtete ihre Lippen und Zungen mit dem schwarzen bitteren Getränk, das schlecht schmeckte und angenehm roch" (Sage über die Entdeckung der Wirkung des Kaffees durch arabische Mönche); oder die persische Sage: „Mohammed lag krank in tiefem Schlaf, als ein Sendbote erschien mit einem unbekannten Getränk, einer Flüssigkeit, bitter und trocken, die heiß schmeckte."

Für die ganze antike Welt war der Wein das wichtigste Getränk, denn damals kannte man nur die Mittel der Berauschung und nicht ihre Gegengifte, die erregenden Stoffe.

Die Araber kannten den Kaffee ungefähr seit dem Jahr Tausend. Aber er war kein Volksgetränk, nur das des reichen Mannes und selbst für ihn war es kein Alltagsgetränk, sondern hatte mehr therapeutischen Charakter.

Auch in Europa erschien der Kaffee zuerst als Medizin. Dr. R a u - w o l f (1582) sagte: „Ein gutes Getränk" (es ist bekannt, was die Ärzte jener Tage unter einem guten Getränk verstanden), „sehr geeignet für die Behandlung von Magenkrankheiten."

Sir T. H. H e r b e r t schrieb im Jahre 1626: „Es gibt nichts, was die Perser mehr lieben, als den „cohs" oder „copha", das, was die Türken „capha" nennen. Dieses Getränk scheint dem Styx zu entstammen, denn es ist schwarz, dick und bitter. Es wird behauptet, daß es gesundheitsfördernd sei, wenn heiß getrunken ... es beseitigt Melancholie, trocknet Tränen, besänftigt Ärger und erzeugt freudige Gefühle. Dessenungeachtet würden die Perser das Getränk nicht so hoch schätzen, erzählte nicht die Überlieferung, daß es von Gabriel erfunden und erzeugt worden sei, um den verfallenden Mohammed wiederherzustellen. Hier haben wir die direkte Linie zum Magischen."

Aus der Literatur können wir auch ersehen, wie im London des siebzehnten Jahrhunderts Kaffeehäuser auftauchten, welche die Zentralen intellektuellen Lebens wurden und wie sie, anscheinend ohne Ursache, bald von Teehäusern abgelöst wurden.

H. E. J a c o b hat in reizvoller Weise die Unterlagen dafür gesammelt, was er „die Sage und den Siegeszug des Kaffees" nennt. In bezug auf *einen* Ort war er imstande, genauere Details über den tatsächlichen Vorgang der Einführung zu finden. Dies war das Wien des siebzehnten Jahrhunderts, die weitbekannte Kaffeemetropole späterer Zeiten. Es gab da einen Mann namens K o l s c h i t z k y, wahrscheinlich polnischen Ursprungs, der nach einem abenteuerlichen Leben in Wien eine Existenz sich gründen wollte auf Basis einiger Säcke Kaffee, welche die Türken zurückgelassen, nachdem sie die Stadt belagert hatten und zurückgeschlagen worden waren. Er kannte die Bohnen von seinen Reisen her und wußte, wozu sie dienten. Kolschitzky eröffnete ein Kaffeehaus im Mittelpunkt von Wien, aber es zeigte sich, daß die Beamten und Doctores, Geistlichen und Kaufleute, die seine Gäste hätten sein sollen, auf seine Idee nicht eingingen. Kaffee war ihnen zunächst türkischer Dreck; dies ist begreiflich, denn Schmutz und Kaffee haben dieselbe dunkle Farbe und der Kaffee war eine Erinnerung an die gehaßten Türken. Gemahlener Kaffee erschien den Leuten als Staub, dem er tatsächlich ähnlich war und ist, das Mahlen von Nahrung war damals wenig in Brauch, das Getreide ausgenommen. Der Satz des schwarzen Getränkes, das nicht gesiebt wurde, reizte die weingewöhnten Kehlen zum Husten. So ging denn Kolschitzky dazu über, den Kaffee im *Wiener Stil* zu bereiten, wie es J a c o b nennt, durch Absieben des Satzes aus der Flüssigkeit, was nicht türkische Art gewesen; dann nahm er etwas einjährigen Honig und löste ihn in dem Bräu, um die Bitterkeit zu verdecken; schließlich verübte er ein weiteres Verbrechen, vom türkischen Gesichtspunkt, indem er einige Löffel Milch dazu tat, um die Wirkung zu mildern. Nun, was J a c o b den Wiener Stil nennt, ist nichts anderes als eine Anwendung der Methoden dieses Buches, ein Beispiel der Anpassung eines Rohstoffes oder Gerichtes, so daß es den Verbrauchern weniger unbekannt erscheint, die ganz andere Gewohnheiten und Einstellungen haben in bezug auf Riechstoffe, Viskosität und so weiter. Es gelang Kolschitzky durch diesen klugen Streich, einige bekannte und erwünschte Empfindungen den ungewohnten beizufügen und sie so erträglich zu machen. Hier kann einmal klar gezeigt werden, wie ein Wandel zu einem neuen Dauerzustand tatsächlich stattfindet; was für kunstvolle Behandlung das Erreichen eines solchen erfordert und wie die Einführung des Kaffees in der westlichen Welt nicht einfach willige Annahme eines lieblichen Geruchs im Sinne W o l b e r g s war, sondern die spezialisierte Anwendung eines Wissens von der Natur des Menschen.

Es lohnt sich, die weitere Entwicklung zu verfolgen, die sich anschloß, nachdem der Kaffee von den breiten Massen in der westlichen Zivilisation endgültig angenommen worden war. Heute sind die Länder in zwei deutliche Gruppen geteilt, die romanischen Völker Europas sind Anhänger des starken schwarzen Kaffees, der in kleinen Tassen, gewöhnlich nach Mahlzeiten, getrunken wird. Dieser Brauch erstreckt sich in einige Gegenden über die Alpen nach Norden. In Norddeutschland und Großbritannien jedoch wird der Kaffee so verdünnt getrunken, daß sein Charakter und seine Wirkung sich vollständig ändern. Es gibt Gegenden, in welchen dieser verdünnte Trunk, den die Nationen der ersten Gruppe mit Schrecken betrachten, in großen Mengen konsumiert wird, wie es bei Tee in England der Fall ist. Wie

diese Verschiedenheit im Brauch entstanden ist, kann nur sehr vage
vermutet werden. Das englische Volk deckt seinen Bedarf an Erregungsmitteln durch Tee und so mag die stimulierende Wirkung des
Kaffees nur ein Zusatz von geringerer Bedeutung geworden sein, während in Preußen und Sachsen niedriges Einkommen und niedriger
Lebensstandard in dem in Frage stehenden Zeitraum die Ursachen des
dort eingebürgerten Brauchs sein mögen. Dies wird wahrscheinlicher
gemacht durch die Tatsache, daß Deutschland die Heimstätte billiger
Kaffee-Ersatzstoffe geworden ist, die dort auf großindustrieller Stufe
erzeugt werden. Der romanische Brauch des Trinkens starken schwarzen Kaffees in kleinen Tassen scheint, hinwiederum, aus direkten Beziehungen zu arabischen und türkischen Lebensgewohnheiten entstanden zu sein.

Vierter Teil

Soziologische und historische Faktoren

I. Verwandtschaft

Es kann häufig beobachtet werden, daß der eine oder der andere Nahrungsbrauch alle fünfzig Kilometer sich ändert. Meist gilt dies für Verfahren der Zubereitung, während die Rohstoffe häufig dieselben über weite Landstriche sind; manchmal sind sie sogar im ganzen Gebiet einer Nation dieselben. Für viele Leute beginnt die Fremde erst dort, wo die Nahrung sich ändert (Rubner). Anderseits wird es als ein Zeichen der Verwandtschaft empfunden, wenn an einem anderen Orte die Speisen und Gerichte dieselben sind wie zu Hause. Oft ist dies sogar eine Basis für engstirnigen Nationalismus.

Deshalb wollen wir für einen Augenblick die Entwicklungstheorie zu Worte kommen lassen. Ihre Ergebnisse sind hier anwendbar und wir können aus allgemeinen Beobachtungen Schlüsse auf Ernährungsgebräuche ziehen. Nach Heape haben Gorillas den Brauch, sich eine unzugängliche Zufluchtstätte unter überhängenden Felsen oder in Klüften nahe dem Gipfel ihres bergigen Gebiets zu suchen und an dieser Zufluchtstätte sammeln sich die Mitglieder der Herde wie in einer Festung, wenn ihnen besondere Gefahr droht. Dies kann nicht, sagt Heape, als der Ursprung des Brauchs primitiver Nomaden betrachtet werden, die Höhlen ähnlich verwendeten. Die Ähnlichkeit im Brauch bei Gorilla und Mensch entwickelte sich einfach aus der Ähnlichkeit der Umgebung und der Situation. „Wir können mit Sicherheit annehmen, daß die Vorfahren des Menschen ihre frühen Entwicklungsstufen Millionen Jahre früher durchgemacht haben, als der Menschenaffe sich aus seinen Vorfahren entwickelte; es erscheint absurd, Sitten und Gebräuche beider auf andere Weise zusammenhängend zu betrachten, denn als ähnliche Reaktionen unter dem Einfluß ähnlicher Umgebungsbedingungen."[1]

---

[1] Heape W.: Emigration, Migration and Nomadism. 1931.

Heape glaubt ganz allgemein, daß Ähnlichkeit des Brauches erworben wird, und zwar einfach in Anpassung an die Umgebung, wenn diese zufällig gleichartige Bedingungen besitzt. Seine Ansicht wird von Carr-Saunders [1] bekräftigt, der schon früher auf den entscheidenden Einfluß der Umgebung als Hauptgrundlage der Entwicklung Gewicht gelegt hat.

Es ist nützlich, diese Ansichten auf die Probleme dieses Buches anzuwenden, auch abgesehen von der Frage nach dem Einfluß verwandtschaftlicher Beziehungen. Der Ausdruck Umgebung weist auf Zusammenhänge mancher Erscheinungen hin, die in Ernährungsgebräuchen zu finden sind und die hier mehr oder weniger unabhängig voneinander erscheinen.

Was die Verwandtschaft anbelangt, so sei betont, daß die gemeinsame Verwendung von Weizen als Getreidenahrung ebenso wenig ein Band der Verwandtschaft zwischen Engländern und Franzosen bedeutet, als das Biertrinken ein solches Band zwischen den Engländern und den Deutschen. In beiden Fällen ist gleichartiger Brauch nur aus Ähnlichkeiten der Umgebung entstanden.

Ist der Brauch in diesen Beispielen aber auch wirklich derselbe? Dies ist nicht der Fall, denn es bestehen zwischen diesen Ländern große Unterschiede in den Eigenschaften der genannten Standardstoffe, wenn die einen auch in die Kategorie Weizenbrot und die anderen in die Kategorie Bier fallen. Höhlen und überhängende Felsen stimmen miteinander weitaus mehr überein, wo immer sie sein mögen, als Boden und Klima; und die Nützlichkeit des von Heape gebrauchten Beispiels wird noch weiter beschränkt durch den Einfluß, den die spätere Geschichte des Menschen ausgeübt hat. Durch diese Erwägungen wird jedoch die Gültigkeit des Satzes, daß Ähnlichkeit von Ernährungsgebräuchen kein Beweis für Verwandtschaft ist, nicht berührt.

II. Nahrungsgebräuche und Dichte der Bevölkerung

Es ist einer der hervorragendsten Unterschiede zwischen Stadt und Dorf, daß das Stadtleben zu Übervölkerung geführt hat. Manchenorts war die Notwendigkeit, sich vor Feinden zu schützen, ihre unmittelbare Entstehungsursache; die Stadt mußte von einer Mauer umgeben sein und so mußte man den eingeschlossenen Raum intensiv

---

[1] Carr-Saunders A. M.: The Population Problem. A Study of Human Evolution. 1922.

ausnützen. Als zweite Ursache der Übervölkerung kam die höhere Grundrente der Städte in Betracht.

Da diese Triebkräfte sehr unterschiedlich wirkten, hat sich das Stadtleben in England und auf dem Kontinent ganz anders entwickelt.

1. Raum und Stadtleben

Man kann es verstehen, daß das Palais des Pariser Aristokraten nur mit verhältnismäßig wenigen Stockwerken gebaut wurde, da der Adel sich große und kostspielige Grundstücke leisten konnte. Im Gegensatz dazu mußten sich die Handwerker von Paris in Gebäuden von fünf und sechs Stockwerken, den Vorläufern moderner Großhäuser, zusammendrängen. Die englische Aristokratie hat ihre Sitten als Stadtbewohner in ähnlicher Weise entwickelt wie ihre französischen Klassengenossen. Aber in England gab es eine große Mittelklasse, die engbrüstige Häuser mit vielen Stockwerken für den Gebrauch nur einer Familie baute und nicht breite Häuser, in die mehrere oder auch viele Familien hineingepreßt werden konnten. Dem ist es zuzuschreiben, daß die Bevölkerungsdichte in jenen Teilen Londons zum Beispiel, in welchen die Mittelklassen lebten, bei weitem nicht so groß war wie in kontinentalen Städten, selbst dann nicht, wenn kein Raum für Plätze und Gärten offengelassen wurde.

Die unteren Mittelklassen, die Handwerker und die Arbeiter hielten an ihren dörflichen Lebensgewohnheiten fest. Der moderne Städtebauer Englands wird von den Ergebnissen angewidert, welche die Tätigkeit von Baumeistern und Bauspekulanten in weiten Arbeiterbezirken zurückgelassen hat. Aber obwohl diese Häuser eng zusammengebaut sind, so haben doch die meisten von ihnen nur ein Erdgeschoß und ein Stockwerk und der zur Verfügung stehende Raum ist bei weitem größer als jener, den eine Arbeiterfamilie derselben Periode auf dem Kontinent bewohnte. Selbst wenn diese englischen Häuser Slums wurden, waren sie im Hinblick auf den Raum, den sie einnahmen, weit besser daran als die Gebäude auf dem Kontinent, in welchen zwanzig bis fünfzig Familien in Ein-Zimmer-und-Küche-Wohnungen in Stockwerken übereinander lebten.

Sieht man von den Slums und den ärgsten Skandalen der Bauweise des neunzehnten Jahrhunderts ab, so hat das städtische Wohnen in England einen dörflichen Charakter und hat ihn immer besessen; ganz dasselbe gilt von Amerika. Dies werden wohl auch andere Beobachter festgestellt haben, aber bisher war man sich nicht bewußt, daß dieser Unterschied des Stadtlebens in England und auf dem Kontinent eine der Hauptursachen für gewisse Unterschiede in den Nahrungsgewohnheiten ist. In Städten, wie Paris oder Wien, enthält ein Häuserblock so viele Bewohner, daß er Fleischern, Lebensmittelhändlern, Grünwarenhändlern und Bäckern eine Existenz bieten kann. Daher ist dort der weitverbreitete Brauch entstanden, das Erdgeschoß für Läden zu verwenden und die Keller für geschäftliche Zwecke, wie Backen oder Fleischlagerung. Es bestehen wohl auch Konzentrationen solcher Verkaufsläden in kontinentalen Städten, die durch andere wirtschaftliche Faktoren verursacht sind. Es gab Märkte, geradeso wie in England, auf welchen man billiger kaufte als in Läden. Auch gab es eine gewisse Konzentration von Läden in der Nachbarschaft großer Kirchen oder anderer Plätze, an welchen viele Leute zusammenkamen. Aber all dies war von geringerer Bedeutung und beeinflußte den Brauch, die Nahrungsmittelläden im Erdgeschoß der großen Wohnhäuser zu placieren, nur wenig.

Es ist wohl nicht notwendig, hier im einzelnen zu beschreiben, wie anders das englische Stadtleben sich entwickelt hat. Fleischer, Kaufleute, Gemüsehändler und Bäcker hatten sich hier an bestimmten Stellen von Hauptstraßen zu konzentrieren, die darnach sogar ihren Namen erhielten; sie waren Einkaufszentren, der wahre Mittelpunkt des Detailhandels, während die Erdgeschoße der kleinen Wohnhäuser weiter die ungestörten Wohnräume der Bevölkerung verblieben.

2. Einkaufen, Nahrungsgebräuche und Raum

Nahrung und Nahrungsgebräuche beginnen mit dem Einkauf. Für die Hausfrau macht es einen großen Unterschied, ob sie nur die Treppen hinunterzugehen hat, um alles zu bekommen, was sie fürs Kochen und für die Bereitung von Mahlzeiten überhaupt benötigt oder ob sie fünf, zehn oder zwanzig Minuten zum Einkaufszentrum ihrer Gegend zu gehen hat, wie es in englischen Städten der Fall ist.

So kommt es, daß eine Hausfrau auf dem Kontinent, die in einem Häuserblock lebt, der im neunzehnten Jahrhundert oder auch schon früher gebaut worden ist, ihren Bedarf nahezu für jede einzelne Mahlzeit separat decken konnte. Sie konnte ohne Schwierigkeit Fleisch und Gemüse für die tägliche Mittagsmahlzeit am gleichen Morgen kaufen, überdies gekochtes Fleisch, etwa Wurst oder Schinken, auch Käse und Salat, später am Tag für die Abendmahlzeit. Die Geschäfte konnten ihre Vorräte frisch halten und, was die Hausfrau für den unmittelbaren Gebrauch kaufte, war in frischestem Zustand — oder konnte es doch sein. Der Bäcker war imstande, frisch gebackene Erzeugnisse zu verkaufen, nicht nur für die Hauptmahlzeiten, sondern auch für die kleineren Erfordernisse des Frühstücks und der Nachmittagserfrischung.

So kann man leicht verstehen, daß der englische Brauch, einen Braten am Sonntag zu bereiten und die Überreste weit in die folgende Woche für die Hauptmahlzeiten zu verwenden, von jenen Schwierigkeiten stammt, die das Einkaufen im Leben der englischen Städter bereitet.

Freilich muß auch zugegeben werden, daß das andersartige Klima dabei gleichfalls eine Rolle spielt. Das Fortschleppen eines Bratens durch eine gute halbe Woche hätte empfindliche Nachteile gezeitigt, gäbe es im englischen Sommer andauernde Hitzeperioden. Aber nicht nur das Fleisch wurde von der englischen Lebensweise beeinflußt.

Um den großen Entfernungen zwischen Verkäufern und Käufern von Lebensmitteln entgegenzuwirken, hat sich der Brauch der Hauslieferungen auf den britischen Inseln entwickelt. Der Umfang dieser Lieferungen hängt vom Stand des Konsumenten ab. Die Belieferung mit Milch und Brot ist ganz allgemein, aber die Fälle, in welchen die Hausfrau oder das Personal Aufträge telephoniert und das Fahrrad oder der Lieferwagen des Kaufmanns oder Fleischers bald darauf erscheint, sind auf die oberen Klassen beschränkt. Ganz das Gleiche findet man in Amerika. Es ist noch nicht sehr lange her, daß im motorisierten Amerika eine Brotfabrik in Philadelphia Hunderte von Pferden hielt für die mühsame Haus-zu-Haus-Zustellung von Brot. In dieser Stadt stärksten Verkehrs waren die von den Wohlhabenden bewohnten geräumigen Viertel so ruhig, daß der Bäcker seine Aufträge ausführen konnte, indem er zu Fuß die Straße immer wieder kreuzte und das Pferd einfach nachfolgen ließ.

Aber selbst bei dieser Haus-zu-Haus-Lieferung kann das bei einer Mahlzeit verzehrte Brot niemals von gleicher Frische sein, wie dies in Paris üblich ist. Ich erinnere mich, dort eine Hausfrau gesehen zu haben, wie sie einen noch warmen Laib Brot zehn Minuten vor Eins an einem Sonntag für das Ein-Uhr-Mittagessen kaufte. Da werden wohl große Stücke Brot bei dieser Mahlzeit gegessen worden sein, nicht kleine Schnitten oder auch gar keine, wie es bei einem Sonntags-Mittagessen in England üblich ist. Auch scheint es, daß der Rückgang im Brotverbrauch, der seit 1900 in vielen Ländern eingetreten ist, in Frankreich in viel geringerem Grade erfolgte. Der französische Brauch, frisches Brot auch an Sonntagen zu backen und zu verkaufen, zeigt, daß geordnete Lebensverhältnisse nicht überall in erster Linie angestrebt werden. Wie alle Sitten und Gebräuche aus mehr als einer Quelle entspringen, so auch in diesem Falle; in Paris zum Beispiel haben die Angestellten und Arbeiter der Bäckereien nicht mit gleicher Kraft und Ausdauer wie anderwärts auf der Einführung einer Wochenendruhe bestanden.

In Anpassung an die gegebenen, hier beschriebenen Verhältnisse haben sich auf den britischen Inseln Brotsorten entwickelt, die sich länger frisch erhalten als das leichte Brot von Paris. Die Gärung wird unterbrochen, so daß der Teig nicht so hoch steigt als er könnte. Um Kuchen haltbar zu machen, werden sie gleichfalls viel schwerer bereitet als die französischen Kuchen. Von englischen Kuchen wird verlangt, daß sie am Sonntag und der Rest vielleicht noch am darauffolgenden Dienstag gut schmecken sollen, wobei die Einkäufe dazu schon am Freitag oder Samstag erfolgt waren. Nicht nur von der Teigmischung des Kuchens wird diese Haltbarkeit erwartet, sondern auch von der cremeartigen Fülle. So ist in Großbritannien kein Raum für die Feinheiten französischer Konditorei, deren Produkte schon nach wenigen Stunden unansehnlich werden.

Das Leben im Dorf hat niemals Gelegenheit geboten, küchenmäßige Gastronomie zu entwickeln, und wenn dörfliches Leben — mit allen seinen Anziehungspunkten — in der Stadt fortgesetzt wird, so hat man auch dort mit diesen Nachteilen zu rechnen. Eines der besten Beispiele der Entwicklung eines Brauches aus den Bedingungen des Landlebens ist das Rösten von Brot. Das schwindende Aroma alten Brotes kann weitgehend durch Aufwärmen wiedererweckt werden, ja es können sogar neue Röstaromen entstehen. Das Dorfleben macht altbackenes Brot zu einem so allgemeinen Vorkommnis, daß das Rösten der Schnitten ein nationaler Brauch wurde, der auf die britischen Inseln und auf jene Länder beschränkt ist, die von Großbritannien kolonisiert worden sind.

III. Lebensstil und Nahrungsgebräuche

Wandlungen des Lebensstils haben oft genug Nahrungsgebräuche geändert. Diese Wandlungen erstrecken sich über ein weites Feld, in den letzten fünfzig Jahren zum Beispiel von Fragen der Reinlichkeit bis zu Änderungen in den Arbeitsbedingungen. Zum Lebensstil und seinen Änderungen gehört auch die neue Auffassung, die heute in bezug auf die fashionable Körperlinie herrscht.

1. Das Sandwich

Daß das Sandwich überhaupt erfunden wurde, und daß es als eine Einrichtung sich stabilisierte, ist typisch für die Kraft des Lebensstils, über alle sogenannten Regeln der Gastronomie und selbst über die Tatsachen der Physiologie und Psychologie sich hinwegzusetzen. In Scheiben geschnittenes Brot ist immer eine gut brauchbare Unterlage für andere Nahrung gewesen. Dies gilt sowohl für das einfache Butterbrot wie für die dicke Brotschnitte, die in der Tudor-Periode nur als Unterlage von Fleischgerichten diente. Es ist. wohl richtig, daß von beiden eine direkte Linie zum Sandwich hinführt, aber nach allen hier dargelegten neueren Kenntnissen hätte das Sandwich nie geboren werden können. Wenn eine Brotschnitte mit irgendeinem appetitlichen Aufstrich oder Belag versehen wird, so haben Auge und Nase einen unmittelbaren Eindruck von bestimmter psychologischer Wirkung. Wenn aber, wie es dem Wesen des Sandwich entspricht, die verlockende Oberfläche von einer anderen Brotschnitte bedeckt wird, so ist es mehr oder weniger eine Sache des Ratens, herauszufinden, woraus die Füllung denn eigentlich besteht. Dies Raten ist nicht immer leicht und oft unterläßt der Essende den Versuch der Inhaltsbestimmung überhaupt, es genügt ihm, etwas in der Hand zu haben, das leicht zu kauen und zu schlucken ist und dabei seinen Hunger befriedigt.

In dieser Art ist das Sandwich nur ein armer Ersatz für die bestrichene oder belegte Brotschnitte, die zeigt, was geboten wird, so daß man die Empfindungen im voraus auskostet. Daß das Sandwich dennoch ein Standardgegenstand der Ernährung werden konnte, ist in erster Linie darauf zurückzuführen, daß damit selbst im Vergleich zu einem einfachen Butterbrot so leicht manipuliert werden kann. Es ersetzt oder kann ersetzen eine Mahlzeit und erspart das Herumtragen von Kochgeräten jedweder Art. Das Sandwich verdankt seine Popularität in hohem Grade jenem Wandel des Lebensstils oder der Lebensweise, der darin besteht, daß die Entfernungen zwischen dem Heim und dem Arbeitsplatz sich ungeheuer vergrößert haben; es kann so leicht eingewickelt und in einer Rocktasche verstaut werden. Dieser Vorteil erwies sich als so groß, daß die physiologische und psychologische Anziehungskraft einer einfachen Brotschnitte trotz der Schaustellung ihres Belags dagegen nicht bestehen konnte. Ein Sandwich zu essen erfordert weder Teller, noch Messer und Gabel und, da die Hand nur mit der trockenen Seite des Brots in Kontakt kommt, werden die Finger beim Essen nicht beschmiert; dies schafft außerdem die Täuschung, daß der Schmutz der Finger nicht an der Nahrung haftet.

Die Bequemlichkeit der Hantierung hat noch zu weiterer Verwendbarkeit des Sandwich geführt. In vielen Ländern kann man den Brauch finden, Sandwiches auch zuhause auf Tellern aufzustapeln als kleines Mittagessen oder für andere kleine Mahlzeiten; und dies nicht nur zu Hause, sondern auch in Gaststätten, die für solche kleine Mahlzeiten eingerichtet sind. Bei solcher Verwendung des Sandwich im Heim geht ein beträchtlicher Teil der Sinneswirkungen von mehr oder weniger teueren Nahrungsmitteln verloren, denn ein Sandwich schmeckt mehr oder weniger wie das andere, es sei denn, daß die Füllung sehr starke

Aromen enthält. In den erwähnten kleinen Gaststätten ist es die Hauptsache, eine Speise sofort eßbereit zu haben, und da ist das Sandwich allem anderen überlegen. Die Kunden sind froh, fette Finger zu vermeiden, und alles ist zufrieden, sowohl der Wirt als auch der Verbraucher. Man muß auf der kulinarischen Stufenleiter hoch hinaufsteigen, um noch mit Delikatessen belegte Brote zu finden ohne jenen Sargdeckel, der den Tod für das Aroma bedeutet.

Auch bei Kuchen gibt es Sandwiches, die durch Spalten eines Kuchens und Belegen der Schnittfläche hergestellt werden. Doch besteht hier immer noch ein Wettbewerb zwischen der Verzierung der Oberfläche des Kuchens, zum Beispiel mit appetitlichen farbigen Cremen, und der kaum sichtbaren Sandwichfüllung. Das Spalten und Füllen der Kuchen ist aber um vieles einfacher, und solche Artikel können vom Erzeuger zu Tausenden herausgebracht werden, so daß der Vorgang an Ziegel und Mörtel erinnert, die der Maurer vereinigt. Auch kann die unverzierte Oberfläche eines solchen Kuchen-Sandwich im Laden oder beim Transport nicht so leicht beschädigt werden. Anderseits ist aber eine verzierte Oberfläche so anziehend, daß der Sandwich-Kuchen noch nicht imstande gewesen ist, sie vollständig zu verdrängen, obwohl die Waage sich sehr zugunsten des letzteren neigt.

Gegen Sandwiches kann weiter gesagt werden, daß das Herumgetragenwerden in der Tasche des Mannes oder der Handtasche der Frau zu einer Verschlechterung des Zustandes des Brotes führt; dies mag beitragen zur Abnahme des Brotverbrauchs gerade bei solchen Mahlzeiten, bei welchen Brot in beträchtlichen Mengen gegessen werden sollte. Sandwiches, die bestimmt sind, bei der Mittagsmahlzeit in einer Fabrik oder einem Büro gegessen zu werden, müssen am frühen Morgen, wenn nicht schon am Abend vorher bereitet werden. Daher haben die Außenseiten eine Neigung, auszutrocknen und hart zu werden, während die Innenseiten der Brotschnitten Feuchtigkeit aufsaugen und durchweicht werden. Daher kommt es, daß von solchen Brotschnitten weniger gegessen wird als von frischen Schnitten. Selbst ein Ausstellungsbrot würde wenig Reiz haben nach solcher Behandlung und so entsteht die Neigung, die Schnitten immer dünner zu machen im Verhältnis zur Füllung, und der Brotverbrauch fällt immer weiter.

Dadurch, daß Sandwiches richtige Mahlzeiten ersetzen, ist der Verbrauch von Butter und Margarine, wie Statistiken zeigen, sprunghaft gestiegen; je mehr das Sandwich populär wurde, desto mehr war davon nötig für das Bestreichen der trockenen Oberflächen. R u b n e r bekämpfte die Sandwich-Mahlzeiten, weil er fand, daß der Appetit durch sie zu leicht abgesättigt wird, und zwar durch Stärke und Fett, so daß es unmöglich wurde, eine entsprechende Menge tierischen Eiweißes in der Kost unterzubringen. Heute ist das Sandwich aus anderen Gründen bei den Diätetikern unbeliebt. Es enthält nicht genug Vitamine und führt auch dahin, den Teeverbrauch noch weiter zu erhöhen. Gerade so wie vor einigen Jahrzehnten, zur Zeit R u b n e r s, die Rückkehr zur gekochten Mahlzeit verlangt wurde, so wird heute die Errichtung von Kantinen, die warme Mahlzeiten mit viel Trinkmilch servieren, gefordert. Im Grunde genommen ist dies nichts anderes, als was Hausfrauen, Mütter und Ärzte schon immer gesagt haben, aber psychologische, physische und ökonomische Umstände haben diese weisen Ratschläge nicht zur Durchführung kommen lassen.

2. Fettleibigkeit

Die psychologische Einstellung zur Fettleibigkeit hat sich in den letzten fünfzig Jahren geändert. D u r i g sagt, daß jedes Individuum zu einem mehr oder weniger konstanten Gewicht hinneigt, an welchem es während seines ganzen Lebens irgendwie festhält; doch muß man sagen, es ist schwierig, aber doch möglich, ein Gewicht aufrecht zu erhalten, das vom „natürlichen" abweicht. Unsere Kenntnisse über Fettleibigkeit sind meist beschränkt auf jene Klassen der Gesellschaft, die in der Lage sind, so viel auf Lebensmittel auszugeben, daß sie dick werden können und es bleiben, falls sie es wünschen; es wurde noch niemals festgestellt, wie groß der Prozentsatz der Personen in den unteren Klassen ist, die eine Neigung zur Fettleibigkeit besitzen, sie aber nicht erreichen können. Anderseits ist Fettleibigkeit oft ein Zeichen der Armut, weil irgendwie ein Überschuß von Kalorien verzehrt wird infolge der Notwendigkeit, billige Nahrungsmittel zu kaufen.

In allen Schichten hat die Fettleibigkeit in den letzten fünfzig Jahren abgenommen. Es begann bei den Männern und die Frauen folgten dieser Mode in stärkerem Ausmaß. Vor fünfzig Jahren war es in vielen Ländern ein Zeichen der Wohlhabenheit, einen „Bauch" zu besitzen. Manchmal war er sogar ein sine qua non für Personen, die wichtige Stellungen einnahmen. Es ist wohl überflüssig zu beschreiben, wie rücksichtslos sich die Frauen unseres Jahrhunderts dem Streben nach Magerkeit hingegeben haben; das Bestreben abzunehmen, mag eine der Ursachen der Unterernährung sein, nicht nur bei den oberen Schichten, sondern auch in der Arbeiterklasse, für die weniger Nahrung auch weniger Ausgaben bedeutet.

Es dürfte auch allgemein bekannt sein, daß die Fortschritte der Obstzucht und des Transports von Obst geänderten Kostgebräuchen zuzuschreiben sind. Weiß man doch, wie groß die Rolle ist, die Obst in den Diäten für Gewichtsverringerung spielt. Die Periode, über die wir hier sprechen, ist auch jene, in welcher das starke Trinken der Männer sehr eingeschränkt wurde. Die Neigung abzunehmen, mag dazu beigetragen haben. Im Jahre 1925 sprach M o t t r a m verächtlich von der Wirkung des kontinentalen Frühstücks. Seit damals hat die Popularität des herzhaften Frühstücks auch in England abgenommen, wahrscheinlich durch das Beispiel Amerikas.

IV. Andere Wandlungen von Nahrungsgebräuchen in neuerer Zeit

F e r g u s o n beschrieb im Jahre 1884 die Küche der Römer; er sagte, daß ihr keine Behelfe fehlten, die zu seiner Zeit in Verwendung standen und daß selbst das Wasserbad in der Küche des antiken Roms ein Gegenstand des täglichen Gebrauchs gewesen sei. Wäre F e r g u s o n in der Lage, sein geliebtes Rom heute zu besuchen und würde er dort die Küche der britischen Botschaft sehen, so würde er seine Meinung zu ändern haben. Ein halbes Dutzend Kühlschränke, jeder von ihnen für einen anderen Zweck, gas- und elektrisch geheizte Herde, verschiedentliche Maschinerie und schließlich ein Dosenöffner: alle diese Dinge müßten ihm recht abweichend von den Kochgeräten der Römer erscheinen.

In diesen fünfzig Jahren hat ein großer Wandel stattgefunden, nicht nur im technischen Apparat der Küche, sondern auch in den Rohstoffen. Unsere Ansichten über die Zubereitung der Nahrung haben sich vollständig verändert, sowohl, was die Wirkung von zu viel Essen und Trinken auf den menschlichen Körper und dessen Linie anbelangt, als auch über den Zusammenhang zwischen Nahrung und Infektionskrankheiten. Das meiste von dem, was wir für die Aufrechterhaltung der Gesundheit für notwendig finden, ist verhältnismäßig neu.

1. Rohstoffe

D r u m m o n d und W i l b r a h a m sprechen von einer neuen Ära der Ernährung, die gekennzeichnet ist hauptsächlich durch einen Rückgang im Brotkonsum und eine Zunahme im Verbrauch von Obst, die für England mit 88 Prozent berechnet wird, von grünen Gemüsen mit 64 Prozent und von Butter und Eiern mit ungefähr 50 Prozent. Die meisten der jetzt lebenden älteren Leute haben diesen Wechsel während ihrer Lebenszeit mitgemacht. Andere Tatsachen, zum Teil kaum bemerkt, zum Teil seither vergessen, mögen hinzugefügt werden. Von großem Einfluß war zum Beispiel die Ausnützung der aus den Tropen stammenden Ölfrüchte und Samen; die Früchte der gemäßigten Zone sind nicht nur arm an Zucker, sondern auch an eßbaren Ölen. Was den Zucker anbelangt, so hat sich schon vor mehr als hundert Jahren ein Wunder ereignet, als eine Rübe entdeckt wurde, die in der gemäßigten Zone einen ungeheuren Zuckergehalt entwickeln konnte. Nichts derartiges ergab sich hinsichtlich genießbarer Öle. Man kann wohl behaupten, daß die Zuckerrübe weitgehend mit dem Zuckerrohr konkurrieren kann, aber die Ausbeute aus Ölpflanzen der gemäßigten Zone ist viel zu gering im Vergleich zu dem Ertrag der Tropen, um auf dem Markte eine besondere Rolle zu spielen.

Daraus hat sich die Technik entwickelt, Ölfrüchte und Samen nach Europa zu bringen und genußfähige Öle aus ihnen zu ziehen, mit wertvollem Tierfutter als Nebenprodukt. Das Problem bestand darin, einen Ersatz für das feste Tierfett zu finden, das bis dahin aus Milch oder den fettesten Teilen der Tiere selbst gewonnen worden war. Die Margarine war schon vor dem Zeitraum, den wir augenblicklich betrachten, erfunden worden, aber die Margarineindustrie erhielt einen entscheidenden Anstoß durch die Methoden, nach welchen die obengenannten Pflanzenöle gehärtet werden.

Es gibt noch immer Länder, die so reich sind an natürlichen Fetten, daß sie ohne Margarine auskommen, besonders dann, wenn die Industriebevölkerung weder sehr groß, noch sehr konzentriert ist. Es war das Zusammenballen der Menschen und der damit verbundene Wechsel im Lebensstil, welcher die Taschenmahlzeit, das Sandwich, hervorgerufen und so viel beigetragen hat zur Vermehrung des Fettverbrauchs seit dem Beginn des gegenwärtigen Jahrhunderts. Daher die Bedeutung der Margarine; den Sandwich-Brauch haben wir bereits behandelt.

Der nächste wichtige Punkt betrifft Früchte und Tomaten. Am Beginn der letzten fünfzig Jahre, die wir hier betrachten, bestand bereits ein wachsendes Interesse für Früchte. Damals begann man zum Beispiel Erdbeeren als Feldfrucht zu ziehen und sie bedeckten Hektare. Auch war es damals, daß die Zucht von besseren Apfelqualitäten auf kommerzieller Grundlage begann, und später wurde es möglich, neue Fruchtsorten, wie Bananen und Grape Fruits, in die Länder gemäßigten Klimas einzuführen. Der Verbrauch dieser Früchte wurde immer populärer bei dem steigenden Bestreben, die Silhouette schlank zu halten, wie vorhin besprochen. Ein bemerkenswerter Wandel hat in unserer Haltung zu Tomaten stattgefunden. Vor fünfzig Jahren wurden sie kaum anders verwendet als zur Bereitung stark gesüßter Saucen. Das Aroma dieser Frucht selbst stand absolut in Mißkredit, sie wurde für den Genuß in rohem Zustand als ungeeignet befunden. Daß die Ansichten darüber sich so vollständig ändern konnten, läßt darauf schließen, daß ähnliche Änderungen im Verhältnis zu anderen Erzeugnissen in Zukunft auch nicht ausgeschlossen sind. Es ist nicht überraschend, daß der Konsum von Erdbeeren ungeheuer gestiegen ist, als entdeckt wurde, daß reiche Ernten einfach durch den Gebrauch von Pferdedünger und dergleichen erhalten werden konnten. Bis dahin waren Erdbeeren als eine große und seltene Delikatesse betrachtet worden. Auch ist es nicht überraschend, daß die Großerzeugung feinaromatischer Äpfel der Kleinerzeugung armseliger Früchte dieser Art folgte. Desgleichen kann man verstehen, daß die Konsumenten nach neuartigen Früchten wie Bananen und Grape Fruits griffen, besonders wenn sie billig waren. All das hält aber den Vergleich nicht aus mit dem Wechsel, der die verabscheute Tomate in eine beliebte Frucht verwandelte.

Wir haben über den Salzhering im Zusammenhang mit den Problemen der Konservierung gesprochen. Dieser Fisch oder dieses Erzeugnis, das einst von solcher Bedeutung gewesen ist, ist nun beinahe verschwunden, eine Folge der Fortschritte in der Kühlung. Hering kann heute überallhin in seinem natürlichen Zustand geliefert und dort gekocht werden. Es ist recht auffällig, daß der Brauch des Einsalzens nach so vielen Jahrhunderten seines Bestehens aufgegeben wurde. Es scheint dies anzuzeigen, daß eine wirkliche Vorliebe für starken Salzgeschmack (der bei mangelhaftem Auswaschen im Salzhering verbleibt) in einem Hauptgericht niemals sich festsetzen konnte, so daß der Brauch des Einsalzens aufgegeben worden ist, sobald dies technisch möglich war. Ganz anders verhält es sich mit der Einstellung zum geräucherten Fisch, der beliebt blieb, obwohl er gleichfalls gesalzen ist.

2. Zubereitung

Am Beginn des gleichen Zeitraums kam es auch zur Entwicklung der großen Fleischfabriken in Amerika. Sie war wechselvoll und so war es auch mit ihrem Einfluß auf die Nahrungsgebräuche. Eine große Rolle spielte dabei Upton Sinclairs Beschreibung von skandalösen Vorkommnissen in den Schlachthäusern von Chikago; sie rief ein Mißtrauen hervor, das selbst heute, wo die Dinge doch ganz anders liegen, noch immer irgendwie nachwirkt.

Vor fünfzig Jahren gab es eigentlich keine anderen anerkannten Dosenkonserven als die Sardinen. Der später einsetzenden Entwicklung anderer entsprach der darauffolgende Wandel der Nahrungsgebräuche. Die ersten, welche die Gebrauchsmöglichkeiten von Dosenkonserven zu schätzen wußten, waren die großen Körperschaften, wie Flotten und Armeen, die eßbereite Vorräte zu halten hatten. Nur nach und nach haben die technischen Fortschritte das moderne Leben geschaffen, bis schließlich die Erzeugung von Dosenkonserven das erreichte und bis zu einem gewissen Grade auch überschritt, was der Küchenherd hervorbringen kann.

Es besteht einige Ähnlichkeit zwischen der Entwicklung der Dosenkonserven und jener der Margarine. Ganz anders als bei Kartoffeln, die überall gegessen wurden, war der Verbrauch von Dosenkonserven in den Ländern der gemäßigten Zone vor dem letzten Weltkrieg sehr verschieden. Wie die Entwicklung vor sich ging, wird am besten gezeigt durch die Anzahl von Dosen, die in den Vereinigten Staaten, England und Deutschland jährlich gefüllt wurden; es geschah im Verhältnis von 100 : 10 : 3. Die Unterschiede sind erstaunlich, selbst wenn man berücksichtigt, daß Produktionsziffern nicht Konsumziffern sind und daß die Konsumfähigkeit von der Bevölkerungszahl der Länder abhängt.

3. Die Periode der Bazillenfurcht

Daß in der zweiten Hälfte des letzten Jahrhunderts gesundheitsgefährliche Kleinlebewesen entdeckt wurden, war eine Tat, die vor allem den Schleier hob, welcher der Menschheit die Wahrheit über ihre Nahrung verhüllte. In dem Maße, als immer weitere Kreise der Bevölkerung der Wirkung der Kleinlebewesen bewußt wurden, entstand die Periode der Bazillenfurcht. Diese Furcht änderte die Gebräuche der Behandlung von Nahrungsmitteln in der revolutionärsten Art. Noch vor fünfzig Jahren zum Beispiel war es allgemeine Übung im Kleinhandel, alle Arten von Zerealien und Stoffen, wie Mehl, getrocknete Erbsen usw. aus großen Behältern in Papiertüten unter der Nase der Kunden überzufüllen. Man dachte auch nicht daran, einen Laib Brot in ein Stück Papier zu wickeln. Es war die Bazillenfurcht, die das Verlangen nach Packungen für kleine Mengen eßbarer Stoffe schuf, welche der Kleinhändler verkaufte. Es war dieselbe Furcht, aus der die Forderung entsprang, die für eine Verpackung nicht geeigneten Lebensmittel in den Läden schützend zu bedecken. Aus den gleichen Motiven entstand der Brauch, so verschiedene Dinge, wie Milch und Gurken es sind, in Flaschen zu füllen. Damals erst eroberte sich das Pasteurisieren der Milch seinen gebührenden Platz. Große technische Fortschritte ermöglichten es auch, Maschinen zum Einwickeln herzustellen, welche die Konsumgüter mit einem Minimum an Zusatzkosten belasten. Sind die damit verbundenen Ausgaben auch nicht ganz zu vernachlässigen, so sind sie doch in unsere Bedürfnisse eingegangen. V o r der Zeit der Bazillenfurcht würde man solche Ausgaben als unsinnige Verschwendung betrachtet haben. Tatsächlich ist nunmehr ein beträchtlicher Teil der in Lebensmittelgeschäften verkauften Waren in Papier- oder Pappendeckelpackungen verwahrt.

Dieser Wandel in der Manipulation der Waren ist nicht der einzige, der durch Bazillenfurcht hervorgerufen wurde. Wir haben schon in anderem Zusammenhang gesehen, daß wir, mehr oder weniger unbewußt, glatte Oberflächen an Nahrungsmitteln bevorzugen; rauhe Oberflächen fördern die Anlagerung von Staub und Fingerabdrücken, in unserer Vorstellung vermehren sie die Infektionsgefahr. Allerdings gibt es auch Fälle, in welchen Rauheit im Interesse gewisser Aromen notwendig ist, und bei diesen mag die Bazillenfurcht nicht imstande gewesen sein, die alten Bräuche zu verdrängen.

Bei der Erörterung der Entwicklung des Verbrauchs von Margarine und von Dosenkonserven haben wir gesehen, daß die Entwicklung nicht in allen Ländern unserer Zivilisation gleichmäßig vor sich gegangen ist. Es wurde gezeigt, daß wesentliche Unterschiede bestehen, die vom Ausmaß der industriellen Entwicklung eines Landes abhängen und von der Art und Weise, in welcher die Lebensbedingungen einer Nation dadurch betroffen werden. Auch hinsichtlich des Einwickelns von Lebensmitteln in Schutzbehälter kann man große Unterschiede von einem Land zum andern finden, aber die Ursachen dafür sind ganz anderer Art. Romanische Völker neigen mehr dazu, in dieser Beziehung nachlässig zu sein. Vielleicht glauben die Italiener an die sterilisierende Kraft ihrer Sonne und für die heiklen Franzosen mag es wichtiger sein, die Ware beim Kaufen zu *sehen*, wichtiger als ihre Bazillenfurcht; vielleicht sind sie auch für den Geruch von Papier empfindlicher als andere Nationen. Bei allen romanischen Völkern mag es auch eine Rolle spielen, daß sie das Leben in allen Dingen leichter nehmen. Die penibelsten Vertreter hygienischer Packung sind die Amerikaner und die Deutschen, das britische Volk nimmt eine mittlere Stellung in dieser Beziehung zwischen den letzteren und den romanischen Völkern ein.

Wir sprachen hier von der Bazillenfurcht; in dem Ausdruck liegt etwas, was darauf hindeutet, daß diese die öffentliche Meinung und die Handlungsweise des Individuums beeinflußende Furcht vielleicht nicht ganz gerechtfertigt ist, obwohl man sagen muß, daß, wenn man die Gefahren durch Milchinfektion bedenkt oder den Schaden, der durch Diphtherie angerichtet wird, es scheinen mag, daß die keimfürchtenden Nationen noch immer nicht alles getan haben, was sie tun sollten.

Statt für die unbestimmte Angst vor Keimen die klarere Bezeichnung Bazillenfurcht zu gebrauchen, könnte man auch sagen, die Menschheit sei bazillen-*bewußt* geworden und dies führt zum Vitaminbewußtsein, das heute so viel erörtert wird. Bis jetzt ist das Vitaminbewußtsein in den meisten Ländern nicht tief gedrungen, aber die Tatsache, daß es möglich gewesen ist, eine Bazillenfurcht oder ein Mikrobenbewußtsein hervorzurufen, läßt vermuten, daß es einmal ein

Vitaminbewußtsein ähnlicher Intensität geben werde. Freilich wird es gut sein, den Vergleich nicht zu weit zu treiben.

Worin bestanden die Änderungen, welche die Bazillenfurcht hervorgerufen hat? Daß Flüssigkeiten in geschlossenen Flaschen verkauft werden, die früher offenen Behältern entnommen wurden? Das Kaufen unzähliger Dinge in Pappendeckelpaketen? Selbst die Pasteurisierung der Milch? Nein, all dies änderte die wahren Eigenschaften der Lebensmittel überhaupt nicht oder nur unwesentlich. Aber bei den Vitaminen liegen die Dinge ganz anders. Weit größere Probleme treten uns entgegen: würden die Forderungen des Vitaminbewußtseins sich durchsetzen, so würden sie alle unsere Nahrungsgebräuche revolutionieren. Gerade dadurch, daß die Devise der Diätetiker von heutzutage „Zurück zur Natur" nicht neu ist und wir alle wissen, was sie für die Nahrungsgebräuche bedeutet, sind wir uns auch klar, was uns bevorsteht, falls wir wirklich vitaminbewußt werden sollten.

V. Das Aufrechterhalten
des gewohnten Nahrungsniveaus

Vor dem ersten Weltkriege sagte R u b n e r,[1] man könne oft bemerken, daß Verarmte, die vordem den oberen Schichten angehörten, ängstlich an den Nahrungsgebräuchen ihres früheren Status haften, selbst wenn sie genötigt sind, die Mengen so drastisch zu kürzen, daß ihre Nahrung tatsächlich nicht mehr ausreicht; dabei könnte der Übergang zu billigeren Nahrungsmitteln das Gewicht dieser Personen mit Leichtigkeit aufrecht erhalten. Diese Beobachtung ist sicherlich richtig, aber sie hat eine viel breitere Basis, als R u b n e r angenommen hat. Es ist nicht nur Ängstlichkeit für ihre Gesundheit, weshalb diese Deklassierten ihr früheres Ernährungsniveau aufrechtzuerhalten suchen; in der Regel sind die betroffenen Personen einfach nicht imstande, so viel von billigen Kartoffeln und Kohl zu essen, wie für die Aufrechterhaltung ihres normalen Gewichts notwendig wäre; selbst wenn sie sich nicht vor Unterernährung durch diese Gerichte fürchten würden. Sie wissen sehr wohl, daß andere Schichten sich mit billigerer Nahrung ganz gut erhalten, aber sie können einfach die Mengen nicht verschlingen, an die andere gewöhnt sind; allein der Gedanke, derartiges tun zu müssen, verdirbt im voraus ihren Appetit. So kommt es dazu, daß diese Unglücklichen auf jeden Fall unterernährt bleiben, ob sie an ihren alten Gebräuchen festhalten oder R u b n e r s Rat folgen. Daher ist es verständlich, daß sie es vorziehen, nach der ihnen

---

[1] R u b n e r M.: Wandlungen in der Volksernährung. 1913.

zusagenden Art zu hungern. Wir stehen hier wieder einem ungelösten Konflikt zwischen medizinischer Erkenntnis und den harten Tatsachen der Gewohnheiten gegenüber.

Wenn wir beobachten (und vielleicht auch darüber entrüstet sind), daß ein Bettler das alte Brot wegwirft, das er an einer Hintertür bekommen hat, so deutet dies gleichfalls auf eine breitere Basis von Rubners Beobachtung an deklassierten Familien. Wichtiger ist, daß man in ihr ein Element der Unterernährung von Arbeiterfamilien erblicken muß, die in Not geraten sind. An ihnen kann man beobachten, daß ihr Verbrauch an Weißbrot steigt im Verhältnis zu ihrer anderen Nahrung, weil dieses das einzige ist, was sie anstelle reicherer Nahrung in solchen Fällen kaufen, aber auch in erhöhten Mengen essen können, ohne daß es abstoßend wirkt. So ist es zum Beispiel leicht für jene, die nicht an Kartoffeln und Käse als Hauptnahrung gewöhnt sind, ihren Brotkonsum zu verdoppeln, aber es ist schwierig für sie, die doppelte Menge von Kartoffeln und Käse zu essen. Hier stoßen wir auf ein allgemeines Prinzip, das den Zusammenhang von Armut und Unterernährung aufzeigt. Es wirkt da nicht einfach der Geldmangel, sondern die Unfähigkeit, die Kost der veränderten Leistung der Börse anzupassen. Daß man in solchen Fällen den Anschein aufrecht erhalten will, man ernähre sich in der altgewohnten Art, ist nur ein Faktor zweiten Grades, der tiefere Ursachen verbirgt.

VI. Mischung von Nahrungsgebräuchen durch Heirat

Da heutzutage die Menschen sehr weit herumkommen, ist eine Heirat von Leuten mit verschiedenen Nahrungsgebräuchen zweifellos ein häufiges Vorkommnis. Auch dies ist eine Tatsache, die vom Gesichtspunkt dieses Buches noch niemals behandelt worden ist.

Im allgemeinen mag wohl gelten, daß in solchen Ehen der Wille des empfindlicheren Partners die Nahrungsgebräuche des Haushalts bestimmen wird, so weit es die Umstände, also die Erlangbarkeit von Nahrungsmitteln, zulassen.

Sonderbarerweise äußert sich der Einfluß von Ernährungsgebräuchen solcher Mischehen noch in der nächsten Generation. Ich hatte einstmals Gelegenheit, einen solchen Fall zu beobachten. Ein Wiener heiratete eine Berlinerin. Sie hatten drei Kinder, alles Mädchen, lebten in Wien und hatten nicht die mindeste Verbindung mit Berlin. Nun besteht in diesen beiden Städten ein großer Unterschied der Küche der unteren Mittelklasse, zu welcher die Familie gehörte, und die Frau hatte sich in vieler Hinsicht der Wiener Küche angepaßt. Es gibt nun einen speziellen Unterschied in der Kaffeebereitung Wiens und Berlins. Der Wiener Kaffee ist berühmt, über den Berliner ist es besser zu schweigen. Es traf sich gelegentlich, daß ich zusehen konnte, wie die bereits erwachsenen Töchter ihren Kaffee bereiteten, und war überrascht, daß sie es nach Berliner Art taten. Es muß hinzugefügt werden, daß in diesem Falle die Frau eine starke Persönlichkeit war. Außerdem „bei Mensch und Hund ist es das weibliche Geschlecht, das den Jungen die Nahrungsgebräuche lehrt" (M o t t r a m und G r a h a m).

Bei Tieren kommt das Mischen von Nahrungsgebräuchen durch Heirat kaum in Betracht. Doch gibt es Berichte darüber, wie der Nachwuchs den Brauch erwirbt. Sicherlich haben sie auch einige Gültigkeit für den Menschen. L o n g[1] erklärt, daß viele Jahre der Beobachtung ihn überzeugt hätten, daß Erfolg oder Mißerfolg im Tierleben hauptsächlich von dem Training abhänge, das das Junge von seiner Mutter erhalten habe, denn es sei die Mutter, die den Nachwuchs schult und nicht der Vater. Gehen Vater und Mutter frühzeitig verloren, so stirbt die Nachkommenschaft bald oder wird getötet. Instinkt ist von sehr geringem Wert für die Jungen; die Gewohnheiten ihrer Feinde und ihrer Beutetiere werden ihnen buchstäblich gelehrt. L o n g behauptet, er habe solchem Unterricht beigewohnt, der sich wie in einer Schule abspielte.

VII. Die Nahrung der arbeitenden Klassen in England, Schottland und Irland historisch gesehen

Den Ursprung der Nahrungsgebräuche der heutigen Arbeiterklassen zu beschreiben und zu analysieren ist eine sehr schwierige Aufgabe, besonders auf engem Raume. Vieles davon, was in anderen Teilen dieses Buches schon gesagt worden ist, gehört auch hierher, besonders natürlich die zahlreichen Erörterungen über Brot; obwohl Brot kaum eine Speise genannt werden kann, außer unter besonderen Umständen.

Der Autor stand dem Problem gegenüber, an welchem Punkt der Geschichte er denn eigentlich beginnen solle: die Wahl stand ihm nicht frei, sondern war gebunden an das Vorhandensein oder Fehlen historischer Quellen. Es ist reichliches historisches Material vorhanden über die Feinschmeckerei der Könige und Herren beinahe aller Zeiten; aber was die Kost der arbeitenden Schichten anbelangt, die doch die tatsächliche Basis der gegenwärtigen Ernährungsverhältnisse

---

[1] L o n g W. Y., School of the Woods. 1902.

der breiten Volksmassen bildet, gibt es nur spärliche Berichte, die ab und zu durch die Arbeit eines Historikers vervollständigt werden, der sich vielleicht gar nicht als solchen betrachtete, sondern einfach sein Wissen zu Papier brachte im Zusammenhang mit anderen Zwecken sozialer oder ökonomischer Natur.

Tatsächlich gab es einige Schriftsteller dieser Art in der zweiten Hälfte des achtzehnten Jahrhunderts. Ihr Gegenstand war das Leben der unteren Schichten der Arbeiterklasse, die zu jener Zeit einfach als die Armen galten. Wie das Leben der oberen Arbeiterschichte, der Handwerker, beschaffen war, kann man erschließen, wenn man das Mittel zieht zwischen dem Brauch der Armen und jenem der Mittelklasse. Die erwähnte Periode, die zweite Hälfte des achtzehnten Jahrhunderts, scheint auch gerade richtig zu sein, um sie mit den gegenwärtigen Bräuchen der Massen in Parallele zu setzen. So kann leicht gezeigt werden, welche Gebräuche des ausgehenden achtzehnten Jahrhunderts in unserer Zeit noch fortbestehen und in welchem Ausmaß sie in Vergessenheit geraten sind.

Über das England und Schottland jener Zeit (oder mehr gegen das Ende des achtzehnten Jahrhunderts) existiert ein grundlegendes Werk von drei dicken Bänden, dessen Verfasser S i r F r e d e r i c k E d e n ist.[1] Über Irland ist eine ausführliche Beschreibung des Lebens in der Landwirtschaft von A r t h u r Y o u n g vorhanden.[2] (Beide Autoren wurden bei früheren Gelegenheiten schon zitiert.) Da im Irland jener Zeit die Landwirtschaft noch stärker dominierte, als es jetzt der Fall ist, benötigen wir zu Vergleichszwecken nur eine ähnliche Beschreibung des Lebens in der Landwirtschaft in England und Schottland. Auch mag darauf hingewiesen werden, daß E d e n und Y o u n g von modernen Schriftstellern viel benutzt worden sind, aber von anderen Gesichtspunkten aus als dem unseren.

Es scheint, daß E d e n mit dem Norden Englands viel enger verbunden war als mit dem Süden. Die wenigen biographischen Daten, die über ihn vorhanden sind, geben darüber keine nähere Aufklärung. Seine Beschreibung der Ernährungsmethoden des Nordens, nicht nur von Schottland, sondern auch des Nordens von England, ist auch deshalb ausführlicher, weil er dem Süden darlegen wollte, wie viel vernünftiger die Ernährungsweise des Nordens sei. Dies war einer der Hauptzwecke seines Werkes. Im Norden, sagt E d e n, „regalieren sich die ärmsten Taglöhner mit einer ganzen Anzahl von Gerichten, die den Bewohnern des Südens dieser Insel ganz unbekannt sind". Er geht dann dazu über, wie er sagt, „im einzelnen die Beschreibung der küchentechnischen Verfahren, d. i. der Rezepte zu geben". Wir wollen

---

[1] S i r E d e n F r e d e r i c k, The State of the Poor. 1797.
[2] Y o u n g A r t h u r, Tour in Ireland, 1776—1779.

ihnen im Interesse unserer eigenen Ziele folgen. Hier stehen wir einmal einem alten Kochbuch gegenüber, in dem nicht ein Dutzend Eier für jedes Gericht vorgeschrieben wird. Es enthält sozusagen soziale Kochrezepte, die direkt aus dem Leben der damaligen Zeit genommen sind.

1. Haferbrei (Porridge)

Aus E d e n s Beschreibungen geht hervor, daß das Essen von Haferbrei am Ende des achtzehnten Jahrhunderts im Süden Englands noch nicht Brauch war. Wir wissen aus Untersuchungen anderer Autoren, daß im Dorfleben des Südens Hafer überhaupt kaum als menschliche Nahrung in Frage kam und daher auch sicherlich nicht für die Bereitung von Brei. Es ist der Mühe wert, die Beschreibung E d e n s ausführlich zu zitieren; man lernt vielerlei aus ihr.

„Wollen wir mit einem der einfachsten der Bestandteile der Kost beginnen, dem gesunden Porridge, dem Häuptling schottischer Ernährung, dem *eiligen Pudding*. Er wird bereitet aus Haferschrot, Wasser und Salz in der folgenden Àrt und Weise: zu einem Liter Wasser, das in einem offenen Topf kocht, wird eine kleine Menge Salz gegeben und nach und nach fast ein halbes Kilo Haferschrot, wobei mit einem Stock oder Löffel umgerührt wird. Nach zwei oder drei Minuten wird der kochende Brei recht dick; dann wird er aus dem Topf genommen und ist fertig zum Essen. Ein weiteres Kochen würde die Speise zäh und klebrig machen. Die Menge des Haferschrots, die in ein Liter Wasser eingerührt wird, mag wechseln, je nach der gewünschten Konsistenz. Aber die oben angegebene Ziffer ist die meist gebräuchliche und genügt für eine Mahlzeit von zwei Taglöhnern. Beim Essen wird der eilige Pudding mit ein bißchen Milch oder Bier übergossen; oder es wird ein kleines Stück Butter in die Mitte gesetzt; oder ein bißchen Sirup. Dieses Gericht ist außerordentlich nahrhaft und sehr beliebt bei jenen, die daran gewöhnt sind. Eine ausgiebige Mahlzeit für eine Person kostet bei normalen Haferpreisen nicht mehr als einen Penny."

Wenn man dieses Rezept analysiert, so kommt man zu einigen bemerkenswerten Folgerungen. Zunächst, nahezu ein halber Kilo Haferschrot zu nur einem Liter Wasser ist viel mehr Haferschrot als das gegenwärtig übliche Porridge erfordert. Dies macht klar, warum ein solcher Brei nur zwei oder drei Minuten kochen darf und warum ein längeres Kochen ihn zäh und klebrig machen würde. Es darf wohl angenommen werden, daß der damals verwendete Haferschrot ein grober Haferschrot war. E d e n sagt zwar nichts darüber, aber wir wissen, daß das Mahlen von Hafer zu jener Zeit ein recht primitives Verfahren war; es ist wohl außer Zweifel, daß der schottische Taglöhner des achtzehnten Jahrhunderts nicht das feine Hafermehl zur

Verfügung haben konnte, das es heute gibt. Es mag sein, daß *feines* Hafermehl ein in unserem Sinne genießbares Gericht ergibt, wenn es nur zwei bis drei Minuten gekocht wird, aber *grober* Haferschrot verlangt, wie jedermann weiß, viele Stunden des Kochens. So mag denn das Ergebnis der Zubereitung nach dem eben zitierten Rezept ein Etwas sein, das eine moderne schottische Köchin mit dem Ausruf „Pferdefutter" charakterisierte, als ich ihr das Rezept zu lesen gab. In der Tat ist es das, was es genannt wurde, ein eiliger Pudding, eilig in der Zubereitung und eine Art von Pudding im Hinblick auf die Konsistenz. Der Ursprung dieses Brauches liegt anscheinend in der Schnelligkeit der Zubereitung; wahrscheinlich hatte man im achtzehnten Jahrhundert nicht viel Zeit für das Kochen der Mahlzeit eines Taglöhners. Frau und Kinder des Arbeiters werden in E d e n s Beschreibung nicht erwähnt, die Beschreibung bezieht sich offensichtlich auf die Bereitung einer Mahlzeit in der Küche des Arbeitgebers, sonst könnte nicht davon gesprochen werden, daß die angegebene Menge eiligen Puddings eine Mahlzeit für zwei Taglöhner darstelle. Erwägt man aber, was die angegebene Menge als Nahrung bedeutet, so kann man leicht errechnen, daß es nach unseren Begriffen zwei recht unzureichende Portionen gewesen sein müssen. Jede mag nur etwa 700 Kalorien enthalten haben und ein bißchen Milch oder Bier wird den Nährwert nicht stark erhöht haben. M o t t r a m s[1] Ideal einer billigen Ernährung eines Mannes ist auf nicht weniger als zwei Drittel Kilo Haferschrot per Mann und Tag basiert, mit reichlicher Zugabe frischer Heringe und Kohl.

Aber zur Zeit, als Eden schrieb, hatten die Menschen überhaupt sonderbare Ansichten darüber, was für einen gewöhnlichen Taglöhner nahrhaft sei. Jedenfalls sehen wir hier mit Anzeichen von Stolz und Genugtuung ein Gericht beschrieben, das als Vorgänger des gegenwärtigen britischen Haferbreis gelten kann. Die Kennzeichen dieses Gerichtes aus dem achtzehnten Jahrhundert stehen in Übereinstimmung mit dem, was der Stoiker P o s i d o n i u s vorschlug, den Zähnen und dem Magen des Menschen zu überlassen, was durch Kochen nicht erreicht worden sei; seine Kennzeichen sind auch Zeit und Kochtöpfe zu sparen, indem das Gericht so konzentriert als möglich bereitet wird. Man kann sich leicht vorstellen, daß das Ersparen von Kochraum ein bestimmter Faktor war für die Menüs von Taglöhnern jener Zeit. Es gab keine Töpfe mit Doppelboden und hätte man versucht, einen dicken Pudding durch etwas längere Zeit über einem offenen Feuer zu kochen, so wäre er wohl angebrannt.

---

[1] M o t t r a m V. H., Food and the Family. 1925.

2. Crowdie

Dies führt uns zu dem zweiten Haferschrotgericht, das E d e n beschreibt. Auch dieses zeigt seine Besonderheiten sowohl in der kochtechnischen Zubereitung als in seinem sozialen Hintergrund. Sein Name ist Crowdie. Es scheint heutzutage in Vergessenheit geraten zu sein, obwohl der gelehrte Gastronom F e r g u s o n es noch im Jahre 1884 erwähnt. E d e n beschreibt dieses Gericht folgendermaßen:

„Crowdie ist nicht so allgemein in Brauch wie der eilige Pudding; dennoch ist es ein recht bekanntes Gericht im Norden, bei Arbeitern aller Art und besonders bei Bergwerksarbeitern. Es ist schnell bereitet und ohne viel Mühe. Das Verfahren ist äußerst einfach: es besteht darin, kochendes Wasser über Haferschrot zu gießen und ein bißchen umzurühren. Das Mengenverhältnis ist ungefähr dasselbe wie beim eiligen Pudding. Das Gericht wird mit Milch oder Butter gegessen, doch gibt es auch eine andere Art von Crowdie, bei der kochende Suppe auf den Haferschrot gegossen wird. Hat man dann das Gericht gerührt, so wird ein Stück Fett der Suppe entnommen und auf das Crowdie gesetzt anstelle von Butter oder Milch.

Dieses Gericht ist in Schottland sehr bekannt und gilt bei Taglöhnern als ein sehr großer Luxus. Es ist das ständige Mittagessen aller Stufen der Bevölkerung am Aschermittwoch (wie Pfannkuchen in England) und wurde wahrscheinlich als Gericht dieses Tages in der römisch-katholischen Zeit eingeführt, um der Bevölkerung für die nachfolgenden Fasten Kraft zu geben. Es gilt als das substantiellste Gericht Schottlands. Am Aschermittwoch wird ein Ring in die Schüssel gelegt, aus welcher die jungen Leute zu essen haben, und für den Finder gilt er als ein Zeichen, daß er als erster heiraten wird.

Nicht nur in Schottland, sondern auch im Norden von England gibt es das Crowdie, das mit Suppe bereitet ist. Dort sind wenige so arm, daß sie nicht an Sonntagen ein kleines Stück Corned Beef genießen könnten. Dessen Abschnitzel sind eine Delikatesse ersten Ranges bei der Verzierung des Crowdie."

Diese Beschreibung ist wohl von einiger Naivität; „kochendes Wasser über Haferschrot schütten und ein bißchen umrühren" scheint denn doch eine armselige Methode der Bereitung eines Gerichtes für Menschen zu sein, und man ist erstaunt zu lesen, daß dies Taglöhnern als ein sehr großer Luxus gegolten habe. Nach unseren Begriffen mag die Sache etwas besser sein, wenn kochende Suppe verwendet wurde, dann würde auch die Erinnerung an Viehfutter, die bei der ersten Beschreibung unvermeidlich ist, nicht direkt gegeben sein. Im Falle der Verwendung von Suppe ist es auch leichter zu verstehen, wie E d e n dazu gelangte, dem Crowdie als Gericht eine so hohe soziale

Position zu geben. Aber es ist dennoch erstaunlich, so lange man nicht in Rechnung zieht, wie oft allerorts die Menschheit sich über Nährwerte getäuscht hat; siehe die hohe Stellung, die Pilzen als Nahrung überall in der Welt eingeräumt wurde und noch wird. Eines ist jedenfalls klar, man hat kein Anbrennen zu befürchten, wenn man nichts tut, als heißes Wasser über Haferschrot gießen.

3. Ein sonderbarer Weg, Flammeri zu machen

Es gibt ein drittes, auf Hafer basierendes Gericht. Wenn die Farmer Hafer in einer Mühle gemahlen und ihn durchgesiebt haben, verbleibt auf dem Siebe ein Rückstand, der hauptsächlich aus Spreu besteht und Futter genannt wird. Selbst dieser Rückstand wurde in der Berichtszeit zur menschlichen Ernährung verwendet und dabei nach E d e n das folgende Verfahren angewandt:

„Das Futter wird in Wasser getan und verbleibt hier längere Zeit, ein bis drei Tage. Dann wird es ausgewunden und wieder in Wasser getan. Dies wird zwei- oder dreimal wiederholt und das Wasser immer aufbewahrt. Durch diesen Vorgang werden alle mehligen Teile des Futters ausgezogen. Die verschiedenen Wässer werden dann vereinigt und, wenn das Ganze wieder sechs Stunden gestanden hat, wird das klare Wasser abgegossen und wieder frisches Wasser dazugetan, manchmal sogar noch ein zweites Mal. Auf diese Weise erhält man einen Rückstand, der bei der nun folgenden Verwendung aufgerührt wird, und es wird wieder Wasser zugetan, so viel, daß die Aufschwemmung ein hölzernes Gefäß gerade nur weißlich färbt; dann kommt sie in einen Topf und wird gekocht, manchmal weniger als eine halbe Stunde, manchmal eine ganze Stunde. Während der Zeit des Kochens muß fortwährend gerührt werden. Auch wird behauptet, daß nach der bestehenden Tradition immer nach derselben Richtung gerührt werden müsse. Wird die gekochte Masse dann in Tassen gegossen, so wird sie darin ziemlich fest, sehr glatt und dem sehr ähnlich, was in England Blancmange genannt wird. Die Speise wird mit Milch gegessen. Sie ist ein außerordentlich billiges, gesundes und äußerst wohlschmeckendes Gericht für Abendbrot. Aber sie ist vielleicht nicht so stark und nahrhaft wie der eilige Pudding.“

Dieses Verfahren, das allerletzte von Stärke aus den Getreidekörnern zu extrahieren, steht ganz einzigartig da. Um es zu erreichen, muß, wie aus der Beschreibung hervorgeht, sehr viel Mühe aufgewandt werden, viel mehr wie wenn aus Haferschrot selbst ein Gericht bereitet wird. Man scheint an die Möglichkeit geglaubt zu haben, Taglöhner mit den Extrakten von Haferspreu zu ernähren, obwohl E d e n doch einigen Zweifel hegt über den Nährwert, offenbar in Erwägung, daß zu viel Wasser zur Bereitung des Gerichtes verwendet werden mußte.

4. Schottische Suppe

Zur Zeit, als Eden schrieb, waren Kartoffeln bereits in allgemeiner Verwendung im Norden, nicht aber im Süden Englands. Eden suchte die Armen des Südens davon zu überzeugen, daß Kartoffeln eine nahrhafte Speise darstellen, und er beschreibt die Methode, sie zu kochen, außerordentlich ausführlich. Wenn man das Nachstehende liest, was Eden über den möglichen Ursprung der schottischen Suppe sagt, so darf man nicht vergessen, daß der Norden Kartoffeln mit dem Fleisch und den anderen Dingen aß, die in der Suppe gekocht wurden.

Eden sagt: „Der Hauptvorteil, den die Taglöhner im nördlichen England gegenüber ihren Landsleuten im Süden genießen, besteht in der großen Mannigfaltigkeit billiger und schmackhafter Suppen, welche der Gebrauch von Gerste und Gerstenbrot ihnen ermöglicht. Die Billigkeit der Heizmittel im Norden ist vielleicht ein anderer Grund, weshalb die Küche des Landmanns im Norden so vielseitig ist und sein Tisch so oft warme Gerichte sieht. Das folgende ist das Rezept einer der in den Familien von Taglöhnern der Grafschaften Northumberland und Cumberland üblichen Suppen. Sie besteht aus Fleisch, Haferschrot, geschälter Gerste und Suppenkräutern, wie Zwiebeln, Schnittlauch, Petersilie, Thymian usw., in den folgenden Verhältnissen: ein Pfund gutes Rindfleisch oder Schaffleisch, sechs Liter Wasser und drei Unzen Gerste werden so lange gekocht, bis die Flüssigkeit ungefähr auf drei Liter verringert ist. Dann werden drei Unzen Haferschrot, der vorher mit ein bißchen kaltem Wasser gemischt worden war, und eine Handvoll von Suppenkräutern oder mehr davon zugegeben, nachdem die Suppe schon einige Zeit gekocht hat. Manche fügen mehr, manche weniger Wasser zu. Das obige ist aber das übliche Verhältnis. Ein halber oder drei Viertel Liter der Suppe mit einem Viertelkilo Gerstenbrot gibt eine sehr gute Abendmahlzeit. An dem Tag, an dem die Suppe gemacht wird, ist die Mittagmahlzeit gewöhnlich Suppe mit Teilen des Fleisches, Brot und Kartoffeln, geschnitten und gekocht; und das Abendessen besteht aus Suppe und Brot; am nächsten Tag wird als Mittagessen kaltes Fleisch aus der Suppe gegessen, warme Kartoffeln, Suppe und Brot; und als Abendmahlzeit Brot und aufgewärmte Suppe, die aber nicht wieder gekocht werden soll. Die Suppe ist haltbar für mindestens drei Tage, wenn kühl aufbewahrt, und kann nach Bedarf aufgewärmt werden. Kalbfleisch, Schweinefleisch, Speck, mageres Rindfleisch oder Schaffleisch ergibt keine so gute Suppe bei dieser Wassermenge. Sie wird aber noch immer sehr schmackhaft sein; und nicht ein Tropfen Flüssigkeit geht verloren oder wird vergeudet, mag das verwendete Fleisch welcher Art immer sein. Das Landvolk des Nordens betrachtet das Braten von Fleisch als die verschwenderischeste Art der Zubereitung, denn dies gibt ihm nicht die Möglichkeit, eine beträchtliche Menge Wasser in eine nahrhafte und gesunde Suppe zu verwandeln."

Wie ersichtlich, wird bei dieser Suppenbereitung die Verwendung von Kohl oder Rüben nicht erwähnt. Es ist bekannt, daß grüne Gemüse tatsächlich nicht vor dem Beginn des neunzehnten Jahrhunderts in der Küche erschienen. Drummond und Wilbraham machen sich Gedanken darüber, weshalb die schottische Suppe die einzige in Großbritannien ist, hinter der eine Tradition steht. Augenscheinlich existierte vor zweihundert Jahren keine andere als die schottische, vielleicht mit einigen Varianten, die als Volksbrauch irgendwie in Betracht kamen. Berichtet doch Eden, daß ein Taglöhner im Süden, falls er wirklich in der Lage war, sich einmal in der Woche ein Stück Fleisch zu vergönnen, wenn er es im Wasser kochte, was selten genug der Fall war, keinen Gebrauch von der Suppe machte. Im Süden Englands waren „die ärmsten Taglöhner an die niemals wechselnde Mahlzeit von trockenem Brot und Käse gewöhnt, in der Woche wie am Wochenende, und in den Familien, deren Mittel Bier nicht zuließen, bestand das übliche Getränk aus dem schädlichen Produkt Chinas." Daraus geht hervor, daß der Teekonsum im Süden bereits Fuß gefaßt hatte, während er im Norden nicht erwähnt wird.

5. Irland und die Kartoffel

Arthur Young war ein Engländer und landwirtschaftlicher Sachverständiger, der durch drei Jahre, 1776—1779, den Stand der Landwirtschaft in Irland studierte. Er hinterließ eine lebendige und manchmal humorvolle Beschreibung des irischen Volkes seiner Zeit, besonders natürlich vom Gesichtspunkt landwirtschaftlicher Erzeugung. Aber auch der Konsum entging seiner Aufmerksamkeit nicht.

Im Hinblick auf die einzigartige Position, welche die Kartoffel in Irland erlangt hat, müssen wir Young dankbar sein für die Information, die sein Bericht enthält, und für die Beschreibung der Ernährungsgewohnheiten. Wir wissen soviel wie nichts darüber, wie es dazu kam, daß ein so unglaublicher Wandel sowohl in der Produktion als auch im Konsum eintreten konnte, als der Kartoffelbau in Irland Brauch wurde. Wie die Lage *vorher* war, kann aus einer gelegentlichen Bemerkung Young's geschlossen werden. Zu seiner Zeit wurde, im Feldwechsel, Weizen nach Kartoffeln gesät und manchmal Gerste; der Weizen ergab im allgemeinen eine armselige Ernte, aber der Gerstenertrag war gut. Außerdem gab es natürlich noch den Hafer, der wahrscheinlich im Norden mehr gebaut wurde als im Süden von Irland. Man hat den Eindruck, daß es vor der Einführung der Kartoffel in Irland einfach zu wenig zu essen gab.

Nirgends ist der Wettbewerb zwischen Mensch und Tier um die Nahrung klarer ersichtlich als in Arthur Youngs Beschreibung von Irland und ganz besonders gilt dies von den Kartoffeln. Dieses Wettbewerbs werden wir selbst in Kriegszeiten gewahr, in welchen die Fleischerzeugung gekürzt werden muß, weil die stärkehältigen Nahrungsmittel nur ein Fünftel ihres Gewichts in Fleisch hervorbringen, wenn sie von Schweinen konsumiert werden. Diese Zahl wurde durch wissenschaftliche Untersuchung erhalten, aber die Praxis hat das schon immer gewußt. Durch Youngs Beschreibung der Mahlzeiten der armen Leute im Irland seiner Zeit werden aber jedermann die Augen geöffnet.

„Man sieht den Kartoffeltopf des Iren auf dem Fußboden, die ganze Familie ist, auf ihren Schenkeln sitzend, darum versammelt (es scheint auch jetzt noch ein Mangel an Stühlen in Irland zu bestehen — Verfasser) und weiter, wie sie eine fast unglaubliche Menge von Kartoffeln verschlingt; der wandernde Bettler nimmt nach herzlicher Begrüßung inmitten der Familie Platz, überdies das Schwein ebenso gut wie die Frau, die Hähne, die Hennen, die Truthähne, die Gänse, der Köter, die Katze und vielleicht auch noch die Kuh — und alle nehmen sie am gleichen Gerichte teil. Jedermann, der dies öfters gesehen hat, wird von der Reichlichkeit der Mahlzeit und, wie ich hinzufügen will, von der guten, dabei herrschenden Stimmung überzeugt sein."

Young spricht hier vom „Verzehren einer fast unglaublichen Menge", aber außerdem bringt er, mit der Gewissenhaftigkeit des Experten, Konsumziffern, die er bei acht Familien erhoben hat. Aus ihrem Durchschnitt kann man leicht berechnen, wieviel Kartoffeln, Abfall eingerechnet, durchschnittlich von einem Mitglied einer irischen Familie verzehrt worden sind. Man erhält so die überraschende Ziffer von acht Pfund im Tag. Macht man einen schätzungsweisen Abzug für die früher genannten animalischen Teilnehmer der Mahlzeiten und für die Kartoffelschalen, so kann man einen individuellen Konsum von sechs Pfund annehmen, was ungefähr zweitausendfünfhundert Kalorien entspricht; dies kann als ausreichend betrachtet werden mit Rücksicht darauf, daß es sich um den Durchschnitt einer sechsköpfigen Familie handelt und daß Milch oder wenigstens Buttermilch zusätzlich getrunken wurde; außerdem ist nicht klargestellt, welchem Zwecke die Eier dienten, welche die Hennen des Hauses legten. Diese sechs Pfund Kartoffeln haben ungefähr denselben Nährwert wie jene zwei Pfund Brot, welche nach Marrack drei Viertel der täglichen Nahrung des bulgarischen

Bauern unserer Tage bedeuten. Im Norden von Irland war auch zu Youngs Zeiten die Kost verschieden von dem Süden, für einen Teil des Jahres spielten dort Rüben in der Kost eine Rolle, viel Hafermehl und einiges Fleisch wurden auch konsumiert, was im Süden des Landes, wie wir gesehen haben, nicht üblich oder möglich war.

Nirgends, wahrscheinlich nicht einmal in Schottland, können die heutigen Nahrungsgebräuche so zurückverfolgt werden, wie in Irland. Wenn heute eine Frau aus dem Süden Irlands in einer Fabrik im Norden arbeitet, so staunen die Ansässigen über die Fähigkeit dieser Arbeiterin, Kartoffeln in einer Menge zu konsumieren, die sie auf sechs Pfund für eine Mahlzeit schätzen. Dies stimmt mit der fast unglaublichen Ziffer von acht Pfund im Tag, Abfall eingeschlossen, überein, die Young im achtzehnten Jahrhundert festgestellt hat. Es gibt noch mehr Ähnlichkeiten. Young erwähnt nicht Käse als Nahrungsmittel des gemeinen irischen Volkes und noch heute ist es auffällig, wie wenig in Irland Käse als Nahrung geschätzt wird.

Youngs Beschreibungen enthalten auch Schätzungen des Anteils der Schweine am Kartoffelverbrauch; sie stimmen mit modernen Ziffern gut überein. Ein Schwein von hundert Kilogramm, sagt er, kann in zwei Monaten fettgefüttert werden mit sechs Fässern Kartoffeln und einem Faß Hafer. Dies entspricht sehr gut der heutigen Überzeugung, wonach ein Schwein fünf Pfund Nahrung erfordert, um ein Pfund Fleisch oder Fett anzusetzen.

Zu Youngs Zeiten konnte der Kartoffelbedarf von acht Personen durch die Bebauung eines irischen Ackers gedeckt werden. Würden dieselben Personen sich von Weizen ernährt haben, so wäre, mit Berücksichtigung der Brache, die vierfache Fläche erforderlich gewesen. Dieses Verhältnis zeigt die wirtschaftliche Sachlage, wie sie war und noch ist.

6. Die Kartoffeln und der Magen

Wiederholt spricht Young von dem „Magenvoll" von Kartoffeln, die die Iren konsumierten. Wir wissen sehr gut, was damit gemeint ist; hat doch in unserer Zeit der Konsum von Kartoffeln eine andere Form angenommen, er ist Teil eines Gerichtes, das aus Fleisch und zwei Gemüsen besteht; wir haben keine hohe Meinung von einer puren Kartoffelmahlzeit. Der Ausdruck Kartoffelmagen, auf den in anderem Zusammenhang in diesem Buch bereits Bezug genommen wurde, hat gleichfalls einen verachtungsvollen Klang.

Es ist der Mühe wert, sich mit der Frage der magenfüllenden Eigenschaften der Kartoffel zu beschäftigen, die vor zweihundert Jahren dieselbe Verachtung erregt haben wie heute. Man wird dabei zu

der Frage der Beziehung zwischen Nährwert und Wasser in unserer
Nahrung geführt und auch zur Frage der physiologischen Ermüdung.

Widmen wir zuerst dem Wassergehalt unserer Nahrung eine kleine
Betrachtung. Butter und Margarine, Weizen- und Haferkeks, Schokolade und Kanditen sind die wichtigsten Beispiele sogenannter trok-
kener Nahrung, sie enthalten wenig oder auch gar kein Wasser. Wollen
wir sie aber verzehren, dann haben unsere Speicheldrüsen so viel Flüssigkeit zu liefern, als notwendig ist, damit diese Nahrungsmittel den
Magen entweder in gelöstem Zustande erreichen, wie es bei Kanditen
der Fall ist, oder in der Form eines Breies, wie bei Keks, oder in einer
Art Emulsion wie bei Fett. Dann gibt es eine andere, sehr bedeutende
Gruppe von Nahrungsmitteln, deren Hauptvertreter Brot und Kuchen
sind, die ungefähr vier Zehntel Wasser enthalten. Wenn wir sie verzehren, so erhöhen wir den Wassergehalt noch weiter, denn in der
Regel trinken wir dabei noch eine beträchtliche Menge von Flüssigkeit, Suppe, Wasser oder Tee. Eine weitere Gruppe sind die Obstsorten,
das grüne Gemüse und die Rüben. Sie enthalten viel mehr Wasser, ungefähr neun Zehntel ihres Gewichts. Hier trügt der Schein oft. Eine
anscheinend sehr feste Rübe kann genau so wasserhältig sein oder sogar
stärker als eine sehr saftige Frucht. Und schließlich kommt die Kartoffel mit ihrem Durchschnitt von acht Zehntel Wasser. Es sieht so
aus, als hätten wir in dieser Liste das Fleisch vergessen, aber Fleisch
gehört in dieser Beziehung in die gleiche Gruppe wie die Kartoffel,
da es beinahe ebensoviel Wasser enthält. Wieder trügt hier der Schein,
man ist geneigt, Fleisch für viel konsistenter zu halten als Kartoffeln.

Obwohl die verschiedenen Arten der Nahrung sich im Wassergehalt
beträchtlich unterscheiden, werden die Unterschiede in der Regel ausgeglichen entweder durch die Speichellieferung oder durch das Trinken
von Flüssigkeiten. Es war mir nicht möglich, Ziffern von wissenschaftlichen Messungen zu finden, aber es kann wohl angenommen
werden, daß, was immer wir auch essen mögen, der durchschnittliche
Wassergehalt des Mageninhalts, unmittelbar nach einer Mahlzeit,
85—90 Prozent Wasser sein wird und nur manchmal weniger.

Kehren wir nun zurück zu der magenfüllenden Eigenschaft der Kartoffeln. Sie enthalten nur 80 Prozent Wasser. Weshalb, so müßte man
fragen, ist dann ihre magenfüllende Eigenschaft so außerordentlich
auffällig? Die Iren haben bewiesen und beweisen es noch immer, daß
man so viel Kartoffeln essen kann als erforderlich, um den größten
Teil des täglichen Kalorienbedarfs zu decken, vorausgesetzt, daß etwas
Milch oder Buttermilch und dazu noch etwas Zusätzliches konsumiert
wird; und dies, obwohl die festen Bestandteile in der Kartoffel nur ein
Drittel dessen ausmachen, was das gleiche Gewicht Brot enthält.
Hierbei werden die zerdrückten Kartoffel im Magen verdünnt, bis die

Flüssigkeit 85—90 Prozent ausmacht, was die bereits erwähnte Ziffer der Durchschnittsflüssigkeit im Magen darstellt. Dasselbe geschieht mit den 60 Prozent festen Bestandteilen von Brot und Kuchen, nur muß da eben mehr Flüssigkeit zugegeben werden. Um das Bild zu vervollständigen, sei darauf hingewiesen, daß der sehr dicke eilige Pudding, der vor zweihundert Jahren in Schottland Brauch war, einen Wassergehalt von nicht weniger als 75 Prozent gehabt haben muß, und der gegenwärtig übliche Haferbrei enthält natürlich noch viel mehr Wasser.

Überblickt man diese Ziffern, so muß man sich wundern, warum denn eigentlich eine Mahlzeit aus bloßen Kartoffeln immer als magenfüllend und doch zugleich unbefriedigend betrachtet worden ist und warum andere Mahlzeiten, die letzten Endes dasselbe Volumen im Magen ergeben, insbesondere durch die dabei konsumierte Flüssigkeit, anders gewertet werden. Ist dies vielleicht darauf zurückzuführen, daß der Eiweißgehalt der Kartoffeln so gering ist, gering selbst im Vergleich zum Brot? Gibt es hier vielleicht wieder einen geheimen Chemismus des menschlichen Körpers (um das Wort Instinkt durch ein moderneres zu ersetzen), der den niedrigen Eiweißgehalt anzeigt? Dies ist recht zweifelhaft; viel wahrscheinlicher ist, daß die Tatsache, viele Pfund ein und derselben Nahrung zur Deckung des Kalorienbedarfs essen zu müssen, unserer Vorstellung von der magenfüllenden Eigenschaft der Kartoffeln zugrunde liegt. Auch muß man sich ins Gedächtnis zurückrufen, welche Wirkung eine solche Nahrung nicht nur in diätetischer Hinsicht, sondern auch infolge der Monotonie des Aromas und der Kauarbeit hat und was sonst noch damit zusammenhängt. Dies zeigt in die Richtung physiologischer Ermüdung. Wenn die Leute in Nordirland darüber staunen, daß der Südire so viel Kartoffeln essen kann, so muß man an diese Ermüdung denken. Vermutlich haben die Nordiren das Gefühl, der letzte Teil einer solchen Kartoffelmahlzeit würde geschmacklos sein oder nach der Redensart wie Holzmehl schmecken, auch wenn sie so viel hinunterwürgen könnten, wie es der Südire mit Leichtigkeit tut. Mahlzeiten, bestehend aus trockenem Brot, sind anderwärts gleichfalls nicht üblich und ebenso unbefriedigend.

Aber wenn man sich schon auf solche Weise nähren muß, so gibt es selbst da Unterbrechungen durch das Trinken, und sie verhindern die physiologische Ermüdung. Hat das Brot einen Aufstrich, so wirkt das ebenso.

Seit Kartoffeln feldmäßig gebaut werden, hat es immer als ein Zeichen äußerster Armut gegolten, sich davon ernähren zu müssen. Ein Augenblicksbild der Periode zwischen Arthur Youngs Zeit und der unseren wird uns in Friedrich Engels' Beschreibung des

Lebens der Armen in und um Manchester im Jahre 1844[1] geboten: „Steigen wir die Stufenleiter abwärts, so finden wir tierische Nahrung auf ein kleines Stück Speck reduziert, das den Kartoffeln beigeschnitten wird; weiter unten verschwindet selbst dieses und es verbleiben nur Brot, Käse, Haferbrei und Kartoffeln, bis auf der letzten Stufe der Leiter, unter den Iren, Kartoffeln die ausschließliche Nahrung sind."

Ist aber die physiologische Ermüdung die Ursache des verdammenden Urteils, das gegen die Kartoffeln als Hauptnahrung ausgesprochen wird, wie war es möglich, daß die Iren imstande waren, sie zur Dauernahrung zu machen? Man darf dabei nicht an die Situation jener Iren denken, die in den ökonomischen Aufruhr Lancashires hineingezogen wurden, wie ihn Engels beschrieben hat; liegen doch die Verhältnisse im eigenen Land der Iren ganz anders. Kürzlich konnte man in den Zeitungen die Geschichte eines irischen Mädchens lesen, das, im Alter von fünfzehn Jahren plötzlich verwaist, mit seinem zehnjährigen Bruder die Wirtschaft zu führen hatte. Ihnen beiden waren außer dem Haus noch einige Äcker verblieben. Man konnte da lesen, daß das Mädchen die Kartoffeln für das gemeinsame Mahl kochte und einige Eier über sie brach. Diese Eier müssen da geradeso wie die Milch gewirkt haben, von der Young als Zugabe zu den Kartoffeln spricht, und wie der Tee mit Brot und Butter heutzutage. Sie haben die Unterbrechungen der Langweiligkeit der Kartoffelmahlzeit beigestellt. Dies Beispiel zeigt, wie die Iren von Kartoffeln leben können, obwohl sie die gleichen Sinne wie andere Menschen haben und denselben Sinneseinflüssen unterworfen sind. Die Kartoffeln stehen an Stelle des Haferbreis von Schottland, der Kascha von Rußland, der Mamaliga von Rumänien oder der Polenta Italiens: aber da sie eine Neuerscheinung sind in der Geschichte menschlicher Nahrung, so werden sie scheel angesehen. Vielleicht hat Mottram deshalb seiner Berechnung der billigsten Art, den Kalorienbedarf zu decken, zwei Drittel Kilo Haferschrot im Tag zugrunde gelegt; diese Menge Haferschrot zu konsumieren, erschien ihm jedoch als eine unmögliche Aufgabe. Der Gedanke, dieses Bedürfnis durch den Genuß von sechs Pfund Kartoffeln zu decken, kam ihm gar nicht, obwohl diese Kartoffelmenge nach irischer Methode verzehrt werden kann, und das Hafermehl sicherlich nicht.

---

[1] Engels F., Die Lage der arbeitenden Klassen in England.

VIII. Ist Kritik der britischen Küche gerechtfertigt?

Die Analyse von Gerichten aus dem achtzehnten Jahrhundert hat uns gezeigt, wie die Hausmannskost im Norden und Süden von Großbritannien und in Irland entstanden ist. D r u m m o n d und W i l b r a h a m fassen das, was sie als das Ergebnis der Entwicklung sehen, wie folgt zusammen:

„Die häusliche Kochkunst Englands hat niemals hohen Ruf besessen, ausgenommen vielleicht hinsichtlich gebratenen Ochsenfleisches. Es scheint, daß das Ansehen dieser Küche im Verlauf des neunzehnten Jahrhunderts noch weiter gesunken ist, wahrscheinlich deshalb, weil wir damals vom Kontinent lernten, Gemüse zu bauen, uns aber nicht die Mühe gaben, die zugehörige Kochkunst zu erwerben. Darin ist eine der Haupttragödien der englischen Hauswirtschaft zu erblicken. Es mag sein, daß die hohen Lebenshaltungskosten in der zweiten Hälfte des achtzehnten Jahrhunderts daran mitschuldig sind, denn die Butter war damals teuer. Als später Zeiten mit einem erträglichen Butterpreis kamen, hatte sich der Brauch, gute Gemüse durch Kochen zu verderben, bereits festgesetzt.“

Liest man dies, so ist man versucht zu fragen: ist es die Aufgabe der Nahrung und ihrer Zubereitung, fremde Besucher und besonders Franzosen zu befriedigen, oder das Volk Großbritanniens zufrieden zu stellen? Es gibt Länder, in welchen fremder Brauch in gewissem Ausmaß angenommen worden ist, wie im Touristenland Schweiz, dessen historische Nahrung etwa eintopfartig ist. In England haben selbst die Hotels und Pensionen in ihrer Küche die Tatsache zu berücksichtigen, daß die meisten ihrer Besucher auf den britischen Inseln zuhause sind. Es ist eines der Ziele dieses Buches, auseinanderzusetzen, daß es keinen allgemeinen Maßstab für Nahrungs- oder Küchenqualitäten gibt, daß es keine Speise gibt, die gut oder schlecht genannt werden kann. Wenn wir uns zum Ziel setzen, Besucher aus Frankreich zu befriedigen oder jene Klassen Englands, die in gewissem Grad in französischer Küche erzogen sind, so erreichen wir nichts und schaffen nur Durcheinander und Mißverständnisse. Kennzeichnend war es, daß, als ein weibliches Parlamentsmitglied, der konservativen Partei angehörig, den britischen Kochbrauch im Sinne von D r u m m o n d und W i l b r a h a m kritisierte und der Ausbildung der britischen Hausfrau die Schuld gab, ein indignierter Schrei aus den Reihen der Arbeiterabgeordneten sich erhob. Die echten Nachkömmlinge der britischen Arbeiterschichten des achtzehnten Jahrhunderts sind mit der britischen Küche zufrieden, so wie sie ist, und haben keinen anderen Ehrgeiz, als in der Lage zu sein, so viel ihr entsprechende Rohstoffe kaufen zu können, als notwendig sind. Vom Standpunkt des Fremden aus gesehen ist es jedenfalls vergebliche Liebesmüh, das, was D r u m m o n d und W i l b r a h a m des reichen Mannes Kost nennen, zu popularisieren. Ist nicht zum Beispiel der englische Weihnachtspudding eine solche Kost? Die genannten Autoren selbst zitieren, vielleicht mit einiger Ironie, den französischen Almanaque des Gourmands, der „die Kühnheit hatte, den englischen Weihnachtspudding als eine unverdauliche und bizzare Mischung" zu bezeichnen, „eher denn als ein Produkt von Kunst und Reinheit". Es wurde in diesem Buch gezeigt, daß viele Faktoren dazu beigetragen haben, britische Nahrung und Kochkunst gerade zu dem zu machen, was sie ist, und daß gerade die wichtigsten unter diesen Faktoren jene sind, die aus britischer Lebensauffassung und britischem Lebensstil stammen. M o t t r a m und G r a h a m sagen, es sei zu verwundern, daß Nahrungsgebräuche überhaupt sich ändern, denn es gäbe einen Kreis „was — man — ißt — wenn — man — jung — ist — das — liebt — man — und — überträgt — die — Liebe — auf — die — Nachkommen, so daß der Kreis sich endlos drehen sollte".

IX. Was ist das nationale Gericht Großbritanniens?

Wenn wir das, was eben über die britische Kochkunst gesagt wurde, zusammenfassen, so ergibt sich, daß die Kritik an ihr meist aus den oberen Klassen kommt, die in ihrer Erziehung oder durch spätere Erfahrung einigen Kontakt mit fremden Bräuchen bekamen, oder von solchen Leuten, die durch die Kritik von Ausländern beeinflußt sind. Die Arbeiterschichten, deren Urteil über solche Dinge unbeeinflußt ist, haben gegen ihre nationale Küche nichts einzuwenden. Für sie ist sie so gut, wie sie es nur wünschen, und sie haben kein Bedürfnis nach Änderungen.

Es ist die Absicht des Autors dieses Buches, nochmals sei es gesagt, zu zeigen, daß es so etwas wie gute oder schlechte nationale Küche überhaupt nicht gibt. Im Grunde ist es für ein Volk unmöglich, seine nationale Nahrung nicht zu lieben; ebenso ist es nur die Nation selbst, die ihre eigene Küche zu lieben hat, und die Kritik von Fremden oder Bürgern, die an fremde Bräuche gewöhnt sind, ist von geringer Bedeutung. Anders ist es natürlich, wenn man Küche und Nahrung vom Gesichtspunkt internationaler Beziehungen aus betrachtet, wie es weiter oben in diesem Buch auch geschehen ist. Von diesem Gesichtspunkt aus, der von immer größerer Bedeutung auch für die arbeitenden Klassen wird, ist die Anpassung an fremde Gebräuche in der Tat sehr wünschenswert.

1. Rindfleisch

Zur Vermeidung von Mißverständnissen habe ich dieses an erste Stelle gesetzt. Wenn Fremde gegenüber Engländern das englische Essen kritisieren, so schließen sie in der Regel damit ab, daß sie sagen, das englische Beefsteak sei überall in der Welt anerkannt und die hervorragendste Leistung englischer Kochkunst. Diesbezüglich habe ich meine Zweifel. Das bloße Braten und Rösten von Fleisch an offener Flamme ist keine Leistung der Kochkunst, welche der Genialität viel Spielraum läßt. Wenn Köche anderer Nationen ihr Fleisch braten, so tun sie dies gerade so gut wie der britische Koch.

Will man die Qualitäten eines Gerichts beurteilen, so muß man immer zwischen jenen unterscheiden, die vom Rohmaterial stammen, und den anderen, die ein Erfolg oder Mißerfolg der Zubereitung sind. Wenn das britische Beefsteak hervorragend ist, und so scheint es in der Tat zu sein, so ist dies auf den Rohstoff, auf die besonderen Umstände, unter welchen Vieh in Großbritannien gezogen und gefüttert wird, zurückzuführen. Es ist keineswegs eine Seltenheit, daß ein hervorragendes Gericht in solcher Weise erdgebunden ist. Ein großer Teil der französischen Kochkunst hängt von den Rohmaterialien ab, die der reiche Boden Frankreichs liefert, so bei den berühmten Hühnern von Bresse und natürlich auch beim Weine, auf welchen die Franzosen so stolz sind. In gleicher Weise kann das britische Volk auf sein Beefsteak als ein Produkt seines Bodens stolz sein, aber nicht als ein Erzeugnis seiner nationalen Kochkunst.

2. Gebratener Speck

Das tatsächlich hervorragendste Kennzeichen britischer Küche ist der gebratene Speck. Seine Qualität hängt viel weniger von Boden und Klima ab. Schweine für den mehr oder weniger spezifischen Speck Englands können anscheinend überall gezogen werden. Die Methoden der Schweinefütterung sind auf der ganzen Welt gleichförmiger geworden als sonst etwas und Zuchtrassen können auch überall gezogen werden (für all dies gibt es natürlich Einschränkungen, das fischgefütterte Schwein Norwegens ist ein Beispiel dafür).

Spezifisch britisch ist aber das Räuchern ganzer Schweinehälften zum Zwecke des Zerschneidens in Streifen und des Röstens. Andere Nationen begnügen sich damit, die Beine der Tiere zu räuchern, und wenn sie andere Teile in dieser Weise behandeln, so werden die Stücke im Ganzen gekocht und nicht zum Rösten in Streifen hergerichtet. Dieses Räuchern ganzer Tierhälften zum genannten Zwecke bedeutet eine bemerkenswerte Planung und Leistung; der Brauch, den Speck samt den anhängenden Fleischteilen zu rösten, ist auf die Britischen Inseln beschränkt oder auf Gegenden, in welchen sich britische Gebräuche durch Einwanderung ausgebreitet haben. Dieser Räucherspeck in seinem halbkonserviertem Zustand paßt außerordentlich gut in die britische Lebensweise, er paßt zu dem Brauch, größere Vorräte im Hause zu halten, wie dies weiter oben erörtert wurde. Wie es dazu kam, daß dieser Brauch sich nur in diesem Lande und nirgends anders entwickelt hat, darüber gibt es wohl kaum Anhaltspunkte. Aber die moderne Technik, ganze Tierhälften maschinell in dünne Streifen zu zerlegen, hat diese britische Spezialität noch charakteristischer gemacht, als sie es vordem schon gewesen; daß es möglich geworden ist, einen Tierkörper von unregelmäßigen Formen in Streifen von gleicher Stärke zu zerlegen, wobei diese Stärke selbst durch mechanische Einstellung variiert werden kann, ist einzigartig.

3. Lamm und Schaf

Wir dürfen nicht die Bedeutung übersehen, welche das Lamm und Schaf für die britische Speisekammer besitzt, eine Bedeutung, die ebenso groß ist, wie die des Rindes. Die Vorzüge von Lamm und Schaf in diesem Lande stammen aus derselben Quelle wie die des Rindes, nämlich vom Weideland her. Bei diesem Fleisch ist der Geschmacksunterschied, verglichen mit den Tieren anderer Länder, sogar noch auffälliger als beim Rind. Auch ist Rindfleisch in allen Ländern unserer Zivilisation als menschliche Nahrung üblich, während Lamm und Schaf als Volksnahrung nur in jenen wenigen Ländern eine Rolle spielen, in welchen der alte Brauch der Schafzucht noch nicht verschwunden ist.

Ich hoffe damit der britischen Fleischnahrung gerecht geworden zu sein.

4. Haferbrei (Porridge)

Man ginge wohl zu weit, wollte man sagen, der Haferbrei sei das nationale Gericht Großbritanniens. Bei der Reichhaltigkeit der Nahrung unserer Zeit kann eine so einfache Sache keinen so hervorragenden Platz einnehmen. Dessenungeachtet ist der Haferbrei eine Spezialität des Landes, da der Gebrauch von Hafer in der Küche der Welt sehr beschränkt und tatsächlich nur im nördlichsten Gürtel Europas üblich ist. Der Ursprung dieses Brauchs hat eine doppelte Quelle, die verschieden ist von der doppelten Quelle des Wohlgeschmacks, die wir für Fleisch erörtert haben. Da war es der Boden oder das Klima und das Verfahren der Zubereitung, beim Haferbrei ist zwar der eine der Faktoren gleichfalls Boden oder Klima; der zweite Punkt aber ist, ob in einem

Lande Hafer als menschliche Nahrung verwendet werden konnte, ohne mit dem Bedarf der Haustiere zu konkurrieren. Hafer ist eine Getreideart, die unter den ungünstigsten Bedingungen von Boden und Klima gezogen werden kann und die am weitesten nördlich oder hoch in den Bergen gedeiht. Daher wurde der Hafer eine passende Nahrung Schottlands. Daß er daselbst, als menschliches Nahrungsmittel, dermaßen Brauch wurde, dürfte wohl der Tatsache zuzuschreiben sein, daß in Schottland der Graswuchs so reichlich ist. Daher war der Wettbewerb um den Hafer zwischen Tier und Mensch dort weniger scharf als in anderen Ländern mit ärmerem Weideland, in welchen Pferde das Ganze der Haferernte benötigen.

5. Schottische Suppe

Es verbleibt nach meiner Meinung nur mehr die Schottische Suppe zur Beurteilung. Auch ihr kann kein hervorragender Platz in der britischen Ernährung zuerkannt werden. Nimmt sie doch nicht eimnal in Schottland eine so bedeutende Stellung ein, als es bei einigen Suppen anderer Länder der Fall ist; dies mag seine Ursache darin haben, daß in Schottland eine größere Auswahl von Gerichten für das gemeine Volk vorhanden ist, größer als, sagen wir, in Rußland. Der Ursprung der Schottischen Suppe kann leicht in Zusammenhang gebracht werden mit der Gerstenernte Schottlands; ist doch Gerste die zweitbeste Getreideart im Hinblick auf Widerstandsfähigkeit gegen das Klima. Der Ursprung dieser Suppe kann weiters zurückgeführt werden auf die frühe Einführung des Fleischkochens in Schottland, wie E d e n uns mitgeteilt hat. Dann kam der Zusatz von Kohlarten, die im Norden schon im achtzehnten Jahrhundert in großem Stil gezogen wurden, und schließlich die Zugabe kleinerer Mengen neuartigerer Gemüse.

Daraus ist zu ersehen, daß die Schottische Suppe sowohl dem Boden als auch der Zubereitung ihre Existenz verdankt; keines von beiden ist in diesem Fall von so einzigartiger Wirkung, daß es gerechtfertigt wäre, die Schottische Suppe als ein hervorragendes Element der britischen Kost zu betrachten.

X. Preise

Es wurde auf diesen Seiten manchmal auf den Einfluß von Preisen auf Nahrungsgebräuche Bezug genommen; nationale Unterschiede im Fettverbrauch zum Beispiel wurden durch Unterschiede im Reichtum, beziehungsweise in der Armut der Nationen erklärt. Im allgemeinen ist es jedoch ratsam, den Einfluß der Preise nicht zu überschätzen; er ist nur einer von vielen Faktoren. Wenn der Diätetiker sich der Volkswirtschaft zuwendet, gibt er entweder den Einfluß der Preise zu oder auch nicht; es hängt dies von seiner Einstellung ab. S i r J o h n O r r ist der Ansicht, die Verfünffachung des Zuckerverbrauchs in den Arbeiterschichten Englands sei die auffallendste Änderung der Kost der Nation in den letzten hundert Jahren gewesen. „Sie wurde natürlich", sagt er, „möglich gemacht durch den Preissturz. Vor hundert Jahren kostete ein Pfund Zucker sechs Pence und jetzt weniger als die Hälfte." Als S i r J o h n O r r dies schrieb, war er sich sicherlich dessen bewußt, daß eine fünffache Steigerung des Konsums nicht im Verhältnis steht zum Fallen des Preises auf die Hälfte. Nun könnte man die Steigerung des Zuckerverbrauchs einem anderen ökonomischen Faktor zuschreiben, nämlich der Zunahme der Kaufkraft, aber da muß man sich vergegenwärtigen, daß eine solche auch andere Auslässe sich hätte suchen können. Andere mögliche Ursachen für eine Vermehrung des Zuckerverbrauchs sind im Zuge dieses Buches wiederholt erörtert worden.

Dem gemeinen Mann geht es nicht anders als dem Diätetiker — Volkswirtschaftler. Beide sind geneigt zu übersehen, daß Menschen an gewissen kostspieligen Nahrungsmitteln länger festhalten, als es ihrer Kasse entspricht, während wieder bei anderen Nahrungsmitteln Preisverminderungen keine wesentlichen Vermehrungen des Verbrauchs herbeiführen. Die ärmsten Leute an der Westküste von Irland kaufen sehr kostspielige Teemischungen und in anderen Ländern kann man beobachten, daß Leute, die von der Arbeitslosenunterstützung leben, keineswegs immer die billigste Brotsorte kaufen.

Gegenwärtig verlangen die Diätetiker eine Vermehrung des Verbrauchs jener Nahrungsmittel, die die Gesundheit schützen, besonders von Milch. Dies beleuchtet das hier vorliegende Problem ganz ausgezeichnet, selbst wenn wir es im nachstehenden auf den Bedarf der Kinder einschränken. Im Jahre 1936 haben sich die Fachleute, die in einem Komitee des Völkerbundes vereinigt waren, der Meinung des amerikanischen Diätetikers S h e r m a n angeschlossen, ein Tagesverbrauch von etwas mehr als einem Liter Milch sei für Kinder jeden Alters absolut notwendig, mit Ausnahme jener im Alter unter zwei Jahren, die etwas weniger benötigen.[1] Dies bedeutet, berechnet nach den Vorkriegspreisen, eine Ausgabe von wenigstens drei englischen Shillingen pro Woche für jedes Kind oder ungefähr zehn Shillingen pro Woche für drei Kinder.

Der Durchschnittsverbrauch von Milch in diesem Lande wird nach O r r s[2] Statistik auf ein einhalb Liter Frischmilch pro Kopf und Woche geschätzt, wozu noch ein Zehntel Liter Kondensmilch kommt.

---

[1] League of Nations, The Problem of Nutrition, II. Report on the Physiological Basis of Nutrition. 1936.
[2] S i r O r r J. B., Food, Health and Income, 1936.

Die Gesamtausgaben dafür waren ungefähr 10 Pence pro Woche. Wenn wir annehmen, daß in den Städten der Durchschnittsverbrauch der Kinder nicht größer ist als der allgemeine Durchschnitt pro Kopf, so können wir folgern, daß nur 30 Prozent der Milchmenge, welche die Sachverständigen des Völkerbundes empfehlen, bisher konsumiert worden sind. Da es sich dabei um Durchschnittsziffern handelt, so wird der gewohnheitsmäßige Verbrauch der Schichten mit geringerem Einkommen jedenfalls noch kleiner sein, und der der oberen Schichten größer.

Es wird sonach von einer Familie mit kleinem Einkommen und, sagen wir, drei Kindern, eine Vermehrung der Ausgaben um ungefähr acht englische Shilling pro Woche für Milch allein verlangt, selbst wenn der Verbrauch der Erwachsenen unverändert gelassen wird. (Diese Ziffern fußen auf Vorkriegseinkommen und -preisen.) Eine solche Mehrausgabe scheint exorbitant. Um wie viel müßte das Einkommen solcher Familien erhöht werden, damit sie sich tatsächlich dazu entschließen, eine wöchentlich um acht Shilling erhöhte Milchrechnung zu bezahlen, selbst unter dem Druck einer energischen Propaganda? Dies ist schwer abzuschätzen. Es mag sein, daß in der einen Familie eine Lohnerhöhung um das Doppelte der acht Shilling genügen wird, während eine andere die sechsfache Lohnerhöhung verlangt, um zusätzliche acht Shilling für Milch auszugeben. Während des Krieges ist der Milchverbrauch beträchtlich gestiegen. Eine Parallele zwischen der tatsächlichen Steigerung des Familieneinkommens und der Erhöhung des Milchverbrauchs könnte im Augenblick wohl gezogen werden — und würde die Frage in gewissem Sinne beantworten —, aber es ist bis jetzt noch nicht geschehen.

Indem die Erhöhung der Ausgaben auf die Gemeinden überwälzt wurde, durch Schulausspeisung und so weiter, wurde der große, früher übliche diätetische Unterverbrauch teilweise gutgemacht. Aber alles, was nach dieser Richtung bisher getan wurde, und selbst alles, was für die Nachkriegszeit geplant ist, reicht bei weitem nicht an den genannten Vorschlag der Sachverständigen heran. Kein Zweifel, würde deren Forderung von den Gemeinden voll erfüllt, dann würde es dem Familienhaushalt erspart bleiben, die extravagante Milchrechnung zu bezahlen, aber der Betrag wäre doch zu bezahlen, wenn auch in Steuern — gleichfalls ein ernstes Problem.

Es ist den Ernährungssachverständigen vollständig klar, daß die schützenden Nahrungsmittel die kostspieligen sind und daß dies auf den Fall der Milch zutrifft. Aber zu sagen, daß der gegenwärtige niedrige Milchverbrauch durch die hohen Kosten der Milch verursacht sei (die Entdeckung des Nährwerts der Milch ist doch nichts Neues), bedeutet eine Übervereinfachung des Falles. Henning hat mit voller

Schärfe gezeigt, in welchem Grade Nationen, Stämme und auch Individuen Milch hassen. D r u m m o n d und W i l b r a h a m sagen, daß Milch einstmals als Nahrungsmittel dadurch verdächtig wurde, weil man erkannte, daß durch sie Krankheiten übertragen werden. Weiters, der Verbrauch in den Vereinigten Staaten und in Dänemark war im Jahre 1934 einundeinhalbmal so groß als jener von Großbritannien, und in der Schweiz zweieinhalbmal so groß.[1] Auch ist Milchverbrauch nicht dem Milchtrinken gleichzusetzen. In Amerika enthält Brot einen ansehnlichen Prozentsatz von Milch, und auch Eiscreme sowohl in Amerika als auch in England. In anderen Ländern ist das Kochen von Gemüse und Zerealprodukten in Milch beliebt wegen des Aromas, das dadurch hervorgerufen wird. Wir wissen ja, daß wir Menschen bereit sind, Geld für Aromen auszugeben — selbst wenn sie zufälligerweise nahrhaft sein sollten.

Milch ist jetzt als Nährstoff in der Achtung so hoch gestiegen, daß sie eine ökonomische und soziologische Verlegenheit geworden ist. Frische Milch paßt gar nicht in unsere Zeit, man möchte sie fast ein lächerliches Erzeugnis und einen Unfug nennen. Wird ein Schaf oder ein anderes Tier für menschliche Nahrungszwecke getötet, so bedeutet dies in bezug auf die aufzuwendende Arbeit die Beschäftigung mit einer Einheit von wenigstens fünfzig Pfund und bei einem Ochsen mit einem Vielfachen davon. Auch dies mag mühevoll sein, aber alles, von der Haut bis zu den Knochen kann verwendet werden, und ohne daß die Zeit drängt. Wird aber eine Kuh ihrer Milch beraubt, so ist dies nicht nur an sich ein mühseliges Geschäft, sondern man erhält nur fünf oder zehn Liter durch eine einmalige Aktion. Diese Milch muß gesammelt werden zusammen mit der Milch anderer Kühe, und zwar in einem Gefäß, dessen Größe seinen Transport durch eine Person zuläßt. Die Kannen müssen dann eiligst zur Stadt befördert werden, wo die Milch sterilisiert und auf Flaschen abgefüllt werden muß, die Flaschen haben verteilt und bezahlt zu werden nach einem detaillierten und beständig wechselnden Plan, die leeren Flaschen haben wieder gesammelt und gewaschen zu werden. Diese ganze Schererei mit der Milch nehmen wir auf uns, um ein Etwas zu verteilen, das zu neun Zehntel aus Wasser besteht, wobei das verbleibende Zehntel noch Milchzucker enthält, der durch Zucker aus billigeren Quellen ersetzt werden könnte. Und da die Kuh zweimal täglich gemolken werden muß und da die Milch schlecht haltbar ist, handelt es sich um eine tägliche, selbst den Sonntag einschließende, ununterbrochene Mühe und Plackerei. Darüber hinaus müssen die Kühe natürlich erhalten und gepflegt werden, um Milch zu geben, und so darf man sich nicht wundern, daß ein solches Erzeugnis

---

[1] League of Nations, The Problem of Nutrition, IV, Statistics of Food Production, Consumption and Prices. 1936.

kostspielig ist im Vergleich zu den Zerealien, obwohl die auf die
Milch aufgewendete Arbeit schlecht bezahlt wird. Früher war die
Quelle des Milchverbrauchs in Städten die in der Stadt gehaltene Kuh
und sie gab die Möglichkeit des Milchverkaufs ohne viel Manipulation.
Ein Unfug ist nun von einem anderen abgelöst worden.

So erregt die Forderung nach einer ungeheuren Vermehrung des
Milchverbrauchs der Kinder gemischte Gefühle. Die Kluft zwischen
Stadt und Landleben hat die Milch zu einem Luxus gemacht, für welchen die meisten Völker zu zahlen einstweilen nicht bereit sind. Wie
gezeigt wurde, reißt sie ein Loch in die Börse und eine Vermehrung der
Milcherzeugung bedeutet doch nur eine Vermehrung schlecht bezahlter
Arbeit. So wird es jetzt klar, weshalb Milch in der Entwicklung der
Nahrungsgebräuche noch nicht die Stellung erlangt hat, die sie einnehmen sollte. Ist es doch überhaupt lächerlich, daß Gelehrte den Wert
der Milch wieder zu entdecken hatten; jene bereits erwähnte Annahme
von Drummond und Wilbraham, daß Infektionen von un-
hygienisch behandelter Milch in früheren Zeiten gefürchtet worden sind,
ist wohl wenig mehr als eine unbegründete Übertragung unseres eigenen
Wissens und unserer Motive auf unsere Vorväter.

Mary Swartz Rose[1] in Amerika und Sir John Orr in
Großbritannien stimmen darin überein, daß Milch, deren Wassergehalt
verringert oder auf Null gebracht wird, ihren Zweck vollkommen erfüllt. Die amerikanische Gelehrte spricht von dem steigenden Verbrauch kondensierter Milch wegen ihrer Bequemlichkeit und Wirtschaftlichkeit, und Sir John Orr weist auf die Tatsache hin, daß
kondensierte und getrocknete Milch eine beträchtliche Rolle im Verbrauch der Schichten mit niedrigem Einkommen spielt. Es scheint, daß
Bequemlichkeit eine größere Rolle spielt als die Wirtschaftlichkeit,
obwohl die Milchsorten mit verringertem Wassergehalt sicherlich die
billigeren sind; selbst wenn die Leute, die sie kaufen, das Gegenteil
behaupten. Der Fluch der frischen Milch ist ihre schlechte Haltbarkeit, aber was die konzentrierten Milchsorten so populär macht, ist
die Möglichkeit, Kauf und Bezahlung so leicht mit dem jeweiligen
Bedarf in Übereinstimmung zu bringen. Die Sache läge vielleicht
anders, wenn die Familien ihren Milchverbrauch auf die von der Ernährungswissenschaft geforderte Höhe schrauben wollten; mag die
gegenwärtige Praxis, das Wocheneinkommen in bestimmter Weise auf-
zuteilen, gut oder schlecht sein, Bequemlichkeit ist ein wichtiger
Faktor in der Festlegung und Änderung von Nahrungsgebräuchen. Im
Falle der Milch gilt dies nicht nur für den Familienhaushalt, sondern
auch für die Industrie. Ich weiß von einer großen Brotfabrik in
Europa, in der Frischmilch vom Hahn abgezapft und gemessen werden

---

[1] Swartz Mary Rose, The Foundations of Nutrition. 1938.

kann, wie Wasser. Die großen Brotfabriken Amerikas jedoch verwenden Trockenmilch in der Weise, wie sie Mehl verwenden.

Betrachtet man die Fragen der Ernährung von den Gesichtspunkten dieses Buches aus, so könnte man sich vorstellen, daß die vom Gesundheitskomitee des Völkerbundes gemachten Empfehlungen neue Faktoren im wechselnden Fluß der Ernährungsgebräuche bedeuten, wenn sie auch langsam in ihrer Wirkung und wahrscheinlich auch außerstande sein werden, eine Befreiung von der Not innerhalb eines absehbaren Zeitraumes zu erreichen. Wenn jedoch, wie es im Augenblick, da dies geschrieben wird, als wahrscheinlich erscheint, die Vereinten Nationen Verwaltungskörper einsetzen sollten, die jene Empfehlungen auf dem Felde der Wirtschaft zur Wirkung zu bringen haben, so mögen die Aussichten für die Zukunft etwas heller sein.

Zusammenfassung

In einem seiner Werke hat K. L e w i n[1] die bestehenden Übersichten über die psychologischen Methoden durch eine neue vermehrt. Es gibt, sagt er, drei Stufen in der geschichtlichen Entwicklung dieser Methoden, und sie gehen parallel mit jenen, die man in der Physik beobachten kann. Es sei hier nur flüchtig zusammengefaßt, wie L e w i n die einzelnen Stufen und ihre Ziele charakterisiert:

1. Spekulativ (aristotelisch): das Wesen der Dinge und die Ursache hinter allen Erscheinungen zu entdecken.

2. Beschreibend: so viele Tatsachen als möglich zu sammeln und sie genau zu beschreiben.

3. Konstruktiv (galileisch): Gesetze zu entdecken; den Verlauf individueller Fälle vorauszusagen.

Der aufmerksame Leser wird finden, daß allen drei Zielen der Forschung in diesem Buch Rechnung getragen worden ist, bei allen Gegenständen, die es behandelt, von den psychologischen bis zu den physischen. Das Ergebnis befindet sich stets in Übereinstimmung mit dem gegenwärtigen Stand der vielen Wissenschaften, die in diese Fragen hereinspielen. Wie im Vorwort angedeutet wurde, ist *eine* dieser Wissenschaften, die Sinnesphysiologie, in ihren neuen Ergebnissen allen jenen so gut wie unbekannt, die an ihrer Forschung nicht unmittelbar beteiligt sind. Der Leser wird gefunden haben, daß in diesem Buch jeder Gegenstand, mag es der Haferbrei oder mögen es die Dichter sein, vom Standpunkt dieser Wissenschaft aus behandelt worden ist, mag sie auch durch psychologische Forschung überschattet worden sein. Zusätzlich wurden deshalb die meisten der bestehenden psychologischen Methoden angewendet. Der Autor hat versucht, herauszufinden, welche dieser Methoden bei der Vielseitigkeit der Probleme menschlicher Ernährung sich jeweils am besten anwenden läßt.

Ich habe es nach Möglichkeit vermieden, Gesetze zu formulieren, aber es scheint klar zu sein, daß viele der Folgerungen, die sich ergaben, den Charakter von Gesetzen haben, wie der sich einstellende Abscheu vor gemiedenen Nahrungsmitteln, die neutrale Zone der Gefühle, die Rolle des Gedächtnisses, die physiologische Ermüdung und

---

[1] L e w i n K u r t, Principles of Topological Psychology. 1936.

die psychologische Sättigung. Alle diese Feststellungen könnten ins allgemeine Wissen aufgenommen werden und würden natürlich, wie bei allem Wissen, mit Fortschreiten der Erkenntnis einer gewissen Korrektur unterliegen.

Ebenso gibt es Gesetze, die den physischen und soziologischen Faktoren der Ernährungsgebräuche zugrundeliegen, solche wie die Grenzen der Leistungsfähigkeit der menschlichen Zähne, möge es sich um die natürlichen oder um künstliche handeln; das gleiche gilt auch für solche Faktoren wie die Abhängigkeit vom Klima oder den Einfluß der Bakterien. All dies ist in den Teilen II bis IV in gedrängter Darstellung erörtert worden.

Ab und zu hat es der Autor versucht, k o n s t r u k t i v im Sinne des höchsten Zieles der Psychologie zu sein und individuelles Verhalten vorauszusagen. Manchmal hatte er sich damit zu begnügen, nach den U r s a c h e n hinter den Vorkommnissen zu suchen und so viel als möglich hat er es vermieden, nur b e s c h r e i b e n d zu sein, wie es die gastronomische Literatur meistens ist.

In diesem Buch ist kein Platz für V o r u r t e i l e d e r E r n ä h - r u n g, ein Ausdruck, der in der diätetischen Literatur viel gebraucht wird. Es ist der Aufgabe gewidmet, Ursachen und Gesetze an die Stelle von Vorurteilen zu setzen und zu zeigen, um F r e u d nochmals zu zitieren, daß „die Symptome der Neurotiker einen Sinn haben". Lebt doch vom Gesichtspunkt der Diätetiker die ganze Menschheit in einem Zustand, der irgendwie zwischen dem der Neurotiker und dem der Narren liegt, die ihr gutes Geld vergeuden, indem sie hohe Preise für Nahrungsmittel bezahlen, deren spezifische Eigenschaften keinerlei Nährwert bieten. Ich hoffe gezeigt zu haben, was hinter dem Verbrauch derart kritisierter Nahrungsmittel, wie des weißen Brotes, verborgen liegt, die Ursache des Entzückens klargemacht zu haben, das man an Haferbrei oder an einem Glas Bier haben kann, die Gründe, weshalb ein Glas verstärkten Weines, Port genannt, so sehr gewürdigt wird, und die Vernunft, die sich hinter vielen unserer traditionellen Gewohnheiten befindet, mögen sie nach dem gegenwärtigen Stande der Ernährungslehre für gut oder schlecht eingeschätzt werden. Dieser Versuch, den Gegenstand von einem neuen Gesichtspunkt aus zu behandeln, ist nicht allein deshalb unternommen worden, um das Interesse eines weiten Kreises wachzurufen, sondern auch, um jene helfend zu unterstützen, die berufsmäßig mit Ernährungsproblemen zu tun haben.

Nachwort zur deutschen Ausgabe

Der Widerhall, den die zwei ersten Auflagen dieses Buches in England gefunden haben, entsprach den Erwartungen des Verlegers; auch insofern, als noch während des Krieges die schwedischen und spanischen Übersetzungsrechte vergeben werden konnten. Besonders interessiert zeigten sich die praktischen Ärzte und die angesehenen ärztlichen Schriftsteller Englands, sowie gastronomische Schriftsteller — eine seltsame Bettgemeinschaft. Doch unterblieb in England, was in Chile erfolgt ist, daß das staatliche Gesundheitsamt auf das Buch besonders aufmerksam gemacht hätte. Widerspruch kam meistens von Leuten, die in ihren Laboratoriumsarbeiten und -versuchen das alleinige Heil sehen.

Dem Verfasser wurde von manchen Personen mitgeteilt, die sorgfältige Lektüre des Buches habe ihre ganze Einstellung zu ihren persönlichen Ernährungsproblemen vollständig geändert. Sie betrachten, so sagten sie, die Dinge jetzt mit ganz anderen Augen. Wie weit im allgemeinen die Auswirkung des Buches geht, ist schwer zu überblicken. Nur Anzeichen sind dafür vorhanden. Wenn zum Beispiel in einer Zuschrift an eine Zeitung eine Frau empfiehlt, man möge den Kindern belegte Brote offen geben, das heißt, nicht von einer Brotscheibe zugedeckt, weil dies den Appetit der Kinder anrege, so kann man nur annehmen, daß dieser für englische Gewohnheiten ungewöhnliche Vorschlag auf die Lektüre des Abschnittes über das Sandwich in diesem Buche zurückgeht. Das britische Ernährungsministerium hat noch während des Krieges sein Verbot von Zuckerglasuren auf Kuchen aufgehoben, ohne die Zuckerzuteilung an die Konditoren zu erhöhen. Ob die hier enthaltenen Bemerkungen über die Wahrnehmbarkeit von Süßgeschmack bei Glasuren das Ministerium beeinflußten, ist eine offene Frage. Ein gastronomischer Schriftsteller, der sich durch Jahrzehnte in allerdings entzückenden Allgemeinheiten erging, begann plötzlich seine Wahrnehmungen sinnesphysiologisch zu beschreiben. Ob das Buch einen Einfluß auf die Laboratoriumsarbeiten der Nahrungsmittelindustrie genommen hat, läßt sich nach so kurzem Zeitraum nicht feststellen, um so weniger, als diese Arbeiten hinter geschlossenen Türen stattfinden. Immerhin hofft der Verfasser, daß seine Absicht, einen modernen Brillat-Savarin zu publizieren, nicht gescheitert ist.

Buchdruckerei Carl Gerold's Sohn in Wien